가이 브루소(Guy Brousseau) 지음
신보미 · 이경화 · 송창근 옮김

수학 교수학적 상황론

Theory of Didactical Situations in Mathematics

KM 경문사

First published in English under the title
Theory of Didactical Situations in Mathematics; Didactique des Mahématiques, 1970-1990
by Guy Brousseau, edition: 1

역자 서문

이 책은 1970년에서 1990년까지 브루소(Brousseau)의 연구물을 선별하여 영어로 옮긴 Brousseau, G. (1997). *Theory of Didactical Situations in Mathematics: Didactique Des Mathématiques, 1970–1990.* (Edited and translated by N. Balacheff, M. Cooper, R. Sutherland, & V. Warfield)을 번역한 것이다. 1990년대 후반에 Brousseau(1997)을 통해 교수학적 상황론이 국내에 소개된 이후 수학교육뿐만 아니라 타 교과교육 분야에서도 교수학적 상황론에 기반한 다양한 연구가 수행되고 있다. 그러나 교수학적 상황론을 본격적으로 다룬 Brousseau(1997)가 영문으로 쓰여 있어 국내 연구자와 교사들이 브루소의 연구에 접근하는 데 다소간의 어려움이 있는 것도 사실이다.

Brousseau(1997)에 따르면, 가르친다는 것은 교사가 학생에게 제시할 상황을 사려 깊게 선택하여 학생들에게 기대되는 적응을 끌어내는 것으로, 학생은 교사가 새로운 지식을 가르치기 위해 상황을 선택하였다는 것을 알더라도 이러한 지식을 교수학적 추론에 기대지 않고 전적으로 상황의 내적 논리에 따라 구성할 때에만 진정한 앎을 얻을 수 있다. 이에 브루소의 교수학적 상황론은 가르칠 수학 지식의 의미가 보존되는 본질적인 상황의 속성을 밝히고, 해당하는 수학 지식이 살아서 기능하도록 상황을 정교화하여 실행하는 문제를 중점적으로 다룬다. 최근 국내에서는 수학 수업을 학생 활동 중심으로 진행하여 전통적인 설명식 수업의 한계를 극복하고자 하는 다각적인 시도가 있는 바, 수학 지식의 본질에 비추어 학습이 일어나는 상황을 구성하고 실행하는 것에 주목하는 브루소의 교수학적 상황론은 우리나라 수학교육 연구와 개선에 적지 않은 영감을 준다.

이에 역자들은 Brousseau(1997)를 국문으로 옮겨 수학교육 연구자와 교사뿐 아니라 여러 분야의 독자들이 교수학적 상황론을 쉽게 이해할 수 있으면 좋겠다는 소망으로 이 책을 내게 되었다. 그러나 프랑스어 원문을 영문으로 옮긴 Brousseau(1997)를 원저자인 브루소의 의도에 충실하도록 국문으로 번역하는 작업은 만만치 않게 힘든 일이었다. 또한 이 책의 서론 머리말에서도 볼 수 있듯이 Brousseau(1997)는 일부 독자들에게는 다소 어려울 수 있는 전문적인 내용을 담고 있기도 하다. 이에 본 역자들은 Brousseau(1997)와 프랑스어 원문 이외에도 교수학적 상황론과 관련되는 문헌을 검토하여 생소한 용어나 어려운 기술에 대해 역자 주로서 그 설명을 추가하였으며[1], 역자

1) 결과적으로 이 책에는 원저자인 브루소가 쓴 주석과, 영문판인 Brousseau(1997)의 편집자들이

참고 문헌을 책의 말미에 제시하여 독자들이 참조할 수 있도록 하였다. 그러나 프랑스어를 영문으로 옮기고 영문을 국문으로 번역하는 과정에서 브루소가 설명하고자 한 원래의 맥락과 의도가 우리나라 독자들에게 잘 전달될지는 여전히 다소간의 아쉬움이 남는다. 현명한 독자들이 나름의 안목으로 교수학적 상황론에 대한 이해를 깊게 하여 수학교육 연구와 개선에 의미 있는 시사를 얻는 데 이 책이 작은 발판이 될 수 있기를 바란다. 좋은 도서를 통해 수학교육의 변화와 희망을 도모하시는 경문사 조경희 사장님과 편집부에 깊은 감사의 마음을 전한다.

2021년 12월

역자 일동

붙인 편집자 주, 그리고 본 역자들인 붙인 역자 주가 있다.

편집자 서문

프랑스에서 열린 「수학 교수학(*Didactique*) 20년사」 기념식에서 킬패트릭(Kilpatrick)은, 브루소의 연구를 인용하거나 언급한 책은 있지만 그의 원저는 별로 알려져 있지 않으며, 알려져 있더라도 프랑스어 사용자가 아니면 이해하기 어렵다고 말한 바 있다. 이처럼 브루소의 연구는 본래 브루소의 연구물보다는 그 연구에 대한 해석본을 통해 대부분 소개되었다. 1990년 PME가 열렸던 멕시코의 그 잊지 못할 저녁에, 우리 둘은 이러한 필요에 부응하기 위하여 브루소의 많은 연구물을 영어로 옮기기로 하였다.

처음에는 브루소의 연구물 전부를 번역하려는 포부를 가졌지만, 브루소의 연구물이 워낙 방대하여 번역할 문헌을 선별하고 일의 진행 방향을 결정해야 할 필요를 느끼게 되었다. 우리는 브루소가 교수학적 상황론의 핵심 부분을 만든 기간으로 보이는, 1970년에서 1990년까지의 문헌을 살펴보기로 하였는데, 그렇게 기간을 한정하여도 연구물이 엄청나게 많았다. 우선 해당 기간에 나온 출판물 대부분을 번역한 다음, 교수학적 상황론의 원리와 핵심 개념이라고 생각되는 것을 골라내었다. 책의 중심부에는 교수학적 상황론의 풍부한 토대가 되는, 실험 연구와 이론 연구를 통합하여 상세하게 설명한 두 연구를 실었다.

우리는 다양한 자료를 책에 포함시켰는데 가끔은 겹치는 부분도 생겼다. 논문을 모아놓기보다는 책을 만드는 일에 관심을 두었기 때문에, 장황하지 않게 내용을 재편하고 서로 다른 문헌에 실린 내용을 녹여서 재구성하였다. 그러나 모든 것을 완전히 새로 쓰지는 않았기 때문에, 주의 깊게 읽으면 중복되는 부분이 있을 수도 있다. 이처럼 중복되는 부분은 이해를 깊게 하는 데 도움이 될 것이다. 선택한 문헌을 배치하면서 각 장에 서문 또는 사잇글을 넣어 책의 구성을 명확히 하였다. 마지막으로, 각주를 두어 원저를 참고하도록 하였으며, 기술된 연구 상황이 프랑스 고유의 교육 맥락과 관련될 때는 이 점을 밝혀두었다.

언어는 항상 우리가 주목하는 부분의 중심에 있었으며, 때로는 도저히 번역할 수 없는 단어와 마주하기도 하였다. 불어에는 있지만 영어로 옮기기 어려운 단어는 다소 차이가 있더라도 어쩔 수 없이 어느 한 가지를 선택해야 했다. 예를 들면. "savoir"와 "connaissance" 같은 단어가 그러하였다. 이러한 선택과 관련하여 중요한 내용은 책을 전개하는 중간중간에 밝혀두었다. 그러나 영어의 의미 역시 이를 사용하는 국가에 따라 다르며, 영어가 발전되어 온 문화에 따라 다양하다. 이 점을 고려하여 우리 둘은 "최초 독자"로서 2명을 섭외하였으며, 이들이 본격적인 편집자로 활동하였다. 그리하여 번역 작업은 영국, 호주, 미국식 영어로 검토되었다.

마지막으로, 이 책은 함께 연구하면서 여러 질문에 답해 준, 네이딘 브루소(Nadine Brousseau)가 없었다면 만들어지기 어려웠다. 또한 번역을 위하여 어쩌면 자신의 이론에 흠집이 날 수도 있음을 감수하고 많은 부분을 수정해 준 거이 브루소(Guy Brousseau)가 없었다면 출판될 수 없었다.

브루소의 생애

브루소는 1933년 2월 4일, 모로코(Morocco)의 타자(Taza)에서 태어났다. 군인의 아들이었던 그는 어린 시절 자주 전학을 다녔다. 1948년에 중등학교를 졸업하고, 로트 에 가론(*Lot et Garonne*)에 있는 아장(Agen)의 사범학교(*l'École Normale d'Instituteurs*)에 입학하였다. 그곳에서 그는 대학입학시험(*Baccalauréat*) 1단계를 대비하는 공부를 마쳤으며, 몽펠리에(*Montpellier*)에 있는 사범학교에 입학한 후 1950년에 초등수학으로 학사학위를 받았다. 그는 수학과 물리학 모두에 관심이 있었다. 이때 그는 생클루(St. Cloud)에 있는 사범대학원(*École Normale Supérieure*)을 준비하기 위하여 툴루즈(Toulouse)의 고등 수학 교육과정에 장학생으로 입학하였다. 그러나 공부가 끝날 무렵 그는 그동안의 학업을 포기하고 다시 아장에 있는 사범학교(*École Normale*)로 돌아가 1년간의 전문 교육 과정을 이수하였다. 이때 그는 자신의 관심 분야, 즉 연구하고 싶은 분야가 바로 아동들이 수학을 어떻게 배우는지에 관한 것임을 알게 되었다. 브루소가 이 점을 수학 교수인 듀클로스(Duclos)에게 말했을 때, 듀클로스 교수는 "자네가 공부할 분야는 수학이 아니라 심리학인 것 같군!"이라고 답했는데, 브루소는 "아니에요, 심리학이 아닙니다!"라고 말했다고 한다.

1953년 브루소는 로트 에 가론 지역의 작은 마을에 있는, 5세에서 14세 학생들에게 전 과목을 가르치는, 학급이 하나뿐인 학교에 교사로 부임하였다. 그해에 그는 아장의 사범학교 첫날에 만난 네이딘 르베크(Nadine Labeque)와 결혼하였다. 브루소는 당시에 자신이 겨우 15살밖에 안 된 어린 소년이었지만 대단한 분별력을 가졌던 것 같다고 즐겨 말하곤 한다.

이듬해인 1954년 10월, 그는 네이딘과 함께 학급이 2개인 학교에 "겸직"으로 부임하여, 9~10세인 "중학생"과 14세인 졸업반 학생들을 가르치게 되었다. 이 기간 동안 그는 수학 학습과 교수에 대해 반성적으로 검토하기 시작하였다.

1953년에 그는 "계산 교육"에 관한 토론회에 참여하였다. 논점은 전통적인 방법과 프란트(Freint)의 근대 학교 이념을 비교하는 것이었다. 그는 1954년에서 1956년까지 2년 동안 수업 자료를 준비해서 아동들을 가르치고 관찰하였으며, 수업을 분석하고 문제점을 기록하면서도 한편으로는 계속 수학을 배웠다. 1956년 10월 군에 입대하면서 이러한 작업을 잠시 쉬게 되었다. 그는 파리에 머물면서 소르본느(Sorbonne) 대학의 피소(Pisot) 교수와, *CNAM*(*Conservatoire Nationale des Arts et Métiers*)의 호켐하임

(Hocquemgheim) 교수의 강의를 들었으며, 이때 집합론과 구조 이론을 배웠다. 1958년 알제리에서는, 교사로 돌아갔을 때 쓸 수업 자료를 고심하여 만들기도 하였다.

1959년 1월에 군복무를 마친 그는 자신이 근무했던 마을로 돌아가서 다시 교사로 일하였다. 1959년 1월부터 1961년 10월까지 교사들이 해야 하는 여러 종류의 일을 하면서도 브루소는 교수 실험을 하고 새 교과서를 집필하였다. 때로는 밤을 새면서 수업 계획과 문제점, 수업에 대한 반성 등을 담은 회색 노트를 쓰기도 하였다. 이 노트는 그에게 일종의 수호신과 같았다. 1996년 4월에 장장 5750쪽에 달하는, "중요한 것과 하찮은 것을 모두 모아놓은" 회색 노트 시리즈를 완성하였다.

1960년 10월에 그는 미래 학문(*Sciences et Avenir*)에 실린 논문을 통해, 벨기에의 패피(Papy)가 3세에서 6세까지 학생들을 가르치게 될 예비 유치원 교사들에게 번스타인(Bernstein) 정리를 가르친다는 사실을 알고 자극을 받게 되었다. 이보다 중요하고 결정적인 사건이 1961년 5월에 일어났는데, 국가 교육(*l'Education Nationale*)을 교육적인 관점에서 검토한 루시엔 펠릭스(Lucienne Félix)[2]의 논문을 읽게 된 것이다. 이 논문의 내용, 특히 초등 교육에 대한 부분은 브루소의 신념과 완전히 일치하는 것이었다. 그는 저자에게 편지를 보냈고, 펠릭스는 브루소에게 검토할 원고를 보내달라고 답하였다. 이때 브루소는 300쪽에 달하는 수업 자료를 펠릭스에게 보냈다. 펠릭스는 브루소에게 적극적으로 연구를 계속하라고 권하였으며, 편지를 주고받는 중에 그해 스위스에서 개최되는 CIEAEM에 참석하라고 제안하였다. CIEAEM에서 브루소는 학회장이었던 코켓(Choquet)과는 그다지 의견의 일치를 보지 못하였지만, 패피와 서바스(Servais)를 만났다. 그들에게 브루소는 "보다 현대적인 수학교육"을 수업에서 시도하고 이를 관찰한 결과를 설명하였으며, 열정으로 충만한 채 CIEAEM에서 돌아왔다.

브루소는 4학년과 5학년 교과서를 쓰는 등 저술 활동을 계속하였다. 그가 대규모 실험을 실행하기 전에 초등학교 담당 장학사에게 이를 상의하자, 그 장학사는 당시 대표 장학사였던 데조지(Degeorge)에게 브루소를 소개하였다. 이 대표 장학사는 교사 브루소에게 수학 연구를 시작하도록 권하였으며, 사실상 브루소의 연구는 이때부터 시작되었다.

이 기간에 브루소는 마을에 사는 농부들과 함께 일하면서, 농업을 관리할 때 제기되

2) 루시엔 펠릭스(Lucienne Félix, 1901~1994)는 많은 수학 연구물을 낸 저자이다. 그녀는 "현대 수학과 초등교육", 고등학교 전체 수준을 아우르는 기하 교과서, 가장 높은 수준의 고등학생을 위한 해석학 교과서 등을 집필하였으며, 수학교육 관련 저널에 많은 논문을 실었다. 그녀는 헨리 르베크(Henri Lebesgue)의 조교로서 헨리 르베크의 교육 강좌인 "기하 구성(Constructions Geometrique)"을 설계하기도 하였다. 또한 그녀는 헨리 르베크 탄생 100주년을 기념하여 《어느 수학자, 헨리 르베크의 메시지》라는 책을 쓰기도 하였다.

는 수학적인 문제에 관심을 가지게 되었다. 연산자 계산을 적용하는 최적화의 문제, 표상과 변수 조작 문제 등이 논의되었으며, 이들 문제는 다작 농업을 개선하기 위해 고려할 필요가 있는 요소들이었다. 이때 브루소는 수학 지식을 널리 보급하는 것이 얼마나 중요하고도 어려운지 인식하게 되었다.

1962년 1월에 초등수학 지도 자격을 갖춘 교사들에게, 일반 교육대학에서 수학 교사 자격 연수 과정 1년을 이수할 수 있는 기회가 주어졌다. 브루소는 1962년 3월부터 1963년 2월에 보르도에서 이 과정에 참여하였다. 동시에 그는 1952년에 그만두었던 수학 공부를 대학에서 정식으로 다시 시작하였다. 1963년 6월에 그는 IPES와 MGP[3])를 이수하였다. 새로운 수학적 아이디어를 얻기 위한 그의 노력은 대학에서 공부하는 동안 계속되었다. 이때 펠릭스는 그를 콜메즈(Colmez) 교수에게 소개하였고, 콜메즈 교수가 브루소에게 관심을 보이면서 그를 리히네로비츠(Lichnerowicz)에게 소개하였으며, 리히네로비츠가 편집자인 두노드(Dunod)에게 다시 브루소를 소개하였다. 두노드의 출판사는 브루소가 집필한 교사 **준비 과정**(*Cours Préparatoire*)[4])을 1965년에 출판해주었다.

1964년에 리히네로비츠 교수는 “수학교육학에서 실험이 갖는 제한 조건”이라는 논문 주제를 브루소에게 제안하였고, 브루소를 그레코(Greco) 교수에게 소개하여 그레코 교수와 함께 해당 연구를 공동으로 지도하였다. 수학교육 연구를 적절하게 수행하기 위하여 브루소는 보르도의 **교육연구 센터**(*CRDP, Centre Régional de Documentation Pédagogique*) 소장에게 **수학교육 연구센터**(*CREM, Centre de Recherche sur l'Enseignement Mathématique*) 설립을 제안하였으며, 당시 소장이었던 보데리(Borderie)가 이를 허락하였다. 대학과 **사범학교**(*École Normale d'Instituteurs*)에 있는 많은 사람과 교사들의 도움으로 브루소는, 교사들에게 개혁을 제안하면서도 참다운 연구 실행에 필요한 여러 조건을 기술한, 다수의 “노트(notebooks)”를 출판하였다.

다음 주제에 대한 연구는 브루소로 하여금 다양한 분야에 폭넓고 깊은 지식을 가질 수 있게 하였다.

- 이론, 방법론, 경험 영역과 같은 **공학적 조건**
- 행정 조직, 연구자들 사이의 교류, 연구대상, 참고 분야, 기본 개념과 같은 **사회학적 조건**

---

3) IPES는 중등교사 교육과정에 있는 예비교사들에게 경쟁시험을 통해 국가직을 부여하는 일종의 기관이다. IPES의 훈련 과정은 주로 관련 학문(브루소의 경우는 수학)을 공부하는 것으로 이루어진다. MGP는 “**일반수학과 물리학**(*Muthématiques Générales et Physique*)”을 말하며, 당시에는 대학에서 2년을 공부한 다음 얻는 학위를 의미하였다.

4) 1학년 과정을 말한다.

– 수용 가능한 수업 형태, 윤리적 측면과 같은 **교육적 조건**

또한 위와 같은 연구를 통해 보르도 대학에서 만난 전문가들의 도움을 받을 수 있었으며, CRDP의 활동을 통해서도 여러 지원을 받았는데, 예를 들면 크리스틴 메츠(Christian Metz)에게 영화 언어학과 기호학을 배웠으며, 비트버(Wittwer)에게는 교육학을 배울 수 있었다.

1968년 2월에 아미엥(Amiens)에서 열린 콜로퀴움에서 브루소는 베커(Becker), 콜메즈(Colmez)와 함께 리히네로비츠 교수의 연구를 검토한 결과에 대해 발표하였다. 여기서 발전된 바가 **수학 교육 연구 협회**(*IREM, Institut de Recherche sur l'Enseignement des Mathématiques*)를 설립하는 프로젝트가 되었다. 이 협회는 수업, 수학 수업 자료와 정보(모든 수준의, 모든 내용과 관련되는), 수학교육 연구라는 3개 분과로 구성되었다. "수학교육 연구" 분과는 다음 2가지 활동을 하였다.

– 첫 번째 영역은 오늘날 "교수학의 기법과 협의회"라고 불리는 활동으로, 이는 다른 측면으로는 "혁신", "실행 연구(action research)", "자료, 프로젝트, 교육 과정 산출"… 등과 관련되는 활동이다.
– 두 번째 영역은 수학 수업에 관한 실험적, 이론적 연구 활동으로, 이 활동은 연구와 관련되는 학문적인 규칙을 따른다. 기본적인 수업 영역에 "적용하는" 것에 덧붙여, 이러한 시도를 통합하고 조정하는 이론적 도구를 만들 필요가 있었다. 이 프로젝트는 체계적 관점으로 연구되었는데, 프로젝트가 실제로 역할을 할 수 있도록, 고려하는 모든 요소 사이의 관계가 검토되었다. "실험적 인식론"과 "수학 교수학"을 만들기 위한 학문적인 연구는 당시까지는 전혀 존재하지 않았으며, 심지어 상상조차 하기 어려웠다. 우선은 나중에 가서 거부될지라도 충분히 일관되고 폭넓은 이론적인 모델, 연구 방법, 연구자, …, 그리고 논의를 지속하는 체계가 필요하였다. 가장 다루기 어려운 문제는, 학문적인 연구를 포기하지 않으면서도 교수에 방해가 되지도 않도록 연구자와 교수라는 연구대상을 관계 지우는 것이었다. 이러한 이유로 실험학교나 예비학교(pilot school)와는 다른, **수학 학습 관찰 센터**(*COREM, Centre pour l'Observation de l'Enseignement des Mathématiques*)를 설립하였으며, 이 센터가 연구 프로젝트에서 핵심적인 역할을 하였다. COREM은, 하나의 통합체가 학문적인 연구의 나선적 전개에서 첫 번째 단계를 실행할 수 있도록 적절한 **환경**으로 기능하였다.

1968년 6월에 수학교육 국제 위원회(ICME, International Commission on Mathematics Education)는 첫 번째 회합을 가졌다. 리옹(Lyon)에서 열린 이 첫 번째 모임에서 글래이맨(Glayman)과 그의 동료들은 IREM 설립에 착수하였고 1970년 1월에 파리(Paris)와 스트라스부르(Strasbourg)에 IREM가 설립되었다. 보르도의 IREM은 1970년 10월에 설립되었으며, 수학 교사였던 브루소는 IREM이 추구하는 주요한 프로젝트를 구현하기 위한 연구 보조원으로 보르도 대학에 채용되었다.

1970년 클레르몽페랑(Clermont−Ferrand)에서 열린 **수학 공교육 교수 학회**(*Association des Professeurs de Mathematiques de l'Enseignement Public,* APMEP)의 학술대회 기간 동안 브루소의 교수학적 상황론이 다루는 핵심 요소가 소개되었다. 1969년 파리 대학의 심리학 회지에는 교수학적 상황론의 방법론과 간단한 시사점을 담은 첫 번째 논문이 게재되었다. 1973년에 열린 6차 과학교육 국제회의(International Congress on the Science of Education)에서는 수업 개선을 위한 생산적인 수학적 모델의 첫 번째 사례를 발표하였는데, 이는 곱셈과 나눗셈 계산 수업의 타당성을 실험적으로 입증한 연구였다.

1972년에는 아동의 수학 학습을 관찰하기 위한 학교로, 톨렌스(Talence)에 있는 줄레 미슐렛(Jules Michelet) 학교가 설립되었다. 이 학교는 COREM 활동의 일환으로, 수학 수업 관찰에 특화되도록 점진적으로 발전하였다.

자연수와 자연수의 연산, 기본적인 수 구조를 가르치는 수업에 관한 연구도 이곳 줄레 미슐렛에서 1970년부터 1974년에 수행되었다. 이외에도 확률과 통계 교육에 관한 헤네퀸(Hennequin)과의 공동 연구, 1973년부터 1974년에 수행된, 로아넷(Rouanet)이 이끄는 통계 연구, 1973년부터 1980년에 진행된, 유리수와 소수에 관한 연구 등이 이곳에서 이루어졌다.

1975년에는 파리, 수트라스부르, 보르도에 **교수학**(*didactique*) 박사 학위 과정이 개설되었다. 브루소는 논문 지도를 비롯하여 주요 교육과정 운영에 책임을 맡게 되었다. 1970년대 후반에, 브루소는 **수학 교수학**(*Didactique des Mathématiques*)을 과학적인 학문으로 발전시키는 데 주요한 역할을 하였다. 이 기간에 있었던 일 중에서 특별히 언급할 만한 것으로는, 파리에서 1년에 3차례 열리게 되는 전국 세미나와 여름 연구학교의 시작이 있으며, **수학 교수학 연구**(*Recherches en Didactique des Mathématiques*)가 1980년부터 국제 저널로 발행되기 시작한 것이다.

1970년부터 보르도 대학 수학과 교수로 재직한 브루소는, 자신이 지지하지 않는 분야의 연구 결과를 발표하는 것에 대해 2회에 걸쳐 거부하다가, 마침내 1986년 박사학위를 받게 되었다. 브루소는 자신을 지지한 말그란지(Malgrange) 교수와 지속적인 상호작용을 통해 논문을 작성하였는데, 말그란지 교수는 브루소에게 "자신의 생각을 명확히 하고 작성한 글을 개선하라"고 말하곤 하였다.

1990년부터 브루소는 보르도에 있는 IUFM에서 교수로 근무하였다. 현재 그는 보르도 대학의 **과학과 공학 교수학에 대한 아키텐 연구소**(*Laboratoire Aquitain de Didactique des Sciences et des Technologies*) 소장을 맡고 있다.

목차

서론

1. 20으로의 경주 소개
2. 수업의 첫 번째 단계: 도입
3. 행동 – 상황, 패턴, 변증법
4. 형식화 – 상황, 패턴, 변증법
5. 타당화 – 상황, 패턴, 변증법

서 문

처음에는 이 책을 바로 1장부터 시작하려고 하였다. 1장이 교수학적 상황론의 토대와 방법론을 소개하는 논문이기 때문이다. 그러나 브루소의 연구를 처음 접하는 연구자들이 종종 어려움을 겪기 때문에, 이 책에 수록된 내용이 일부 독자들을 좌절시킬 수도 있겠다는 우려가 생겼다. 실제로 퀘벡(Québec)에 사는 동료 연구자 한 명은 브루소의 책에 대해 다음과 같은 의견을 보내왔다. "편집진이 출판하기로 결정한 논문에는 낯선 용어가 상당히 많지만 독자들은 이를 참고 견뎌야 한다. 이 책의 5장에 실린 글은 매우 풍부한 내용을 담고 있어서 갖은 노력을 다해 끝까지 읽을 가치가 있다". 그러나 위와 같은 경고는 역효과를 낳을 수도 있다. 실제로 많은 독자는 전문 서적을 읽는 데 드는 수고를 당연한 것으로 여긴다. 특히 수학자들은 수학 책을 읽는 것이 그 자체로 연구라는 것을 안다. 그러나 앞서 제기된 어려움을 감안하여, 이 책에 서론인 "20으로의 경주"를 싣기로 하였다. "20으로의 경주"에서 브루소는 교수학적 상황론의 주요 특징을 독자가 직관적으로 이해할 수 있도록 소개한다.

"20으로의 경주"는 브루소가 70년대 초에 설계하여 적용한 교수학적 상황이다. Perrin-Glorian(1994, p. 106)에 따르면, "20으로의 경주"는 브루소가 개발한 교수학적 상황론의 여러 측면을 보여주는 전형적인 예로, 브루소는 교수학적 상황론을 설명하는 데 이 예를 자주 사용하였다. "20으로의 경주"에는 연구자나 수학교육자 뿐만 아니라 교사에게도 의미하는 바가 있다.

서론에서는, 학생의 행동에서 드러나는 앎의 작용과 상황의 특징 사이에 존재하는 관계가 주로 어떤 역할을 하는지 살펴볼 것이며, 이는 교수학적 상황론의 핵심에 해당한다. 또한 교사의 역할 및 이와 관련되는 교수학적 문제를 확인할 것으로, 이는 브루소가 이론화한 **교수학적 계약**과 **제도화**라는 영향력 있는 개념에 대해 기초적인 이해를 제공한다.

편집자

서론
연구 배경 설명: 20으로의 경주[1)]

학생, 교사, 환경(*milieu*)과의 상호작용을 통해 수업 상황을 기술하거나 범주화할 수 있다. "20으로의 경주" 수업을 예로 들어 교수학적 상황의 일반적인 형태를 설명하고자 한다.

1. 20으로의 경주 소개

이 수업의 목표는 예전에 배웠던 것과는 다른 나눗셈의 "의미"를 음미하는 것이며, 아동들이 일련의 정리를 발견하고 설명하도록 돕는 것이다.

1.1. 게임 내용

게임은 경기자 2명이 짝을 이루어 진행한다. 경기자는 번갈아 가며 수를 말하는데, 상대방이 말한 수에 1이나 2를 더하여 먼저 "20"을 말하면 이기는 게임이다. 한 사람이 "1" 또는 "2"를 말하면(예를 들어, "1"로 시작하면) 상대방은 이 수에 1이나 2를 더하여(예를 들어, "2"를 더한다면) 그 결과를 말한다(결과는 "3"이 된다). 첫 번째 사람이 다시 이 수에 1이나 2를 더하여(만약 "1"을 더하면), 그 결과를 말한다(결과는 "4"가 된다). 이와 같이 계속한다.

1) Brousseau(1978a). Etude locale des processus d'acquisition en situations scolaires. Etudes sur l'enseignement élémentaire (Cahier 18, pp. 7~21). Bordeaux: IREM et Université de Bordeaux 1. 편집자 주: 이 장은 1977년 바르셀로나(Barcelona)에서 한 강의를 토대로 한다.

1.2. 게임 단계

이 절에서는 독자의 이해를 돕기 위해 게임의 각 단계를 간단히 설명하고 이후에 좀 더 상세한 논의를 진행한다.

단계 1: 규칙 설명

교사는 게임의 규칙을 설명하고 칠판에 기록하면서 아동 중 1명과 게임을 한 다음, 다른 아동에게 자신의 역할을 넘겨준다.

단계 2: 일대일 게임

아동들을 둘씩 짝지어 서로 게임을 하도록 한다. 공책에 선을 긋고 선의 양쪽에 자신들이 선택한 수를 적게 한다. 게임은 대략 4회, 10분 정도 진행한다.

유의사항: 단계 2에서 아동들은 다음과 같은 전략을 사용한다.

일부 아동들은 수를 아무렇게나 말하는 것이 좋은 전략이 아님을 은연중에 안다. 이들은 행동 수준에서 게임의 제약과 자신들이 내린 결정의 영향을 확인하고 일련의 사례를 수집한다. 아동들 중 일부는 "17"을 말하면 이긴다는 것을 발견한다.

단계 3: 팀 대항 게임(6~8회, 15~20분)

아동들을 두 팀으로 나눈다. 매 회 팀 대표를 무작위로 정하여 게임을 하도록 한다. 어느 아동이든 전체 아동들 앞에서 자기 팀을 대표하여 게임을 할 수 있다. 대표가 이기면 그 팀이 1점을 받는다. 아동들은 전략을 공유하기 위해 함께 계획을 세워야 하며 그룹 내에서 논의를 진행할 필요가 있음을 빠르게 인식한다. 일부 아동은 시작하자마자 "'17'을 말해야 해"라고 할 수도 있다.

단계 4: 발견 게임(20~25분)

교사는 아동들에게 게임에서 이기는 전략을 제안하도록 한다. 교사는 각 팀이 제안한 전략을 칠판에 적는다. 각 팀은 상대팀이 제안한 전략이 타당한지 알아보고 받아들이거나 거부한다. 아동들이 받아들인 전략은 칠판에 남겨 둔다.

[그림 1] 제안된 전략과 득점 표기[2]

전략을 제안한 아동은 직접 게임을 하거나 지적인 설명을 통해 자신의 전략이 옳다는 것을 상대팀에게 보여야 한다. 게임을 좀 더 흥미롭게 하려면 다음과 같은 규칙을 만들 수도 있다.

– 학급 전체가 받아들인 전략에 1점을 준다.
– 전략이 틀렸음을 입증한 팀에게 3점을 준다.

유의사항: 각 팀이 제안할 전략이 더 이상 없으면 발견 게임을 끝내고, 팀별로 "누가 '20'을 말할 수 있을까?" 게임을 다시 해보도록 할 수도 있다.

실제 수업을 관찰해 보니, 다음과 같은 전략이 순식간에 제안되었다.

– "17"을 말하면 확실히 이긴다.
– "14"를 말하면 확실히 이긴다.

이후에는 제안된 전략이 훨씬 사소해졌다. 예를 들어, "16"을 말하면 상대방이 "17"을 말해야 이길 것이다, "18"을 말하면 지게 될 것이다 등과 같은 제안이 있었다.

"20" 게임에서 이긴 팀 덕분에 발견 게임은 끝이 났다. 이들은 게임을 2회 더 해보고, "11"을 말하면 "14"를 말할 수 있고 그 다음에는 "17"을 말할 수 있으므로 게임에서 이긴다는 것을 발견하였다. "5"에 관해서는 열띤 토론이 있었다. 일대일 게임에서 5를 적었던 한 아동은 게임에서 졌다. 또 다른 아동은 게임의 전략을 알면 "5"를 말해서 이길 수 있다고 주장하였다. 게임의 전략을 모르면 물론 질 수도 있다. 이와 같은 입증 과정은 5로 시작하는 게임을 좀 더 해보면서 계속되었다. 한 시간 후에, 아동들은 게임에서 이기려면 2, 5, 8, 11, 14, 17을 말해야 한다는 전략을 발견하였다.

1.3. 논의

위 수업 상황을 60회에 걸쳐 반복 관찰하였으며, 각 단계를 실험과 임상연구의 대상으로 삼았다.[3] 수학 보조교사 1명, 심리학자 7명, 컴퓨터를 전공한 중학교 교사 1명으로 이루어진 보르도(Bordeaux)의 IREM[4]팀이 3년여에 걸쳐 수업을 관찰하였다. 교사

2) 역자 주: 이하의 그림 제목은 역자가 추가한 것이다.

3) 예를 들어, 아동 140명이 반복해서 게임을 했는데, 이들 중 일부는 1단계 게임을 아주 많이 반복하였다.

4) 역자 주: 수학 교육 연구 협회(IREM, Institut de Recherche sur l'Enseignement des Mathématiques)는 프랑스의 수학교육 연구 및 교육기관으로, 그래노블(Grenoble), 보르도

가 직접 간섭하거나 중재하지 않았지만, 수업의 처음 두 단계에서 주목할 만한 진전이 있었다. 상황의 특징을 통해 주요 쟁점을 살펴보자.

이러한 쟁점에는 임상적 관찰(clinical observation, CO), 통계적 관찰(statistical observation, SO), 교수학적 상황론의 공리(axioms, AS) 또는 정리(theorems, TS)가 포함된다.

1. 게임에서 계속 행동을 해야 하기 때문에 아동들은 형식화되지 않은 전략과 발견술을 암암리에 사용한다. 예를 들어, "14"를 말해야 하는 이유를 형식화하기 전에 수열 5, 8, 11, 14, 17을 자주 사용한다. (SO)
2. 행동한 바를 의사소통해야 하기 때문에 확신이 들면 증명[5]하지 않고도 형식화를 한다. 여러 가지 형식화가 증명 이전에 나타나며, 효율성과 합리성이 이러한 형식화를 뒷받침한다. (SO)
3. 정리로 인정받았더라도 다른 정리를 설명하는 데 곧바로 사용되지는 않는다. 정리를 말로 표현하는 것은 마지막에 가서야 가능하다. 때로는 한 아동이 같은 증명을 여러 번 발견하기도 한다. (SO)
4. 게임에서 진 이유나 이기는 조건을 가장 궁금해 하는 아동은 바로 게임에서 진 아동이다. (CO)
5. 증명이 수학적인 가치를 갖는 순간은, 확신의 도구로 활용되거나 확신을 얻기 위해 증명이 필요할 때이다. 아동들이 서로 "대등한 위치"에 있을 때만 증명을 협의할 수 있다. 교사는 질문이 팀별로 논의되도록 해야 한다. (AS)
6. 기술적, 사회적 측면에서 설명은 반드시 필요하다. 결과가 명확하거나, 앞서 본 것처럼 일반적으로 인정될만하면, 어떻게 하면 되는지 방법만 알고 넘어간다. (TS)

(Bordeaux) 등 여러 지역에 설립되어 있다. 연구 성과를 독립적인 저널로 발간하거나, 예비 교사 및 현직 교사 교육, 학위 과정을 제공한다. 자세한 내용은 이 책에서 '브루소의 생애'를 참고하기 바란다.

5) 편집자 주: 프랑스어 "démonstration"을 "수학적인 증명(mathematical proof)"으로 번역한다. "증명(proof)"은 프랑스어로 "preuve"인데 "preuve"은 수학에만 한정되는 용어는 아니다. 이는 어떤 의견이나 결과의 타당성을 설명하는 담론으로서 좀 더 일반적인 의미를 갖는다.

2. 수업의 첫 번째 단계: 도입

방금 설명한 수업 상황에서 의사소통은 교사의 안내(*instruction*)로 시작하였다. 교사는 학생들이 게임의 규칙을 내면화하여 적용할 수 있도록 설명하였다. 교사의 설명에는 새로운 용어가 쓰이지 않았기 때문에 아동들이 규칙과 수업의 각 단계를 이해하는 데 어려움은 없어 보였다.

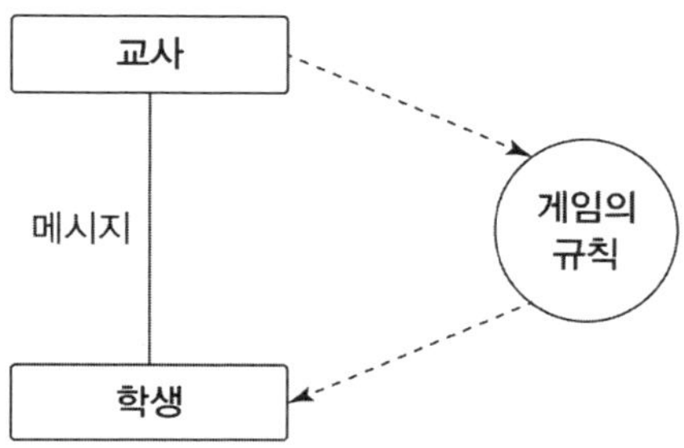

[그림 2] 게임 규칙에 대한 교사 설명

규칙 전체를 말로만 설명해 주면 어떤 아동은 이해하기 어려울 수 있으므로 교사와 아동이 직접 게임을 해보는 활동을 통해 이를 전달할 필요가 있다. 교사는 게임에서 아동이 마주할 수 있는 상황을 꾸며서 보여준다. 이때 아동에게 상황이라는 것은 게임에서 만들어지는 수열이다. 예를 들어, 아동이 1, 교사가 3, 아동이 5, 교사가 6을 말했다면, 이 아동에게 상황은 다음과 같은 수열로 이루어진다.

1	3	5	6			

[그림 3] 아동이 게임에서 마주하는 상황

이와 같은 방법으로 아동은 상황에서 정보를 얻고, 더할 수를 결정하여 상황에 작용하는 행동을 취한다.

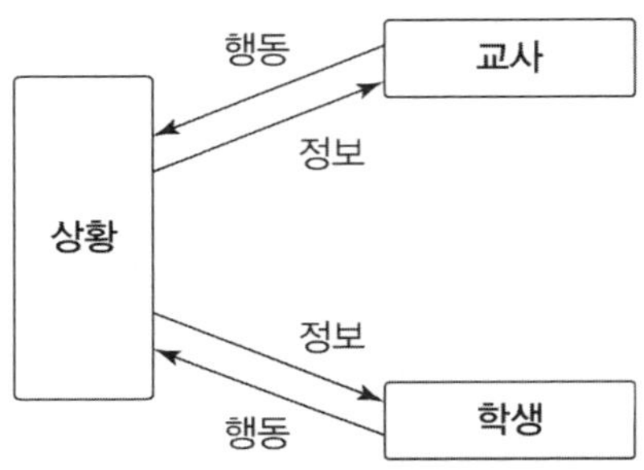

[그림 4] 상황과 학생, 상황과 교사의 관계

게임을 하면서 교사는 아동이 결정한 수에 대해 의견을 제시하며, 쟁점이 되는 규칙의 예를 보여준다. 교사는 상황을 둘러싼 조건과, 결정된 수를 연결시킴으로써 규칙을 설명한다.

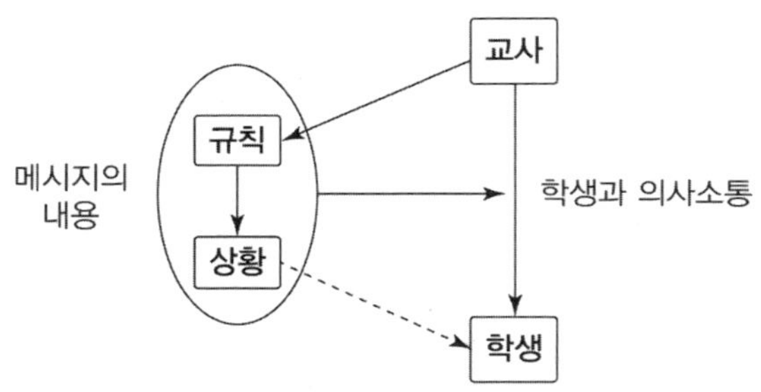

[그림 5] 메시지의 내용, 교사, 학생의 관계

처음에 교사가 규칙을 말로 안내할 때는 아동이 게임－상황을 상상해야 했다. 이제 규칙은 환경과 연결되어 환경을 변화시킴으로써 아동에게 전달된다. 즉, 2가 더해져서 3이 돌아온다. 수열의 목적은 안내 사항을 전달하는 데 있지만, 자연스럽게 행동 단계로 넘어가도록 하는 것에 있기도 하다.

유의사항: 교사가 자신의 레퍼토리에 있는 행동의 규칙을 아동에게 전달하고자 할 때, 교사는 이러한 규칙을 아동과 의사소통하기에 적합한 설명으로 변환할 필요가 있다. 이때 의사소통은 소리로 이루어기 때문에 교사는 규칙을 아동의 언어로 코드화해야 한다.

아동은 이러한 메시지를 자신이 아는 코드로 해석하여 정보를 얻으며, 이를 통해 메시지에 새로운 의미를 부여한다. 이때 아동이 부여한 의미는 교사가 전달하려고 의도한 의미와 반드시 일치하지는 않는다.

교사의 안내 단계에서 학생은 교사가 전달하는 메시지의 내용을 행동 규칙으로 해석할 필요가 있다. 따라서 아동은 행동 규칙을 내면화하고 기억해야 한다.

교사가 설명하면서 동시에 게임을 실행하는 이유는 자신이 안내하는 규칙과 아동이 내면화하는 규칙을 같게 하기 위해서이다. 행동은 피드백을 유도하기 때문에 메시지의 모호함을 감소시킨다.

상황이 학생에게 미치는 영향을 "피드백"이라고 한다. 아동은 이러한 영향을 자신의 행동과 관련하여 부정적이거나 긍정적인 제재로 받아들인다. 이를 통해 자신의 행동을 조정하며 가설을 설정하거나 폐기하기도 한다. 또한 여러 해결책 가운데 행동에 옮겨서 가장 큰 만족을 얻을 수 있는 최선의 것을 택하기도 한다.

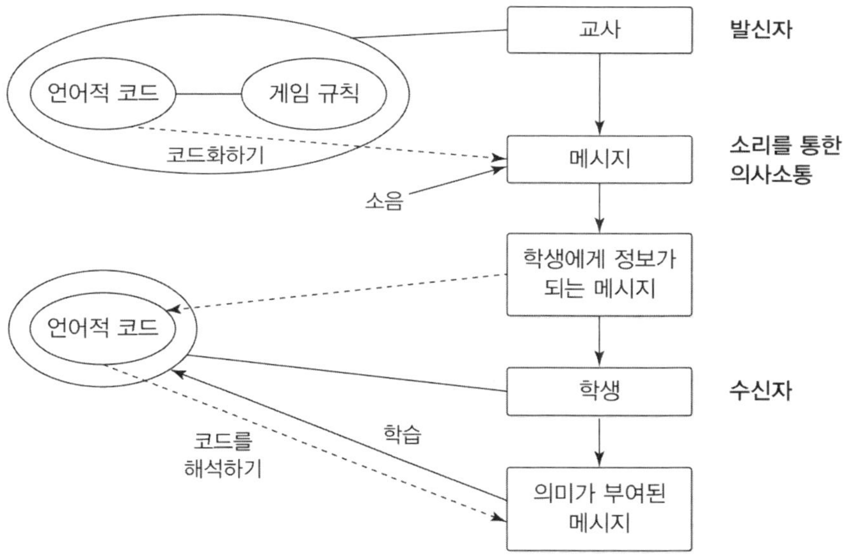

[그림 6] 소리를 통한 의사소통에서 메시지 변화 과정

유의사항: 피드백은 교사가 의도한 학습과 매우 밀접한 관련이 있다. 교사는 피드백에 비추어 의사소통 방식을 바꾼다. 학생이 교사가 안내한 바를 옳게 적용하지 못하는 것은 제대로 배우지 못하고 있음을 뜻하므로 교사는 설명을 다시 제시해야 한다. 한편 학생은 자신이 제안한 전략의 타당성에 대해 교사가 내리는 평가로부터 피드백을 받는다.

3. 행동-상황, 패턴, 변증법

3.1. 게임의 첫 번째 부분(일대일 게임)

게임의 첫 번째 부분은 전형적인 "행동 상황"이다. 아동들은 2명씩 짝을 지어 일대일 게임을 한다. 학생 각각은 이미 만들어진 수열이라는 상황에 마주하게 된다. 상대방이 수를 말하면 학생은 상황을 분석하고 이로부터 정보를 얻은 다음 결정을 내리고 수를 말함으로써 상황에 영향을 미친다.

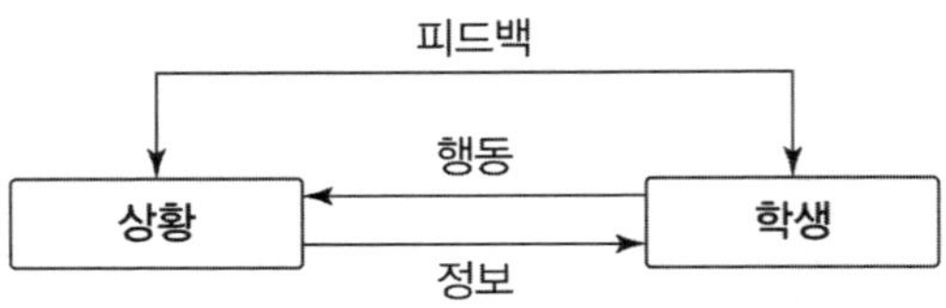

[그림 7] 행동-상황에서 상황과 학생의 관계

매 결정마다 상황은 상대방에 의해 수정된다. 서로 말할 기회를 몇 번씩 갖고 나면 결국에는 승패가 결정된다. 게임에서 이기든지 지게 된다.

행동 상황 전반을 통해 학생에게 영향을 미치거나 학생이 영향을 미치는 모든 것을 "환경(*milieu*)이라고 부른다. 교사나 다른 학생과는 독립적인 환경도 있을 수 있다. 이는 매우 일반적인 패턴으로, 거의 모든 교수 상황이 이러한 패턴의 특수한 경우이다.

3.2. 행동의 변증법

게임을 하면서 학생은 전략을 개발하는데, 여기서 전략은 학생이 특정한 수를 택하는 이유를 보여준다. 예를 들어, 9보다 10을 말하는 학생은, 10씩 헤아리는 것이 게임과 모종의 관련이 있다고 잘못 생각했기 때문이다. 13이 행운의 수라고 생각하기 때문에 어떤 학생은 13을 말한다. 또 다른 학생은 17을 말해서 이겼던 경험에 직관적으로 주목하거나 상대방이 17을 말했을 때 자신이 불리한 상황에 처했던 것을 떠올렸기 때문에 17을 말한다. 어떤 학생은 가능한 두 수 중 하나를 무작위로 선택하는 전략을 사용한다.

일반적으로 학생은 이전 전략을 직관적으로 또는 합리적으로 개선하여 새로운 전략을 만든다. 따라서 실험을 해보고 새로운 전략을 구성한다. 전략의 효율성을 평가해서 이를 받아들이거나 거부한다. 학생이 내리는 이러한 평가는 암묵적으로 진행된다.

학생이 전략을 생성하는 과정으로 일련의 "행동 상황"이 구성되며, 이를 통해 학생은 문제 해결 방법을 "스스로에게 가르친다".

학생과 환경 사이의 이와 같은 연속적인 상호작용을 "행동의 변증법"이라고 한다. "상호작용"이라는 용어 대신 "변증법"이라는 용어를 사용한 이유는, 한편으로는 학생 스스로 자신이 선택한 결과를 예측할 수 있기 때문이고 다른 한편으로는 그러한 전략이 어떤 측면에서는 명제가 되기 때문으로, 이때 명제는 상황과의 대화인 실험을 통해 더 분명해 지거나 무효화된다.

"행동의 변증법" 단계에서 아동은 전략을 만들고 상황에 대한 표상을 구성하며, 이러한 표상은 일종의 "모델" 역할을 하여 아동 자신이 어떤 결정을 내릴 때 도움을 준다. 여기서 "모델"은, 상황과 관련이 있다고 아동이 파악한 대상 사이의 관계를 보여준다.

예를 들어, 게임의 시작 단계에서 아동은 모든 수를 똑같이 중요하게 여긴다. 그러나 행동의 변증법 단계 마지막에 이르면 아동은 17을 말하면 이기지만, 18이나 19를 말하면 이긴다고 확신할 수 없음을 안다.

또한 "14나 17을 말하면 이긴다"와 같은 패턴을 암묵적으로 따르게 된다. 아동은 모델을 형식화하기 전에 이에 따라 게임을 한다. 일반적으로 게임을 3회 정도하면 아동들은 17을 선호하기 시작하며, 6~7회 정도 게임을 해야 "이기려면 17을 택해야 해!"라고 말할 수 있다.

학생은 여러 관계 또는 규칙에 따라 결정을 내리면서도 이를 의식하거나 형식화하지 못한다. 즉, 형식화가 일어나야만 행동 규칙이 나타나는 것은 아니다. 이러한 특징을 기술하기 위해 "암묵적 모델"이라는 용어를 사용한다.

교수학적 상황 대부분은 특정한 행동 도식으로 시작한다. 그러나 "행동의 변증법"이라는 용어는, 사용할 모델을 아동이 형식화할 필요가 없는, 교수학적 상황의 엄밀한 의미를 다루는 데 쓰인다.

일부 암묵적 모델은 학습이 끝날 때까지 알게 된 몇 가지 "노하우"에 해당되기도 한다. 관찰한 바에 따르면, 이러한 암묵적 모델이 노하우 전체와 일치하는 것은 아니었다. 아동은 알고리즘을 배우는 동안에 교사가 모르는, 부적절한 모델을 개발할 수도 있다. 이처럼 부적절한 모델로 TS 및 SO에 해당하는 노하우를 정당화하는데, 그 방식이 바람직할 때도 있고 그렇지 않을 때도 있다. 예를 들면 세 번째 게임에서 아동들은 "16"이나 "18"보다 "17"을 선호하였지만, 여섯 번째 게임에서는 아무 이유 없이 14를 선호하였다. (SO)

4. 형식화–상황, 패턴, 변증법

4.1. 게임의 두 번째 부분(팀 대항 게임)

게임의 두 번째 부분에서 아동들은 두 팀으로 나뉘어 게임을 했고 다음 2가지 단계가 관찰되었다.

a) 팀 대표가 칠판 앞으로 나와 게임을 하는 단계
b) 팀 내에서 논의가 이루어지는 단계

a단계에서 팀 대표가 아닌 아동 중 1명은 팀 대표가 게임을 하면서 말한 수를 기록한다. 하지만 이 아동은 게임을 위해 어떤 행동도 취할 수 없으며 대표에게 정보를 전달할 수도 없다. 칠판 앞에서 게임을 하는 대표는 교수학적 행동 상황에 속하게 된다.

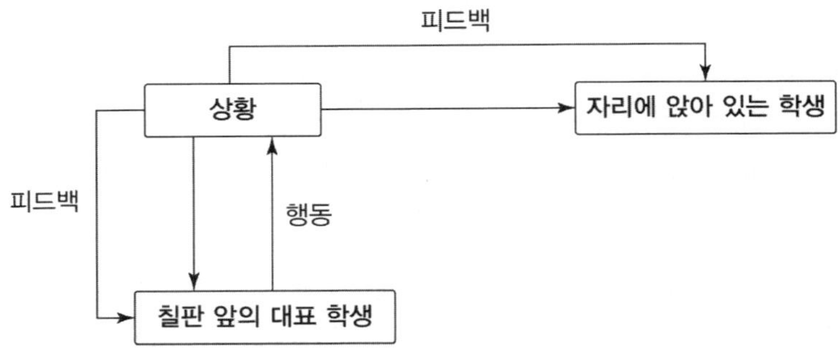

[그림 8] 형식화–상황에서 상황과 학생의 관계

b단계에서는 이제까지 진행된 모든 게임 내용, 특히 칠판에 쓰여 있는 마지막 게임 내용이 개별 학생을 위한 **환경**이 된다.

게임에서 이기려면 학생 중 누군가가 게임 방법을 아는 것, 즉 암묵적 모델을 아는 것만으로는 불충분하다. 이 학생은 어떤 전략을 사용해야 하는지 대표에게 알려주어야 한다. 이것은 해당 학생이 주어진 상황에 작용하는 유일한 방법이다. 따라서 각 아동은 대표가 사용할 만한 전략(2a 단계[6])을 예상하고 주목해야 한다.

자리에 앉아 있는 학생들이 따를 수 있는 유일한 행동 수단은 이러한 전략을 형식화하는 것이다. 이 학생들은 다음 2가지 유형의 피드백을 받는다.

---

6) 역자 주: 게임의 두 번째 부분에서 나타난 a단계임을 표현하기 위해 2a를 쓴 것으로 보인다.

– 형식화 순간에, 함께 논의하는 팀 내의 다른 학생들이 이해할 수 있다 또는 없다는 말로 제공하는 즉각적인 피드백 (2b 단계)
– 형식화한 전략이 게임의 다음 라운드에 적용되어 이기는지 지는지를 통해 환경이 제공하는 피드백

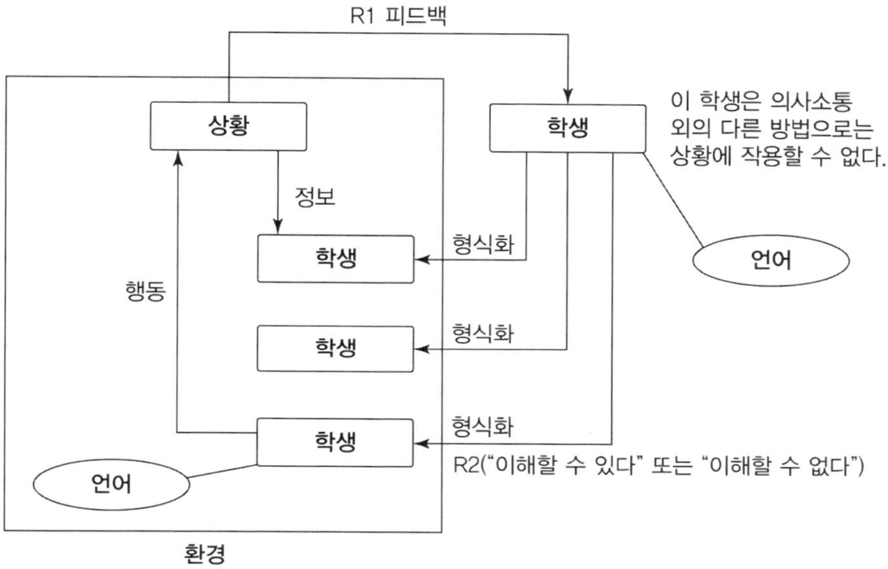

[그림 9] 형식화–상황에서 상황과 학생, 학생과 학생의 관계

자리에 앉아 있는 학생은 전략의 형식화를 통해서만 대표 학생이 해당 전략을 사용하도록 도울 수 있다. 팀 내에서 논의가 이루어지는 b단계에 의해 교수학적인 형식화 상황에 도달한다. [그림 9]는 행동 도식의 특수한 사례로, 형식화가 일어났을 때만 이러한 행동이 가능한 경우이다. 주어진 사례에서 형식화는 매우 쉽게 일어나며 특별한 언어적 표현을 필요로 하지 않는다. 모든 학생은 "이기기 위해 너는 이러이러한 수를 말해야 해"라고 거의 즉각적으로 표현할 수 있다.

4.2 형식화의 변증법

형식화의 변증법에 따라 모든 학생이 이해할 수 있는 언어가 점진적으로 구성된다. 이를 통해 학생들은 상황과 관련되는 대상 및 관계를 적절하게 고려하여 유용한 추론

을 얻고 적합한 행동을 취하게 된다. 새롭게 구성된 언어는, 이해하거나 조작하기 쉬운지, 메시지의 길이가 소통할만한지 등에 따라 매 순간마다 평가를 받는다. 이와 같은 언어나 코드 및 이에 담긴 레퍼토리, 어휘, 때로는 문법 등을 일상 언어나 형식화된 언어로 해석함으로써 행동과 행동 모델을 설명할 수 있다. 형식화 도식은 다음 의사소통 규칙을 따른다.

- 레퍼토리 및 문법에 있어서 명료성과 관련되는 질적 조건
- 말투, 소음, 모호성, 불필요한 반복, 어순, 조절 능력 등에 있어서 명료성과 관련되는 양적 조건

학생은 다음과 같이 자주 사용되는 용어와 개념에 대해 알아야 한다.

- "상대방이 이러 이러한 수를 말하면 너는 이러 이러한 수를 말해야 해"
- "네가 … 을 했어야 했어"
- "… 을 해야 하는데 너는 … 을 했어"

또한 학생들은 "바라는 것"과 "할 수 있는 것", 확실히 일어날 것과 일어날 가능성이 있는 것을 구별해야 한다. 너무 어려서 이러한 언어를 충분히 익히지 못한 아동들에게 형식화의 변증법이 적절한 역할을 한다. 이 아동들은 효과적인 어휘를 구성해야 하므로, 형식화의 변증법은 이러한 활동이 필요한 바로 그 학생들에게 좋은 학습 훈련이 된다.

이 단계에서 학생이 제안한 전략은 해당 메시지를 이해할 수 있느냐 없느냐와 같은 언어적 관점에서가 아니라 그 전략이 옳은지 또는 효과적인지와 같은 내용 타당성의 관점에서 다른 학생들과 논의된다. 예를 들어, 한 아동이 "15를 말해야 해"라고 주장하면 다른 아동이 "아니야, 첫 번째 게임에서 15를 말했는데 졌단 말이야"라고 하거나 "왜 15라고 해야 해?"라고 반응한다.

전략의 타당성에 대한 이와 같은 자발적인 논의를 "타당화 단계"라고 한다. 이때 논의는 행동을 위한 수단이다. 논의를 통해 학생들은 제안된 행동을 다른 학생이 실행에 옮기도록 한다. 확신을 주는 방법은 권위, 수사적 기법, 실용성, 타당성, 논리 등과 같이 매우 다양하다.

형식화의 변증법에서 이러한 수단은 학생의 통제권을 벗어난다. 이는 학습 목표 또는 학습 내용이 되는 타당화와 달리 암묵적인 형태를 유지한다. 학습 목표나 학습 내용으로서의 타당화를 위해서는 새로운 유형의 교수학적 상황을 조직해야 한다.

5. 타당화–상황, 패턴, 변증법

5.1. 게임의 세 번째 부분(정리의 수립)

게임의 세 번째 단계에서 학생들을 전 단계처럼 A팀과 B팀으로 나눈다.

안내: "이제 정리 만들기 시합을 합시다. 우리가 모두 수학자라고 생각하고 게임에서 이기는 전략으로 '참'임이 확실한 명제를 만들어 수학의 발전에 기여할 수 있도록 협력해 봅시다. 정리를 만들려면 이른바 '추측'을 해야 합니다. 모든 학생이 이 추측을 받아들이면 이것이 바로 정리가 될 것입니다. A팀과 B팀이 번갈아 가면서 제안한 추측을 다음과 같이 칠판에 기록하겠습니다.

추측		받아들인 추측	A팀 점수	걸린 점수	B팀 점수
A팀	B팀				
제안자: 17은 이긴다.	반대자: 맞다	17은 이긴다.	1		

[그림 10] 타당화–상황에서 팀별 추측과 점수 부여 예시

추측을 제안한 팀이 1점을 두고 내기를 한다면 "걸린 점수"열에 이를 적겠습니다. 그 다음에 일어나는 일에 따라 1점은 A팀 또는 B팀에게 돌아가게 될 것입니다. 추측을 제안하기 전에 서로 논의할 수 있습니다. 게임을 진행해 보면서 나머지 규칙을 설명하도록 하겠습니다".

유의사항: 이번 단계는 1, 2단계와 달리 표준적인 방식으로 게임이 진행되지 않는다. 규칙과 결과는 동일하지만 게임이 진행됨에 따라 학생들은 규칙과 결과를 차츰 설명할 수 있게 된다. 규칙을 일일이 열거하기가 애매하고 이해하기도 어렵기 때문에 다음과 같은 가상 수업 상황을 통해 독자들에게 규칙에 대해 설명하겠다.

교사: A팀 여러분, 게임에서 이기는 전략을 제안해 주겠어요? 제안하기 전에 서로 의논해도 됩니다. 여러분 모두가 제안자가 됩니다.

A팀의 한 학생: 17을 말하면 확실히 이길 수 있어요.

교사: "17은 이기는 수"라고 칠판에 적겠어요, A팀은 제안자가 되고 ….

B팀의 한 학생: 우리 팀이 말하려고 했는데!

B팀의 다른 학생: 그런데 난 동의하지 않아! 17이라고 말했는데 졌단 말이야. 17이 라고 말해도 질 수 있어.

교사: 잠깐만요! 제가 일단 칠판에 추측을 적고 나면 상대방 팀은, 지금은 B팀인데요, 다음 중 하나를 결정해야 해요.

- 참이라고 인정한다. 이 경우에는 1점을 상대편이 가져갑니다.
- 거짓이라고 판단한다. 이 경우에는 반대 추측에 대한 제안자가 됩니다. 예를 들어, B팀이 A팀의 추측에 반대하기로 결정하면 "17은 이기는 수가 아니다"라고 적고 제안자는 B팀이 됩니다. 그러면 2점을 얻을 가능성이 생깁니다.
- 추측이 의심스럽다고 말한다.

학생들끼리 토론을 진행한다.

B팀의 한 학생: 추측이 의심스럽다고 말하면 어떻게 되나요?

교사: 여러분은 반대자가 됩니다. 이 경우에는 걸린 점수에 2점을 추가합니다. 반대자는 다음과 같이 할 수 있습니다.

- 제안자에게 자신들이 제안한 추측에 따라 반대자들과 5회 정도 게임을 하도록 요구합니다. 제안자 또는 반대자가 얻은 점수를 칠판에 기록합니다. 반대자는 어떤 팀이든 추측을 철회할 때까지 제안자와 게임을 해볼 수 있습니다. 이 경우에 제안자가 걸린 점수를 얻게 됩니다.
- 제안자에게 수학적인 증명을 요구합니다. 증명을 제시하여 상대팀을 설득한 팀은 5점을 받고, 증명을 받아들인 팀은 2점을 받습니다. 그래서 이 전략을 앞으로 하게 될 모든 게임에 적용"하기로" 모두 동의하면 이 추측은 **정리**가 됩니다.

B팀의 b학생: 저희 4명은 우리 팀의 다른 학생들과 의견이 달라요. 저희는 추측이 의심스러워요.

교사: A팀과 17에서 시작하는 게임을 해보고 싶나요?

B팀의 b학생: 음 … 아니요, 저희는 수학적인 증명을 요구하겠습니다!

B팀의 다른 학생들: 안 돼, 안 돼! 이 추측은 확실해. 우리가 점수만 잃게 된다고!

교사: 좋습니다. 그러면 B팀 내에서 제안된 추측에 따라 게임을 하면서 논의를 진행해 보세요. 여러분은 같은 팀이니까 걸린 점수는 없어요.

교사: (B팀의 나머지 학생들에게) A팀이 b학생에게 제시할 만한 증명을 여러분이

찾으면 점수를 얻을 수 있어요. 모든 사람이 정리를 받아들였더라도 정리에 대해 증명을 요구할 수 있거든요.

5.2. 증명 태도, 증명 및 수학적인 증명

한 아동이 다른 아동을 설득하기 위해 제시하는 근거는, "권위의 손실" 없이도 받아들여질 만한 것이어야 하며, 점진적으로 유도되어 구성 및 검토될 수 있어야 하고, 형식화와 논의를 통해 합의에 이를 수 있는 것이어야 한다.

수학을 하는 것은, 옳은 수학적 메시지를 수용하거나 배우는 것, 전달하는 것만으로 이루어지지 않는다. 정리를 언급하는 것은 정보를 전달하는 것이 아니라, 누군가가 말한 바를 특정 체계에 비추어 참인지 확인하는 것이며, 모종의 의견을 뒷받침할 준비, 즉 증명할 준비가 되어 있음을 공표하는 것이다.

따라서 아동이 수학을 "아는" 것만이 문제가 아니라 특정 성질이나 정리, 전략, 모델을 받아들이거나 거부하는 근거로 수학을 활용할 수 있는 것이 중요하며 이때 필요한 것이 증명 태도이다. 증명 태도는 저절로 생기지 않기 때문에 이하에서 살펴볼 것과 같은 구체적인 교수학적 상황을 통해 개발되고 관리되어야 한다.

수학에서 "이유"는 어른의 권위에 의지하는 것만으로는 배울 수 없다. 진리는 규칙에의 순응이 아니며, "아름다움"이나 "선함"과 같이 사회적인 관습도 아니다. 진리는 충직(adherence)과 개인적 확신, 내면화를 필요로 하는데, 타인에 의해 습득한 진리에는 진리 자체가 지닌 가치의 손실이 있을 수밖에 없다. 피아제(Piaget)가 지적하였듯이 지식은 본질적으로 주체가 구성하는 것이지만, 학교 교육이 시작된 이후에는 환경과도 구체적인 관련성을 갖게 되었다. 즉, 아동이 수학을 구성하는 것은 단순히 개인적인 활동이 아니라 본질적으로 사회적인 활동이다.

수학적 추론을 조정하는 것과 같이 자연 상태의 사고에서 논리적 사고로 나아가는 것은, 수사적, 실용적, 의미론적, 통합적 방식으로 증명을 구성하거나 거부하는 활동, 서로 다른 증명 방법을 모색하는 활동 등을 통해 성취된다.

증명을 고려하는 것은 일종의 재귀적 태도를 갖는 것이다. 주체는 증명을 생각해 내는 동시에 형식화하며 글로 작성하기 때문에, 동일한 상황을 다루는 다른 증명과 비교할 수 있어야 한다. 일반적으로 주체는 행동이나 논의를 통해 증명을 암묵적인 규칙으로 사용해 보거나 검토해 본 다음에야 비로소 형식화할 수 있다.

5.3. 교수학적 타당화 상황

아동은 "실제" 상황(그림 11의 a)과, 이 상황을 형식화한 명제(그림 11의 b) 사이의 관계를 다룬다. 여기서 명제는 형식화의 변증법 단계에서 이미 논의한 여러 메시지로, 결정을 내릴 때뿐만 아니라 전략을 세우거나 상황을 설명하는 데 사용된다. 예를 들면, "네가 '14를 말해야 한다'고 했는데(b), 이번 게임에서 14라고 말해서 졌어(a)"와 같은 것이 있다.

아동은 이러한 관계를 다루는 명제를 만들어야 한다. 그러므로 바람직한 상황은 형식화의 도식을 따르게 된다. 그러나 대화 상대는 명제를 평가의 대상으로 삼아야 하며, 이때 상대방은 앞 단계에서처럼 단순한 수신자로 머물러 있을 수 없다. 즉, 대화 상대는 평가하고 있는 학생에게 피드백을 제공해야 한다. 거짓이라고 판단한 근거를 거부하거나 이의를 제기할 수 있어야 하며, 자기 차례가 되었을 때 증명을 제시할 수 있어야 한다. 즉, 이들 모두는 피드백 수단만큼이나 각자가 지닌 정보에 비추어 보아도 **선험적으로** 대칭인 입장에 있어야 한다. 교사가 자신의 권위를 줄이고 **산파**로서의 역할만 하더라도, 교사와 학생 사이의 논의는 별로 이롭지 않다.

궤변, 미사어구, 권위가 증명의 일관성, 논리, 유효성을 대신하지 못하게 하려면, 논의가 상황과 밀접하게 연관되도록 해야 한다. 이때 상황은 학생들의 담화를 반영하며 학생들의 담화에 의미를 부여한다. 이와 같은 이중적인 국면 R1과 R2는 필수적이다.

"20으로의 경주"를 예로 들면, 학생들이 다음과 같은 방식을 취함에 따라 명제는 실제와 마주하게 된다.

- 여러 차례 실행한 게임에서 사례를 가져오지만, 항상 증명을 제시하는 것은 아니다.
- 다른 학생에게 자신이 제안한 전략에 따라 게임을 하도록 요구한다.
- 다른 학생에게 자신이 거부한 전략을 따르는 상대방과 게임을 하도록 요구한다.
- 실수를 지적인 방법으로 확인하여 이익을 취한다.

이상을 통해 [그림 11]과 같은 결과를 얻는다.

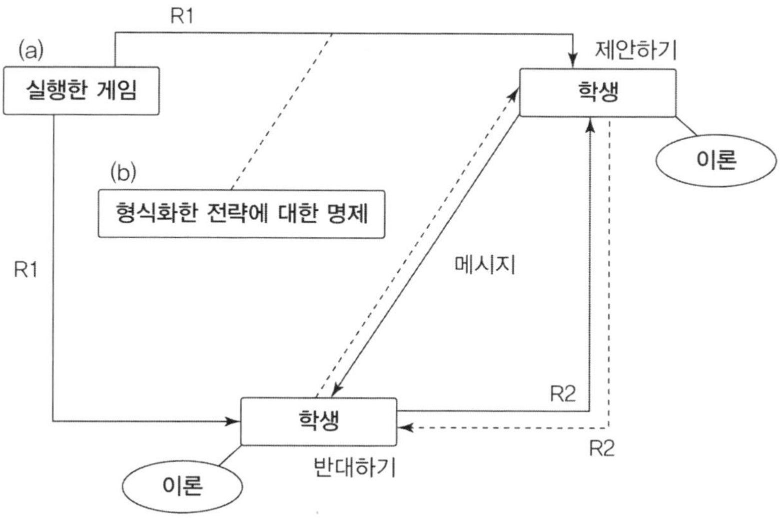

[그림 11] 타당화 – 상황에서 학생이 받는 피드백[7)]

유의사항: 이 패턴은 레퍼토리, 특히 정리의 레퍼토리인 이론을 구성하거나 재조직하는 사회적 상황의 특징을 나타낸다.

5.4. 타당화의 변증법

타당화의 교수학적 도식에 의해 학생들은 상황에 대한 논의를 진행하며 암묵적으로 타당화한 바를 형식화하지만, 학생들의 추론은 다소 불충분하거나 부정확하고 때때로 엉성하기도 하다. 학생들은 틀린 이론을 택하기도 하고 잘못된 증명을 받아들이기도 한다.

타당화의 교수학적 상황에서 학생들은 자신의 의견을 수정하고 발전시켜 거짓인 이론을 참인 것으로 대체한다. 이러한 발전 과정에 변증법적 특징이 있다. 잠정적으로 거짓인 것처럼 보이는 가설일지라도 얼마든지 받아들여질 수 있다.

증명 체계는 다음과 같이 여러 역할을 한다.

– 암묵적 도구 역할. 예를 들어, 학생들은 형식화되지 않은 사실, 증명의 논리적 모델 또는 암묵적 모델을 암암리에 수용한다.

7) 역자 주: [그림 11]에서 R1은 실제 상황(예, 실행한 게임)에서 받는 피드백을, R2는 다른 학생에게서 받는 피드백을 뜻한다. 이는 [그림 9]에서도 마찬가지이다.

– 추론의 이유를 명시적으로 표현하는 도구 역할
– 논리적, 의미론적, 실용적인 증명을 위한 학습 대상의 역할

실제 교실 상황에서 이러한 역할이 등장하는 순서를 규명하는 것은 불가능하지만, 이러한 방식을 통해 "수학 이론"이 점진적으로 구성된다. 여기서 "점진적으로"라는 말이 공리적 패턴을 따른다거나 정리의 수가 차근차근 늘어나는 것을 의미하지는 않는다.

다음은 좋은 근거와 나쁜 근거의 예이다.

지적 근거: 17을 말하면 상대방이 18이나 19를 말해도 내가 20을 말할 수 있으므로 이긴다.

의미론적 근거: 15를 말할 때마다 졌기 때문에 15를 말하면 진다.

실용적 근거: 14를 말하면 이긴다. 증명? 한 번 해보자, 내가 이겼다(아동은 실제로 게임을 해서 자신이 말한 바를 확인한다).

아동들은 오류를 탐색할 기회를 가져야 한다. 이 점이 지식을 구성하는 데 필수 요건임을 차후에 살펴볼 것이다.

이제까지 교수학적 상황에 걸친 여러 피드백의 차이를 기술하였다. 이러한 피드백은 지적 증명, 의미론적 증명, 실용적 증명과 같이 증명의 서로 다른 유형에 부합한다. 타당화의 변증법은, 다양한 행동의 변증법이나 용어 설정과 같은 형식화의 변증법으로 이루어진다. 즉, 타당화의 변증법은 그 자체로 형식화의 변증법이며 그러므로 행동의 변증법이 된다.

유의사항: 각 단계마다 정리를 만들 때 어떤 "결과물"이 생기는가?

행동 단계에서는 행동 자체를 통해 다음 표에 있는 것처럼 이기기 위해 필요한 주요 숫자를 암묵적인 정리의 형태로 얻게 된다.

정리	20	17	14	11	8	5	2
				정리가 출현하는 데 필요한 게임 횟수			
행동 상황	1	3	9	15*	26*	46*	–
행동 후 형식화 상황	1	4	16	–	–	–	–
증명 상황	1	6	10	10	–	–	–
제도화	1	4	9	10	10	10	10

* "11"은 15번째 게임에서 정리로 나타났다가 30회 게임 이후에 사라졌다. 정리인 "8"은 26번째에 나타나서 대략 15회 정도 더 유지되다가 사라졌다. 정리인 "5"는 46회 게임에서 나타났다.

[그림 12] 정리가 출현하는 데 필요한 게임 횟수

일반적인 결과와 결론: 맨 마지막에 도달해야 하는 "20"에서부터 거꾸로 생각할 때 전략을 찾을 수 있다. 이러한 발견은 순차적으로 이루어지지만, 20에서 멀어짐에 따라 그 속도는 점점 느려진다. 증명 상황에서 재귀를 통해 추론을 진행하기는 하지만 증명 도식을 자체적으로 강화하거나 적절한 방식으로 다시 적용하지는 못한다. 형식화는 암묵적으로라도 정리를 구성한 다음에야 나타난다. 2단계에서 학생들 사이에 진행된 비형식적인 논의는 새로운 정리를 생성하거나 확신을 강화하는 데 전혀 기여하지 못하며, 증명을 제시한 학생들까지도 추측을 의심하게 만든다. 타당화 상황에서 학생들은 증명과 수학적 증명의 체계를 잡아가는데, 이러한 상황 자체가 게임으로 진행된다. 게임에서 실행한 것은 어떤 상황에서든 제도화를 통해 견고히 할 필요가 있으며 이를 통해 어디서든 사용할 수 있게 된다.

"7로의 경주"와 관련해서는 관찰한 학습 곡선을 해석하는 통계 모델이 있지만 "20으로의 경주"에는 그러한 모델이 없다. 학생들은 여러 인지 전략을 실행해 보는데, 예를 들어, 끝에서 출발하여 몇 개의 항을 정하고 최종 정리보다 6이나 7 정도 작은 수까지 체계적으로 게임을 해보는 시행착오를 통해 점점 앞으로 나아간다.

CHAPTER

01

교수학의 토대와 방법

1. 교수학의 연구 대상
2. 여러 교수학적 현상
3. 모델링에 필요한 요소
4. 예측 모델링의 일관성과 비일관성
5. 교수학적 상황을 모델링하는 방법과 수단
6. 비교수학적 상황

서 문

이 장은 브루소(Brousseau)가 1984년부터 1985년 사이에 작성하여 1986년 12월에 박사 학위 논문으로 제출한 글을 요약한 것이다. 이는 교수학적 상황론을 포괄적으로 정리하여 처음으로 발표한 것이다.

이 글의 목적은 브루소가 20년 이상 연구한 여러 개념을 종합하여 형식화하고 이를 일관된 이론적 틀로 조직하는 것이다. 논문의 서문에 해당하는 초록에서 브루소는 자신의 논문 내용을 효과적으로 설명하기 위해 택한 방법을 다음과 같이 소개하였다.

"논문 내용을 차근차근 천천히 설명하고자 한다. 왜냐하면 다루게 될 새로운 개념이 3가지 서로 다른 **연구 방법론적 문제**(*problématiques*)[1)2)]와 관련되기 때문이다.

첫 번째는 적절성(relevance)이다. 가장 우선시 되는 바는 인간관계를 적절히 기술하는 수단으로 **교수학**(*didactique*)의 여러 개념을 사용하는 것이다. 교수학 연구자들이 과거 10년 동안 축적해온 사례는 교수 상황의 노화나 계약의 효과와 같이 몇몇 교수학적 현상을 "설명"하는 데 기여하였다. 그러나 교수 현상을 분석하는 실제적인 방법이 되도록 이러한 현상을 서로 연결시켜 주지 않으면 "관찰"로부터 얻은 의견은 지나치게 자명한 것이 되든지 아주 이상하거나 단조로운 것이 된다.

이로부터 완전성(exhaustiveness)이라는 두 번째 **연구 방법론적 문제**가 유도된다. 이 문제는 관련되는 모든 현상이 다루어졌는가에 주목한다.

세 번째 **연구 방법론적 문제**는 일관성(consistency)으로, 이는 가장 새로운 문제로 볼 수 있다. 현장에서 교사들이 개념을 적절히 사용하여 모든 사례를 설명할 수 있다면, 이러한 개념의 일관성에 대해 교사들이 책임질 필요가 없기 때문이다."

편집자

---

1) problématique는 구체적인 이론적 틀과 관련되는 연구문제를 이른다. 앞으로 이와 같은 의미로 연구문제를 고려하거나 표현할 때 problématique라는 용어를 사용한다.
2) 역자 주: 국문으로는 '연구 방법론적 문제'로 옮긴다.

CHAPTER 01

교수학의 토대와 방법[3)]

1. 교수학의 연구 대상

1.1. 수학 지식과 교수학적 변환

참이라고 인정되는 지식은 다양한 형태로 표현되는데, 예를 들어, 질문과 답의 형태를 띨 수 있다. 수학에서 고전적인 형태 중 하나는 공리적인 표현이다.

공리적 표현은 학문적 장점을 가질 뿐만 아니라 교육적 요구에도 아주 잘 어울리는 것처럼 보인다. 공리를 통해 예전에 다룬 개념에 비추어 공부할 내용을 규정할 수 있으며 이미 알고 있는 지식과 관련하여 새롭게 배운 내용을 조직할 수 있다. 이를 통해 학생과 교사는 교수-학습 활동 순서를 파악할 수 있으며, 단시간 내에 수학자들의 지식과 매우 유사한 수학 지식을 최대한 많이 습득할 수 있다. 이러한 활동의 마무리 단계에서 학생은 습득한 지식을 예제나 문제의 풀이를 채우는 데 활용한다.

그러나 공리적 표현은 수학 지식의 역사적 발자취, 즉 주요 개념의 발생을 촉발한 일련의 어려움, 새로운 문제에 이러한 개념을 적용할 때 생기는 의문점, 다른 분야의 발전으로 인해 새롭게 유입된 기법 및 질문, 오류로 판명된 견해에 대한 거부, 개념과 관련된 수많은 논쟁 등을 없애버린다. 공리적 표현은 그 외연으로 인해 과학의 "진정한" 기능을 숨겨서 과학적 본질에 대해 정확히 의사소통하거나 기술하는 것을 불가능하게 하며 가상의 기원으로 이를 대체한다. 공리적 표현은 수학을 지도하는 것이 좀 더 용이하도록 개념과 원리를 고립시키며, 지식의 본질, 의미, 발생 동기, 쓰임새 등을 알려주는 일련의 활동을 개념 및 원리로부터 분리시킨다. 또한 공리적 표현은 수학적 개념과 원리를 교실 맥락에 맞추어 바꾸어 놓는다. 이를 인식론 연구자들은 **교수학적 변환**(*didactical transposition*)으로 명명하였다. 공리적 표현은 학문적인 체계를 세울 때조차도 나름의 용도와 역할, 한계가 있다. 공리적 표현이 불가피한 경우가 있지만, 그와 동시에 어떤 의미에서는 아쉬운 부분도 있기 때문에 지속적으로 주목할 필요가 있다.

---

3) Brousseau(1986), Fondations et méthodes de la didactique des mathématiques. *Recherches en didactique des mathématiques*, 7(2), 33–115.

1.2. 수학자의 활동

수학자는 자신이 발견했다고 생각하는 바를 사람들에게 알리기 전에 이를 먼저 확인해야 한다. 그러나 사고의 미로 속에서 다른 사람의 흥미를 끌만한 새로운 지식의 실마리를 구별해 내는 것은 쉬운 일이 아니다. 증명하는 일은 본래의 추측을 얻는 과정과는 아주 다르다. 수학자는 오래된 것이든 새로운 것이든, 유사한 관련 지식을 전체적으로 재조정함으로써 증명을 시작한다.

또한 수학자는 실수나 우연한 성공처럼 부적절한 모든 사고 과정을 은폐하며, 성공으로 이끈 개인적인 성향이나 이와 같은 방식으로 연구하게 된 계기 등을 숨긴다. 사소한 것은 피하면서도 평범한 유의 사항조차도 능숙하게 배경화한다. 결과가 타당한 아주 일반적인 이론도 찾아서 제시해야 한다. 즉, 지식의 생산자인 수학자는 자신이 얻은 결과를 최대한 탈개인화, 탈배경화, 탈시간화한다.

위와 같은 수학자의 활동에 힘입어 독자는 수학자와 같은 발견의 과정을 거치지 않고도 지식을 습득할 수 있으며 그 타당성을 확신함으로써 해당 지식을 활용하는 이득을 얻을 수 있다.

한편 독자들은 필요에 따라 수학자가 생산한 지식을 변형하거나 재형식화하며, 적용 및 일반화한다. 때때로 독자들은 이미 알고 있던 사실에 기초하여 지식을 규정하거나 보다 확고한 지식에 포함시킴으로써, 또는 단순히 잊어버리거나 틀리게 표현함으로써 이를 파손하기도 한다. 지식은 발견되는 순간부터 수학자에게 부과된, 의사소통이라는 요구사항에 따라 조직된다. 이러한 이유로 지식은 끊임없이 변형되며, 그 의미 역시 상당한 수준으로 변화한다. 교수학적 변환은 학문 공동체 내에서 폭넓게 진행되어 일반적인 문화 공동체, 보다 정확히 말하면 **교수학적 변환의 주체**(*noosphere*)[4)5)]에게 넘어간다. 수학자 공동체가 기능하는 양상은, 개인화/배경화를 위해 투자한 노력과 수학적인 질문 사이의 관계에 의존하며, 지식을 가능한 한 객관적으로 문자화하기 위해 개인화/배경화에서 벗어나려는 의도에 따라 달라진다.

---

4) 편집자 주: "noosphere"는 20세기 들어 샤딘(Chardin)이 만든 용어로, 간단히 말하면 아이디어의 집합체 또는 사고의 결과를 의미한다. 1970년대에 쉐바야르(Chevallard)는, 교수학적 변환론에서 교수학이 하는 역할을 "패러디하여", 교수학적 작용에 대해 숙고하는 인적 공동체를 지칭하는 데 이 용어를 사용하였다(Chevallard, 1985, p. 25; Arsac, 1992). 교수학적 변환론의 최근 연구 성과는 Chevallard(1992)를 참고하기 바란다.

5) 역자 주: noosphere는 교수학적 변환에 관한 모든 정신(noo-)의 공간(sphere)으로, 수학자, 수학교육연구자, 교육정책 입안자, 행정가 등 교수학적 변환에 관여하는 모든 주체를 지칭한다.

1.3. 학생의 활동

학생의 지적인 활동도 수학자의 활동과 동일해야 한다. 수학을 안다는 것은 단순히 정의와 정리를 배워서 언제 이를 사용하면 되는지 인지하는 것을 의미하지는 않는다. 흔히들 수학을 잘한다는 것은 문제를 잘 해결하는 것이라고 생각한다. 문제를 해결하려고 할 때에야 비로소 수학을 하는 것은 맞지만 문제 해결은 수학적인 활동의 일부에 지나지 않는다. 좋은 질문을 찾는 것은 해법을 찾는 것만큼 중요하다. 학생이 진정한 수학적 활동을 재현하기 위해서는 모델과 용어, 개념과 이론을 직접 만들고 형식화하며 이를 증명하고 체계화하는 경험을 할 필요가 있다. 또한 학생은 이를 다른 사람과 나눌 수 있어야 하며 지적인 문화에 적합한지 살펴볼 수 있어야 하고, 자신에게 유용한 바를 차용할 줄도 알아야 한다.

학생들이 이러한 활동을 하도록 교사는 학생들이 실제로 받아들일 만한 상황을 설계하여 제시함으로써 제안된 문제의 적합한 해로서 지식을 발견할 수 있도록 하여야 한다.

1.4. 교사의 활동

교사의 활동은 어떤 면에서 수학자의 활동과는 반대이다. 교사는 지식을 **재배경화, 재개인화**해야 한다. 이를 통해 학생은 상대적으로 구체적인 조건에 적절히 반응함으로써 지식을 구성할 수 있으며, 이러한 조건은 학생이 지식을 이해하는 데 핵심적인 역할을 한다. 개별 지식은 특정 상황에 대한 적응에서 비롯되어야 한다. 산술이나 대수가 만들어지거나 쓰이는 맥락 또는 관계에서 확률론을 만들 수는 없다.

교사는 교실을 탐구 소공동체로 조직하여, 학생들이 질문을 제기하거나 논의를 진행할 때 지식을 경제적으로 활용하도록 해야 하며, 형식화 상황에 적응하기 위한 도구로 용어를 만들고 다른 학생들을 설득하는 수단으로 수학적인 증명을 사용하도록 해야 한다.[6]

한편 교사는 학생들이 이상과 같은 활동을 통해 교실 공동체에서 의사소통 가능한 **지식**을 발견하는 방법도 제시해야 한다. 학생들은 지식을 **재탈배경화, 재탈개인화**하여 학문적 문화 공동체에서 통용되는 지식으로 자신들이 창조한 바를 구체화할 수 있어야 한다. 물론 이상과 같은 모든 활동은 일종의 모의실험이다. 공리적으로 표현된 지식이

6) 편집자 주: 서론의 각주 3을 참조하기 바란다.

"진정한" 지식이 아니듯이 이상의 활동도 "진정한" 학문적 활동은 아니다.

1.5. 초보적인 소박한 질문과 핵심 질문

지식에 대한 의사소통 문제를 다루는 것은 상당히 고전적인 주제이다. 이제 언급할 필요가 있는 몇 가지 사실을 살펴보고 흥미로운 질문을 제기해 보자.

무엇보다 이러한 문제를 다룰 때는 **앎**(*knowing*)과 지식(knowledge)[7]의 발명과 실행 및 의사소통에 영향을 미치는 사회 문화적 활동이 상당히 강조된다.

고전적 관점은 주체의 인지적 활동을 중점적으로 다루는데, 이때 주체의 인지적 활동은 상대적으로 독립적인 방식으로 설명되며 이해된다. 나아가 가르치는 데 필수적인, 지식에 대한 지식 역시 수학 및 인식론을 통해 독립적으로 습득할 수 있다고 암묵적으로 가정한다. 교육과 관련되는 사회적 측면에 대한 지식도 마찬가지이다. 즉, 고전적 관점에 따르면 이처럼 초보적인 지식에서 교수에 필요한 주요 시사를 얻을 수 있으며, 이는 "소박한" 검토만으로도 곧바로 적용할 수 있다.

여기에 미묘한 문제가 몇 가지 있다. 본래 학문적 지식인 것을 어떠한 변형도 없이 그자체로, 즉 독립적으로 활용하여 적절히 통제된 방식에 따라 교수 상황과 성과를 설명할 수 있는가? 그렇지 않다면, 교수학적 상황을 연구하기 위해 새로운 개념, 지적 위계, 관련되는 방법 등을 새롭게 만들어야 하는가?

교수학(*didactique*)의 기본 전제는, 지식의 발현을 관장하는 전체적인 상황을 연구함으로써 기원이 서로 다른 지식을 선별하여 이들 사이의 관계를 다룰 수 있다는 것으로, 이러한 지식에는 주체가 사용하는 지식 항목과 이를 수정하는 방식뿐만 아니라 주체의 인지 활동을 이해하는 데 필수적인 지식 등이 포함된다.

더 강력한 두 번째 전제는, 교수학적 상황에 대한 이상과 같은 탐색을 통해 최종적으로는 다른 학문 분야에서 차용한 필수 개념의 토대를 마련하고 이를 보완할 수 있다는 것이다.

언어학이나 심리학, 수학에서 다루지 않는 의미, 기억, 구조, 소수(decimal) 등과 같은 개념의 "교수학적 다양성"이 고전적 관점에 존재하는가?

교수는 사회적으로 계획된 활동으로 이를 통해 학생들은 사실이라고 확인되었거나

---

7) 편집자 주: 브루소가 자주 사용한 프랑스어 "connaissance"와 "savoir"를 구별하여 각각 "앎(a knowing)"과 "지식(knowledge)"으로 번역하였다. 전자는 개인적인 지적, 인지적 구성물로서 무의식적으로 형성되는 것 이상을 의미한다. 후자는 사회적으로 공유되고 승인된 인지적 구성물로 명확성을 그 특징으로 한다.

확인 과정에 있는 지식을 다룰 수 있게 된다. 이러한 견해는 교수를 초보적인 철학적 고려 대상이 아니라 상황의 일부인 연구 대상으로 다루어, 교수의 핵심 관심사가 지식에 대한 문화 정치적 논의에 있음을 상기하게 한다.

학습은 본질적으로 개별적인 활동이 아닌가? 학습을 이해하기 위해 이를 폭넓은 맥락 하에 둘 필요가 있는가? 경제적인 조건만 현실적으로 해결된다면 개별 지도가 최적화된 교수 방식이 아닌가?

지식을 다루거나 수정하는 데 필요한, 상황에 대한 지식이 교수 방법과 관련하여 기능적인 역할을 한다는 점을 인정하더라도, 여전히 주요한 의문이 남는다. 이미 살펴보았듯이, 지식은 그것이 발생한 조건을 없애거나 망각함으로써 체계화될 수 있기 때문에, 지식을 문화적 대상으로 격상시키면 지식에 대한 의사소통 및 지식의 구성을 심각하게 방해하지 않을까 하는 것이다.

학생을 가르치는 교사가, 상식과 같은 일반 지식, 특별한 훈련 없이도 습득 가능한 교육학 기법, 더 나아가 가르칠 지식 그 자체만을 아는 것으로 충분치 않은 이유가 무엇일까?

학습에 대한 연구, 특히 교수에 대한 연구와 관련되는 학문적인 탐색이 지닌 역할을 이와 같이 살피는 것이 어느 정도로 필수적인지 의문이 생길 수 있다. 비슷한 점이 있다면 어느 정도이며 어떤 조건이 주어졌을 때인가?

위 질문에 답하기 위해서는 바람직한 교수학적 공학(*didactical engineering*)[8)]이 수반된, 바람직한 인식론이 필요하다. 교수학은 지식에 대한 의사소통을 연구하며 그 연구 대상을 이론화하지만 이를 위해서는 다음 2가지 조건이 충족되어야 한다.

- 교수학이 제안하는 개념으로 설명할 수 있는 구체적인 현상을 명확히 한다.
- 교수학의 목적을 달성하는 데 쓰이는 구체적인 입증 방법을 보여준다.

수학 교수학이 학문적인 방법으로 연구 대상을 다루어 수학 교수에 조심스럽게 영향을 미치기 위해서는 이상과 같은 2가지 핵심 조건이 필요하다.

---

8) 역자 주: 교수학적 공학은 교수학의 이론적 국면과 수업의 경험적 실제에 대한 관계를 규명하는 데 교수학적 상황론이 주목함을 보여준다(Barquero & Bosch, 2015). Artigue(2008)에 따르면 교수학적 공학을 통해 수학 지식을 모델링하고 수학 교수를 조직할 때 상황에 주요한 역할을 부여할 수 있으며, 수학적 지식에 행동－형식화－타당화라는 서로 다른 기능을 배정할 수 있다. 또한 실험이나 설문조사에 기초한 연구 결과를 실제 수업의 복잡성에 비추어 해석할 수 있으며, 연구와 수업 개선 사이의 관계를 탐색할 수 있다. 1990년대에 들어 교수학적 공학은 교사 교육과정 설계 및 전문성 개발의 틀로 활용되기 시작하였다(Artigue, 2014),

2. 여러 교수학적 현상

교수학적 변환의 영향으로 발생하는 몇 가지 현상을 다양한 배경에서 논의해 보자. 동일한 현상이 개인 지도의 친밀도를 좌우하거나, 여러 세대에 걸쳐 공동체 전반에 영향을 미칠 수 있다. 이러한 현상을 구체화함으로써 핵심 개념에 대한 "모델"을 구성하여 이를 둘러싼 관계 및 제약을 분명히 하고, 이러한 제약의 상호작용에서 관찰된 효과와 진전에 대해 설명하고자 한다. 이를 위해 실제로 관찰된 복잡한 사례보다는 독자에게 익숙한 간단한 예시를 활용한다.

2.1. 토파즈 효과와 불확실성의 통제

마르셀 파뇰(Marcel Pagnol)의 유명한 희곡 **토파즈**(*Topaze*)에서 첫 번째 장면은 초등학교 수업 상황을 묘사한다. 토파즈는 성취도가 낮은 학생에게 받아쓰기 시험을 내고 있다.

> "Two lambs were safe in a park" 토파즈는 학생이 너무 많이 틀리지 않도록 하면서도 한편으로는 철자를 곧바로 가르쳐 주지도 않는다. 그는 점점 더 명확한 교수학적 힌트로 "Te－woo…. lambs …. were safe in a park"와 같이 발음함으로써 철자를 숨기면서 동시에 답을 "알려 주고" 있다. 이는 원래 학생에게 철자법과 문법을 묻는 문제였지만, "Te－woo lambs …. were…"는 완전히 다른 문제가 되었다![9] 학생이 실수를 계속할수록 토파즈는 학생이 알고 있다는 근거를 찾으려고 더욱 노력한다. 결국 토파즈는 철자를 맞게 쓰도록 하는 조건과 슬쩍 타협하고 만다. 토파즈는 학생이 철자법 규칙을 암기하여 여러 번 반복해서 써보도록 한다. 교수 활동 전체는 "two"를 쓸 때 "w"를 넣어야 한다와 같은 간단한 명령어의 전달로 대체됨으로써 실패한다. 교사는 결국 철자를 익히는 핵심적인 학습 활동에 대한 모든 책임을 떠맡는다.

---

9) 편집자 주: 원래 희곡에서 토파즈는 받아쓰기 시험을 낸 뒤 등을 점점 구부리면서 어린 소년이 작성하는 것을 지켜본다. 학생이 실수하는 것을 보자 철자를 가르쳐 주려고 "*Des moutons … moutonss. Voyons, mon enfant, fait un effort. Je dis moutonsse*" (Pagnol, Topaze, Scene 1, Act 1)과 같이 발음한다. 프랑스어로 양(lamb)인 "mouton"의 복수형 "moutons"에서 "s"는 묵음이기 때문에 이와 같은 비유가 생길 수 있다. 영어권 독자들을 위해서 주어진 상황을 버지니아 워필드(Virginia Warfield)가 지적한 바 있는 "two"와 관련된 이슈로 대신하였다. 어린 아동들은 종종 "two"를 "to" 또는 "too"와 혼동한다.

학생이 찾아야 할 답은 사전에 결정되어 있다. 교사는 학생이 답을 말할 수 있는 질문을 선택한다. 답을 찾는 데 필요한 지식과 그 지식의 본질은 당연히 변화할 수밖에 없다. 교사는 점점 더 쉬운 질문을 선택함으로써 최대한 많은 학생들이 적절한 답을 찾을 수 있도록 한다. 목표하는 지식이 완전히 사라지면 **토파즈 효과**(*Topaze effect*)가 작용하였다고 한다. 질문이 바뀌는 동안 보존되는 지식의 의미는 가르칠 내용에 대해 교사가 지닌 지식에 의해 결정된다. 그러나 교사가 "상식적으로" 구성하는 학습 상황 및 이에 대한 조치는 최근에 수행되는 실행 연구의 대상으로, 이러한 연구는 교수학적 공학[10] 만큼이나 이론도 많이 다룬다.

2.2. 죠르단 효과 또는 기본적인 오해

죠르단 효과는 **서민 귀족**(*le Bourgeois Gentilhomme*)[11]이라는 희곡에서 철학 교사가 죠르단에게 산문과 운문이 무엇인지를 가르치는 장면에서 따온 것으로 토파즈 효과의 일종이다. 교사는 학생과 지식에 대해 논하는 것을 피하거나 학생의 잘못을 모른 척하기 위하여 학생의 행동이 실은 별것도 아닌 이유나 의미에서 기인하였음에도 이를 수학적인 지식의 발현으로 간주해 버린다.

희곡에서 해당 장면은, 평범한 행동을 신성하게 포장하기 위해 반복적으로 사용하는 학구적인 담화의 부조리를 유머의 대상으로 삼는다. 예를 들어, 작은 요구르트 병 몇 개로 기이한 조작을 하고 거기에 그림을 그려 넣은 학생에게 "너는 방금 **클라인 군**(*Klein group*)을 발견했구나"하고 교사가 반응한다면 이는 죠르단 효과와 관련된다.

교사는 학생의 친숙한 행동에서 지식의 증거를 찾고자 노력한다. 이 과정에서 지식의 문제는, 은유 또는 환유에 의해 구체화된 하나의 사례를 다루는 문제로 바뀌며, 이는 상황에 적합한 의미를 부여하지 못한다. 2가지 문제는 보통 나란히 등장하며 교사는 "최선"의 절충안을 찾기 위해 노력한다.

학생의 사전 지식에 주목하는 교육학적 조치는 죠르단 효과를 초래하지만, 60년대 수학교육 개혁 운동과 이러한 개혁 운동이 제안한 수학적인 구조의 활용은 이러한 게임을 현실화하는 강력한 분위기를 조장하였다.

동시에 구조주의 이데올로기는 이상과 같은 분위기에 인식론적 정당성을 부여하였으며, 이로 인해 이중 죠르단 효과가 일어나게 되었다. 첫 번째는 학생과 교사 사이의 관계에서 발생하는 수준으로, 학생은 하나의 예를 다룰 뿐인데 교사는 학생이 구조를

---

10) 편집자 주: 교수학적 공학에 대한 연구는 Artigue(1992)를 참조하기 바란다.

11) 편집자 주: Molière, The Bourgeois Gentleman. Albert Bermel(1987)의 번역본 51-63쪽.

본다고 생각하는 경우이다. 두 번째 수준은 교수학 연구자(didactician)[12] 또는 수학자와 교사 사이의 관계에서 나타난다. 교사가 이론적인 토대 없이 그저 실행한 것을 교수학 연구자나 수학자가 철학적이거나 수학적인 방식으로 정당화하면서 교사의 실행을 "신성한 것으로" 보는 경우이다. 교사의 실행 속에서 모종의 구조를 인식하는 것은 교사가 아니라 연구자이다.

2.3. 메타인지 이동

교사가 교수 활동에서 실패하면 자신을 정당화하고자 하며, 교수 활동을 계속하기 위해 가르쳐야할 수학 지식을 대신하여 자신이 만들어낸 어구나 표현, 발견술 등을 수업 내용으로 삼게 된다. 이러한 현상은 반복적으로 발생하여 공동체 전반에까지 영향을 미치며, 결국에는 개개인의 통제를 벗어나 교수 과정 자체를 구성하게 된다. 가장 대표적인 사례는 1960년대에 수학적인 구조를 지도하려고 다양한 그래픽을 활용한 경우로, 이러한 방법은 패피(Papy)로부터 비롯되었다.

1930년대 말이 되자 집합론은 이 분야가 생긴 원래 이유에서 멀어져서, 메타수학과 형식론을 가르치고자 하는 교사들에 의해 교수 방법으로 활용되기 시작하였다. 교사들은 집합론을 의미론적으로 통제하여, 즉 "단순하게" 만들어서 학생들에게 소개하였다. 실수를 피하기 위해 여러 공리를 적용하는 것으로는 충분치 않았다. 교사는 설명하는 바를 알 필요가 있었으며 실수를 피하는 데 도움이 되는 역설도 알아야 했다. 이처럼 제한적으로 지식을 다루는 것은 보편적인, 즉 좀 더 "구문론적인" 수학적 취급과는 다르다. 집합론을 이와 같이 교수학적으로 활용하게 되자, 다른 여러 이론도 공리적으로 표현할 수 있게 되었는데, 이는 좀 더 고전적인 타협이라고 볼 수 있다.

학생들이 어려질수록 교수 방법은 교수 대상이 되었다. 지식을 의미론적으로 통제함에 따라 다양한 그래픽 표현을 지닌 "모델"[13]이 필요하였으며, 이러한 모델을 얻기 위해 오일러(Euler)[14]까지 거슬러 올라갔다. 그러나 이 "모델"은 실제로 올바른 모델이

12) 편집자 주: 이 신조어는 프랑스어 "chercheurs *en Didactique*"을 옮긴 것이다.

13) 오일러 다이어그램, 벤다이어그램, 패피의 "*patates*" 등을 말한다. 편집자 주: 조지 패피(Georges Papy)가 말할 때는 단어 *patates*(감자)를 사용하였지만 글로는 단어 *figure*(숫자, Papy, G., 1964)를 썼으며, 아동들과 교사들은 단어 *patates*를 사용하였다. 추후에 프레데릭 패피(Frederic Papy)가 좀 더 정확하고 우아한 용어 *papygramme*를 도입하였다(Papy, F., 1970).

14) Euler(1768), Lettres à une princesse d'Allemagne sur divers sujets de physique et de philosophie. 1761년 2월 14일자 편지 XXXIV에 있는 그림 39부터 그림 89까지를 참조하기 바

되지 못하였다. 기대했던 통제가 제대로 이루어지지 않았으며, 가르치는 데 어려움만 가져왔다. 이러한 어려움 때문에 교수 "방법"이었던 것이 교수 대상이 되었으며, 모든 학교 급에서 그 자체로 가르치고 설명해야 하는 관행이자 구체적인 언어가 되었다. 이처럼 교수 활동에서 관행과 설명이 많아질수록, 학생들은 관행과 설명에 끼워 맞춰진 상황을 더욱더 통제할 수 없게 된다.

이상과 같은 현상이 "**메타인지 이동**"이다. 메타인지 이동에 의해 일어나는 극단적인 결과를 상식만 있으면 피할 수 있다고 여기는 것은 순진한 생각이다. 어떤 희생을 치르더라도 가르쳐야 한다는 의무에서 교사가 벗어나지 못하는 한 이러한 교수학적 현상의 영향력을 막을 수 없다. 타협을 지지하는 일반 대중의 수가 많아질수록, 이러한 현상을 상식이라는 "순수한" 방법으로 통제하기는 더욱 어렵게 된다.

상식은, 다른 올바른 요인과 마찬가지로 적절한 사회 구조의 중재를 통해서만 제대로 기능할 수 있다. 메타인지 이동과 같은 "실수"는 학문 분야로서 수학을 잘 몰라서 일어나거나 도외시해서 일어나는 것이 아니다. 병폐가 실수와 같은 행동에서 기인하는 경우는 일부에 불과하다.

2.4. 유추의 부적절한 사용

유추를 사용하는 사람이 이에 대해 책임감을 가질 때 유추는 아주 훌륭한 발견술이 된다. 그러나 교수학적 관계에서 사용되는 유추는 토파즈 효과라는 어마어마한 결과를 불러오지만 너무 자연스럽게 쓰이는 경향이 있다. 어떤 내용을 충분히 학습하지 못한 학생들에게는 같은 내용을 다시 다루어보게 하는데, 학생들도 이 점을 알고 있다. 새로운 문제가 이전의 것과 유사하다는 사실을 숨겨도 학생들은 두 문제 사이에 비슷한 점을 찾으려고 하며 이는 어떻게 보면 당연한 일이다. 이를 통해 학생들은 현재 다루고 있는 문제에서 이전에 다루었던 문제의 풀이로 거슬러 올라간다. 이러한 학생들의 반응이 주어진 문제에 적합한 풀이를 찾았다는 것을 의미하지는 않는다. 학생들은 겉으로 드러난 외적 실마리를 알아챘을 뿐이며, 이는 학생들이 했으면 하고 교사가 기대한 것이다.

학생들은 문제를 직접 다루어서가 아니라 교수학적 실마리를 읽어서 풀이를 찾으려고 한다. 학생들이 이처럼 하는 이유는, 충분히 이해되지 못한 정체불명의 비슷한 문제로 인해 여러 번 실패를 맛본 학생들에게 "이걸 설명하려고 정말 많은 시간을 썼습니

란다.

다!"라고 말하면서 교사가 느닷없이 유추를 이용하여 학생의 답답함을 질책하기 때문이다. 데보스(Devos)는 나무 조각의 양쪽 끝에 대한 묘사[15]로 이러한 현상을 꼬집은 바 있다.

2.5. 수업 상황의 노화(aging)

교사는 학생이 달라져도 수업을 똑같이 진행하기가 어렵다는 것을 안다. 교사가 이전에 했던 행동이나 말을 정확히 재현한다고 해도 같은 효과가 나타나는 것은 아니며 결과도 그리 좋지 않다. 교사 역시 행동이나 말을 그대로 재현하지 않기 위해 신중해야 한다고 생각한다. 교사는 적어도 설명 방식이나 유의 사항, 예제, 연습 방법 등을 바꾸려고 하며, 가능하다면 수업의 전반적인 체계까지도 수정하고 싶은 강한 충동을 느낀다. 이러한 현상은 수업이 반복될수록 늘어나고 교사와 학생의 상호작용이 많은 수업일수록 강해진다. 설명과 연습만으로 이루어진 수업이거나 교사의 간단한 안내 이후 별다른 중재 없이 학습 상황이 진행되는 수업의 노화는 그렇게 빨리 진행되지 않는다. 노화 현상은 탈랑스(Talence)의 에꼴 쥘 미슐레(Ecole Jules Michelet)[16]에서, 주어진 수업을 똑같이 재현하도록 교사들에게 요청하였을 때 관찰되었다. 그러나 이러한 요청을 받지 않은 교사들에게도 수업을 다르게 하려는 시도가 동일하게 나타났으며 이 역시 쉽게 관찰할 수 있었다.

앞서와 마찬가지로 이러한 현상은 단위 수업 수준에서 뿐만 아니라 일반 교육 체계 또는 교육과 관련되는 다른 분야에서도 나타난다. 교육 프로그램이나 정부의 교육 정책, 혹은 국가 교육과정[17]은 사회가 지향하는 교수학적 요구 사항을 교사에게 전달하는 유일한 수단인 동시에, 이러한 요구 사항이 만드는 여러 과제를 나누어 맡을 때 협의를 진행하는 수단 자체이다. 통제 과정의 복잡성을 생각하면, 관련되는 핵심 문제는 그

15) 편집자 주: 말장난을 설명하는 것은 항상 어렵다. 특히 데보스의 경우는 더욱 그렇다. 하지만 다음 이야기는 의미있는 은유를 제공한다. "막대 할인 매장에 가서 막대(end)를 하나 사십시오. 이제 그 막대를 두 개로 자르십시오. 그러면 그 막대(end)의 각 끝(end)에 끝(end)이 하나씩 있게 됩니다. 여기까지 잘 따라 오셨습니까? 내가 이걸 설명하려고 시간을 끝(end)없이 썼습니다!" 관심 있는 독자는 Devos(1976, pp. 149~151)를 참고하기 바란다.

16) 보르도(Bordeaux) 근교의 탈랑스에 위치한 에꼴 쥘 미슐레는 부록에도 제시하였듯이 브루소가 연구에 쓰일 교실 상황을 관찰하기 위해 학교의 제반 시설 및 조직을 설정한 학교이다.

17) 편집자 주: 프랑스에서 교육과정은 공적인 프로그램이다. 여기에는 교육내용, 교육내용이 의미하는 바와 성취수준에 도달하는 방법 등과 관련된 세부 사항이 담긴다. 교과서는 개별 출판사에서 발간하는데, 교육과정에 대한 해석 방식에 따라 여러 가지 예제를 제공한다.

대로 둔 채 요구 사항을 문서 몇 줄로 간단히 제시하는 것은 온당치 못하다. 교육과정 문서를 주기적으로 개정하는 것은 개정 전후의 내용을 서로 비교해 보거나, 이에 대해 교사와 교육 행정가들이 부여한 중요성을 고려해 보면 몹시 어리석은 일이다. 1980년대 이래로 초등학교 교육을 규정하는 문서에 본질적인 차이는 거의 없으며 단지 어조에 약간의 변화가 있을 뿐이다. 교육 프로그램을 개정하는 것은 수업의 노화에 대비하여 교수학적 상황을 다르게 조직하고 싶어 하는 교사들의 열망을 반영한 것이다.

이와 같이 교육 정책을 바꾸어서 참신성을 모색하는 것과, 놀랄 만큼 안정적이어서 변하지 않는 교수 활동 사이의 거대한 괴리 역시 노화의 조절을 가로막는 제약 중 하나이다. 개정 요구와 피드백에 반응하는 데 오랜 시간이 걸리는 교육 체계는 허술하며 불확실하다. 시류를 거스르는 최상의 방법은 예전 것을 고집하면서 강력한 타성을 보여주는 것이다. 그러나 교사 입장에서 교수 활동 자체는 분명히 개인적인 투자를 필요로 하며 이러한 투자는 갱신을 통해서만 유지될 수 있다. 그러므로 재현은 구체적인 변화를 필요로 하며, 이러한 변화는 앞으로 있을 재현을 조정하는 데 어려움을 준다. 재현과 변화 사이에 평형을 유지하는 방법은 알려져 있지 않으며, 교육 체계는 교육 정책이나 교육과정 등을 개정함으로써 교수의 필수적인 부분에는 거의 영향을 미치지 않는 몇몇 요소만을 바꾼다. 교육과정 개편은 유행에 뒤떨어진 의상을 손보는 방식과 매우 비슷하다.

노화 및 **교수학적 시간**(*didactical time*)[18]의 효과와 관련하여 "수업 시간에 진정으로 재현되는 것은 무엇인가?"와 같은 질문이 **교수학**에서 다루고자 하는 본질적인 질문이다. **동일한 내력**(*history*)을 재현한 교사, 즉 동일한 활동을 동일한 절차로 수행하여 교사 입장에서든 학생 입장에서든 동일한 말이 나오도록 수업을 한 교사는 수학적 의미와 관련하여 동일한 효과를 일으키는 동일한 **교수학적 행위**를 재현한 것인가?[19] 동일한 조건에서 동일하게 수업을 전개하여 학생들이 배워야 할 내용을 동일한 의미로 이해하도록 바람직하게 재현한 교수 활동과, 동일한 조건에서 동일하게 수업을 "전개"하였지만 학생들이 배워야 할 내용을 서로 다른 의미로 이해하도록 부적절하게 재현한 교수 활동을 구별하는 간단한 방법은 존재하지 않는다. 후자의 경우에 교사는 별도의 중재를 반복적으로 제공함으로써 수업을 유사하게 전개하는데, 이는 수업 "내력"은 그대로 둔 채 전반적인 상황만을 변형한 것에 불과하다.

---

18) 이는 쉐바야르(Chevallard)와 메르셔(Mercier)의 연구 대상이다. 편집자 주: Chevallard & Mercier(1983), Mercier(1992), Brousseau & Centeno(1991)를 참조하기 바란다.

19) 이 질문에 대해서는, 소수(decimal)의 교수학에서 상황의 노화를 설명할 때 다룬다. 미셸 아티그(Michèle Artigue)도 재현성에 대한 논문에서 이 질문을 언급하였다. 편집자 주: Artigue(1986)를 참조하기 바란다.

교수 상황을 통해 어떤 결과가 생기는지를 밝히는 것이 바로 **교수학**의 목표이다. 이는 관찰에 의해서가 아니라 변하지 않는 바를 규정하는, 현상에 대한 지식을 분석함으로써 도달할 수 있다.

3. 모델링에 필요한 요소

앞서 살펴본 여러 현상은 두 사람 사이의 특수한 관계에서뿐만 아니라 유기적 조직체와 다수의 사람들이 관련되는 다소 복잡한 관계에서도 관찰할 수 있다.[20)]

"수업 체계(teaching system)"를 "수업된 체계(taught system)"와 끊임없이 연결되는 모종의 관계로 정의한 다음, 교육 체계(educational system) 전반을 수업 체계로 "모델링"하는 것이 가능할까? 수업된 체계 자체는 실제로 수백 명의 학생들을 나타내는데, 학생들이 지닌 다양성이 교사들에게 근본적인 어려움을 야기한다. 이러한 모델링은 이론화 과정에서 마주하는 불가피한 도박이다. 이 방법과 유사한 체계적 접근을 따름으로써 발생하는 문제는 추후에 논의한다.

여러 현상을 간단히 설명하기 위해 사용한 틀이 이러한 현상을 모델링하는 토대가 된다. 이제부터는 염두에 둘 필요가 있는 기본적인 관계를 확인하되, 지나치게 성급한 형식화는 삼가고자 한다. 보다 엄밀한 형식화는 하위 단계에서 진행될 것이다.

3.1. 교수학적 상황과 비교수학적(adidactical) 상황

지식이란 좋은 질문에 좋은 답을 대응시키는 것으로, 교수와 관련된 가장 일반적인 개념이다. 교사는 학생에게 문제를 내고 학생은 이를 해결한다. 학생이 답을 말하면 이 학생은 자신이 알고 있다는 것을 입증한 것이 된다. 학생이 답을 말하지 못하는 것은 지식의 결핍이 분명하므로 학생은 정보, 즉 가르침을 필요로 한다. 가르치고자 하는 대응 관계를 암기하는 데 도움을 주는, **선험적인** 모든 방식이 허용된다.

소크라테스 산파법은 이러한 연관성을 학생 스스로 찾을 수 있는 것으로 한정한다. 이렇게 제한하는 목적은, 학생이 지식을 만들었으므로 그 지식을 이해했다고 보증하기 위

20) 편집자 주: 이 논문에서 보듯이 브루소의 이론은 교육 체계에만 적용되는 것은 아니다. Ressot et al.(1993)과 Rogalski & Samurcay(1994)를 통해 교수학적 상황론이 직업 교육이나 전문가 교육에 쓰인 사례를 확인할 수 있다.

함이다. 그러나 이는 학생이 관련 지식을 이미 소유하였다고 가정한다. 학생은 지식을 알고 있기 때문에 이를 항상 **회상**해내거나 독자적인 활동을 통해 스스로 구성할 수 있다. 답을 제시하지 않는 교사의 모든 행동이 학생에게 지식을 전달하는 방법이라고 여겨진다.

학생 스스로 **환경**과의 상호작용을 통해 자신의 사적 경험에서 지식을 얻어낼 수 있다면, 비록 이러한 **환경**을 학생이 내적인 학습으로 조직하지 못한다고 할지라도 소크라테스 방법을 개선해 볼 여지가 있다. 학생은 세상을 관찰하거나(경험주의자-감각주의자의 가설), 자신이 선택한 일종의 경험에 비추어 가설을 설정함으로써(선험주의자의 가설), 혹은 피아제(Piaget)가 언급하였듯이 동화와 조절의 복잡한 상호작용을 통해 학습한다.

학생은 모순과 장애, 불균형을 일으키는 **환경**에 스스로를 적응시킴으로써 학습하며, 이는 인간 사회에서 모두 마찬가지이다. 학생이 적응을 통해 습득한 지식은 새로운 반응으로 나타나는데, 이러한 반응이 학습의 증거가 된다.

피아제 학파의 이러한 심리발생 과정은 학문 독단주의(scholastic dogmatism)와 정반대이다. 학문 독단주의는 교수학적 의도를 전혀 고려하지 않지만, 피아제 학파는 모든 것을 교수학적 의도에 비추어 설명한다. 그러나 학문 독단주의는 교사가 지식을 가르쳐야 학습이 일어난다고 보았던 반면, 피아제 학파는 역설적이게도 경험주의로 돌아가서 학습은 "자연스럽게 일어나는" 것이라고 보았다. 이는 교사의 교수학적 책임을 일소하는 위험스러운 해석이다. 그러나 교수학적 의도가 없는 **환경**에서, 배워야 할 문화적 지식을 학생이 모두 알아내도록 유도하는 것은 명백하게 불가능하다.

그러므로 현대적 개념으로서 교수는, 교사가 학생에게 제시할 "문제"를 사려 깊게 선택함으로써 학생들에게 기대했던 적응을 끌어내는 것을 의미한다. 학생들에게 제시하기 위해 선택한 문제는 학생이 자신의 흥미에 따라 활동하고 이야기하며 생각하고 관여하게 만드는 문제여야 한다. 교사는 학생이 문제를 마치 자신의 것인 양 받아들이는 순간과 답을 찾아내는 순간 사이에 학생이 알아냈으면 하는 지식을 끼워 넣거나 힌트를 주는 행동을 삼가야 한다. 학생은 교사가 새로운 지식을 가르칠 목적에서 문제를 선택하였다는 것은 알지만, 이러한 지식을 전적으로 내적인 상황 논리에 따라 정당화하여 교수학적 추론에 호소하지 않고도 이를 구성할 수 있다는 것을 인지해야 한다. 학생은 이상과 같은 활동을 **할 수 있을** 뿐만 아니라 **해야만** 한다. 교수 맥락이 아니어서 어떤 의도적 지향이 없는 상황에서도 스스로 지식을 가져다 사용할 수 있을 때에만 그 지식을 진정으로 획득한 것이기 때문이다. 이러한 상황을 **비교수학적 상황**[21]이라고 한다. 개

---

21) 가르치고자 하는 의도는 여전히 비교수학적 상황에 존재하며, 비교수학적 상황은 항상 지식-

별 지식은, 의미를 보존하는 한 가지 또는 여러 가지 비교수학적 상황으로 특징지을 수 있는데 이를 **본질적 상황**(*fundamental situation*)이라고 한다. 그러나 학생은 어떠한 비교수학적 상황도 곧바로 해결할 수는 없으므로, 교사는 학생이 다룰 수 있을 만한 상황을 고안한다. 교수학적 목표에 따라 비교수학적 상황을 설정함으로써 교사는 정해진 시기에 가르쳐야 할 지식을 결정하며, 본질적 상황이 초래하는 제약 조건과 변형에 의해 해당 지식에 부여될 구체적인 의미를 밝혀낸다.

교사가 선택한 위와 같은 상황 또는 문제는 보다 광범위한 상황의 핵심 부분으로, 여기에는 가장 독립적이며 가치 있는 상호작용이 일어나는 비교수학적 상황으로 학생을 이행시키려는 목표가 있다. 이러한 목표에 도달하기 위해 교사는 필요에 따라 정보나 발견술, 질문 등을 제기하기도 하며 삼가기도 한다. 즉, 교사는 자신이 제공하는 문제를 통해 학생과 상호작용하는 게임 체계에 참여한다. 이러한 게임, 즉 보다 광범위한 상황이 **교수학적 상황**이다.

상황 속에 놓인 학생은 비교수학적 상황과 교수학적 상황의 핵심 토대를 한 번에 구분하지는 못한다. 최종적으로 도달해야 하는 비교수학적 상황은 지식의 본질적인 특징을 보여주며 이론적으로 연구될 대상이지만, 교수학적 상황에 있는 학생뿐만 아니라 교사에게도 비교수학적 상황은 끝없는 노력을 통해 수렴하는 일종의 이상적인 상황이다. 교사는 학생이 모든 교수학적 고안물로부터 가능한 한 빨리 벗어날 수 있게 도와야 하며, 이를 통해 학생이 교사가 아니라 개인적이고 실재적인 자신의 지식에 의지할 수 있도록 해야 한다.

교수학적 계약은 게임의 규칙이며 교수학적 상황이 작용하는 방식으로, 상황을 제공하는 교사의 역할을 정당화한다. 그러나 상황이 발전함에 따라 교수학적 계약은 바뀌게 되며 이러한 변화에 의해 새로운 상황이 발생한다. 비슷한 방식으로, 비교수학적 상황의 규칙과 전략이 표현하는 바가 곧 지식이 된다. 비교수학적 상황의 규칙이나 전략이 발전하려면 지식이 만들어져야 하는데, 이를 통해 새로운 비교수학적 상황이 생긴다. 교수학적 계약은 일반적인 교육학적 계약이 아니다. 교수학적 계약은 작동 중인 구체적 지식이 무엇이냐에 따라 달라진다.

현대 **교수학**에서 교수는 바람직한 비교수학적 상황을 학생에게 양도하는 것이며, 학습은 이러한 상황에 학생이 적응하는 것이다. 이상의 내용을 좀 더 살펴봄으로써 이러한 상황을 형식적인 게임으로 해석하는 것이 가능하며, 이와 같은 개념을 통해 교수 상황을 적절하게 이해할 수 있음을 보이고자 한다.

특수의 성격을 띤다. 개별 지식과 관련하여 구체성이 없는 교육학적 상황은 비교수학적 상황이 아니라 무-교수학적(non-didactial) 상황이라고 한다.

3.2. 교수학적 계약

모든 교수학적 상황에서 교사는 학생들에게 무엇을 해야 하는지 말해준다. 원칙적으로 학생이 교사의 설명을 듣고 바람직한 답을 찾기 위해서는 이번 시간에 배운 것이든 이미 알고 있던 것이든 간에 목표로 하는 지식을 활성화해야 한다. 수학을 "하는" 유일한 방법은 구체적인 문제를 탐구하여 해결하는 것이며, 경우에 따라서는 새로운 문제를 제기하는 것이다. 따라서 교사는 지식의 전달이 아니라 좋은 문제의 **양도**(*devolution*)에 노력을 기울여야 한다. 양도가 일어나면 학생들은 게임에 적극 참여하게 되고, 그 게임에서 이기면 학습이 일어나게 된다.

그러나 학생이 문제를 거부하거나 회피하면 어떻게 될까? 나아가 문제를 해결하려고 하지 않으면 어떻게 될까? 이때 교사는 학생을 도와야겠다는 사회적 의무감을 느끼며, 경우에 따라서는 학생에게 너무 어려운 문제를 제시하였다고 스스로를 정당화한다.

이렇게 되면 일종의 관계가 형성되는데, 이 관계는 교사와 학생이 해야 할 책임, 특히 상대방에게 해야 할 의무를 어느 정도는 외적이지만 대부분은 암묵적으로 결정한다. 이처럼 상호 호혜적인 의무 체계는 계약과 매우 흡사하다. 이 절의 관심사는 **교수학적 계약**(*didactical contract*)으로, 특히 교수학적 계약의 일부분인 구체적인 "내용", 즉 목표로 하는 수학적 지식이다. 이 점 때문에 이상의 상호 호혜적인 의무를 이 절에서는 상세히 다룰 수 없다. 나아가 실제로 더욱 중요한 것은 이러한 **계약의 파기**이다. 몇 가지 직접적인 결과를 알아보자.

- 교사는 학생이 지식을 전유(appropriation)[22]할 만한 조건을 만들어야 하며, 이러한 일이 일어날 때 그것을 "알아차릴" 수 있어야 한다.
- 학생은 교사가 만든 조건을 충족시킬 수 있어야 한다.
- 교수학적 관계는 어떤 희생을 치르더라도 "지속"되어야 한다.
- 따라서 교사는 새로운 조건과 학생이 사전에 배운 것을 토대로 새로운 학습이 일어난다고 가정한다.

새로운 학습이 일어나지 않으면 학생은 해야 할 바를 다하지 못했으므로 책임을 져야 하며 교사 역시 마찬가지이다. 교사도 암묵적으로 기대되었던 바를 다하지 못했기 때문이다.

의무적으로 수행해야 하는 이러한 상호작용에 대해 진짜로 계약이 맺어진 것은 아니라는 점에 유의해야 한다. 이러한 상호작용이 교수 행위의 결과에 관여한다고 주장하

22) 역자 주: 자세한 설명은 3장 각주 33을 참고하기 바란다.

게 되면 이를 명시적으로 다룰 수 없게 된다. 새로운 지식을 구성하는 확실한 방법은 알려져 있지 않으며, 학생이 온갖 저항을 억제하고 목표로 하는 지식을 전유하였다고 보증할 만한 명확한 방법도 없다. 즉, 계약을 교사나 학생의 행동 규칙으로만 간주하면 계약을 철저히 지킴으로써 교수학적 관계는 실패에 이르게 된다.

그러나 교사는 학습 결과에 책임을 져야 하며 학생이 지식을 배우는 효과적인 방법을 안다고 확신해야 한다. 이러한 "확신"은 실상 잘못된 것이지만, 학생이 책임을 갖도록 하려면 이러한 확신이 무엇보다 필요하다. 이와 비슷하게 학생은 문제에 필요한 여러 실마리를 선험적으로 본 적이 없기 때문에 배운 바 없는 문제를 해결할 책임을 지지 않아도 되는 정당한 이유가 있음에도 이러한 책임을 감수해야 한다.

이러한 종류의 계약을 명확히 하는 것은 실패할 수밖에 없다. 특히 계약의 파기 및 이해관계와 관련되는 조항을 사전에 작성해 둘 수는 없다. 계약에 흠집이 생김으로써 일어나게 되는 모든 위기 상황을 해결하는 것이 바로 지식이므로 이를 미리 규정하는 것은 불가능하다. 그러나 위기의 순간이 오면 마치 교사와 학생 사이에 암묵적인 계약이 맺어진 것처럼 모든 일이 발생한다. 이 순간에 학생은 문제를 어떻게 풀어야 할지 모르며 교사가 자신에게 문제 풀이 능력을 줄 수 없다는 사실에 저항하는데, 이때 교사는 자신이 할 일을 충분히 했다고 생각한다. 즉, 이 순간이 오면 저항과 타협, 새로운 계약에 대한 요구가 생기며, 새로운 계약은 새로운 "상태"의 지식 획득을 필요로 한다.

좋은 계약이든 나쁜 계약이든, 또는 바른 계약이든 틀린 계약이든 간에 교수학에서 계약은 이론적인 개념이 아니라 이를 찾아가는 가설적 과정이다. 이와 같은 가설적 과정에 비추어 관찰한 바를 기술하고 모델링하며 설명한다.

3.3. 비교수학적 상황의 양도 사례

어떤 컴퓨터 게임에서 5살짜리 어린 아동들은 토끼를 초원으로 데리고 가고 오리를 연못으로 보내기 위해 한 번에 하나씩 마우스를 움직여야 한다. 조작 규칙은 이 나이 또래 아동들에게 그리 어렵지 않다. 아동들은 어떤 장소에서 동물이 사라지고, 사라진 동물이 다른 장소에서 다시 나타나는 것을 이해할 수 있다. 그러나 얼마 지나지 않아 규칙에 따라 컴퓨터 게임을 조작하는 것과는 별개의 의문이 생기게 된다. 학생의 세기 능력을 개발하기 위해 교사는 학생이 토끼를 초원으로 옮기기 전에 토끼 한 마리 한 마리를 확인하기를 바란다. 교사는 학생이 실행하기를 바라는 일련의 조작을 가르쳐 주지 않으며, 이는 전적으로 학생이 찾아야 한다. 이러한 과제에서 발생하는 양도의 단계는 다음과 같다.

1단계: 순수 놀이

학생들은 게임의 결과에서 어떤 것이 재미있고(예, 토끼가 초원으로 갈 때 론도 춤을 춘다), 어떤 것이 그렇지 않은지(예, 사라진 토끼는 빨간색으로 변하면서 소리를 낸다) 아직 이해하지 못한다. 아동들은 그저 게임을 하고 토끼를 건드려 보며, 자신들이 뭔가를 조작해서 어떤 결과가 나타나기만 하면 그것이 무엇이든 기뻐한다.

2단계: 선호(preference)의 양도

학생들은 원하는 효과가 무엇인지 아주 잘 이해하지만(예, 틀린 조작 결과가 모두 제거되었다), 좋은 결과이든 나쁜 결과이든 모든 것은 운 때문에 일어난다고 생각한다. 학생들은 "전투(la bataille)"나 "조랑말(petits chevaux)"[23] 게임에서도 이처럼 해석하여 어떠한 결정도 내리지 않는다. 이들이 느끼는 즐거움은 운이 작용하면 어떤 일이 생길까를 기대하는 것에서 생긴다.

3단계: 책임의 양도와 인과 관계

일어난 사건에 대해 책임을 지기 위해 학생은 자신이 실행하고 있는 바를 여러 가능성 중에서 선택된 한 가지로 간주해야 하며, 자신이 내린 결정과 그 결과 사이의 인과 관계를 추측해 보아야 한다.

이 단계에서 학생들은 자신들이 했던 것을 되돌아보면서 게임을 다르게 할 수도 있었음을 알게 된다. 즉, 학생들은 자신들이 한 활동의 일부를, 좀 더 정확히 말하면 결과에 영향을 미치는 것과 그렇지 않은 것을 기억할 수 있다.

이러한 양도는 매우 미묘하다. 대다수 아동들은 게임의 결과에 대해 자신들이 책임을 져야 한다는 교사의 생각을 받아들인다. 학생들은 자신들의 입장에서 적절한 선택을 함으로써 더 나은 결과를 얻을 수 있었음을 밝힐 수 없을 때조차도 이러한 책임을 받아들인다. 그러나 좋은 결과와 이를 가져오는 조건의 인과적 관련성에 대한 지식만이 책임의 전이를 정당화할 수 있다.

문제를 충분히 빠르게 해결하는 학생이 있다면, 이 학생이 자신의 책임을 받아들였다는 사실은 학습을 이끄는 필수적인 서막이 존재함을 선험적으로 드러낸다. 학습은, 이 학생에게 책임을 인계받는 수단을 제공하며 문제만 해결하고 그러한 결과를 얻게 된 조건에 대한 인과적 관계를 간과하지 않도록 함으로써, 이와 같은 책임의 증여를 정당화한다.

그러나 무엇을 해야 할지 몰라서 교사가 원하는 결과를 행하는 데 필요한 지식을 그

---

23) 편집자 주: "전투"와 "조랑말"은 도박 게임의 일종으로, 그 결과는 우연에 의해 결정된다.

저 사용하는 학생의 경우에는, 이 학생에게 책임을 증여하는 것은 바람직하지 않다. 왜냐하면 이는 학생에게 비난받을 것 같은 공포나 불공평하다는 느낌을 주게 되며, 후속 학습을 완전히 망치거나 인과 관계 자체가 지닌 의미를 순식간에 손상시킬 수 있기 때문이다.

4단계: 예측의 양도

뭔가를 결정하기 전에 학생은 그 결정과 결정을 통해 얻어질 결과 사이의 관계를 생각해야 한다. 이를 통해 학생은 스스로 상황을 예측하게 되며 어떠한 잠재적 중재도 배제할 수 있다. 이와 같은 예측에 학생이 완전히 숙달하지는 못했을지라도, 이 단계의 예측은 게임을 실행하는 학생의 인지적 책임에서 기인하는 것이며 단순히 사회적 책임에 의한 것은 아니다.

5단계: 비교수학적 상황의 양도

학생은 "토끼 게임"에서 이기기 위해 토끼가 몇 마리인지 제대로 세야 하지만 "우연히" 한 번 세어보는 것으로는 충분하지 않다. 학생은 다양한 조건하에서 이를 자유자재로 재현하는 방법을 알아야 한다. 또한 이러한 재현 가능성을 인지할 수 있어야 하며 성공에 이르는 좋은 기회가 되는 조건을 적어도 직관적으로 파악할 수 있어야 한다. 학생은 게임의 작동 방식을 이제 막 배웠다고 생각하지만 자신이 아는 것을 규정하거나 구체화하지 못하며, 특히 이를 "일정한" 절차로 설명하지 못한다. 따라서 양도는 교수의 대상이 아니라 교수의 대상을 특징짓는 상황과 관련된다. 수 세기를 예로 들어, 양도를 구성하는 서로 다른 요소의 차이를 설명하면 다음과 같다. 수 세기는 문화적 개념으로 수학적 개념이 아니다. 수 세기에는 서로 다른 나름의 언어와 연구 방법론적 문제가 있으며, 나중에야 교수 대상으로 들어오기 때문에 어떤 교수학적 용어나 형식적 지식을 통하여도 수 세기의 문화적 특징을 적절히 조작할 수 없다.

교수학적 상황에서 수 세기를 학습하기 전에, 아동은 먼저 센 것을 움직이거나 나름의 방법으로 흔적을 남겨 표상하는 방식으로 대상 각각에 "번호를 붙여" 보았을 것이다. 그러나 수 세기를 다루는 위와 같은 교수학적 상황에서 아동은 동일한 과제를 내적으로 다루어야 하며 자신의 표상 방식을 훨씬 복잡한 지적 통제하에 두어야 한다. 찾기 쉬운 첫 번째와 두 번째 토끼를 세고 이미 센 두 마리를 기억한 다음 이 두 마리 근처에 있는 다른 한 마리를 선택하여 이들을 작은 그룹으로 묶어 놓거나 선으로 표시해서 네 번째 토끼를 찾을 동안 이들을 "시야에서 놓치지 않도록" 해야 한다. 이렇게 해서 아동은 이미 센 토끼는 다시 세지 않는 구조를 만들며 남은 토끼가 있는지 없는지 등도 알아낼 수 있다.

교사는 이러한 "과제" 해결 절차를 설명할 수도 없으며 "시범을 보일" 수도 없다. 아동 앞에서 세야 할 낱낱의 것에 번호를 붙이는 것은 아동이 알아야 하는 통제 수단에 대해 어떠한 아이디어도 줄 수 없기 때문이다.

이상의 예를 통해 당장에 일어날 수 없는 교수 대상의 양도와는 별개로 비교수학적 상황의 양도를 살펴볼 수 있다. 복잡한 과제를 해결하는 데 성공하였다는 것을 제외하면 교사나 학생 모두 가르친 것이 무엇이며 배워서 알게 된 것이 무엇인지 구체화할 수 없다.

얼마 정도 시간이 흐른 뒤에야 학생은 결과물인 수 세기를 학습 대상으로 인식할 수 있다. 학생은 동물 중에서 같은 것과 다른 것, 적절한 것과 그렇지 않은 것을 구별하여 자신의 방법을 인지하고 비교하게 되며, 결과적으로 토끼 게임을 교수 대상으로 간주하게 된다. 이를 통해 학생은 수 세기 문제를 수학적으로 다룰 수 있게 되며, 무엇을 배워서 알아야 하고 어떻게 풀어야 하는지를 알게 된다. 학습 대상과 교수 대상의 이러한 양도를 또 다른 비교수학적 상황의 양도로 볼 수 있다.

3.4. 교사의 인식론

교사는 답을 명확히 하는 방법을 학생에게 설명해 주어야 하는데, 여기에는 이전 지식을 활용하여 **답을 찾는** 방법, 새로운 지식을 **이해하여 체계화하는** 방법, 수업에서 배운 바를 "**적용하는**" 방법, 질문을 **인지하는** 방법, 배워서 추측하고 해결하는 방법 등이 포함된다. 교사는 수학의 암묵적인 역할을 언급하며, 교수학적 계약의 충돌에서 발생하는 문제를 해결하기 위해 교사 자신이 만들어낸 모델, 예를 들어, 초등 기하 같은 것을 가르친다.

이와 같은 "교사의 인식론"은 학생과 학부모의 인식론이 된다. 교사의 인식론은 쓰임을 정당화하는 문화에서 등장하며 수용된다. 교사가 자신이 원하는 대로 이러한 인식론을 바꿀 수는 없다. 교사의 인식론은 교수 이론의 토대가 될 만큼 일관성을 띨 가능성도 거의 없다.

교사는 명확한 답을 가르치기 위해 앞서 기술한 "인식론"에 부합하도록 지식을 재조직한다. 지식의 변형 과정은 이렇게 시작되며, 교수학적 계약에 의해 지식의 조직, 상대적 중요성, 외형, 기원 등이 모두 바뀐다. 이러한 변형을 **교수학적 변환**(*didactical transposition*)이라고 한다.

교사가 사전에 교수학적 변환을 통하여 수학적 지식을 경험적 실재로 변형하려고 할 때, 그의 학문적 수준 여하에 상관없이, 수학적 지식의 본질이 구현되는 상황을 곧바로 구성할 수는 없다. 이와 반대로 교사는 재배경화(recontextulization), 재탈배경화(redecontextualization)에 해당하는 이중 작업을 하지 않는 대신에, 학생에게 **지식을 문자 그대로** 가르치고 싶은 강력한 유혹을 느낀다. 교수학적 계약의 또 다른 의무에 따라 학생에게 문제가 제공되기는 하지만, 학생들은 유추와 같은 전략을 활용하여 경제적으로 문제의 해법을 찾는다. 이와 같이 교사가 가상의 교수학적 설계를 하고 있음을 학생도 알고 있으며, 타협을 해야 할 때 이를 활용한다. 교사는 학생이 문제에 답함으로써 목표 지식을 학습할 수 있음을 "입증"해야 하기 때문에, 이러한 활동이 얼마나 "선험적"인지 학생에게 암암리에 전달해야 한다. 교사가 문제의 해결 방법을 수학 교과서에서 찾을 수 있다고 설명하면, 수학적 성과에 대한 올바른 학문적 정당화가 교과서에 적혀있다고 할지라도, 대다수 학생들은 바람직한 수학적 추론에 의해 답을 찾는 것이 아니라 교수학적 관행을 해독하여 해답을 찾게 된다.

3.5. 예시: 딘즈(Diénès) 효과

딘즈[24]가 정의한 개념과 이러한 개념이 1970년대 개혁 운동의 틀로 교사들에게 끼친 영향을 탐색함으로써 교사의 인식론과 관련하여 주요한 시사를 얻을 수 있다(Maudet, 1982). 딘즈는 "심리역동적(psychodynamical) 과정"을 통해 교수 모델을 제안하였는데, 이 모델은 여러 가지 "구조화된 놀이" 사이에 존재하는 유사성에 대한 인식, 안내된 "일반화"로의 체계화 및 형식화를 기반으로 한다.

실제로 이 모델은 정답을 유도하기 위해 여러 문제나 비슷한 예를 반복해서 다루는 것과 같이 학교 현장에서 이미 행하고 있는 교수 활동을 기술하고 체계화한 것에 불과하다. 그러나 이 모델은 수학 용어를 활용함으로써 새로움을 추구하였다. 예를 들어, 비슷한 문제는 "동형물(isomorphs)"로, 일반화는 "인자(quotient)로의 이행"으로 바꾸었다. 집합론과 여러 가지 주요 수학적 구조를 이용하여 교수 상황의 모든 구성 요소를 설명하였으며 결과적으로는 이를 완벽하게 해냈다.

이러한 해석은 게임과 같은 상황의 구조, 과제의 구조, 지적인 과정, 수학적 구조인 지식 자체 사이에 체계적인 혼란을 야기하지만, 그 당시에는 이러한 해석이 암묵적으로 수학과 같은 토대를 세우는 것으로 여겨졌다. 이렇게 설정된 토대는 보편적인 모델로 간주되어 수학을 설명하고 조직하는 논리적 수단, 수학을 조직하고 활용하는 인식론적 수단, 수학과 관련된 학생의 심리 작용을 설명하는 인지 심리학적 수단, 배움의 과정과

24) 편집자 주: Diénès(1970)

지식 교육의 각 단계를 기술하는 발생적 인식론의 수단 등으로 인지되었으며 결과적으로는 학습을 일으키는 교수학적 수단으로 평가받았다.

교사의 무의식적 인식론은 느닷없이 정당화되었으며 "학문적인" 용어로 "성스럽게" 재형식화됨에 따라 이를 비판할 것 같은 다른 모든 분야로부터 기적적인 동의를 얻었다. 딘즈의 제안이 처음에 각광받은 이유가 바로 여기에 있다.

딘즈의 **교수학**은 수학 내용과는 관련이 없다. 특히 이 교수학에서 주장하는 "다양성의 원리"는 수학적 상황을 개선하는 데 아무런 역할도 하지 않는, 즉 수학적 상황과는 아무 관련이 없는 변인을 강조함으로써 교사로 하여금 결국에는 수학 내용이라는 구체적인 조건을 해치게 만들었다. 결과적으로 이는 지식을 제시하는 유일한 방법이 되었으며, 이를 통해 교사는 수학 내용의 암기를 부추기게 되었다.

이러한 방법을 사용할 때 가장 명백한 사실은 이 방법으로 완전히 개종하였을 때만 효과를 볼 수 있다는 점이다. 딘즈의 자료를 "개략적으로" 사용하는 모든 노력은 실패와 속임수로 귀결된다.

교수학적 계약이라는 용어로 이러한 상황을 설명해 보자. "심리역동적 과정"에 기초한 딘즈의 교수학적 방법은 교사에게 어떠한 주도권도 주지 않는다. 교사들은 그저 자료를 선택하거나 활동지를 학생에게 제시하여 이를 활용하도록 독려하는 역할만을 할 뿐이다. 딘즈의 방법은 주체가 수행하는 내적인 과정에 의해서만 조작되어야 하는데, 이러한 과정은 구조화된 놀이를 반복적으로 제공하기, 체계화를 요구하기와 같은 초기 조건이 충족되기만 하면 **반드시** 작동하는 것으로 여겨진다. 즉, 이 방법을 사용할 때 교사는 바람직한 학습이 일어나게 하는 기술적인 책임을 느낄 필요가 없다. 교사는 연습문제를 주고 잠시 기다렸다가 약간의 설명이 수반된 답을 제공하면 된다. 다시 다음 활동지로 넘어가서 학생들이 관련되는 놀이를 하도록 조직하면 된다. 교수학적 계약은 더 이상 교사에게 학생의 인지적 행동 발달에 대한 책임을 지우지 않으며, "놀이"가 이러한 책임을 지게 된다. 교사는 학생이 혼자 생각하도록 내버려 둔다. 그러나 딘즈의 놀이는 학생에게 알려주는 놀이의 규칙과 학생이 배워야 하는 바가 동일하다고 가정하기 때문에 학습과 관련하여 만족스러운 결과를 제공하지 못한다. 게임의 구조와 지식의 "본질"이 완전히 같다! 즉, 학생이 규칙을 이해해서 어떤 행동을 취하려면 이 학생은 우선 그 지식을 알고 있어야 하는데, 실제로 학생은 이러한 지식을 배워야 알 수 있다. 교사가 만약 놀이의 규칙을 사전에 가르친다면 이 놀이는 연습문제로 바뀌게 되므로, 이를 피하기 위해 교사는 학생에게 놀이의 규칙을 추측해보게 한다. 규칙에 의해 촉발되는 학생의 활동이 심리수학적 과정을 통해 이론화되지 않는다.

그러나 딘즈가 제안한 놀이의 이론적, 실제적 결점은 양심적인 비지지층 사용자들보다 딘즈의 방식으로 완전히 개종한 사람들에게서 실패가 덜 관찰되는 이유를 설명하지 못한다. 심리역동적 과정을 신뢰하는 교사는 학생들에게 활동지를 나눠주고 놀이를 제안한 다음 예상한 결과인 일반화나 적절한 형식화가 일어날 때까지 기다릴 뿐이다. 이러한 일반화와 형식화는 성공적으로 진행되지 못한다. 왜냐하면 교사의 간섭을 축소하는 절충안이 제대로 작동하지 않기 때문이다.

교사가 지식과 그 본질을 명료하게 다루는 것을 도외시한 채, 학습의 양적 결과에만 주목하여도 교수 계약은 유지될 수 있다. 반면에, 딘즈의 방식이 효과가 있다는 것을 보여주기로 마음먹은 교사의 "공격적인" 행동은 이러한 논의를 재고하게 만든다. 제안된 비교수학적 상황이 목표 지식을 정당화하여 의미를 부여하는 데 관여한다면, 비교수학적 상황에 적절한 의미를 부여하여 학습의 기회로 활용하려는 교사의 담론 자체가 비교수학적 상황의 결점 때문에 막히는 것은 아니다. 그러나 경우에 따라서는 이러한 담론 때문에 교수 계약 자체가 실패에 이를 수도 있다.

비교수학적 상황이 수학적으로 올바르지 않을 때는 어떠한 양도도 딘즈 놀이를 통해 의도된 지식을 학생이 만들어내게 할 수 없다. 결국에는 "좋은" 상황이 무엇인가 하는 문제가 남는다. 어떤 경우든 딘즈의 교수 방법을 통해 결과를 얻을 수는 있지만 그러한 결과는 딘즈 이론이 제안한 것과는 상당히 다르다.

위 분석은 교사의 인식론과 관련되는 현상을 설명하는 데 계약이라는 개념이 활용될 수 있음을 보여준다. 중요한 문제는, 교사에게 교수학적인 타협을 요구하지 않는, "심리 법칙"(또는 "**교수학**")에 의해 유용한 것으로 간주되는 모든 방법이나 상황도 이러한 결과를 가져올 수 있지 않겠는가 하는 점이다.

교사가 스스로 알아내지 않은 효과의 성공 가능성을 높게 볼수록 실제로 그것이 실패할 가능성도 높아진다! 교사와 학생의 연결 관계를 교수학적 이론으로 통합해야 할 필요성을 불가피하게 드러내는 이상과 같은 현상을 **딘즈 효과**라고 한다. 이러한 결론은 교수학 이론에서 교사의 인식론을 다루어야만 하는가와 같은 좀 더 어려운 질문을 야기한다.

3.6. 발견술과 교수학

학생의 활동에 최상의 의미를 부여하는 최소 필수 조건이 무엇인지는 모르지만, 이러한 조건을 통해 학생이 자신의 계약을 충분히 만족시킬 수 있음은 분명하다. 이러한 조건을 적절히 관리하는 데 필요한 발생적 인식론이 알려져 있지 않으므로, 교사와 학생은 흔히 다음과 같은 단기적 조치를 무의식적으로 따르게 된다.

- 토파즈 효과 또는 좀 더 심각한 죠르단 효과를 일으키는 대체 문제의 사용
- 유추의 부적절한 사용, 메타인지 이동 등

교사는 문제 해결 방법인 이론적 지식을 알려 주며, 자신이 가르쳐 준 방법에 따라 학생이 문제를 해결할 수 있을 것이라고 생각한다. 교사는 자신이 가르친 지식을 활용하여 새로운 문제를 어떻게 해결하면 되는지 알고 있는 것처럼 행동하며, 어느 날 갑자기 그 방법을 설명하면서 어떻게 이를 찾을 수 있는지 언급한다.

교사의 행동은 인식론을 전제로 하는가? 교사는 어쩔 수 없이 인식론을 만들어 내고 그것을 가르친다! 학생이 실수하는 이유는 무엇인가? 어떻게 하면 다음에는 실수하지 않도록 할 수 있는가? 학생이 해결 방법을 어떻게 찾을 수 있는가?

"알고리즘"은 장애를 없애고 교수학적 갈등을 해소하는 도구로, 알고리즘을 통해 교사와 학생의 책임이 일시에 분명하게 나뉜다. 교사는 알고리즘을 알려주고 학생은 이를 배워서 바르게 "적용"한다. 만약 바르게 적용하지 못하면 학생은 반복 연습을 통해 자신이 느끼는 불확실성을 없애버린다. 알고리즘을 통해 해결 방법이 찾아지는 서로 다른 상황을 하나로 묶는 범주가 존재한다고 학생에게 장담한다. 주어진 문제에 적합한 알고리즘을 선택할 필요가 있을 때 갈등이 다시 등장한다.

알고리즘은 이를 가르치는 방법이 명확하기 때문에 장애를 없애는 유일한 "공적" 수단으로 여겨진다. 알고리즘은 교수를 다루는 모든 문화적 접근에서 거의 유일한 모델로 활용된다.

학생은 교사의 지침을 알고리즘과 같이 문제 해결의 "효과적인" 방법으로 받아들이는데, 교사가 학생의 탐구를 격려하거나 돕기 위해 지침을 선별하기는 하였지만 학생이 제어할 필요가 있는 핵심 요소를 전혀 다루지 않았을 때에도 그러하다. 즉, 학생이 뭔가를 오해하는 와중에도 발견술 유형에 대한 정보가 가르쳐지고 학습되는데, 이러한 정보는 누군가에게는 모호한 힌트가 되지만 다른 누군가에게는 알고리즘이나 수학적인 정리에 필적할 만한 지식이 된다. 교사는 학생이 발견술을 통해 내적인 반성을 거쳐 문제 해결 방법을 배웠으면 하고 바라지만 학생은 그저 알고리즘을 기대할 뿐이다.

교사가 학생에게 전형적인 탐구 기회라고 제시하는 바는 문화적인 구성물일 뿐이며, 풀이 방법이 이미 알려진 문제 세트로 발견술에 의해 범주화된 것들이다. 그러므로 학생이 이러한 문제 세트를 지식 자체인 것처럼 받아들이는 것은 당연하다. 글레이저(Glaser, 1684~1985)가 역설하였듯이 "발견술을 가르치는 것은 불가능하다. 발견술의 내용은 문제를 해결하는 낱낱의 과정에서 일어나는 예측불가능한 창조적 활동을 통해 구성되기 때문이다. 학생들을 탐구적 상황에 적응시킴으로써 발견술을 배우게 할 수 있을 뿐이다"(ibid. p. 151). 그러나 문제 해결 과정은 아직 충분히 규명되지 않았다! 교사

는 Polya(1957)가 제안한 사고 과정을 학생이 그대로 따르도록 알려주어서는 안 된다.

그러나 경우에 따라서는 어떤 정보나 실마리를 **주는** 것이 그렇게 해롭지만은 않다. "그림을 그려라. … 적당한 기호를 도입하라. … 미지의 것을 찾아라! … 전에 풀었던 것을 이 문제에 활용할 수 있겠는가? … 문제를 다시 진술할 수 있겠는가? … 정의로 돌아가 보자. …"(ibid. pp. xvi~xvii). 하지만 이러한 정보는 습관을 통해 획득되어야만 한다.

폴리아가 "어떻게 문제를 풀 것인가"에서 제안한 첫 번째 권고는 "문제를 이해하라"(ibid)이다. 이제 계약이 변하게 된다. 정보를 탐색하거나 문자로 주어진 실마리를 찾는 것이 교수학적인 방법으로 **인식된다**. 이는 학생이 해야 할 일로 간주되고 학생은 자신이 탐구하고 있다고 주장하지만, 누군가는 이것이 진짜 활동인지 의문스럽다.

결국 교사는 이 방법의 명확성을 높이고 범주화하며, 구체성을 부여하여 분명히 함으로써 그 효율성을 주장한다. 교사는 이 방법에 들어맞는 문제를 선택하여 이를 적용하면 풀이를 찾을 수 있다는 점을 보여준다. 그러나 수학 문제가 사전에 알려진 절차를 맹목적으로 적용하여 해결할 수 있는 것에만 국한되지 않기 때문에, 학생은 정답에 이르는 "절차에 대한 이론적인(procedological)[25]" 실마리가 어떤 것인지 찾아야 한다. "발견술"은 문제 해결에 필요한 수학적인 정리나 이론의 위치를 대신하게 되지만, 수학 문제는 여전히 남아있으며 교수학적 계약도 건재하다. 그렇다면 발견술의 차선책을 찾아보면 어떨까?(!)

이러한 취지에 따라 **메타인지 이동**과 유사한, 반복적인 발견술적 이동이 등장하게 된다. **메타수학 이동**(*metamathematical shift*)은 수학 문제의 풀이에 쓰인 논리에 대한 토론을 해당 수학 문제의 대체물로 삼아 실수의 모든 원인을 토론의 문제로 귀결시키는 것이다.

앞서 살펴본 과정은 교수학적 계약의 요구로부터 자연스럽게 나타나는 특징이다. 교수의 역사에서 이러한 사례를 쉽게 찾을 수 있지만 어떻게든 피해갈 길도 있다. 이러한 이동이 많아질수록 신중함으로 무장한 저항도 점점 강해진다. 메타인지 이동의 효과에 대처하는 유일한 힘은 인식론적 경각심뿐이다.

유추에서 보았듯이 발견술을 활용하여 정의를 내리거나 수월성을 추구할 때, 사용자가 책임감을 갖고 이를 실행하기만 한다면 발견술은 문제 해결 방법을 찾는 훌륭한 방책이 될 수 있다. 그러나 특정 방법을 **선험적으로** 신뢰하게 되면 이러한 신뢰가 교수학적 계약에 맞지 않기 때문에 종종 비참한 실패에 이르게 된다. 글레이저(Glaeser, 1984~1985)에 따르면 "축적된 고전적인 수학 문제를 통해 검증되었으며 지속적으로

---

25) 편집자 주: Glaeser(1984~1985, p. 151)

반복하여 가르쳐온 비법의 전반적인 레퍼토리"(ibid, p. 151)를 **절차적 방법론**(*procedology*)이라는 용어로 설명할 수 있지만, 이러한 비법은 정리도 아니고 메타정리도 아니다. 이러한 비법을 가르쳐야 할 하등의 이유가 없으며, 이는 다만 교수학적 계약의 압박 때문에 생긴 것으로 보인다.

한편 본 연구는, 발견술이나 독창적인 아이디어처럼 교수학적 계약을 유지하기 위해 비법으로 지도되는 모든 것을 설명하는 용어로, **알고리즘 절차**(*algorithmic procedure*)를 제안하는 바, 이 용어는 "발견술적 탐색의 부속 프로그램이 지닌 특징을 드러낸다"(ibid). 교수학적 기능과 외형에 의해 어떤 절차의 가치가 유지되기도 하고 제거되기도 한다. 좀 더 분명하게 말하면, 이를 통해 비법을 대신하여 교수학적 계약의 본질이 구체성을 띠게 된다. 일련의 결과를 얻을 수 있는 만능키가 **존재한다고 할지라도** 이를 학생에게 알려주게 되면, 딘즈 효과를 겪는 교사처럼 학생도 자신이 수행하는 지적 작업에 대해 주요한 책임을 벗게 된다. 이는 문제의 양도가 일어나지 못하게 하며 학생의 활동은 대부분 실패에 이르게 되고 학생은 자신이 찾아낸 방법을 부정하게 된다.

이제까지 살펴본 바를 정리하면 다음과 같다.

- 수학 교육의 목표를 위해 폴리아의 "규범적 발견술"을 주의 깊고 적합하게 활용하는 것과, 절차적 방법론을 개선된 차선책으로 사용하는 것 사이에는 본질적인 차이가 없다. 다만 교수학적 계약의 압박에 따라 메타인지 이동이나 메타수학 이동을 받아들이는 정도에 차이가 있을 뿐이다.
- 우리가 앞서 "교사의 인식론"으로 설명했던 것처럼, 교사는 **선험적인** 지식으로서 발견술을 지도해야 한다는 입장을 지닌다. 아직 연구 관점으로서 **교수학**이 정립되지 않았기 때문에, 이러한 교사의 입장은 개선해야 하는 불가피한 전문성의 한 측면이다.

서로 대립되는 성향의 평형화에 영향을 미치는 적대적 조건을 이해하는 것이 더욱 중요하지만, 이에 대해 아무런 정보가 없거나 지나치게 많은 정보가 있다. 이 절에서 분석한 바에 따르면, 발견술은 교사의 인식론을 통해서만 합리화될 수 있으며 교수학적 계약의 요구에 의해 즉흥적인 인식론을 거쳐 수학자가 개발하고 전수한 교수학적 고안물일 뿐이다.

4. 예측 모델링의 일관성과 비일관성: 교수학적 계약의 역설

가르친다는 것을, 학습 상황이 교사에서 학생으로 양도되는 것으로 보면 여러 현상을 발견할 수 있다. 교수학적 계약을 절충하는 데 양도를 모델로 정함으로써 이러한 현상을 상당수 설명할 수 있으며 다른 현상을 예측할 수도 있다.

이와 같은 접근에 따르면 교사는 하나의 체계에 직면한 경기자가 된다. 이 체계는 학생과 "환경"이라는 한 쌍의 체계로 구성되는데, 이때 환경에는 학생과 관련되는 교수학적 의도가 거의 존재하지 않는다. 학생이 환경과 "게임"을 할 때, 지식은 게임의 기본 규칙과 전략을 이해하는 수단이며, 추후에는 이기는 방법을 정교화하고 원하는 결과를 얻는 방책이 된다. 한편 교사가 학생-환경 체계와 게임을 할 때는 교수학적 계약이 게임의 기본 규칙과 전략을 설정하는 수단이며, 추후에는 이러한 규칙과 전략을 학생이 진행하는 게임의 변화에 적응시키는 방책이 된다.

개별 지식의 특징과 역할에 따라 구체적인 상황 또는 문제를 교수학적 계약과 대응시킬 수 있다. 게임의 규칙이 고정되어 있는 것과 달리, 경기자들과 게임이 발전하는 양상에 따라 지식 및 교수학적 계약 모두에 질문을 제기할 수 있다.

이러한 교수학은 지식이라는 체계의 확실한 토대가 되는데, 지식의 특수성과 일반성 모두를 설명하기 때문이다. 이상과 같은 모델링을 체계화하여 깊이 있게 다루기 앞서 모델링의 일관성을 검증하는 것이 유용하다. 이러한 검증을 통해 모델링이 게임의 규칙으로 표상하는 기능이나 관계 및 모델링이라는 대규모 계획의 난제를 명확히 할 수 있다.

이 절에서는 교수학의 방법론을 보다 분명하게 제시하고자 한다. 지식을 사용하거나 구성하는 책임이 학생에게 양도되도록 가르친다는 말의 의미를 설명하면, 구체적으로 살펴볼 필요가 있는 몇 가지 역설과 마주하게 된다.

4.1. 상황의 양도와 관련된 역설

교사는 평가를 위해 학생이 문제를 해결하였는지 확인해야 하며, 학생이 자신의 해결과정을 스스로 평가하도록 격려해야 한다. 그러나 학생이 문제 해결에 적합한 지식을 스스로 특징짓지 않고 이를 부적절한 지식과 비교하지도 않은 채 답을 찾았다면, 학생이 보인 결과는 오해를 초래한다. 학생의 이러한 반응은 교사가 문제 해결 방법이나 답을 학생에게 말해줄 때 일어난다. 학생은 적절한 지식을 선택해본 적도 없고 문제 해결을 위해 어떤 방법을 시도해 본 적도 없으며, 자신이 알고 있던 지식이나 신념을 수정해본 적도 없기 때문에, 교사가 기대하는 학습 목표에 도달했는지 보여줄 수 없다. 학생은 교사의 착각만을 불러일으킬 뿐이다. 교사에게는 지식과 관련하여 필수적인 모든 것을 **가르쳐야** 한다는 사회적 책임이 있으며, 학생은, 특히 실력이 부족한 학생은 교사에게 이를 요구한다.

교사가 학생의 요구에 맞춰 학생이 바라는 것은 무엇이든 알려주고, 학생이 해야 할 바가 무엇인지 정확하게 설명해 줄수록, 사실상 학생은 자신이 목표하는 학습의 기회를 점점 더 잃게 된다. 이것이 첫 번째 역설이다. 이는 정확히 모순은 아니지만, 지식과 교수 설계는 학습이라는 핵심 요인에 따라 진행되어야 한다.

그러므로 교사는 교수학적 계약에 의해 정말로 역설적인 경고를 마주하게 된다. 교사가 바라는 행동을 학생이 하게 하려고 교사 스스로 행한 모든 것 때문에 학생은 핵심 개념을 이해하고 배우는 데 필수적인 조건을 빼앗기게 된다. 교사가 자신이 원하는 바를 말하면 교사는 더 이상 그것을 얻을 수 없다.

한편 학생도 역설적인 경고를 받는다. 학생이 교수학적 계약에 따라 교사가 결과를 알려준다는 사실을 받아들이면 학생 자신은 그 결과를 알아낼 수 없기 때문에 결국 수학을 배울 수 없으며 자신의 지식을 만들지 못한다. 반대로 학생이 교사가 제공하는 모든 정보를 거부하면 교수학적 관계는 깨지게 된다. 학생은 학습을 위해 교수학적 관계를 받아들여야 하지만 이러한 관계를 일시적인 것으로 여기고 가능한 이를 거부하려고 노력해야 한다. 이러한 노력이 어떻게 진행될 수 있는지에 대해서는 추후에 살펴볼 것이다.

4.2. 상황의 적응과 관련된 역설

학생은 자신에게 양도된 상황에 적응함으로써 지식을 얻는데, 바로 이 사실이 지식의 의미가 시작되는 부분이다. 또한 모든 지식에는 그것에 적절한 의미를 부여하는 일련의 상황이 존재한다. 본질적인 상황 중 일부는 특정 시기가 되어야 학생이 이해할 수 있다. 때가 되면 학생은 이러한 본질적인 상황을 크게 손보지 않고도 올바른 개념을 재빨리 만들어 내어 새로운 지식을 구성한다.

그러나 이러한 조건을 만족하지 않는 지식이 존재한다고 해보자. 즉 어떤 연령대의 학생이라도 곧바로 이해할 수 있고 적응을 통해 올바르고 확고한 지식을 만들어 낼 수 있어서 지식을 효과적으로 구성하는 데 활용될 만한 상황이 거의 없거나 매우 적다고 가정해 보자. 그러면 학습 과정의 단계를 받아들일 수밖에 없다. 첫 번째 단계에 적응함으로써 학습한 지식은 일시적이며 근사적일 뿐만 아니라 부분적으로 오류이거나 부적절하다. 이로부터 교사는 다음과 같은 새로운 역설에 직면하게 된다.

4.2.1. 학습 출발 단계에서의 불완전한 적응

첫 번째 단계에서 가르친 지식은 최종 단계를 거침으로써 그 허점이 수정되어야 하지만, 교사는 첫 번째 단계에서 이러한 허점을 그대로 방치한 것에 대해 비난을 받게 된다. 관습이나 문화적 중재가 없다면 학생들만큼이나 고학년 교사들에게 듣게 될 이러한 비난을 피할 수 없다.

다음과 같은 전제하에 하나의 대안이 존재한다. 학생이 적응을 통해 배우게 하는 것을 포기하고 학문적인 요건에 맞추어 지식을 그대로 가르치는 것이다. 여기에는 교사가 지식의 의미를 다루거나 상황에 적응하기 위한 답으로 지식의 의미를 가르치는 데 단념하였다는 전제가 있다. 교사가 지식의 의미를 다루려고 하면 학생은 잘못된 의미로 지식을 덧칠할 수 있기 때문이다.

교사는 형식적이고 의미 없는 지식을 가르칠 것인가 아니면 수정이 필요한 다소 잘못된 지식을 가르칠 것인가 사이에서 선택을 해야 한다. 가운데 지점을 선택하는 것은 2가지의 단점을 혼합하여 취하는 것이며 오히려 그 단점을 더 복잡하게 만든다. 한편으로는 "학문적" 지식의 파편을 배우고 다른 한편으로는 잘못 해석된 상황에 노출된 학생은, 위와 같은 2가지 교수 대상에서 발생하는 다양한 모순과 불완전한 적응을 전부 목도하게 된다. 학생이 이해한 지식은 심지어 틀린 지식이거나 교사가 가르치려고 의도했던 지식과 다르게 된다.

이론 지식과 실행 지식 사이에 존재하는 차이는 순전히 이상과 같은 교수학적 어려움과 이를 만회하려는 노력에서 기인한다. 여기서 학생은 다시 역설적인 경고를 마주하게 된다. 학생은 이해해서 배워야 하지만 배우기 위해서는 이해하는 것을 어느 정도는 단념해야 하며 이해하려고 시도할수록 배우지 못할 수 있다는 위험을 감수해야 한다. 구체적인 지식을 선택한 다음 그것의 본질을 진정한 것이든 꾸며낸 것이든 간에 교수 대상으로 다룸으로써 지식과 그 의미를 가르치려고 시도하는 것 역시 완벽한 해결책은 아니다.

4.2.2. 학습 후속 단계에서의 불완전한 적응

의미 없는 형식적 지식을 암기하는 것은 학습 활동에 상당한 비용을 요구한다. 이러한 활동에서는 너무 많은 의미를 다루지 말아야 하는데, 의미는 이러한 활동을 어렵게 만들며 결과적으로 수학적 지식과 역할에 대해 학생이 만든 표상이 심각하게 동요할 수 있기 때문이다. 학생이 형식적인 활동을 반복해서 훈련하게 되면 이미 배운 개념이 효과적으로 기능하도록 나중에 복구하는 것이 점점 더 어려워진다. 기성품으로 만들어진 지식을 학습하여 "응용"하는 것은 매우 잘못된 것이다. 지식을 구성하는 학습 내용에 대한 설명 논리가 지식 자체의 논리와 분리되며 상황의 역할이 선험적으로 배제되기 때문이다.

"도입" 문제에의 적응을 통해 일시적으로 그릇된 지식을 학습하게 하는 대안을 생각해 보자. 이렇게 얻은 지식은 필수적으로 검토되고 개선될 것이다. 여기서 새로운 역설이 등장한다. 학생이 자신에게 주어진 상황에 제대로 적응했다면 자신이 구한 답의 근거를 잘 알고 있을 것이며, 자신이 구성한 지식과 문제 사이의 관계를 충분히 이해했을 것이다. 그렇기 때문에 나중에라도 자신의 지식을 수정하여 완전하게 하려고 이를 고치는 일은 더욱더 어렵게 된다.

이상은 첫 번째 단계에서 어떤 지식이 너무 제대로 학습되거나 이해되어 공고해지면 이 지식을 다시 "검토"하거나 개선하는 것이 불가능함을 보여준다. 이러한 현상은 의심의 여지 없이 심리적인 영향 때문에 일어난다. 습관과 의견은 그것이 개인적인 것일수록 또는 오랫동안 반복하여 친숙해진 것일수록 바꾸기가 더 어렵다.

그러나 이상과 같은 현상은, 보다 직접적인 인식론적 이유 때문에 발생할 수도 있다. 특정한 상황의 해로서 얻은 "지식"에 과도하게 적응하는 것은 새로운 상황의 해를 얻는 데 필수적으로 유리한 요인이 되지는 않는다. 특수한 상황에의 효용만을 지나치게 강조하거나 "지식" 자체에만 과도하게 의지하면, 지식은 더 이상 진보할 수 없다. 처음에 구성한 지식 때문에 장애가 생긴다. 이러한 장애 중 일부는 지식을 구성하는 데 필수 불가결하며, 그 외 장애는 교수학적 과잉투자의 결과이다.

즉, 모든 학생이 충분히 바람직한, 본질적인 상황에 적절하고 신속하게 적응한다고 해서 개별 지식에 쉽게 접근하는 것은 아니라는 사실을 가정하면, 교사는 또 다른 역설에 직면하게 된다. 교사가 형식적인 수업을 택하든 학생의 적응이 요구되는 수업을 택하든 간에, 중급 수준의 지식을 가르치려고 하면 할수록 후속 교육을 방해할 위험이 점점 커진다. 반대로 교사가 자신이 가르친 바를 공고히 하거나 제도화하는 것을 단념하면, 학생은 다음 단계로 나아가는 데 필요한 기반을 찾지 못한다. 어떤 경우든 학생이 중급 수준의 교수학적 상황에 잘 적응하면 할수록 후속 단계에서 학생의 부적응은 점점 커진다.

이러한 현상 때문에 고학년 교사들은 절차나 알고리즘을 만들 때만 좀 더 초보적인 내용을 사용하며, 지식의 의미를 생각할 필요가 있을 때는 예전에 다루었던 상황과는 가능한 다른 용어와 전략을 활용한다.

4.3. 적응을 통한 학습의 역설

4.3.1. 지식에 대한 부정

학생이 비교수학적 상황에 개별적으로 적응함으로써 지식을 스스로 구성할 수 있다는 가설에는 일관성이 있는가?

교사가 학생에게 스스로 제어 가능한(auto-controllable)[26] 질문이나 문제를 제시하였다고 해보자. 학생이 문제를 풀면 교사는 학생이 예전에 알고 있던 지식을 잘 사용하였다고 생각한다. 학생이 문제를 풀었다는 것은 문제를 해결하기 위해 새로운 내용을 배울 필요가 없다는 것을 의미한다. 학생이 스스로 "발명한" 새로운 전략을 가지고 문화적으로 승인된 오랜 전략을 대체하였음을 인지하였더라도, 이 학생이 곧바로 자신의 "혁신"이 새로운 지식이라고 주장하기는 어렵다. 언제든지 필요하면 쉽게 만들어 낼 수 있는 학생의 전략을 하나의 해결 방법으로 인정하는 데는 어떤 요건이 있는가? 주체가 자신이 내린 모든 결정가운데 상황으로부터 분리될 수 있는 것과, 다른 상황에 도움이 될 만한 것 중에서 당연하면서도 국소적인 것을 어떻게 홀로 찾아낼 수 있단 말인가?

적응은 지식과 관련된 제삼자의 중재를 거부하고 학생이 나름대로 답을 만들어 내는 것이므로, 적응을 통한 학습의 사회적 조건 때문에 이러한 답을 새로운 지식의 습득으로 규정하는 것은 불가능하다.

주체가 자신이 답을 알아낸 질문에 대해 다른 사람도 고민한 적이 있는지, 그 질문에 답을 찾아낸 사람은 있는지, 그 질문과 비슷한 다른 문제는 있는지, 또는 비슷한 문제의 답은 이러이러한 방식으로 구할 수 있기 때문에 자신의 문제와 관련이 있는지 등을 알아낼 방법이 없다면, 자신이 답을 아는 그 문제를 하찮게 여길 것이다. 따라서 외부에서 누군가가 학생의 활동을 지켜본 다음 문화적으로 가치 있는 흥미로운 활동을 승인해 주어야 한다. 이러한 **제도화**(*institutionalization*)가 상황을 사실상 완전히 바꾸어놓는다. 해결 방법이 알려진 질문 중에 몇 개를 선택한 다음 이를 핵심적인 **연구 방법론적 문제**로 설정하고 이 탐구 문제를 해결하는 데 필요한 지식에 다소간의 중요성을 부여함으로써 이를 다른 질문이나 다른 지식과 연결시키는 것은 궁극적으로 학문적 활동의 가장 핵심적인 부분이다. 이러한 문화 역사적 활동은 학생에게 맡겨둘 것이 아니라 오히려 교사가 떠맡아야 한다. 즉, 이는 학생이 적응을 통해 얻는 결과가 아니다.

어떤 점에서 적응은 새로운 지식을 만들어내는 아이디어와 상충된다. 지식은, 자연스러운 적응을 통해 어떤 상황을 해결하려면 즉각적인 앎의 과정이 중요하다는 문화적

---

26) 아동이 문제를 푸는 방법은 모르지만, 일단 풀이를 발견하면 교사에게 묻지 않고도 그것이 옳다는 것을 알 수 있는 경우를 말한다.

인 인식과 관련된다.

4.3.2. 적응에 의한 동기의 소거

상황에 대한 학생의 적응은 빈번한 반복에 의해 일어날 수도 있다. 학생은 상황을 탐색하기 위해 자신이 만든 표상으로 다양한 시도를 해야 하며, 실수나 우연한 성공에 의해 일차적으로 적응하게 된다. 학생이 처한 불확실성은 고통과 기쁨의 원천이다. 불확실성을 없애는 것이 지적 활동의 목적이며 동력이다. 그러나 학생이 **풀이**를 알고 있으면, 즉 구체적인 답을 그 답에 이르는 전략으로 이미 바꾸었다면, 상황의 불확실한 본성이 사라지기 때문에 흥미도 사라진다. 그러므로 앎은, 학생이 "국소적인" 풀이를 찾는 즐거움을 빼앗는다. 지식을 사용하여 상황에 적응하는 것은 따지고 보면 즐거움의 원천인 불확실성을 포기하는 것과 같다. 학생의 적응은, 적응하고자 하는 동기를 없앤다. 적응은 상황에서 동기를 일으키는 모든 의미를 제거하기 때문이다. 그러므로 적응은, 어떤 과정이 필요한 순간에 일어나는 것이 아니라, 궁극적이고 재빠르게 마무리되어야 한다.

적응을 단순히 외적 방해에 대처하는 것으로 이해하면, 학습 현상을 제대로 설명할 수 없다. 이러한 해석은 학습을 지속시키는 다음 2가지 필수 요소에 대해 설명하지 못한다.

– 한편으로, 학생이 **환경**에 적응하는 대신, 적응이 필요한 별도의 "사건"을 스스로 탐색하게 만드는 고유 동기.
– 다른 한편으로, 외적 방해나 실제적인 "활동"이 없어도 일어나는 주체의 내적 적응. 예를 들어, 피아제에 따르면 학습은 주체가 내적 모순을 해결하기 위하여 새로운 스키마를 구성하는 동화 과정이다.

4.4. 배우의 역설

교사가 특정 지식을 가르치려는 직접적인 의도, 즉 양도를 피할 수 있을까? 또는 교수학적 상황을 피할 수 있을까? 결국에 교사는 한 명의 수학자가 되어 학생 앞에서 또는 학생과 함께 수학자가 하듯이 행동하게 될 것이다. 학생은 이러한 활동에 꾸준히 참여함으로써 수학을 문화적 활동 자체로 배우게 되며, 이는 사용하는 용어나 전략 중 어떤 것도 변화시키지 않는다. 학생은 모국어를 배우듯이 수학을 배울지도 모른다. 교수학적 성격을 띠지 않는 문화적 환경이 교사의 역할을 대신할 수 있을까? 교사들이 없는 교수학적 체계를 상상할 수 있을까? 실제로 여러 연구는 학교생활의 성공 여부나 활동의 개인차에 있어서 가족과 사회, 문화적 환경의 역할이 주요함을 보였다.

가족 구성원의 수학적 활동이, 아동이 이해할 만한 논의 또는 질문을 만든다면 이로부터 아동은 뭔가를 배울 수도 있다. 아동은 이러한 수학적 활동에서 등장하는 논의나 질문 가운데 주요한 전략, 역할, 습관 및 어려움, 나아가 인식론적 본질과 관련된 정보 등을 골라낼 수도 있다. 그러나 특정 지식을 배워야 하는 과제가 주어지면 아동은 다시 학생이 되며 기본적인 교육 체계 역시 재등장하게 되므로 누군가는 교사가 되고 다른 사람은 학습자가 될 수밖에 없다. 이러한 현상이 자발적으로 일어나든 제도적으로 일어나든 간에 교사는 지식의 양도를 피할 수 없다.

교과서로 정리된 지식은 교사가 직접 생산한 것이 아니며, 문화적인 대상으로 단순히 인용되거나 언급된 것일 뿐이다. 그러한 지식을 정해진 시기에 재현하는 것은 학생이 실제로 지식을 경험하도록 하는 것이 아니라, 학생을 위해 그럴듯하게 꾸며낸 연기를 하는 것이다. 학생이 자신의 학습을 실제라고 여기더라도 교사의 입장에서 보면 가르치고자 하는 바를 사전에 계획했기 때문에 교사가 한 활동은 필연적으로 배우의 연기와 같다. 이는 비유가 아니라 실제로 그러하다. 교과서가 있든 없든 교사는 학생이 지식을 실제라고 여기도록 이를 재구성하는 일에 종사하는 진짜 배우이다.

이러한 접근이 다음과 같은 초기 질문에 대한 부분적인 답이 되지만, 한편으로는 그 질문을 바꾸어 없애버리기도 한다.

i) 배우가 관객과 나누고 싶은 감정을 연기하듯이, 교사도 가르려는 수학을 그대로 "행해야" 하는가?

ii) 교사는 즉흥극(Comedia del arte)[27]에서처럼 대본을 매번 달리 표현해야 하는가? 아니면 완벽하게 다듬어진 "대본"을 그대로 따라야 하는가?

Diderot(1773)은 배우의 역할에 내재된 역설을 언급한 바 있다. 배우가 어떤 감정을 강하게 표현하고자 할수록 관객이 그 감정을 느끼기는 더욱 어렵다. 왜냐하면 "배우는 자신의 연기를 끊임없이 의식하여 그 게임이 잘 되어 가는지 지속적으로 살핌으로써 일종의 관객의 관객이 되기 때문이다"(ibid. pp. 186~187).

이와 같은 역설은 교사에게도 일어난다. 교사가 자신의 수학 문제와 답을 학생에게 제시하는 것은 학생이 행동할 기회를 빼앗는 것이다. 그러므로 교사는 시간에 구애받지 말고 답이 없는 채로 질문을 남겨둘 수 있어야 하며, 학생이 찾은 답을 교사가 원하는

27) 역자 주: 16세기에서 18세기 사이에 이탈리아에서 유행한 즉흥극을 말한다.

과정에 통합할 수 있어야 한다. 이처럼 유연한 체계는 교사가 새로운 지식을 생산하는 한 의미 있게 작동한다. 그러나 교사가 기존 지식을 다루게 되면 교사에게 주어졌던 "자유"는 배우의 연기와 다를 바가 없게 된다. 이때 학생은 또 다른 배우가 되어 대본에 얽매이게 되거나, 알 필요가 없는 지식의 외형에만 치중하게 된다. 어떤 교육학 이론은 교사 자신이 변환될 지식을 몰라야 한다고 주장하기도 한다. 이를 통해 교사는 지식을 모르다가 알게 되는 변화의 과정을 그럴듯하게 보여줄 수 있기 때문이다. 이와 같은 이론이 존재한다는 것은 본 연구의 분석이 타당함을 보여준다. 그러나 이러한 이론이 환상에 불과하다는 것을 쉽게 설명할 수 있는데, 이러한 설명이 모든 진취적 주장의 실패를 뜻하는 것은 아니며 특정 조건하에서만 이러한 주장이 성공할 수 있음을 뜻한다.

Brousseau & Otte(1991)가 다룬 것처럼 디드로(Diderot)의 역설은 교사에게도 일어나며, 배우보다 교사에게 더 근본적이면서 첨예한 방식으로 작용한다. 특히 배우들이 이와 같은 분석을 하지 않듯이 교사 역시 자신의 교수학적 변환을 분석하려고 하지 않는다.

디드로에 따르면 이러한 "역설"은 일반적으로 알려진 의견과는 상충되지만 원칙적으로 진실이기 때문에 분명히 부조리한 측면이 있다. 본 연구는 이러한 역설을 좁은 의미로 다루고자 한다. 여기서 역설은, 게임을 완벽하게 구성하기 위한 결정과 그 결과 사이에 존재하는 기능적 모순에 대한 것이다. 이러한 역설을 해결하는 것이, 관찰한 현상을 설명하는 것만큼이나 상황론의 핵심 목표이며 이 이론의 일관성을 검증하는 수단이다.

5. 교수학적 상황을 모델링하는 방법과 수단

이 절에서는 모델링 수단인 게임에 대해 살펴보고, 여러 "모델"과 모델이 기술하는 실제 사이의 관계에 대해 알아본다.

이러한 관계는 게임으로 모델링되는 원본과, 교수학적 실제로 묘사되는 복사본의 관계를 말하는 것이 아니다. 원본과 복사본의 관계에서 발생하는 어려움은, 경기자들의 "잘못된" 반응 때문에 생기는 여러 차이에서 기인한다. 한편 이 절에서 알아보고자 하는 관계는 관찰된 바와 다를 수 있으며 반증 가능하다. 이하에서는 본 연구에서 제안하려는 체계적 접근을, 관련되는 하위체계에 비추어 설명하고자 한다. 이를 통해 학생의 교수학적 게임에 "**환경**" 체계를 도입한 것은, 게임으로 표현된 모델을 **실체화**하거나 관찰 결과를 정리하기 위한 것이 아니라 필수불가결한 내적 요구 때문임을 강조하고자 한다.

5.1. 개별 지식에 대응하는 본질적인 상황

교수 상황을 모델링하는 것은 교육 체계, 학생 체계, 환경 등과 같은 서로 다른 하위체계 가운데에서 목표 지식에 맞는 게임을 구체적으로 만들어 내는 것이다. 이러한 하위체계에 대해 정확하게 설명하기 위해서는 게임 내에서 하위체계가 지니게 되는 상호관계를 논하지 않을 수 없다. 사용할 게임의 유형을 구체화하기 앞서 모델링의 2가지 핵심 목표를 살펴보자.

5.1.1. 목표 지식 측면

게임에 대한 해결책 또는 최선의 전략으로 목표 지식이 출현하도록 게임을 조직해야 한다.

- 특정 성질을 아는 것이 주어진 전략을 다른 전략으로 바꾸는 유일한 방법인가?
- 학생은 왜 이 전략을 다른 전략으로 대체하는 방법을 찾는가?
- 학생은 어떤 인지적 동기 때문에 특정 성질을 이러이러한 방식으로 형식화하거나 이러이러한 방식의 수학적인 증명을 제시하는가?
- 주어진 근거는 특정 지식을 만들어 내는 데 다른 근거보다 좋은가, 혹은 옳은가? 또는 더 이해하기 쉽거나 더 효과적인가?

위와 같이 선험적으로 제기되는 질문에 대해 처음에는 게임의 논리나 학문의 역사, 수학적 분석이나 교수학적 설명을 통해 그 답을 찾을 수 있다. 즉, 개별 지식에 맞추어서 구성된 게임은 그 용도와 외형을 이론 교수학에 적합한 방식으로 정당화해야 한다.

5.1.2. 교수 활동 측면

상황을 통해 학생이 목표 지식의 한 유형을 학습하는 한, 구체적인 진전이 없어서 별로 "만족스럽지" 않은 상황이라고 하더라도 교실에서 관찰되는 모든 상황의 한 가지 표상으로 "게임"을 활용할 수 있다. 아주 진부한 상황에 대해서도 게임을 통해 가능한 모든 표상을 만들어 낼 수 있어야 한다. 이러한 표상은 게임의 성격을 결정하는 특정 변인을 어떻게 설정하느냐에 따라 다르다.[28)]

교수학에서 다루는 일반 개념을 통해 서로 다른 변인의 상대적인 의미를 확고히 해야 한다. 또한 이러한 개념을 통해 누군가 배워야 하는 지식의 유형, 서로 다른 교수 활

28) 편집자 주: Artigue(1992)를 참조하기 바란다.

동의 발달 및 교수 활동 결과의 질을 설명하거나 예측할 수 있어야 한다.

한편, 이러한 개념을 통해 개별 지식과, 개별 지식의 정당성 및 필수성을 입증하는 조건이 여러 가지 형태로 조화를 이루도록 만들어야 한다. 이러한 조건을 아동의 인식론이나 심리, 언어, 사회학적 특징에 대해 알려진 바와 관련지어 적용하는 것은 교수학이 추구하는 자연스러운 목표이다.

인식론학자나 이론중심주의자가 지닌 지식에 대한 견해에 실험적 반례를 제시하는 것은 그럴듯한 포부이다. 그러나 모든 지식-생산 활동을 게임에서 명시적으로 드러나는 "경제적인" 행위로 설명하는 것은 논외의 문제이다. 더욱이 지식은 언제나 지나치게 확정적이다. 게임은 그러기로 인정한, 여러 모델과 관련되는 문제로만 다루어야 한다.

5.2. "게임"의 개념

"상황"이라는 모호한 개념을 "게임"으로 모델링하기 위해서는 게임이라는 용어에 정확한 의미를 부여할 필요가 있다. 게임에 대한 5가지 핵심 정의를 관련되는 여러 요소에 비추어 설명하면 다음과 같다.

i) 게임은, 모델링하는 "하위체계" 사이의 관계 집합으로 특징지을 수 있다. "게임은 관례 또는 만들어진 규약에 따라 진행되는, 완전히 자유로운 물리적, 정신적 활동이다. 이러한 활동을 수행하는 사람은 게임 자체가 목적이며 게임을 통해 즐거움을 얻는 것 외에는 다른 목적이 없다". [정의 1]

위 정의에 따르면 **경기자**는 원칙적으로 즐거움을 추구하며, 새로운 규약을 만들거나 관례를 규명하고 확실치 않은 **환경과의 관계**를 탐색한다. 경기자는 즐거움을 얻기 위해 활동한다. 그러나 무엇보다도 위 정의는 정의에서 언급한 체계의 준-고립적 특징을 강조한다. 경기자가 의식하지 못하는 "**극적인 활동**(*Deus ex machina*)"[29]이 존재할 수 있다. 즉, 이러한 활동은 경기자에게 별 의미가 없다. 경기자에게는 무의미하지만 즐거움을 일으키는 활동이 존재한다는 아이디어를 어떻게 설명할 수 있을까? 실제로 모든 행동은 즐거움에 의해 발생하는 것이 아닌가? 정의에 대한 위의 설명은 다음과 같이 해석해야 한다. 게임 **도중에** 경기자는 오직 즐거움을 얻기 위해서만 여러 결정을 내리며 행

29) 역자 주: 고대 그리스나 로마의 연극에서 예기치 않게 나타난 구원자, 혹은 혼란의 상태에 질서를 가져오는 뜻밖의 사건을 일컫는 용어이다. 예를 들어, 서부영화에서 결정적인 순간에 기병대가 나타나 비극을 막는 것 따위를 이를 때 사용하는 용어이다.

동을 취한다. 실제 게임에 참여하기 위해 내리는 이러한 결정은 어떤 목표를 통해서도 동기화되지 않는다. 동기가 존재하지 않는다는 사실에 대해서는 나중에 좀 더 설명하겠다.

게임에는 위의 첫 번째 의미 외에 다음 4가지가 더 존재한다.

ii) 게임은, "성공-실패, 이익-손실을 결정짓는 규칙 체계하에서 행하는 활동의 조직체"이다(Lalande, 1972, p. 546). [정의 2]

iii) 게임은, "무엇이든 간에 노는 데 쓰이는 것, 즉 게임 도구"를 말할 때 사용하는 용어이다. 경우에 따라서는 게임 도구라는 특정 조건이 만들어 내는 게임 상태를 의미하기도 한다. [정의 3]

iv) 게임은 "누군가가 노는 방식", 즉 "놀이 자체"를 의미하기도 한다. 특히 게임의 절차에 주목하는 경우에는 "전략"이라는 용어를 사용하고자 한다. [정의 4]

v) 게임은, [그림 1]의 의미 2에서처럼, 주어진 게임 상황에서 경기자가 선택한 입장의 집합을 말한다. 좀 더 확장하여 역학을 예로 들면, 어떤 체계가 취할 수 있는 상태 및 운동의 집합, 유기체의 집합, 특정 조건을 충족하는 메커니즘의 집합 등을 말한다. [정의 5]

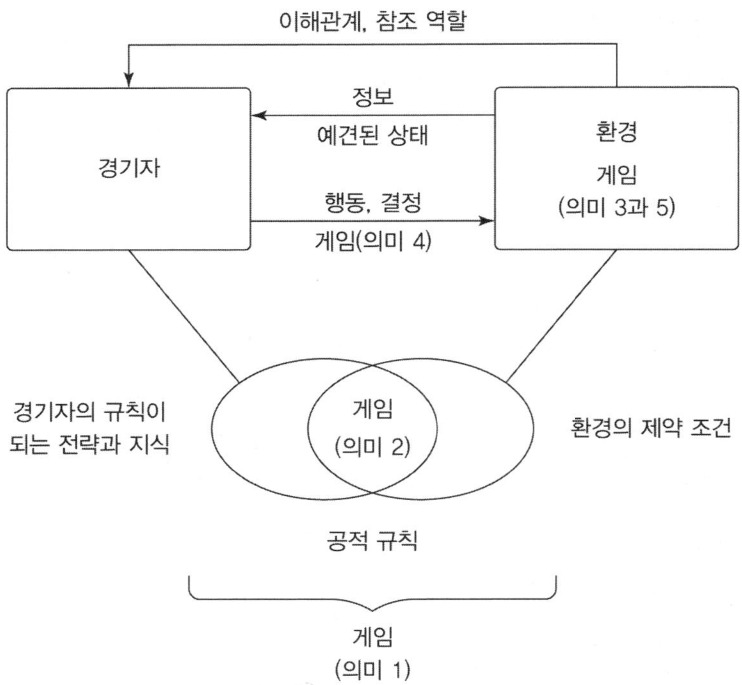

[그림 1] 게임의 5가지 의미

[그림 1]은 게임의 여러 의미 사이에 어떤 관계가 있는지 보여준다. 원칙적으로 k 명이 함께하는 "게임"은 다음과 같은 구조를 따른다.

a) 여러 대상과 관계로 구성된 서로 다른 "입장"의 집합 X
b) 임의의 $x \in X$에 대하여 입장 x의 경기자가 선택할 수 있는 입장 $\Gamma(x)$을 대응시키는 $X \to \Gamma(X)$로의 함수 Γ. 즉 Γ는 게임의 규칙을 나타낸다.
c) 초기 상태 I, 한 가지 또는 다양한 최종 상태 F. 즉, $\Gamma^{-1}(I) = \varnothing$이고 $\Gamma(F) = \varnothing$이다.
d) k 명의 경기자 집합을 J라고 할 때, $J \times X$에서 J로의 함수 θ는, 게임의 각 상태 x에 대하여 경기자 j의 조치 $\theta(j,\ x)$을 다음 순서의 경기자에 대응시킨다.
e) 이익이나 이해관계, 또는 선호라고 불리는 어떤 함수. 이 함수는 F를 포함하는 X의 부분집합 A에서 R[30]로 가는 사상이다.

위 정의로 일반적인 상황을 모두 포괄할 수는 없다. 다소 복잡한 모델링이 필요한 게임에 대해서는 구체적인 예를 살펴볼 것이다. 위 정의는 체스나 우연 게임에는 적절하지만 역할 놀이 같은 게임에는 적합하지 않다. 그러나 위 정의를 활용하여 몇 가지 교수학적 용어를 다음과 같이 설명할 수 있다.

- 한 라운드(*a round*)는, $x_1 = I,\ x_n \in F,\ \forall i,\ x_{i+1} \in \Gamma(x_i)$에 대하여 X에 속한 상태 $(x_i)_{1 \le i \le n}$의 유한 수열을 말한다. "허가된 상태"는 X에 속한 입장을 의미하며, 한 라운드의 일부가 될 수 있다. 예를 들어, 체스에서는 허가되지 않은 상태를 "요정의 나라(fairyland)"라고 한다.
- 전략(*a strategy*) S는 X에서 X로 가는 함수이다. 이 함수는 가능한 모든 상태 $S(x) \in \Gamma(X)$에서 경기자가 어떤 것을 선택할지 결정하도록 한다. 경기자 k 명이 한 라운드를 진행하는 데 k 개의 전략이면 충분하다.
- 전술(*a tactic*) T_A는 X의 부분집합 A에서 X로 가는 함수로, $x \in A$에 대하여 $T_A(x) \in \Gamma(X)$이다. 즉, 전략은 X의 모든 원소에 대해 정의된 전술이다.
- "앎(*knowing*)"이라는 경기자의 상태 C는 X에서 $\Gamma(X)$로 가는 함수로, $\forall x$에 대하여 $C(x) \in \Gamma(X)$이다. "앎"은 정확하게 경기자의 선택과 관련된다. 앎에 대한 이 정의는 정보에 대한 정의에 비유될 수 있다.
- "결정적" 지식을 통해 경기자의 선택은 몇 개의 상태에서 한 개의 상태로 줄어들며, 이는 한 가지 전술을 만든다. 만약 결정적 지식을 통해 경기자가 할 수 있는

30) 역자 주: R은 수(number)를 나타내는 것으로 볼 수 있다.

모든 선택이 한 개의 선택으로 줄어들면 이는 한 가지 전략이 된다.

지식을 획득한다는 것은 정보의 습득이나 학습을 통해 지식의 상태를 수정하는 것이다. 순간 t 에서의 C와 $t+\delta t$에서의 C'에 대하여, 지식의 획득은 순서쌍 (C, C')로 나타낼 수 있다. 정보이론에 따라 $C'(X) \neq C(X)$이라고 가정한다. 즉 지식은 가능한 선택지를 없앰으로써 주체가 느끼는 불확실성을 **줄인다**.

그러나 학생의 앎이 수정되는 방식을 모델링하기 위해서는, 매 순간에 허가된 여러 입장이 게임의 규칙을 통해 드러난다고 할지라도 학생이 이러한 입장을 **모두** 예상할 수는 없다고 가정해야 한다. 또한 학생이 앎의 상태를 수정하는 것은, 자신이 겪는 불확실성을 줄이는 것이 아니라 선택할 수 있는 새로운 가능성을 생각하여 $t+\delta t$ 순간의 불확실성을 늘리는 것으로 해석해야 한다. 이러한 해석을 통해 정보이론을 유연하게 사용할 수 있다.

"행동을 위한 모델"[31)]은 각각의 전략을 말하거나, 하나의 전략 또는 전술을 만드는 계산 절차를 말한다. 마찬가지로 "표상(representation)"이라는 용어는 특정 게임에서 앎의 상태를 만드는 "뭔가"를 의미하기도 하고, 그러한 앎을 예상할 수 있도록 하는 뭔가를 의미하기도 한다.

이러한 유형의 모델이 갖는 가장 큰 장점은, 특정한 바로 그 사례에서 발생하는 일련의 "모든" 반응을 선험적으로 고려할 수 있으며 그 사례의 효과성을 비교할 수 있다는 것이다.

승리 전략(*winning strategy*)을 통해 상대방의 공격을 성공적으로 막아내는 라운드를 만들 수 있지만 이를 위해 다음과 같은 여러 요소를 검토할 필요가 있다.

- 승리 전략이 치른 비용, 이를 테면 체스나 보드게임에서 최종 라운드까지 둔 횟수
- 승리 전략을 통해 얻은 이득

승리 전략에 따른 손실과 다른 사람이 얻게 될 이득을 생각하면 **비체계적인 승리 전략**이 더 나을 수도 있다. 게임이론을 통해 이와 같은 딜레마를 분석할 수 있다. 기본적인 학습 활동 대부분은 게임 상대로 "자연(Nature)"을 상정한다.

행동을 위한 모델을 만듦으로써 여러 사례에서 살펴본 바 있는 주체의 다양한 행동을 좀 더 면밀히 분석할 수 있다.[32)] 그러므로 특정 지식과 관련되는 상황의 적절성을

31) 여러 연구자가 이 정의를 사용하였는데, 특히 Ratsimba-Rajohn(1981)은 측정 전략 분석에 이를 활용하였다. 흥미로운 사례가 있는 좀 더 상세한 자료는 Ratsimba-Rajohn(1981)과 Bessot & Richard(1979)에서 찾을 수 있다.

32) Ratsimba-Rajohn(1981)을 참조하기 바란다.

살피는 연구의 목적은 다른 지식이 아니라 바로 그 지식에 의해서만 최적의 전략이 생성될 수 있음을 보이는 것이다. 이를 통해 상황에 속한 여러 변인, 이러한 변인이 전략에 미치는 영향에 대한 가설을 다룰 수 있다.[33)]

학생이 내린 결정이나 선택이 지닌 의미는 다음과 같은 요소를 통해 그 자체로 모델링할 수 있다.

a) 학생이 고려한 선택지의 집합 및 그러한 선택지 때문에 학생이 거부한 선택지의 집합
b) 학생이 고려하거나 배제한 전략의 집합, 특히 학생이 고려한 일련의 선택지 및 대체 전략
c) 학생이 어떤 선택을 하도록 하는 게임의 여러 조건, 특히 선택의 적절성, 타당성, 관련성을 결정하는 변인의 값에 의해 만들어지는 다양한 상황 공간

5.3. 게임과 현실

5.3.1. 유사성

"실제" 삶에서 주체는 미지의 가변적인 규칙으로 짜인 체계를 경험하면서 자신의 관심사에 맞추어 스스로의 행동을 조직한다. 이처럼 진지하고 전문적인 사적 활동과 달리, 주체가 규칙을 선택할 수 있는 게임 상황에서 주체는 즐거움에 자신을 송두리째 맡길 수 있으며 다른 제약으로부터 자유롭다.

그러나 사회적, 재정적, 경제적, 군사적 관계가 작동하는 방식을 게임 시뮬레이션으로 정확하게 기술할 수 있음을 보인 여러 사례가 있다. 게임 상황은 현실 상황에 대한 탁월한 모델이 되기 때문에 삶을 매우 효과적으로 모사하며 표현할 수 있다. 게임은 삶과 매우 닮았다! 이와 동시에 경기자는 자신을 압도하는 실제 삶에서의 제한 조건을 정복할 수 있으며, 이러한 자유는 실생활의 제한 조건이 초래하는 좌절감을 상쇄하는 핵심적인 역할을 한다.

예를 들어, 프로이트(Freud)가 다루었던 "인형 게임"을 생각해 보자. 아동은 가구 밑에 인형을 숨기고 "없어졌네"라고 하거나 다시 꺼내서 "여기 있네"라고 한다. 이 게임은 때때로 엄마가 사라지기도 하고 나타나기도 하는, 아동이 통제하거나 예측할 수 없는 상황과 연관이 있는 것처럼 보인다. 그러나 인형이 엄마를 나타내며 추가적인 관

33) Bessot & Richard(1979)을 참조하기 바란다.

련성이 없는 일상생활의 어떤 측면을 아동이 재현하거나 흉내 내고 있다고 생각하는 것은 잘못이다.

게임이라는 모델 내에서 아동의 관심사는, 실생활에서 엄마의 등장은 자신이 통제할 수 없지만 인형이 나타나고 사라지는 것은 자신이 통제할 수 있다는 점이다. 인형 게임에서 아동은 엄마가 사라지는 고통스러운 상황을 "없어졌네"라고 말하면서 다시 체험하는데, 이때 아동은 엄마가 돌아왔을 때 느끼는 기쁨을 "여기 있네"라고 말하면서 의식적으로 만들어냄으로써 정서적인 변화를 통제한다. 즐거움을 이처럼 재현하는 것은 일련의 과정을 거치며, 인형은 다시 나타나기 위해서 반드시 사라져야 한다. 하지만 이를 통제하는 것은 아동 자신이며 이 점이 필수적인 요구 사항이다. 일정 시간 동안 "자동으로" 나타났다가 사라지는 인형은 위와 같은 역할을 하지 못한다. 언제 인형이 나타날지 아동이 예상할 수 있게 되면, 게임은 더 이상 흥미를 끌지 못한다.

그러나 인형이 어떤 규칙도 없이 임의로 나타났다가 사라지도록 하는 것은 너무 "현실적"이어서 고통스럽다. 이는 엄마가 나타났다가 사라지는 상황과 매우 비슷하다. 인형이 곧 나타날 것이라는 사실을 아동이 알아차려서 여기에 주의를 기울이고 있을 동안에 예기치 않게 인형이 진짜로 나타나게 되면, 특히 짓궂게도 누군가가 인형이 나타나는 것을 조작하고 있다는 점을 알게 되면 아기는 갑자기 웃음을 터뜨린다. 그러나 이 웃음은 방어적 행동으로, 상황이 자신의 통제하에 있음을 아는 사람이 짓는 진짜 웃음이 아니라 조롱에 가까운 무력한 웃음이다. 이는 타인에게 압도당하는 고통을 전제로 한 웃음이다.

게임이 삶을 "충분히" 반영한다는 점에서 삶에 대한 일종의 상징으로 볼 수 있다. 그러나, 게임에서 경기자는 삶에서와 비슷한 행동을 취하고 비슷한 유형의 정서와 동기를 지니지만, 경기자를 억압하는 조건 대부분을 경기자가 해결할 수 있다는 점에서는 게임과 삶이 다르다. 유사성은 상이성에 의미를 부여하는 한 가지 방식이다.

5.3.2. 상이성

게임과 일상생활, 좀 더 정확하게 말하면 희망과 실제 사이에 존재하는 근본적인 차이는 다음과 같이 하나를 다른 하나와의 관계에 비추어 봄으로써 설명할 수 있다.

- 삶이라는 게임 내에서 기능하는, 전통적이고 상징적인 게임
- 삶을 상징하는 게임

라캉(Lacan)에 따르면, 희망하는 대상과의 관계로부터 생기는 좌절과 긴장을 상쇄하기 위해서 만들어낸 상징 역시 좌절을 일으키는 특징을 그대로 반영한다. 예를 들어,

아동이 원하는 시간과 장소에서 인형이 나타난다면 통제권을 갖는 문제는 종결되며 게임 자체는 사라지게 된다. 즉, 원래부터 게임으로 만들어진 게임은 경기자를 만족시키지 못하며, 새로운 게임의 새로운 라운드나 새로운 상징이 필요하게 된다. 라캉이 언급하였듯이 상징과의 관계는 새로운 상징을 만듦으로써 균형을 이루기 때문에 의미의 연쇄는 종결되지 않고 지속된다.[34]

게임은 완전히 통제됨으로써 원하는 대상이 되지 못하거나, 완전히 통제되지 못함으로써 한없이 재현되는 2가지 경우를 따른다. 게임의 이러한 2가지 특징은 매우 중요하다. 경기자가 모든 쟁점과 결과를 통제함으로써 반드시 이기게 되는 "게임"에는 어떤 불확실성도 존재하지 않기 때문에, 게임이 "모델링"하는 불확실성을 모사하지 못한다. "교실에서 그렇듯이, 너무 복잡한 게임은 사용될 수 없다. … 분석이 끝난 게임은 더 이상 게임이 되지 못한다."[35] 그러나 어떤 게임도 완전히 쓸모가 없을 수는 없다. 게임에는 경기자와 독립적으로 존재하는 상대방으로서, 자연법칙을 따르는 모종의 환경이 존재하며, 경기자는 원하는 것을 곧바로 얻지 못하게 되면서 게임에 참여할 수 있게 된다.

5.4. 교수 상황에 대한 체계적 접근

교수 상황을 체계적으로 다룸에 따라 학생, 교사 같은 하위체계를 배우로 인식하는 것이 어느 정도까지는 적절해졌다. 이처럼 하위체계를 다루면 여러 연구 문제를 단순화하거나 하위체계 내에서 해결 가능한 몇몇 문제를 분리해 낼 수 있다. 이러한 방식으로 교수학적 현상 전반을 해석함으로써 이론적인 토대를 마련할 수 있다. 그러나 이러한 접근에는 일종의 모호성이 존재하며, 연구자가 자신이 생각하는 모델을 현실에 투사하는 도구로 체계적 접근 자체를 사용할 위험이 있다.

교수 상황에 대한 체계적인 고전적 접근은 앞서 살펴본 구체적인 체계, 즉 교사와 학생의 대면 활동 및 각자의 역할과 특징을 중요하게 다룬다. 이러한 접근을 통해 사회적 역할을 모델링함으로써 그러한 역할이 발생하고 내면화되는 방식을 검토할 수 있다. 관찰된 여러 문제는 체계가 요구하는 바에 적절히 대처하지 못했을 때 발생한다. 이러

34) 편집자 주: 브루소에게 개인적으로 들은 바에 따르면 이와 같은 고전적인 문제에 라캉이 기여한 것은, 의미의 문제는 항상 논의의 대상이 될 수 있으며 어떤 상징이든 그러한 상징을 만들어낸 문제에 충분한 답이 될 수 없음을 보인 점이다. 인형 게임에 대해서는 Brousseau & Otte(1991, pp. 32~35)를 참조하기 바란다.

35) 편집자 주: 이는 1975년에 사이공(Saigon)에서 열린 국제 학회에서 앙드레 델레딕(André Deledicq)이 한 말을 브루소가 인용한 것이다.

한 추론은 **실체화**(*reification*, Berger & Luckmann, 1966)에 기여한다. 여기서 실체화는 추상적 도식과 현실이 반드시 일치"해야" 하며, 더 이상 실험 삼아 해보는 시도나 실수가 용납되지 않는다는 것을 의미한다. 한편 앞서 살펴본 하위체계를 구분하는 목적은 **게임**을 정의하는 것인데, 이를 통해 공동으로 조직된, 상대방의 다른 전략에 대해 논하는 것이 가능하다. 따라서 본 연구는, 지식에 대한 교수학적 **환경**에서 진행되는 학생의 게임, 학생의 게임으로 교사가 수행하는 게임 등을 찾아야 한다. 이 점이 교수학적 연구에 부여된 목표이며 이러한 **환경**의 존재를 입증하는 것이다. 일찍이 이 방법을 1970년부터 여러 연구에서 사용하였으며,[36] 이후에 실증적인 방식을 써서 개선하였다. 이 방법은 Crozier & Friedberg(1977, p. 216)가 사회적, 정치적 체계를 연구하기 위해 제안한 방식과 매우 유사하다.

"누군가가 사람들의 집단 내에 존재하는 충분히 안정적인 전략을 찾아낼 수 있다면, 더욱이 이러한 전략이 효과적으로 작동하는 게임과 게임의 규칙 및 질서를 발견할 수 있다면, 그는 이 집단을 하나의 체계로 간주할 수 있으며 이 집단의 통치 방식에 대해 정확한 설명을 제공할 수 있다"(ibid. p. 215).

Crozier & Friedberg(1977)에 따르면 "구체적인 행동 체계"를 고안하여 개별 행위자의 역할을 상세히 설명하는 것이, 현실과 충돌하지 않고 지속될 수 있다고 보는 것은 지나치게 순진한 생각이다. 어떤 현상을 설명하는 데 쓰이는 여러 요소 사이의 관계를 예상하는 것은 누군가가 사고의 출발점으로 삼은 바 있는 이전 범주에 갇힐 위험이 있다. 이는 다량의 관찰 결과와 방법론적 요건을 끊임없이 분석하는 활동을 통해서만 의미를 갖는다. 누군가는 이러한 관찰 결과를 게임에 대한 전제 및 게임을 포함하는 교수학적 체계에 대한 가설과 연관 지을 수 있다.

6. 비교수학적 상황

6.1. 기본적인 하위체계

6.1.1. 고전적 패턴

교수학적 게임을 통해 첫 번째 경기자, 즉 교육 체계인 교사는 두 번째 경기자인 학생과 관계를 맺는다. 이때 교사는 지식을 가르치려는 의도를 품은 사람이며, 학생은 배

36) 편집자 주: 여기서 브루소는 6절을 언급하고 있으며 Brousseau(1970)에서 이러한 방법의 원형을 상세히 살펴볼 수 있다. 브루소가 언급한 실증적 연구는 4장에서 다룬다.

움을 얻는 사람이다. 이러한 설정을 통해 교사의 실제적인 필요나 내면화된 요구를 설명할 수 있다.

교수학적 게임을 교사와 학생이라는 두 하위체계에 한정하여 규정할 수 있을까? 이러한 목표를 위해 오스굿(Osgood)의 의사소통 패턴[37]과 스키너(Skinner)의 학교 조건화 패턴[38]을 비롯한 여러 패턴이 제안된 바 있다.

의사소통 패턴에서 볼 때, 교사는 정보의 발신자이고 학생은 교사가 제공하는 메시지를 자신의 레퍼토리에 따라 해독하는 수신자이다. 가르친다는 것은 수신자의 레퍼토리와 무관하게 구성된 메시지를 활용하여 그러한 레퍼토리에 새로운 요소를 부여하도록 자극하는 과정으로 이를 통해 수신자는 새로운 요소를 이해하게 된다(그림 2). 이러한 모델을 택한 교사는 이미 알려진 개념에 기초하여 만들어진, 잘 알려진 방식을 따라서만 새로운 지식을 소개할 수 있다. 의사소통되는 것은 지식의 문화적 형태뿐이며, 수학의 경우에는 공리적인 형태를 띤다. 공리적 모델은 여러 이유로 부적절한데, 이는 암기된 메시지의 의미를 이전 메시지의 재형식화가 아닌 다른 방식으로 규정하는 것을 허용하지 않기 때문이다. 메시지가 왜 암기되어야 하는가?

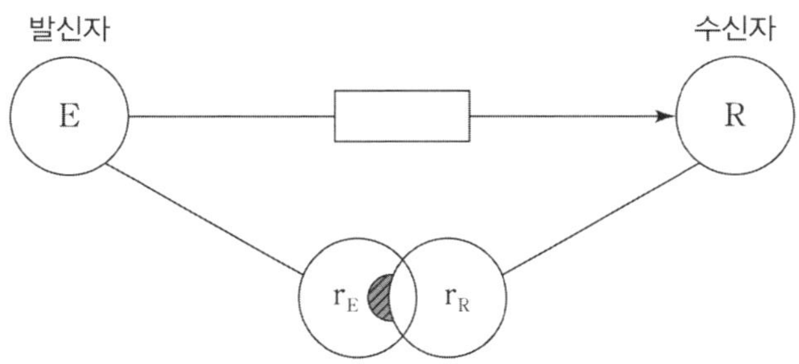

[그림 2] 의사소통 패턴에서의 학습

배운다는 것은 "… 정보의 전달자가 가장 빈번하게 제시한 의미의 최소 단위가 수신자의 레퍼토리에 점차 스며드는 것이며 동시에 수신자의 레퍼토리를 수정하는 것이다"라는 Moles(1967, p. 111)의 주장은 아주 오래 전에 반박된 바 있는 감각주의자와 경험주의자의 가설을 상기시킨다. 이러한 해석에 따르면 학생은 자신에게 전달된 모든 메시지에서 무엇이 배워야 할 새로운 지식인지 인식할 수 있다. 이 얼마나 뻔한 거짓말인가!

행동주의(그림 3)는 두 하위체계로 구성된 학습 패턴을 제시함으로써 이러한 반박

37) 편집자 주: Osgood et al.(1957).

38) 편집자 주: Bramaud du Boucheron et al.(1970).

에 대처한다. 이때 두 하위체계는, **환경**에 영향을 주는 학생, 즉 **환경**에 의거하여 행동하는 학생과, 학생에게 "정보를 주거나" 제재하는 **환경**을 말한다.

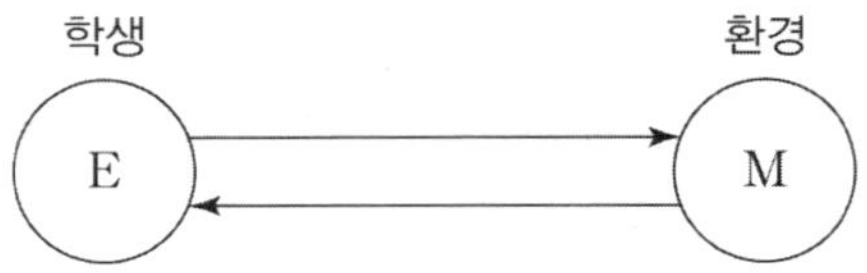

[그림 3] 행동주의 패턴에서의 학습

환경의 제약에 불편함을 느낀 학생은 **환경**을 바꾸거나 스스로를 변화시키는 학습에 참여함으로써 이러한 제약을 무효화하려고 한다. 물론 교사는 **환경**의 일부이며 경우에 따라서는 **환경**을 대신하기도 한다. 이 패턴에 따르면 지식은 자극-반응 순서쌍의 목록으로 표현된다. Chomsky & Miller(1968)는 모국어 교수를 예로 들어 이러한 논지를 처음으로 반박하였다. 이러한 논지에 따르면 모국어 교수는 기껏해야 유한 번의 자동 장치나 특정한 자극-반응 모델을 통해 설명될 수 있다. 유한 번의 모든 자동 장치에 대하여 이와 근사적으로 동치인 자극-반응 모델이 존재한다는 서피스(Suppes)의 제안에도 불구하고, 넬슨(Nelson)과 알빕(Arbib)은 이러한 모델이 수렴하는 속도에 주목하여 이를 비판하였다.[39]

6.1.2. 제안된 첫 번째 분해

위 설명에 따르면, 서로 다른 유형의 다음 2가지 게임을 고려하지 않을 수 없다.

a) 비교수학적 **환경**과 학생의 게임으로, 이를 통해 학습 후와 학습 중에 지식의 역할이 구체화된다. 이때 게임의 특징은 개별 지식에 의해 결정된다.
b) 학생의 게임을 조직하는 교사의 게임으로, 이 역시 목표 지식에 따라 그 특징이 결정된다. 이러한 교사의 게임은 적어도 3가지, 일반적으로는 교사, 학생, 학생

39) Brousseau & Gabinski(1976)는 이 문제를 정확히 설명하였으며, Maysonnave(1972)는 이를 실험적으로 정당화하였다. Maysonnave(1972)의 실험은 10세 아동들과 어떤 확률 모델에 대해 다양한 예측을 만들어 보는 수업에서 여러 정리가 등장하는 속도를 비교한 것이다. 행동주의 모델은 7로의 경주와 같이 단순한 상황에서는 매우 적절하다. 아동들은 모델이 통제하는 변수가 무엇이든지 간에 모델이 예측하는 것보다 심지어 더욱 빨리 문제를 해결한다. 편집자 주: "20으로의 경주"에 대해서는 이 책의 서론을 참조하기 바란다. 브루소는 참고문헌으로 Suppes(1969, 1976), Nelson(1969), Arbib(1976, 1976a)을 제시하였다.

이 직면하는 외적 환경(environment) 및 문화적 **환경**(*milieu*)이라는 4가지 동반자를 갖는다. 각각의 구체적인 행동 체계에서 교사의 게임(그림 4)은, 학생의 게임 및 목표 지식을 명확히 하며 의미를 부여한다.

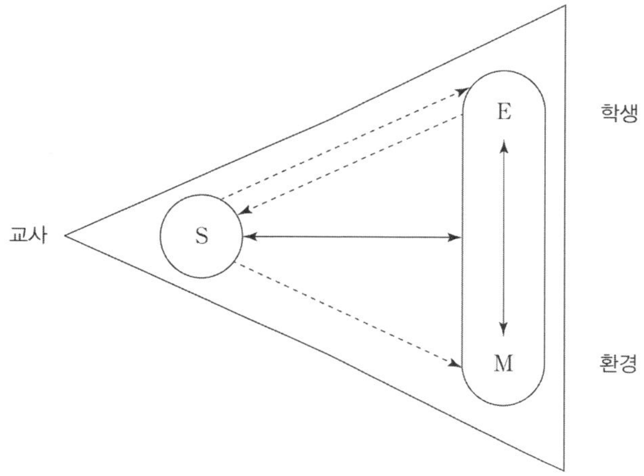

[그림 4] 교사, 학생, 환경 사이의 관계

위 정의로부터 교사의 게임이 갖는 2가지 주요 특징이 드러난다. 이미 살펴본 바 있는 **양도**(*devolution*)와 **제도화**(*institutionalization*)가 그것이다. 양도를 통해 교사는 학생을 비교수학적 상황이나 의사교수학적 상황에 놓이게 한다. 또한 제도화를 통해 교사는 학생의 "자유로운" 행동이나 결과물을 문화적, 학문적 지식이나 교수학적 프로젝트와 관련하여 규정하는데, 이때 교사는 학생의 활동 결과를 수학적으로 어떻게 "판독"하는지 설명하거나 거기에 구체적인 지위를 부여한다. 2가지 유형의 이러한 중재는 매우 다른 특징을 갖는다. 양도가 일어나는 데 이전 교수학적 상황에서 진행된 논의는 선택 가능한 요소, 게임의 규칙, 이해관계 등과 관련하여 확실한 실마리를 제공하며, 이를 통해 이전 논의는 게임으로 모델링된다. 교수학적 계약과 좀 더 직접적으로 관련되는 제도화는 최근 여러 연구[40]에서 다룬 바 있다. 비교수학적 상황에 대해 먼저 살펴본 다음에 이 주제를 다시 다루겠다.

6.1.3. "비교수학적 환경"이라는 하위체계의 필요성

일반적인 경우에 교수학적 상황은 간단한 의사소통이나 사회적 상호작용으로는 모델링되지 않으며, 다른 체계의 중재가 필요하다. 이러한 필요는 장차 교수학적 계약이

---

40) 편집자 주: Rouchier(1991, pp. 26~65)와 Margolinas(1993)를 참조하기 바란다.

파기될 것이라는, 교수학적 계약 자체의 문구에서 생긴다. 교수학적 관계는 맺어지는 순간부터 그것이 파기되는 순간이 도래해야 한다는 사실을 전제로 한다. 교수가 종료되면 학생은 배운 지식의 도움을 얻어 교수학적 의도가 없는 체계에 대처할 수 있을 것으로 여겨진다. 즉, 학생에게 가르친 지식은 학생으로 하여금 자신과 이러한 체계의 관계를 새로운 **비교수학적 상황**으로 해석할 수 있도록 하며, 이를 통해 적절한 답을 찾는 것이 가능하게 한다. **환경**은, 이번에 가르친 체계 또는 이전에 가르친 체계를 상대하는 체계이다.

일상생활에서는 이러한 해석이 다른 방식으로 진행될 수 있지만, 본 연구에서는 일관성을 유지하기 위해 학생이 아는 바와 유사하게 보이는 "게임"의 형태로 이를 모델링한다. 수업을 들은 학생은 수업에서 배운 지식에 비추어 결정을 내리며, 예전 지식과 새로운 지식이라는 2가지 의미 사이에 관계를 형성한다. 다른 한편으로 학생은 이러한 비교수학적 상황을 자신이 아는 바와 무관한, 새로운 답을 요구하는 새로운 "게임"이라고 해석한다. 어느 경우든 학생은 이러한 상황에서 새로운 질문이 생겨나는 순간을 인식할 수 있으며, 질문에 대한 답을 자신이 갖고 있지 않다는 것도 알게 된다.

한편, 교수학적 상황은 일상생활의 관계이든 아니면 단순히 유도된 관계이든, 장차 다루게 될 관계의 표상을 포함해야 한다. 교수학적 상황은 교사와는 분명하게 구별되는, 또 다른 체계를 포함하는데, 이를 "**환경**"이라고 한다. 학생이 진전을 이룰수록, **환경**이라는 문화적, 교수학적인 표상은 "현실"과 가까워지며, **환경**과 주체의 관계는 교수학적 의도에서 벗어나게 된다. 이로부터 다음 결과를 얻을 수 있다.

- 교수학적 관계는 의식적이든 아니든, 명백하든 아니든, 일관적이든 아니든 간에 항상 인식론적 가설을 토대로 한다.
- 교수학적 관계를 분석하기 위해서는, **환경** 및 경기자와 함께 "본질적인" 비교수학적 게임을 정의하고 인지할 필요가 있다. 이러한 게임을 통해, 사전에 정해진 구체적 지식이 승리 전략을 찾는 수단으로 등장한다. 이를 위해 경기자는 자유자재로 사용할 수 있는, 구체적인 인식론적 지식을 가지고 있어야 한다.
- 수업의 어느 시점에 이르면, 학생은 교사가 조직한 **환경**과의 현실적인 관계를 통해 자신이 교수학적 계약에 참여하고 있음을 알게 된다. 이러한 관계는, 학생이 행동으로 "보인" 성과를 정당화하기 위해 설정된 것인데, 학생의 행동은 지식의 적절성을 판단하는 준거이다. 즉, 학생의 답은 교수학적 계약에 따른 의무가 아니라, **환경**과의 관계라는 비교수학적 불가피성에 의해 동기화되어야 한다.
- 특히 교사는, 학생과 **환경**의 관계가 다음과 같이 매우 다른 역할을 한다고 인식한다.

- 비교수학적 상황에서는 절대로 학습이 일어나지 않으며, 교수학적인 모든 가치는 교수학적 계약에 속한다.
- 학습 상황을 엄격한 의미로 해석하면, **환경** 자체만으로도 학생에게 기대하는 적응과 학습을 일으키기에 충분하다. 따라서 교사는 주체의 지식 생성을 보장하는 여러 관계를 선택, 조직, 관리하는 데 만족한다. 학생 활동의 종착점은 환경을 탐색하는 것이므로, 학생이 교수학적 계약으로는 교수학적인 만족을 얻지 못한다는 사실을 오랫동안 모르게 할 수는 없다.
- 일반적인 경우는 대부분 중간 정도 수준으로, 비교수학적 상황 역시 적응에 의한 학습 상황의 일종이 되어 교수학적 계약과 조화를 이룬다.

6.1.4. 수학적 개념의 상태

수학적 지식을 구성하고 가르치기 위해서는 이를 제도화된 지식, 즉 탈개인화, 탈배경화된 지식으로 변환하여 해당 지식이 출현하도록 한 역사 문화적 배경이 되는 게임 상황을 제거할 필요가 있다. 그러나 이와 같은 변환을 통해 문제의 답이 되는 해당 지식의 본질이 완전히 사라지지는 않으며, 대신에 지식의 발생 동기가 되었던 질문이 바뀌게 된다. 이러한 질문 대부분은 이론 체계에서는 자취를 감추지만 문제의 형태로 남게 된다. 이 때문에 수학교사들은 문제 해결을 통해서만 학생이 목표하는 수학 지식을 부분적으로라도 습득하였는지 판단할 수 있다고 생각한다. 개별 지식과 관련된 문제의 범주는 이론이 발전함에 따라 변화를 거듭한다.

이는 현존하는 문제를 쉽게 해결하는 데 쓰일 수학 이론의 양과, 전달받은 지식을 교묘한 방식으로 활용하게 하는 문제의 양 사이에 일종의 변증법적 관계를 만들어 낸다. 이와 같은 변증법적 관계는 학문적인 활동과 지식에 대한 의사소통 사이의 필수적인 균형 상태에 따라 달라진다. 이때 학문적인 활동은 해결이 필요한 새로운 질문을 만들어 내어 문제의 범위와 지식을 확대하며, 지식에 대한 의사소통은 문제의 복잡성을 줄이는 좀 더 나은 이론을 조직할 수 있게 한다. 이처럼 이론을 재조직함으로써 오래된 문제는 별거 아닌 것이 되고, 새로운 질문을 생성하는 이론적 지식을 이해하는 데 필요한 문제의 범위는 줄어들게 된다.

이와 같은 작용과 반작용의 체계로는 수학이 "정상적으로" 발전하지 못한다. 수학에서 균형 상태는 깨질 수밖에 없으며, 다양한 유형의 활동을 일으키기 때문이다. 문제와 지식 사이의 대응 관계는 고유한 것이 아니라 변화하고 발전한다. 비교수학적 상황을 통해 지식을 가르칠 수 있느냐 여부는 이러한 관계를 탐색하는 이론의 특징에 전적으로 달려있다.

한편 누군가가 수학적 지식과 개념이 어떻게 발전하는지를 연구한다면, 이러한 발전이 앞서 살펴본 바 있는 기능을 통해 정당화가 가능한 패턴을 따른다는 점을 쉽게 알 수 있다. 마지막 단계에서 이 사람은 개념을 수학 이론에 예속시킴으로써 개념을 구조와 관련하여 정확하게 규정하는데, 이때 개념이 충족하는 여러 성질에 대한 구조가 만들어지며 개념에 의해 구조가 바뀐다. 이 단계를 통해서만 개념은 **수학적 개념이라는 지위**를 얻게 되며 모호성과 "오류"에서 벗어날 수 있다. 그러나 이는 해당 개념이 재검토나 회피로부터 자유롭다는 뜻은 아니다.

이상과 같은 단계가 오기 전에 해당 개념이 널리 알려져 그 특징이 폭넓게 연구되는 시기가 존재하는데, 이 시기에는 다양한 이유 때문에 해당 개념이 아직 수학적으로 조직되거나 이론화되지는 못한다. 예로 들면 19세기의 함수 개념, 16세기의 방정식 개념, 20세기의 변수 개념이 이러한 시기의 예가 된다. 이와 같은 **범수학적 개념**(*paramathematical concepts*)의 기능과 역할은 **수학적 개념**의 그것과 매우 다르다. 범수학적 개념은 도구에 가까우며 수학적 개념은 두아디(Douady)[41]가 언급한 바와 같이 대상에 더 가깝다.

그러나 "보다 형식적"이며 "체계적"인 관점에서 말하자면, 수학적인 지위가 없는 개념을 지칭할 때는 도구라는 용어가 사용된다. 이는 의사소통을 위한 구체화 및 형식화의 요구가 있음을 의미하며 이러한 도구를 활용할 때는 의미론적인 통제를 따르게 된다. 수학자들은 도구를 잘 활용하는데 이는 수학자들이 "구문론적" 통제가 가능한 정의를 갖고 있어서가 아니라 "해당하는 도구를 잘 알고" 있어서 도구의 수학화를 필요로 하는 어떤 모순도 발생하지 않기 때문이다. 범수학적 개념의 활용은 이론적 조직화에 일종의 경제성을 부여한 것으로, 의사소통, 교수, 문제 해결에 있어서도 마찬가지로 경제적이다. 19세기 후반에 수학 기초론과 관련하여 등장했던 모순이나 콜모고로프(Kolmogorov) 이전의 확률 개념처럼 지나치게 넓은 의미론적 분야에서의 난제가 발생하지 않는 한, 범수학적 개념은 매우 유용하다. 그러나 어떤 개념의 범수학적 단계 대부분은, 쉐바야르(Chevallard)가 제안한 "원시수학적(protomathematical)[42]" 단계 다음에 위치한다.

이제는 시기와 관점, 방식 및 탐구 문제 선정과 관련하여 수학자들이 몰두했던 다양한 아이디어 사이의 실질적인 일관성을 생각해 볼 필요가 있는데, 이러한 아이디어는 오늘날에는 공인된 개념으로 인정받고 있지만 예전에는 그렇지 못했던 것들이다.

개념이라고 언급되기 이전부터 수학자들이 몰두했던, 이처럼 다양한 아이디어는 수학적인 요구나 운 때문에 우연히 한 지점으로 수렴한 것이 아니라, 이를 구체화할 용어

41) 편집자 주: Douady(1984, 1985, 1986).

42) 편집자 주: Chevallard(1985, pp. 49~56).

가 없을 때조차도 수학자들이 탐구 문제의 근접성을 인식하여 이러한 아이디어에 대해 탐색할 시기를 선택한 결과라는 사실을 보여주는 실마리가 존재한다. 따라서 역사적인 개념을 이러한 개념의 수학적 지위를 나타내는 명칭과 혼동하는 것은 별로 의미가 없다. 예를 들어, 알콰리즈미(al-Khowarizmi)는 실수가 아니라 유리수에 관심을 둔 반면,[43] 스테빈(Stevin)은 실수와 관련된 연구 방법론적 문제를 모두 다루었고 덕분에 실수 개념은 원시수학적 수준에 도달할 수 있었다.

지식이라는 대상과 관련되는 이상과 같은 가설은 암묵적이기는 하지만, 질문 분야에서 내려지는 여러 결정을 조정한다. 실제로 이러한 가설은, 수학자가 만들어낸 표상에 비추어 수학 텍스트를 해석하는 가능성을 사전에 인식하는 능력에 따라 달라진다. 그러므로 이러한 가설은 수학 및 수학사, 고전적인 인식론뿐만 아니라, 이러한 작업을 모델링하는 교수학과도 일정 부분 관련된다.

6.2. 비교수학적 상황 구분의 필요성

수학 개념의 서로 다른 상태를 범주화하는 것은 이러한 범주화가 독창적이지도 않고 뭔가를 모방한 것도 아니지만 비교수학적 상황의 하위체계를 구분하는 데 아주 유용하다. 이로부터 유도되는 연구 문제는 다음과 같다.

- 주체와 비교수학적 환경의 상호작용에 대한 범주화
- 환경을 조직하는 유형에 대한 범주화
- 개별 지식의 역할 유형에 대한 범주화
- 지식의 자발적인 발달 양식에 대한 범주화

다음 방법을 이용하여 위와 같은 분류가 타당함을 명확히 설명하고자 한다.

- 범주화된 대상의 분명한 차이를 통해
- 이러한 차이를 기술, 분석, 이해하기 위해 단순화함으로써
- 이러한 범주화의 타당성과 중요성을 관련되는 각 영역과 연결시킴으로써
- 이러한 범주화가 지닌 정확하고 확실한 특징을 통해

범주화된 부류는 하위체계와 관련하여 조직되어야 한다. 예를 들면 어떤 유형의 상호작용은 사회 조직이나 자료 조직의 형태에 따라 달라지며, 특정 유형의 앎을 얻는 데

43) 편집자 주: 이 책 2장의 1.3절, 4장의 1.2절을 참고하기 바란다.

적합하기 때문에 앎의 성장에 좀 더 기여한다.

이상과 같이 구체화한 하위체계의 목적은, 관찰된 상호작용 사이의 특정한 관계, 학생이 정당화하거나 학습할 필요가 있는 지식, **환경**이 만들어내는 제한 조건 등을 예측하고 설명하는 것이다. 그러므로 이러한 하위체계로부터 오류 가능한 가설이 생성될 수 있다. 여러 하위체계는 서로 배타적일 필요는 없으며, "현실" 상황조차도 다양한 요소와 관련되는 다채로운 지식과 연관이 있다. 하위체계는 학생의 앎과 다양한 질문의 성장에 기여하지만 이들은 서로에게 종속되며 조직적으로 설명되거나 즉흥적으로 다루어짐으로써 변증법적 특징을 띠게 된다. 즉, 하위체계를 하나의 규범으로 설정하여 지식의 역할과 교수학적 공학을 제한하는 철제 목걸이처럼 다룰 수는 없다.

그러나 이러한 조건은 쉽게 충족되지 않는다. 특히 앞서 언급한 대응을 의심하거나 불가피한 것처럼 다룰 수 있을지 몰라도, 이러한 대응이 존재한다는 사실을 사전에 보장할 수는 없다. 추후에 그러한 대응이 명백해질 수 있지만, 이를 실험적으로 검토하는 것은 이상과 같은 추측이 위험해지는 순간을 드러낼 뿐이다. 연구 대상의 참신성 때문에 다양한 질문의 상대적인 장점을 지각하기가 어려우며, 발견한 해답의 필연성이나 우연성을 확인하기가 쉽지 않다.

6.2.1. 상호작용

학생과 **환경** 사이의 관계는 적어도 다음 3가지 범주로 분류할 수 있다.

- 판단의 교환 [3][44)]
- 언어로 코드화된 정보의 교환 [2]
- 코드화되지 않았거나 비언어적으로 코드화된 정보로, 상대에게 직접적인 영향을 미치는 행동과 결정의 교환 [1]

이상의 범주는 서로를 내포한다. 예를 들면 판단의 교환은 구체적인 정보의 교환이며, 그 자체로 행동과 결정 범주의 특수한 경우이다. 이들은 정확하게 서로를 포함한다.

i) 경기자가 **환경**에 행동을 가함으로써, 비언어적으로 코드화한 선택과 결정을 표현하는 상호작용이 있다. 이러한 종류의 상호작용에서 메시지는 행동을 통해 너무 쉽게 코드화되어 드러나기 때문에 게임에서 어떤 역할도 하지 못한다. 이는 문제 해결과 무관한 메시지의 교환이 존재할 수 있는 것과 비슷하다. 예를 들면

44) 이 숫자들은 특정 유형의 범주를 나타낸다. 즉, [1]은 행동, [2]는 형식화, [3]은 타당화를 말한다.

경기자가 스스로에게 하는 설명이나 제3자에게 피드백을 기대하지 않고 건네는 사소한 대화가 이에 해당한다.

이러한 상호작용은 "경기자"가 한 쌍의 학생일 때도 일어날 수 있다. 이 학생들은 정보와 의견을 교환한 다음 공동의 계획을 실행하기 위해 협조한다. 그러나 이러한 협동 관계는, 국소적이고 일시적인 목적이 있는 다른 상호작용의 행동 요소를 쉽게 드러낸다. 정보의 교환이 어떤 결정을 내리는 데 **필수적**이지 않거나 학생들이 **환경**에 대해 동일한 정보를 공유하면, "행동" 요소가 우세하게 된다. [1]

ii) 마찬가지 방식으로, 경기자가 행동을 통해 상대인 **환경**에게 메시지를 보내는 상호작용이 존재하는데, 이러한 메시지가 의견을 제안하고자 하는 경기자의 의도를 드러내지는 않는다. 이 메시지는 해당 범주에서 여러 지시나 질문을 분류하고 정보와 관련되는 의사소통 각각을 다루기 위해 쓰일 뿐이다. 게다가 대부분의 정보는 타당성을 보이는 진술을 암묵적으로 수반한다. 그러나 발신자가 이러한 타당성을 어느 정도는 분명하게 언급하지 않는다는 점에서, 해당 메시지는 단순히 정보 제공에 쓰이는 것으로 분류된다. 만약 발신자가 자신이 제공하는 정보에 모순이 없으며 이를 입증할 필요가 없다고 생각하거나, 정보가 사실인지 아닌지 또는 어떻게 사실일 수 있는지, 그 이유는 무엇인지 등을 알아내는 데 맥락이 중요하지 않다고 생각한다면, 나아가 타당성을 입증하는 데 별 어려움 없다고 생각한다면 더욱 그러하다. 즉, 주어진 정보는 적어도 **환경**의 불확실성, 일반적으로는 **환경**의 "상태"를 변화시킨다. [2]

iii) 최종적으로 **환경**과 교환한 메시지가 그 자체로 주장, 정리, 수학적 증명이 되는 상호작용이 있다. 개별 정보와 타당성을 설명하는 진술 간의 차이는 수학에서 매우 분명하고 중요하기 때문에 이를 재차 강조할 필요는 없다. 타당성을 다루는 진술은 그것이 **구문론적 타당성**을 다루느냐 또는 **의미론적 타당성**을 다루느냐에 따라 서로 다른 유형이 된다. 실용적 타당성은 진술의 효과성을 평가함으로써 논의될 수 있다. [3]

학생들이 만들어 낼 위와 같은 3가지 유형의 결과를 구분하는 것이 교수를 위해 중요하다는 점을 여기서 당장 입증할 필요는 없다. 이러한 유형은 이 책에서 기술할 실험 연구로 다음과 같이 구체화될 것이다.[45)]

– 첫째, 형식화 및 그와 관련되는 타당성을 포함하지 않는 "**행동**"
– 둘째, 증명에 대한 논의를 포함하지 않는 암묵적 "**형식화**"

---

45) 편집자 주: 이 책 4장을 참조하기 바란다.

– 셋째, 적절한 용어는 아니지만 14년 동안 사용해온 “**타당화**”[46)]

6.2.2. 지식의 유형

주체의 상호작용을 통제하는 지식의 유형은 여러 가지 방식으로 논의되어 왔다. 이들 모두는 가장 분명한 최상의 지식으로 간주되는 형식적 지식 및 이에 대비되는 암묵적 지식인 표상, 패턴, **노하우**로 이루어진다. 스켐프(Skemp)[47)]의 표현을 빌리면 형식적 지식은 “선언적(declarative)” 유형에, 암묵적 지식은 “절차적(procedural)” 유형에 해당한다. 지식의 유형을 살펴보기 위해 여기서는 좀 더 명확한 용어로, 형식화를 통제하는 코드 및 언어를 추가한다.

i) 진술의 타당성과 관련하여 주체의 상호작용을 **명확하게** “통제하는” 지식의 유형은, **환경**을 통해 드러나거나 인지되는 주체의 개별 지식과 주로 관련된다. 이러한 지식은 잘 정돈된 이론으로 조직되어 가장 완벽한 문화적 형태인 수학적 증명 및 정의가 된다. [3]

본질적으로 지식과 앎의 차이는 그 문화적 지위에 따라 결정된다. 지식은 제도화된 앎이다. 그럼에도 불구하고 하나의 지위에서 다른 지위로 넘어가는 것은 이들을 구분 짓는 변환과 관련이 있으며, 지식 및 앎에 대한 교수학적 관계를 통해 이러한 변환을 부분적으로 설명할 수 있다. 그러나 표현 가능한 앎과 지식은 “학생의” 판단을 통제하는 방식으로 개입한다. 어떤 점에서 이러한 방식이 “코드”를 형성하며 학생은 이러한 코드에 힘입어 타당성(validity)에 대해 설명하고 이를 정당화한다. 이러한 정당화(justification)는 학생의 확신 및 사회에서 인정된 관습 모두와 관련된다.

정확한 증명과 타당화는 서로를 뒷받침하는 근거가 되지만, 이러한 상호 협조가 자동으로 일어나는 것은 아니다. 지식과 앎은 탐색 또는 증명 활동을 통해 지식과 앎 자체를 현실화하는데, 이러한 방법을 발견술과 인공지능 분야가 찾아내어 재현하려고 시도하고 있다. 그러나 지식과 앎을 현실화하는 방법은 학문적인 분석으로는 당분간 알아내기 힘들 듯하며, 하물며 주체가 스스로 이를 찾아내기는 더더욱 어려울 것으로 보인다. 누군가는 표상이나 인식론적 도식, 암묵적 모델 등을 통해 이러한 방법 자체를 다룰 수 있다고 생각할 수 있다. 지식의 유형을

46) 편집자 주: 브루소는 이 용어를 1984년 교수학적 상황론(Brousseau, 1970)에 대한 첫 번째 발표에서 사용하였다.

47) 편집자 주: Skemp(1979).

구분하려는 시도는 학생과의 교수학적 논쟁을 조직하는 데 필요한 정도에서만 진행하면 된다. 정신 활동을 통해서는 이처럼 취약한 분류가 십중팔구 별 역할을 할 수 없으며, 여러 가지 통제 유형이 하나의 복잡한 사고로 합쳐지게 될 뿐이다.

한편, 제대로 형식화된 수식이나 여타의 성과물로 표현된 진술은, 이러한 진술을 통해 수학적인 명제의 타당성을 보이려는 주장과 논리적으로 구분될 필요가 있다. 이때 타당성을 보이려는 주장은, 공리 체계에 따라 주어진 분야에서 명제의 연역 가능성을 다루는 것이 보통이다. 형식화된 수식이나 여타의 성과물로 표현되는 진술과, 이러한 진술을 통해 수학적인 명제의 타당성을 보이려는 주장 사이에 존재하는 차이를 일반화할 때, 다음 요소에 비추어 판단이 내려진다.

- 특정 "언어"로 표현되거나, 게임의 도구인 "현실"과 관련되는 이론으로 표현되는 설명이나 모델
- 이러한 설명이 우연적인지 필연적인지, 또는 주체의 지식과 일치하는지 아니면 환경과 일치하는지 등에 따라 결정되는 적절성에 대한 판단

학생이 활동을 통해 구성한 지식과 앎을, 통합적이고 일관된 본성을 지닌 특정 관계를 기술하는 데 쓰이는 지식과 혼동하지 않는 것이 매우 중요하다. 이들 간의 차이는 "자연적 사고"에 대한 연구에서 매우 분명히 드러난다. 자연적 사고는 여러 연구 프로젝트에서 활용된 바 있으며, 특히 월뮤스(Wermus) 프로젝트[48]에서 그러하다.

ii) 논의 중에 있는 여러 설명과 모델을 형식화하는 것은 완전히 다른 유형의 코드로 관리된다. 명제를 구성하는 것과 어떤 정리를 수학적으로 증명하는 것을 언어 이론에 따라 통합할 수 있을지라도, 수학적인 활동에서 자연 언어나 그림, 그래프와 같은 표상을 지속적으로 사용하기 위해서는 이러한 표상에 부여된 코드와 이러한 표상을 독특하게 제어하는 양상을 구별하여야 한다. [2]

iii) 주체의 결정에 영향을 미치는 여러 표상이나 작동 이론(theorem-in-action)[49]은 주체가 이를 형식화하거나 명확히 하는 것이 가능해 보일 때에도 구체화하는 것이 쉽지 않다. 그러나 다수의 연구 프로젝트는 이와 같은 유형의 "암묵적 모델"에 행동 패턴이 얼마나 근접해 있는지 보여주기 시작하였다. 지식을 습득할

48) 편집자 주: Wermus(1978)

49) 편집자 주: 작동 이론 개념은 베르뇨(Vergnaud)가 처음 소개하였다. 개념장(concept field)이론에 대한 세부 설명은 Vergnaud(1990)을 참조하기 바란다.

때 행동 패턴이 떠맡는 중요성은 대부분 열린 문제로 남아 있으며, 경우에 따라서는 너무 협소한 방식으로 다루어지기도 한다. 이러한 유형의 지식은 주체의 상호작용하에서 완전히 독립적이지도 않고 완전히 통합적이지도 않은 통제 방식으로 작동한다. 주체의 활동에서 드러나는 이러한 유형의 통제와, 지식의 습득에서 통제가 떠맡는 역할 간의 관련성을 살피는 것은 심리학의 한 분야로서, 교수학의 핵심적인 연구 내용이며 교수학이 기여하는 바를 살피는 연구에서는 더욱 그러하다. [1]

6.2.3. 지식의 유형 발달: 학습

지식은 복잡한 과정을 거쳐 발달한다. 지식의 발달을 환경과의 효과적인 상호작용만으로 설명하는 것은 확실히 잘못된 것이다. 아동들은 흥미를 끄는 여러 상황을 일찍부터 내면화하여 자신들이 구성한 "내적" 표상을 통해 매우 중요한 정신적인 경험을 "하기" 때문이다. 이러한 방식으로 아동들은 동화 또는 조절의 문제를 잘 해결하는데, 이때 동화는 이미 획득한 인지구조에 새로운 사실을 추가하여 확장하는 것이며, 조절은 새로운 문제를 이해하거나 모순을 해결하기 위해 인지구조를 재조직하는 것이다. 그러나 상호작용의 이러한 내면화가 상호작용 자체의 본질을 그렇게 많이 바꾸지는 않는다. 가상의 상대와 나누는 "내적" 대화는 실제 대화보다 확실히 덜 고무적이지만, 그 역시도 분명히 대화이다. 학습의 형태와 지식의 발달이 이제까지 논의한 유형에 들어맞는가? 언어와 암묵적 모델처럼 이론적 지식도 그 자체로 확장되거나 재구조화되는가? 서로 다른 유형의 지식이 이러한 지식을 다양한 형태로 습득하는 데 어떤 역할을 하는가?

수학에서 지식을 확장하는 "관례적인" 방식은, 새로운 대상을 규정하고 그 성질을 나열하는 게임을 수단으로 사용하는 것이다. 이를 통해 새로운 질문을 만들고 정의를 도입하는 등의 활동을 할 수 있다. 이처럼 "공리적이고 형식적인" 양식이 전체적인 모델은 될 수 없지만, 지식만을 생각한다면 이러한 양식을 완전히 배제할 필요는 없으며 적어도 국소적 모델 정도로는 다룰 수 있다. 그러나 이 모델을 학습의 표상으로까지 확장할 수는 없다.

한편, 반복 시행을 토대로 하는 확률-통계 학습 유형에는 분류학적으로 높은 수준에 속하는 복잡한 지식을 적용하기 어렵다. Llorach(1968, pp. 331~332)가 설명하였듯이 어린 아동들의 언어 학습에 대해 설명하는 것은, 옹알이와 같이 주체에게 고유한 성과가 자연스럽게 출현하는 것을 보이는 것이다. 그러나 이러한 성과 대부분은 아동이 환경과 관계를 맺고 거기에 자연스럽게 적응하거나 다양한 상호작용을 통해 스스로를 바로잡은 활동이다. 이러한 학습 단계를 이해하기 위해서는 주체와 환경의 관계를 전체적으로 살피는 연구가 필요하다. 예를 들면 한 단어로 된 구절에서 여러 단어로 이루어진 문장으로 나아가는 것은 단어를 연결하는 것만으로는 설명할 수 없다.

위에서 언급한 것과 같은 지식의 서로 다른 유형에 맞추어 학습이 일어나는 특징을 상세히 구분하여 논하는 것은 이 책의 범위를 넘어선다. 본질적으로 이는 피아제가 평형화 이론과 관련시켰던 인식론 모델과 모순되지 않으며, 바슐라르(Bachelard)가 제안한 여러 개념과도 충돌하지 않는다. 한편 엄밀하게 수행된 여러 연구는 상황을 유형별로 분류하는 것이 이상과 같은 이론[50]을 명확히 하고 확장하는 데 기여함을 보인 바 있다.

이러한 과정은 "변증법적" 특징을 갖는다. 학생들의 사전 개념과, **환경**이 학생들에게 부여한 여러 문제에서 새로운 개념과 질문이 만들어지는데, 이렇게 만들어진 개념과 질문의 의미는 기본적으로 국소적이다.

서로 다른 유형의 지식으로 발달하는 서로 다른 양상이 존재한다는 핵심적인 논거 중 하나를 앞서 다루었는데, 이는 수학사와 인식론을 토대로 한다. 원시수학적 개념, 범수학적 개념, 수학적 개념의 발달은 각기 다르다. 이와 반대로, 학생들의 지식이 발달하는 과정을 연구하는 것은, 상황을 뒷받침하는 여러 조건을 분석하여 적절한 토대를 마련하기만 한다면, 역사적 과정을 흥미롭게 조명하거나 실험적 인식론을 구성하는 데 기여한다. 이상과 같은 사실이 다양한 실험적 활동을 통해 드러난 바 있다.[51]

6.2.4. 환경의 하위체계

환경과의 상호작용에 다양한 유형이 존재하며 지식에도 서로 다른 형태가 존재함을 보임으로써, 이러한 상호작용의 유형과 지식의 형태를 결정하는 **환경**의 구체적인 특징을 논할 수 있게 되었다.

"학생은 왜 저것이 아니라 이것을 할까?", "학생이 만약 이것을 한다면 또는 하지 않는다면 무슨 일이 일어날까?", "학생에게 이것을 준다면 그 답은 무슨 의미를 갖게 될까?"와 같은 질문을 통해, 앞서 살펴본 유형 분류가 **환경**에 부여한 주요 조건을 드러낼 수 있다.

이제 그 범주가 다음과 같이 자명해진다.

[3] 주체가 정해진 목표에 도달하기 위해 의견을 교환하는 상대는 **환경**에 포함되는가?

[2] 학생이 핵심 목표에 도달하기 위해 보낸 메시지의 수신자는 **환경**에 포함되는가?

---

50) 편집자 주: 이 책의 4장과 5장의 3절을 참조하기 바란다.

51) 편집자 주: 이 책의 4장을 참조하기 바란다.

위 2가지 질문에 대한 답이 환경의 외형과 게임의 규칙을 결정하는데, 이때 환경의 외형과 게임의 규칙은 완전히 다른 것이다. 당분간 환경을 가상의 것이 아니라 실제 하는 것으로 다루면서 여기에 교사의 개입은 없다고 가정하여 위 질문의 답을 검토하려고 한다. 이러한 가정에 따르면, 앞서 살펴본 여러 조건이 수업이나 환경을 조직하는 데 매우 주요한 차이를 만든다는 것이 분명해진다. 이야기 나눌 대상을 찾고 해야 할 바를 모색하는 것이 학생에게는 핵심적인 문제가 된다.

6.3. 비교수학적 상황의 3가지 유형에 대한 첫 번째 연구

6.3.1. 행동 패턴

그림 1(60쪽)은 대화 상대가 없는 일반적인 행동 모델이다. 이는 실제 교수 상황을 해석하는 다음과 같은 틀을 제공한다.

- 학생에게 영향을 미치는 "상대방"인 환경에 교수학적 의도가 포함되지 않았는가?
- 모든 행동에서 학생은 몇 가지 가능한 상태 중 하나를 효과적으로 선택하는가? 학생은 어떤 상태가 선택 가능한지 아는가?
- 학생이 질 수 있는가? 학생은 질 수 있다는 것을 아는가? 학생은 마지막에 도달할 수 있는 상태를 미리 아는가? 특히 학생은 최종적인 승리 상태를 아는가?
- 학생이 승리 전략은 모르더라도 게임의 규칙은 정확히 아는가? 학생은 답이 아니라 게임의 규칙을 배울 수 있는가? 학생은 최적의 전략을 탐색하는가?
- 기본 전략에서 더 나은 최적의 전략으로 나아가는 데 목표 지식이 필요한가? 목표 지식은 이러한 전이를 위한 주요 수단이 되는가?
- 학생은 다시 시작할 수 있는가? 게임은 기대를 "충족"시키는가?
- 학생은 다른 학생의 도움을 받아 찾으려는 전략을 스스로 알아낼 기회를 갖는가?
- 학생의 잘못된 선택에 대해 비교수학적 체계가 제시하는 "답"은 지식을 구성하는 데 유효한가? 이러한 답은 오류에 대해 구체적인 신호를 보내는가?
- 결정을 통제하는 것이 가능한가? 학생이 결정에 주목하도록 유도되는가?
- 반성적 태도는 풀이를 진전시키는 데 유용하고 필수적인가?

위 질문을 통해 행동 상황의 범위를 정하는 조건에 다가갈 수 있다. 풀이의 타당성을 고려하는 것은 타당화 상황으로 분류한다. 자신이 수행한 게임을 자연스럽게 반성하는 학생은 효과적인 비교수학적 행동 상황에 있는 것이지만, 학생은 내면화를 진행하며 어떤 방식으로든 타당화 상황을 모의 실험한다. 학생이 이처럼 반성적인 자세를 지속적으로 취하도록 하려면 교사가 "생각해 보자! 네가 한 것을 잘 봐····"와 같이 충고만 해서는 안 된다. 교사는 타당화 상황을 통해 교수학적 의도를 학생에게 전달해야 한다.

의미의 불확실성을 다루기 위해 본 연구에서 사용한 개방성은, 정보이론의 관점에서 보면 새로운 정보를 밝히는 보다 주요한 조건이 된다. 교수학적 상황과 비교수학적 상황을 구분함으로써 개방적인 수업 상황을 설계하여 학생의 수학적 사고를 개발할 수 있는데, 이는 상황 이면에 있는 지식에 대해 숙고하는 활동을 사전에 "해 보았기" 때문이다.[52] 이러한 개방성을 전체 학급 수준에서 다루는 것은 상당히 섬세한 기교를 요하지만, 이에 도달할 수는 있다. 예를 들어, 개별 아동이 다른 아동의 활동에 압도당하지 않고 탐구를 계속하도록 관리하는 것은 교육의(pedagogical) 문제가 아니라 교수학의(didactical) 문제이다.

이와 같은 해석 틀을 통해 새로운 교수학적 상황을 설계할 수 있다. 계획한 게임을 이미 알고 있는 게임에 비추어 검토할 수 있다. 기술적인 문제를 고치거나 알고 있는 조건을 범주화할 수 있으며, 이러한 모델링의 관점에서 유사한 결과물을 재분류하여 새로운 모델을 예측할 수도 있다. 실험 연구의 본질적인 문제는 현실화의 문제이거나, 모델이 지닌 가능성에서 논리적으로 등장하는 조건의 문제이다.

이처럼 드러나는 여러 변인에는 타당한 이론적 근거가 있다. 복잡성이나 효율성을 정확하게 산출하여 그러한 근거를 구체화할 수 있다.[53] 대다수 연구처럼, 실제 사건 또는 실험 활동과의 대립은 피할 수 없다. 지난 10년 동안 모델은 이러한 맥락에서 그 역할을 수행해 왔다. 모델이 거듭해서 만들어내는 실제 교수 상황을 통해 모델의 효과성이 입증된다.

구체적인 개별 지식이 작동하도록 유도하거나 정당화하는 상황에 어떤 특징이 있는지 알 수만 있다면, 이러한 지식을 만드는 가능한 상황을 탐색할 수 있다. 교수학적 변인은 학습에 영향을 미치며 교사가 선택하는 변수 값을 결정한다. 이러한 결정의 예에는 기술 공학을 수치 계산 지도와 관련되는 연구로 보는 것 등이 있다. 수없이 많은 학습 문제가 이러한 모델을 통해 다루어졌다.[54]

---

52) 편집자 주: 브루소는 이에 대해 다음 설명을 덧붙였다. "여기서 다루고자 하는 쟁점은 다음과 같은 은유로 설명할 수 있다. 구슬을 쥔 손을 그릇의 가장자리에서 펴면 구슬이 그릇의 바닥으로 떨어질 것은 알지만, 구슬이 나선형으로 떨어질지, 좌우로 왔다 갔다 하면서 떨어질지처럼 어떤 경로를 따라 움직일지는 예측할 수 없으며 그 경로를 사전에 정할 수도 없다. 구슬이 어디로 떨어질지 아는 교사에게 상황은 닫혀 있는 것이지만, 구슬의 경로 자체가 자기 자신과 관련되는 학생에게 상황은 열려 있는 것이 된다"(사적인 대화, 1995년 9월).

53) Ratsimba-Rajohn(1982)를 참조하기 바란다.

6.3.2. 의사소통 패턴

"**환경**"은 수신자와 전달자의 체계 모두를 포함하거나 둘 중 어느 하나를 포함하며, 이 체계를 통해 경기자는 메시지를 교환한다. 메시지의 목적은, 수신자를 변화시키거나 수신자의 권한을 제한하는 것과 같이 수신자에게 어떤 영향을 미치는 것이 아니라, 메시지를 통해 "**환경**" 장치에 작용하는 것이다.

학생은 교수학적 의도가 없는 **환경**과의 게임에 참여한다. "**환경**"의 상태를 선택하기에 충분한 정보와 행동 수단이 학생에게 있으면, 학생의 메시지는 게임에서 어떤 목적도 갖지 않기 때문에, 무엇이라도 될 수 있다. 그 순간에는 게임에 경기자가 1명, 즉 A만 존재한다고도 볼 수 있다. 이때 수신자 B는 중요한 역할을 하지 않는다. 경기자 B는 A를 위해 할 만한 것이 없다(그림 5).

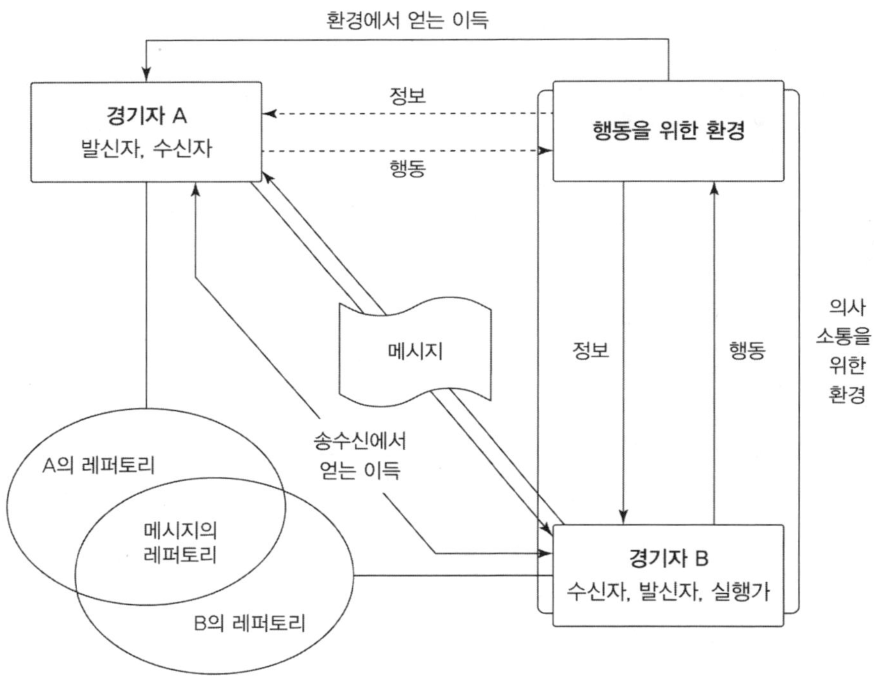

[그림 5] 의사소통 패턴

54) 편집자 주: 여기서 브루소는 자신이 쓴 논문의 참고문헌을 언급하였다. 독자는 이 책의 참고문헌에서 해당하는 다음 논문을 찾아볼 수 있다. Balacheff(1982), Berthelot & Berthelot(1983), Bessot & Richard(1979), Brousseau & Brousseau(1987), El Bouazzaoui(1982), Galvez(1985), Katambera(1986), Maudet(1982), Mopondi(1986), Perez(1984), Quevedo de Villegas(1986), Ratsimba-Rajohn(1981), Rouchier(1980).

다른 경우는 다음과 같이 자명한 특징으로 설명할 수 있다.

- 행동 수단이 불충분한 경우: A는 B가 실행에 옮겨야 할 행동, 종종 **환경**의 일부가 되기도 하는 행동을 설명해야 한다. 이를 통해 메시지는 이해 가능하게 된다.
- A를 위한 정보는 불충분하지만 행동 수단은 충분한 경우: B가 **환경**[55]에 대해 설명해야 하며, A는 설명을 해독하고 관찰한 바를 실행해야 한다.
- A를 위한 행동 수단과 정보가 불충분한 경우

첫 번째 경우에, 게임에 필수적인 정보를 담아 A가 B에게 보내는 메시지의 의미는, 게임에서 B가 선택할 수 있는 행동을 출발점으로 하고, A에 의해 선택된 행동을 도착점으로 하는 일종의 길(passage), 즉 순서쌍으로 표현된다.

두 번째 경우에, B가 A에게 보내는 메시지의 의미는, B가 정보를 제공하기 전에 A가 선택할 수 있는 행동을 출발점으로 하고, B가 정보를 제공한 다음에 A가 선택할 수 있는 행동을 도착점으로 하는 길로 표현된다.

B 역시 경기자라는 사실이 약간은 중요하다. 이 사실이 A의 자유와 A가 취할 수 있는 행동의 의미를 축소하기 때문이다. 물론 B는 A와 협동해야 한다. 이러한 패턴은 A와 B의 역할이 제대로 구체화되든 그렇지 않든 변하지 않지만, 그래서 한 경기자는 다른 경기자가 취할 만한 어떤 행동도 남겨두지 않을 수 있다.

교환되는 메시지는 언어적 코드 또는 형식적 코드, 그래픽 코드의 관리하에 놓이게 되며 이러한 코드가 작동하도록 만든다.[56]

의사소통 자체의 이해관계는, 화자 2명 중 어느 한쪽이 상대방에 의해 제대로 이해되었는지 확인하기 위해 보이는 반응에서 드러난다. 이러한 반응은, 메시지의 명료성과 관련하여 코드가 적합한지, 모호하거나 무효한 중복은 없는지, 불필요한 정보에 의해 연관성이 줄어든 것은 아닌지, 최적 조건인 효율성은 어떠한지 등에 주목한다.

의미 4[57]인 게임 **환경**과 신중하게 결합하여 메시지 교환에 필요한 조건을 적정화하는 것, 즉 매개체를 활용하는 것은 경기자가 얻는 메시지의 유형과 의미에 영향을 주며, 코드 자체를 발전시킬 수도 있다. 이는 자연 언어로 표현된 어구에서 형식적인 명

55) 역자 주: 이하에서 A와 B에 대한 설명은 '20으로의 경주' 중 팀 대항 게임에서 칠판 앞에 나간 팀의 대표 학생과 자리에 앉아 있는 학생의 역할에 비추어 이해해 볼 수 있다. 서론의 4절을 참고하기 바란다.

56) 편집자 주: 이 절에서 설명하는 상황은 의사소통 상황으로, 브루소가 말한 상황(Brousseau 1970)의 두 번째 기본 유형이다. 브루소는 이 절에서 이 표현을 쓰지 않았지만 다음 절의 도입부에서 이를 언급한다.

57) 역자 주: 60쪽 [그림 1]을 참조하기 바란다.

제로 나아가도록 하거나, 비유를 통한 설명에서 체계적인 기술로 진전하도록 만든다.

다수의 연구 프로젝트를 통해 이상과 같은 결과를 얻었지만, 기호 언어를 새롭게 만들어내는 아동들의 뛰어난 역량 때문에 이러한 결과는 언제든지 좌절을 안길 수도 있다.[58]

앞서 살펴본 비교수학적 상황의 패턴은, 메시지의 의미를 분석하거나 메시지에 의미를 부여하는 형식화에 몇 가지 이점을 제공한다. 완전히 이론적이면서 약간은 도발적인 예를 생각해보자. 5~6세 아동에게 등식 "13 = 9 + 4"을 주장이 아니라 정보로 전달하는 이론적 사회 구조가 있다고 하자. 발신자 S는 메시지를 수신자 R에게 보낸다. 만약 R이 "13"과 "9 + 4" 모두의 의미를 알면, 이 메시지는 R에게 "="의 매우 제한된 어형 변화 집합인 {=, ≡}에 대한 정보만을 제공한다. 만약 R이 "13"과 "9 + 4" 중 어느 한 쪽을 모르면, 예를 들어, 학생이 9와 4가 주어졌으니 이들을 더한 결과는 13이다와 같은 계산 결과를 관례적으로 설명하면, "13 = 9 + 4"과 같은 표현은 좀 더 유익한 정보를 제공한다.

그러나 "13" 자체가 메시지라면, 발신자 S1은 수신자 R1에게 주어진 것의 상태를 알리기 위해 메시지를 전달한다. 만약 S2가 주어진 또 다른 것(혹은 같은 것)의 상태를 R2에게 알리기 위해 메시지 "9 + 4"를 다른 코드로 R2에게 전달하면, 이 메시지에 의해 R1은 두 메시지 "13"과 "9 + 4"이 같은 대상을 지칭한다는 것을 정확히 알게 된다. 이제 밝혀야 할 것은 이러한 6명의 역할이 그럴듯하게 드러나는 게임이다. R은 "언어 1"과 "언어 2"로 표현된 두 메시지가 같은 대상을 나타내는지 아닌지를 왜 알아야 하는가?

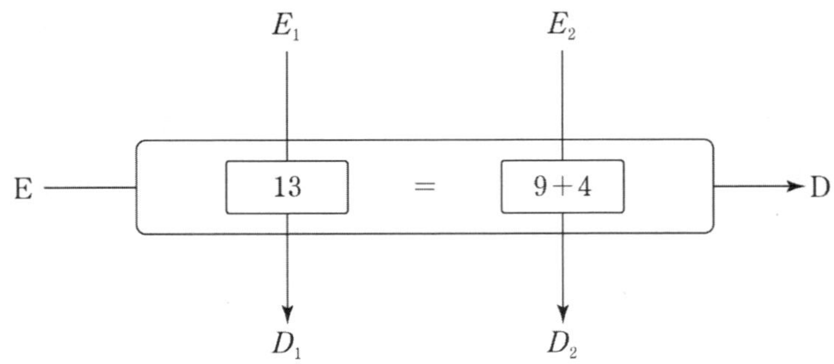

[그림 6] "13 = 9 + 4"에서 메시지의 양상[59]

58) 편집자 주: Laborde(1982)를 참조하기 바란다.

59) 역자 주: [그림 6]에서 E와 D는 각각 본문의 S와 R을 나타낸다.

이처럼 추론함으로써 수업에서 사용할 게임을 항상 만들 수 있는 것은 아니지만,[60] 이러한 추론을 통해 학생들이 만든 결과물을 분석하거나 통제하는 효과적인 수단을 제안할 수는 있다. 또한 자동의사소통(autocommunication)과 같은 다양한 변이를 쉽게 떠올릴 수 있는데, 이때 자동의사소통은 암기에 의한 사적 코드화를 좀 더 수월하게 만든다. 말하기에서 쓰기로의 전이나 그래프 그리기에서 용어 사용으로의 전이가 여러 차례 관찰되었으며, 여러 변인의 영향에 대한 연구를 촉발시켰다.[61]

학생들이 진지한 의사소통을 위해 수학 용어를 사용하는 것은 이러한 상황에서 일어날 수 있는 최상의 교육적 성과 중 하나이다. 이와 관련하여 다음 사항의 중요성을 강조할 필요가 있다.

- 학생들의 담화가 적절하고 풍부한지 확인하고 관리하기 위해, **환경**을 대상으로 수행하는 게임의 질
- 의사소통에서 수학 용어가 사용되는 빈도
- 산출된 메시지의 분석 가능성

6.3.3. 명확한 타당화 패턴

적절한 의사소통 상황에서 메시지는 쉽게 드러난다. 이때 메시지는 수학적 담화의 출현과 매우 비슷한 형태를 띠며, 특정 "**환경**"과 관련하여 매우 중요하다. 그러나 이러한 메시지가 수학 텍스트의 의미를 갖는 것은 아니다. 타당화 상황에는 경기자 2명이 있다. 이들은 주어진 학습 대상을 각자 다루며 상대가 만든 메시지와 설명에 마주하면서 동시에 이러한 메시지를 만드는 데 참조가 되는 비교수학적 **환경**에 직면한다(그림 7). 두 경기자는 교대로 "지지자"와 "반대자"가 된다. 이들은 (**환경**, 메시지)라는 순서쌍에 대해 주장을 펼치고 이를 증명한다. 여기서 순서쌍은 새로운 도구로, 타당화 상황의 **환경**이 된다. 이때 **환경**은 의미 4[62]로서의 게임을 말한다. 이는 풀이를 모색할 필요가 있는 문제의 형태를 띠거나, 상황 및 상황에 대한 모델, "현실" 및 현실에 대한 설명의 형태로 등장하기도 한다.

정보를 제공하는 사람과 받아들이는 사람 중 1명은 정보를 갖고 있으며 다른 1명은 그렇지 않다는 점에서, 게임과 관련하여 이들의 관계는 비대칭적이다. 그러나 지지자와

60) 편집자 주: 지롱드(Gironde) 보통학교인 꼬데헝(Caudéran)의 에꼴 노말(Ecole Normale)에서의 수업에서 1971년 한 해 동안 이러한 상황을 구현하였다.

61) 편집자 주: 첫 번째 설명은 Perez(1984)를, 두 번째 설명은 Brousseau(1983a, 1987)가 제시한 연구 주제를 말한다.

62) 역자 주: 61쪽 [그림 1]을 참조하기 바란다.

반대자가 게임과 메시지에 영향을 미치는 방식에서 보면, 이들의 관계는 대칭적이다. 그뿐만 아니라 이들은 그러한 방식의 상호 관계에 있어 서로를 불리하게 만드는 수단 및 환경-메시지라는 순서쌍에서 얻어낼 수 있는 이익과 관련하여서도 대칭적인 위치에 있다(그림 7). 특히 경기자 중 누구도 권위나 권력, 유혹 등과 같은 "불법적" 수단으로 다른 경기자의 동의를 얻어내서는 안 된다.

교수학의 과제는 적절한 상황을 구성하는 것인데, 이 상황은 학생들이 수학 지식을 수사적 수단이 아니라 증명이나 반박을 통해 다른 사람과 자기 자신을 설득하는 효과적인 수단으로 활용할 수 있게 한다.

수학적인 성과의 정확한 의미는 선택의 다양성이 결정한다. 어떤 정리가 주장하는 바는 그 정리가 반박하는 바이기도 하다. 수학적인 증명이 설명하는 바는 지지자와 반대자가 논쟁을 거쳐 인정한 것이다. 수학적인 담화는 신념과 지식에 의해서만이 아니라 부분적으로는 신념과 지식을 획득하는 여타의 과정을 배경으로 진행된다.

이제 증명 게임을 구체화해 보자.

"A"가 뭔가를 진술한다. 이러한 진술은 어떤 성질이나 지식을 설명한 것으로, 이는

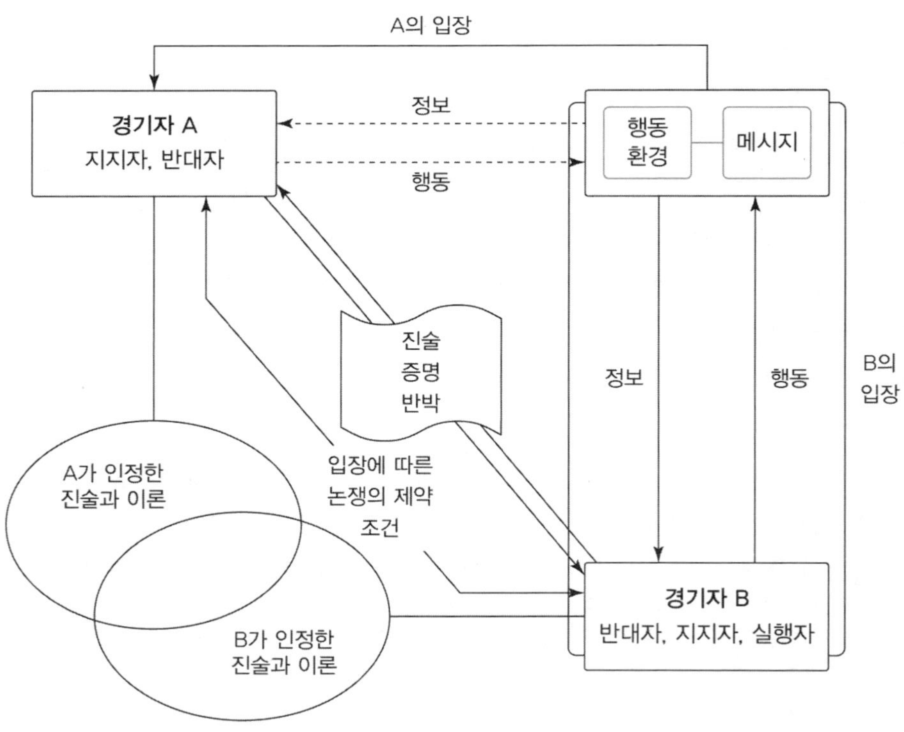

[그림 7] 타당화 패턴

A 또는 B가 환경과의 관계에 숙달하는 데 유용하다. 기본적인 이해관계는 항상 어떤 "게임"에서든 "이기는" 것이다. "B"가 이러한 성질을 이용하려면 실용적 타당성을 살핌으로써 매번 "대가를 지불"하든지, 그 성질이 옳다는 것을 한 번에 전적으로 받아들이는 "대가를 치러야" 한다.

그러나 B는 A의 진술이 틀렸다고 생각하면 반박을 진행한다.

실용적인 반박: B는 A에게 A 자신이 진술한 바를 따르도록 하여 뭔가 불리한 일이 생기게 "만든다". A의 진술이 틀리고 상황이 옳다면 A가 취한 행동은 게임에서 지는 결과를 가져오겠지만 이와 같은 일이 쉽게 일어나지는 않는다. 어쨌든 이는 반례를 보이는 방법이다. B는 A에게 주장을 철회할 때까지 자신의 차례가 되면 이와 같이 게임에서 지는 조치를 행하도록 강제할 수 있다.

지적인 반박: B는 A에게 협상을 제안할 수도 있다. B는 A의 초기 진술에 명확한 반박을 제시함으로써 A가 자신의 주장을 고집함으로써 감당하게 되는 값비싼 대가를 치르지 않게 할 수도 있다. A가 B의 반박을 받아들여 자신의 차례가 되었을 때 자신의 주장대로 하지 않는다면, B는 지지자가 된다. 물론 A는 B의 반박을 받아들일 수도 있고 거부할 수도 있다. 논쟁은 반대자가 항상 직면하는 것이다. 어떤 의사소통에서든 레퍼토리는 수신자의 레퍼토리를 거쳐야 하며, 이를 통해 메시지가 이해된다. 즉, 이론은 "사실상" 두 경기자가 인정한 일련의 의견으로 구성된다. 경기자가, 상대방이 개별 지식을 지녔다는 것은 알지만 그 지식이 실제로 공유되지 않았음을 깨닫는 순간은 언제라도 발생할 수 있다. 그러므로 "이론"에 속한 모든 주장은 관찰된 바에 영향을 받기 쉬우며 처음 질문으로 되돌려질 수도 있다. 이론은 그 자체로 탐색과 구성의 대상이다.

수학적인 증명과 논거를 진행하는 전문적인 방법은, 환경 또는 문제에 적합한지와 같은 의미론적 규칙이나 구문론적 질서를 다양한 수준에서 따른다. 이때 수학적 표현과 타당성, 논거의 논리적 구조 및 형식적 체계뿐만 아니라 Lakatos(1976)가 설명한 인식론적 본질까지도 고려의 대상이 된다.

증명 상황은 수학적 담화에 구체성을 부여하는 사회-문화적 환경을 복원한다. 타당화 상황을 통해 교사는 진정한 의미의 소규모 수학 공동체가 교실에서 살아 숨 쉬도록 할 수 있다. 그러나 의미를 복원하는 것은 게임에 참여하지 않을 사람들에게는 어려움을 증가시킬 위험이 있는데, 이들이 만든 정리와 수학적인 증명은 다른 것과 마찬가지로 가끔씩 드러나는 지식일 뿐이기 때문이다. 그러므로 타당화 상황이 제도화된 지식을 학습하는 데 최선의 선험적인 상황은 아니다. 타당화 상황은 교수학적 장애를 촉발할 수 있으며 혼란스러운 인식론적 장애를 재생할 수도 있다. 그렇지만 타당화 상황은 다른 수학적 상황에 대한 전형적인 예로서 매우 중요하다. 중학교에서 기하를 타당화 과정 없이 지도하는 것은 몹시 안타까운 일이다. 물론 공리적 사고를 다른 방식으로 단련하는 최초 사례로 기하를 정당화할 수는 있지만 말이다. 기성품이 된 수학화는 이제까지 논의한 교수학적 목표와 모순된다.

위와 같은 사회적 상황의 인식론적, 교수학적 특징에도 불구하고, 이러한 상황은 상당히 전이가 잘되는 학생의 동기와 관련하여 주요한 장점이 있다. 상황을 현실적으로 생생하게 조직한 경우든 개작을 통해 꾸며서 만들어낸 경우든 상황을 통해 실제로 동기를 유발할 수 있다.

학생들은 어떤 사실을 배운다는 공동의 희망을 공유하는 정도에 따라 서로 협동하게 된다. 학생들은 상대방의 견해를 선험적으로 존중하면서도 자신들이 납득할 수 없는 바에 대해서는 겸손을 가장하지 않고 자신들의 관점을 고수한다. 그러나 학생들은 자신이 틀렸다고 느끼면 쓸데없는 자존심을 버리고 어떤 사회적 대가를 치르더라도 즉각적으로 자신의 입장을 수정해야 함을 배워야 한다.

이러한 상황은 합리적 사고와 교육적 중요성에 있어서 수학적인 활동의 심오한 토대를 보여주는데, 이는 단순히 지식을 배우는 분야로서의 가치를 넘어서는 것이다. 이 모델에 속하는 구체적인 상황을 이용하면 “경쟁 상대”의 형식적 특색이 오히려 사라진다. 여러 한계가 존재하기는 하지만 그렇게 치명적이지는 않다.

CHAPTER
02

인식론적 장애, 문제, 교수학적 공학

1. 인식론적 장애와 수학에서의 문제
2. 인식론적 장애와 수학 교수학

서 문

수학 개념 학습을 방해하는 장애가 있다는 아이디어는 이전 장의 4.2절에서 다루었다. 그 절에서 브루소는 "상황에의 적응과 관련된 역설" 중 하나로, 학생의 앎이 이후 학습에서 장애로 작용하는 문제에 대해 논의한다. 브루소는 이 중 몇몇 장애는 "불가피하며 지식의 일부"라고 주장한다. 이 점은 교수학적 상황론의 핵심적인 **연구문제**(*problématique*)이다.

1976년 루뱅 라 뇌브(Louvain la Neuve)에서 열린 28번째 CIEAEM 학술대회에서 브루소는 인식론적 장애 개념을 소개하였다. 이는 프랑스 철학자 가스통 바슐라르(Gaston Bachelard)의 아이디어를 빌려온 것이다. Perrin-Glorian(1994, p. 112)에 따르면 "장애 개념은 교수학적 상황론에서 필수 개념으로서 일찍이 등장하였다. 적응에 의한 학습 결과로 학생이 구성하는 앎은 대개 부분적일 뿐만 아니라 '불확실하고 정당화되지 않은' 방식으로 또 다른 앎과 연결되기 때문이다. 학생의 앎은 또한 임시적이고 부정확할 수 있다".[1)]

장애가 지식과 본질적으로 관련되어 있다는 인식이 생기며 장애를 극복하도록 만드는 상황에 어떤 특징이 있는지 질문하게 되었다. 1983년 브루소는 **수학 교수학 연구**(*Recherches en didactique des mathématiques*)에 실린 논문 초록에서 "장애를 확인하고 그 특징을 설명하는 것은 교수학적 상황을 분석하고 구성하는 데 필수적이다"라고 주장하였다. 인식론적 장애라는 문제는 수학을 교수학적 상황론의 핵심으로 삼으며 이 분야 연구와 수학 사이의 특수한 관계를 보여준다.

이 장에서는 브루소의 인식론적 장애 개념에 관한 글, 이 개념과 교수학적 상황론의 관계를 분석한 글을 살펴볼 것이다.

- 첫 번째 글의 내용은 브루소가 1976년에 쓴 인식론적 장애에 대한 설명이다. 이 글은 글레이저(Georges Glaeser)의 논평[2)]에 대한 브루소의 대답도 담고 있다. 이 대답을 다시 제시하는 까닭은 이것이 인식론적 장애의 의미를 좀 더 분명하게 설명하며, 인식론적 장애와 때로 혼동

1) 편집자 주: 페린 글로리안(Perrin-Glorian)은 브루소의 글을 인용하였다.

2) 편집자 주: 글레이저는 음수의 인식론에 대해 논의하며 브루소가 **교수학**에 "인식론적 장애" 개념을 도입한 것에 대해 논평하였다(Glaeser, 1981). 글레이저는 이러한 이론화가 당시 지식 수준에 비추어 볼 때 지나치게 성급하다며 반대하였다. Brousseau (1976)에 대해 글레이저가 지적한 쟁점은 진정한 앎(Glaeser, 1984)으로 인식론적 장애를 다루는 것이 적절한지에 대한 것이다.

되는 상식적인 의미에서의 “어려움”과 장애 개념 사이의 관계도 보여주기 때문이다.

– 두 번째 글은 인식론적 장애의 더 많은 사례를 다루며, 이전 글에서 간단하게 언급하기만 했던 인식론적 장애의 정의를 보다 정교화한 뒤루(Duroux)의 정의를 제시한다. 또한, 이 글에서는 인식론적 장애의 존재를 인지함에 따라 등장하는 교수학적 결과에 대한 질문을 소개한다.

편집자

CHAPTER 02

인식론적 장애, 문제, 교수학적 공학

1. 인식론적 장애와 수학에서의 문제[3)]

1.1. 문제 개념

1.1.1. 문제 개념에 대한 고전적 관점

학생이 스스로 질문을 제기하고 문제를 해결하지 않는다면 이 학생은 수학을 하고 있는 것이 아니다. 모든 사람이 이 점에 동의할 것이다. 하지만 어떤 문제를 누가 어떻게 제기해야 하는지 질문한다면 답하기 까다로워진다.

수학교육학자들은 이 어려움을 단순화하기 위해 다음 5가지 하위 영역에 걸쳐 질문의 답을 찾아왔다.

교사의 방법론적 의도

이는 글레이저와 그의 동료들이 "문제 모음집(*Livre du problème*)" 서문에 기술한 요소로, 탐구 문제, 연습문제, 도입 문제 등과 관련된다(IREM de Strasbourg, 1973).

교수학적 의도와 목표

이에 관한 예는 지식 습득, 이해의 발달, 분석 등 블룸(Bloom)이 제시한 목표에서 찾을 수 있다(Bloom, 1975).

수학적 내용

학생에게 주어지는 문제는 거의 언제나 배운 이론을 가지고 올바른 공식을 만드는 것이다. 따라서 문제의 내용은 순서쌍 (T, f)로 정의할 수 있는데, T는 수업에서 명시적으로 다루는 이론이며, f는 이론 T 내에서 수학적인 증명을 통해 발견되거나 설

3) Brousseau, G. (1983). Les obstacles épistémologiques et les problemes en mathematiques. *Recherches en didactique des mathématiques*, 4/2, 165~198.

정되는 공식을 말한다.

가르칠 이론에 적합한 공리 체계가 있다면, 고전적 관점을 통해 어떤 문제를 다른 문제와 관련지을 수 있다. 이 관계는 부분적으로 격자 형태의 순서 구조를 따른다. 최상의 공리 체계를 선택하기 위한 논의는 수년 동안 교육과정에 관하여 수행된 연구 대부분의 기초가 되었다.[4] 이때 "최상의 공리 체계"란 학습과 지도에 들이는 노력은 최소화하면서도, 사회적으로 합의된 정리, 문제, 평가 방식을 생성하는 체계를 말한다.

여러 가지 구체적인 이론을 제시하고 나중에 이를 연결하도록 할 것인가("고전적" 관점)? 아니면 통합된 일반 이론을 제시하여 이로부터 다른 이론을 유도하도록 할 것인가("현대적" 관점)?

잘 조직된 여러 개의 약한 공리가 필요한가(Dieudonné, 1964), 아니면 소수의 강력한 공리가 필요한가(Choquet, 1964)? "자명한" 공리와 "매우 정교한" 공리 중 무엇이 필요한가?

학습 이론을 수반하는 적당한 지식 이론이 없었기 때문에 위와 같은 질문이 과학적인 실험 연구로 이어지지 못하였다.

나아가 고전적 관점을 사용하면 문제를 특징짓는 순서쌍 (T, f) 와, 수학 또는 메타수학적 연구의 대상이 되는 수학적 증명 $T \rightarrow f$를 구분할 수 있다. 이러한 구분은, 서로 다르지만 밀접하게 연관된 다음 2가지 준거에 비추어 수학적 내용을 분해하는 근거가 된다.

- 수학적이거나 논리적 "구조"와는 상반되는 방식으로 이론 T를 적용하여 내용을 제시한 경우
- 일상 언어와 상반되면서 수학적 논리를 준수하는 수학적 모델로 내용을 제시한 경우

이처럼 상반되는 특성은, 교사들이 수학 내용에 대해 별 생각 없이 부여하여 사용하는 서로 다른 특징과 대응한다. 이를테면, 추상적-구체적, 형식적-의미론적, 이론적-실제적 등과 같은 쌍이 그 예가 될 수 있다. 하지만 이와 같은 구분은 의미 있는 유형 체계나 객관적인 지표로 귀결되지 않는다.

수학적 성분

실제로 수학을 합리적이며 형식적으로 묘사하려는 모든 시도는 내용 자체를 구성하는 대신, 적은 노력으로 내용을 만들어 내는 매개변수를 개발하는 데 힘썼다.

문제를 $T \rightarrow f$로 보는 것은, 알려진 바를 가설로, 찾으려는 바를 결론으로 간주하거

4) 편집자 주: 이 글이 1970년대 중반에 쓰인 것을 기억할 필요가 있다.

나 혹은 그 반대로 보는 것과 유사하다. 이렇게 보면, 문제-해결 과정은 찾으려는 수학적인 증명과 아주 비슷한 일종의 절차적 연쇄가 된다.

어떤 수학적 증명은 이미 알려진 유한한 방법을 적용해서 아주 쉽게 해낼 수 있다. 이 경우 문제가 되는 것은 찾고자 하는 수학적 증명을 자동으로 만들어 내는 알고리즘이다.

이에 관해서는 학생의 인지 활동과 학습, 교사의 역할에 대해 '교사는 학생에게 정리 구성에 필요한 알고리즘을 가르치고 학생은 이를 암기한다'와 같이 매우 간단하고 고전적인 설명을 제시할 수 있는데, 이러한 설명은 교사도 만족할 것이다.

발견적 성분

그러나 어떤 수학적 증명에는 그러한 알고리즘이 존재하지 않는다. 이상의 학습 모델에서 벗어나지 않기 위해서, "직관"이 어느 정도는 알고리즘의 역할을 하며 수학적 증명을 이끈다고 생각할 수 있다. 사전에 만들어진 이론을 실행해서 목표하는 증명을 제시하거나 정리가 적용되는 부분을 설명하는 것은 직관을 부분적으로 합리화한다. 이 때 합리화는 발견술을 통해 정리나 구조를 선택할 수 있음을 보여주는 방식으로 진행되는데, 이를 위해 활용한 방법은 사후에야 정당화될 수 있다. 다른 여러 논문에서 확인할 수 있듯(Glaeser, 1976; Paquette, 1976; Ciosek, 1976; Wilson, 1976; Janvier, 1976)[5], 이러한 관점은 다소 **임시방편적**이기는 하지만 매우 흥미롭다.

1.1.2. 고전적 관점에 대한 비판

이상과 같은 유형화에 의한 분류가 타당한가는 의문이다. 분류는 편리하지만 함께 작용하는 여러 요소를 분리시킴으로써 미심쩍은 전제를 받아들이도록 만들기 때문이다.

주체

이 관점에는 주체, 즉 학생이 빠져 있다. 이 관점에 따르면 학생은 오직 수신자일 뿐이다. 학생은 지식을 전혀 수정하지 않으며 어떠한 구조적 개선도 없이 그저 받아들이기만 하는 지극히 단순한 녹음기처럼 치부된다.

5) 편집자 주: 이 글은 모두 브루소의 본 논문과 같은 프로시딩에 실렸다.

감각과 의미

비슷한 맥락에서 결과적으로 수학적인 의미가 사라진다. 의미는 정리가 참임을 드러낼 뿐만 아니라 정리에 대한 흥미를 불러일으킨다. Gonseth(1936)에 따르면 흥미는 수학적 지식의 특징으로 적합하다. 의미는 관련 지식이 해당 분야에서 최적의 답임을 보장한다. 이때 분야는 주체 또는 지식 자체를 제약하는 여러 요소의 체계로 규정된다. 톰(Thom)의 용어를 빌리면 의미는 수학적 대상이면서 문제의 해결책을 제공한다(Thom, 1972). 또한 의미는 문제 자체가 지닌 흥미를 드러낸다.

카르납(Carnap)의 의미론에 따르면 수학적 지식의 의미는 해당 지식이 수학 이론으로 현실화되는 상황 및 주체가 지식을 문제 해결 수단으로 인지하는 상황에서 분명하게 드러난다. 그뿐 아니라 지식의 의미는 여러 개념, 지식이 되지 못한 예전 선택지, 지식으로 받아들여지지 않은 오류를 통해서도 나타날 수 있으며, 지식을 통해 얻어지는 효율성 및 재활용되는 공식 등에 의해 명확해지기도 한다.

학습

공리적 양식은 학습을 마치 마법 같은 것으로 제시한다. 학습을 통해 지식은 즉각적으로 흡수되고 구조화되며, 곧바로 이용 가능해지고 전이도 가능해진다는 것이다. 공리적 양식은 또한 학습이 일어나면 이러한 지식이 학생의 마음이라는 백지에 가득 채워진다고 설명한다. 그러나 학습에는 다음과 같은 특징이 있다.

- 학습된 개념은 다른 개념과 연결될 때만 사용 가능하며, 이런 연결이 개념의 의미, 이름, 활성화 방법을 결정한다.
- 개념은 사용 가능하고 효과적으로 활용할 수 있는 범위, 이를테면, 문제를 해결하는 데 활용할 수 있는 범위 내에서 학습된다.
- 문제는 개념에 대응하는 여러 제약 요소의 모임으로, 문제를 통해 개념의 의미가 결정된다. 개념은 그것이 "성공적"으로 쓰이는 실제 영역이 존재하는 범위 내에서 학습되는데, 이러한 영역은 일반적이지 않으며 명확하지도 않다.
- 개념이 이처럼 국소적으로 사용되기 때문에, 개념은 언어 및 의미와 관련하여 개별적, 제한적 요소를 띠게 되며, 언어 및 의미에 있어 변형되는 요소도 생기게 된다. 이러한 과정이 오랫동안 유지되면 개념은 가치를 얻어 견고해지고, 의미를 지님으로써 발전하는데, 이는 개념을 수정하거나 재활용하는 것, 일반화하거나 부정하는 것을 더욱 어렵게 한다. 따라서 개념은 추후에 학습되는 바의 토대이면서 동시에 장애가 된다.

이상의 내용은, 최소한의 정보를 담고 있는 대상들의 유한 집합을 구성하는 것으로 개념 획득을, 연속적이고 점진적인 개념의 획득으로 학습을 바라보는 고전적 도식에 의해 왜 학습이 일어날 수 없는지를 설명해준다. 결과적으로, 학습의 기초가 결여된 채로 형식화의 알고리즘과 일부 지식 획득의 알고리즘을 혼동하게 된다.

알고리즘과 추론

여러 예는 자연수 연산을 학습하는 데 이러한 혼란이 불러온 불행한 결과를 보여준다. 확률과 통계에서 사용하는 것과 같은 복잡한 이론 및 연산 "메커니즘"을 같은 나이의 학생들에게 똑같은 절차에 따라 가르쳐보면, 메커니즘과 추론을 분리해서 다룰 필요가 없으며 유용하지도 않다는 것을 알 수 있다. 학습은 잇달아 알게 되는, 상대적으로 적합한 임시 개념을 시험 삼아 사용해 봄으로써 일어난다. 이를 위해서는 지속적인 거부가 필요하며 경우에 따라서는 매번 완전히 새로운 발명을 해야 한다.

필요에 따라 학생은 자신이 수행한 활동에서 의미 및 선택 가능한 요소를 추출하여 복잡한 여러 활동을 스스로 "자동화"한다. 그러나 자동화된 결과를 사용하기 위해서는 주체가 스스로 이를 실행해야 한다.

장애

Bachelard(1938)와 Piaget(1975)에 기초한 여러 연구는 오류와 실패의 역할이 흔히 생각하는 것처럼 그리 단순하지 않음을 보여준다. 경험주의나 행동주의 학습이론에서 주장하듯, 오류는 무지와 불확실성, 우연의 결과임과 동시에 예전에는 흥미롭고 성공적인 지식이었지만 이제는 틀리거나 부적합해진 지식의 결과이기도 하다. 오류는 별나거나 의외의 것이 아니라 장애를 구성할 뿐이다. 학생만큼이나 교사에게도 오류는 획득한 개별 지식의 의미를 구성하는 요소가 된다.

1.1.3. 문제를 통해 지도할 때 발생하는 장애 개념의 중요성

상호작용

의미는 학생과 문제-상황의 끊임없는 상호작용을 통해 구성된다. 특히 이러한 상호작용은 변증법적 특징을 띠는데, 주체가 자신의 행동을 예상하고 결정하기 때문이다. 또한 변증법적 상호작용을 통해 학생은 선행 지식을 활용하거나 재검토하며, 이전 지식을 수정 또는 보완하거나 완전히 부정함으로써 새로운 개념을 만들기도 한다. 교수학의 주요 목적은 문제와 상황에 어떤 조건이 있을 때 학생이 위와 같은 연속적 개념화를 진행하는 가운데, 이러한 개념화가 제대로 기능하거나 억제되는지 탐색하는 것이다.

지식이 이처럼 불연속적으로 얻어진다는 사실은 상황의 유용한 특징 자체도 비약적으로 변화되어야 함을 보여준다.

조건

이러한 조건을 고려할 때, 문제와 관련되는 교수학적 관심사는 본질적으로 학생이 무엇을 주목하고 확인하는지, 무엇에 노력을 기울이는지 등을 살피는 것이다. 교수학적 관심사는 또한 학생이 배제하게 될 요소 및 이러한 배제 요소가 가져올 결과를 학생 스스로 얼마나 중요하게 여기는지, 학생이 배제한 실수를 저지르는 위험을 얼마나 자주 감수하며 이는 얼마나 중요한 것인지 등을 포함한다.

그러므로 가장 흥미로운 문제는 학생이 지닌 진짜 장애를 극복하도록 하는 문제이다. 교수학에서 장애를 문제와 관련지어 검토하는 이유가 여기에 있다.

1.2. 장애 개념

1.2.1. 인식론적 장애

앞서 기술하였듯이, 지식 획득의 메커니즘은 교수·학습뿐만 아니라 인식론이나 과학사에도 적용할 수 있다. 두 경우 모두 장애 개념은 과학 지식의 문제를 고려하는 데 핵심적 요소가 된다. 이러한 아이디어를 최초로 주장한 Bachelard(1938)는 다음과 같이 설명하였다.

> "이는 현상의 복잡성이나 일시성과 같은 외적 장애에 관한 문제가 아니며, 인간이 지닌 감각과 정신의 약점에 관한 문제도 아니다. 일종의 기능적 필요에 의해 침체와 동요가 발생하는 것은 앎이라는 행위의 핵심이다. … 인간은 이전에 알았던 것에 저항함으로써 알게 된다"(ibid, p. 13).

바슐라르는 물리학과 관련된 장애를 분석하여 초기 경험의 장애, 일반 지식의 장애, 언어적 장애, 친숙한 이미지를 부적절하게 사용하여 발생하는 장애, 통합적·실용적 지식의 장애, 실체적·사실적·애니미즘적 장애, 양적 지식의 장애 등과 같은 장애 목록을 제시하였다.

장애는 오랫동안 지속된다. 현재의 물질적·문화적 환경이 장애가 발생한 당시의 조건과 분명 다르더라도, 장애는 아동의 사고 일부에 존재한다.[6]

6) 이 주제를 다룬 연구도 수행되었다(Viennot, 1979).

수학에서는 몹시 중요한 인식론 연구가 바슐라르의 연구와 유사한 조건에서 진행되었는데, 이러한 연구에는 Althusser(1967), Badiou(1972), Houzel et al.(1976) 등이 있다. 이 연구들은 바슐라르의 연구처럼 장애의 목록을 제시하지 않았지만 장애의 유형 및 주요 특징을 분명히 하였다. 또한, 이들 연구로부터 장애 개념 자체가 규정되고 다각화되었는데, 이러한 연구 주제를 적절하게 일반화하는 데 어려움이 있으므로 해당 연구를 사례별로 살펴보는 것이 적합하다. 개념이 구성될 때 등장하는 주요 장애를 기록하고 기술하는 작업과 함께, 지식이 버팀목이면서 동시에 장애로 작용하는 경우를 대안적 측면에서 또는 변증법적 측면에서 밝히려는 연구도 진행되었다. 또한 장애 개념은 교수학, 심리학, 심리생리학 등과 같은 인식론 이외 분야로 확장되고 있다.

1.2.2. 수학 교수학에서 장애의 표출 양상

오류

장애는 오류에 의해 드러나지만, 오류는 우연히 발생하지 않는다. 오류는 순식간에 일어나며 불규칙하지만, 언제든 다시 나타날 수 있으며 잘 없어지지 않는다. 한 사람이 범하는 여러 오류는 공통적인 이유로 발생한다. 즉, 오류는 주체가 앎을 얻는 방식이나 주체가 지닌 고유한 개념과 관련되는데, 이러한 개념은 그릇되기는 하지만 일관적인 특징이 있다. 또한 오류는 특정 행동-영역에서 성공적으로 작동했던 예전 "지식"과 관련되기도 한다. 이러한 오류가 늘 설명 가능한 것은 아니다.

한 번 생긴 오류는 단번에 모두 사라지지 않는다. 오류는 끈질기게 다시 등장하며, 주체가 오류를 잘못된 모델로 의식적으로 인지하고 거부한 한참 뒤에도 다시 나타난다. 예를 들어 어떤 학생이 "수열의 일반항이 0에 수렴하면 그 급수도 수렴한다."를 "정리"로 생각한다면 이 학생은 부주의한 것일까? 수업 시간에 배운 정리의 가정과 결론을 뒤바꿔서 암기한 것일까? 극한 개념을 잘못 이해한 것일까? 아니면 급수 개념을 잘못 안 것일까? 필요충분조건과 관련된 오류를 일으킨 것일까?

이상과 같은 오류를 해당 학생의 다른 오류와 함께 살펴보면, 이 학생이 실수(real number)에 대한 그릇된 표상 때문에 부지불식간에 왜곡된 추론을 하였으며, 이러한 표상은 중학교 또는 초등학교 수업까지 거슬러 올라감을 알 수 있다. 즉, 학생은 다음과 같은 추론 과정을 따랐을 것이다. "만일 x_i가 0으로 수렴하면 적당한 n이 존재하여 x_n 다음에 오는 모든 x_i는 무시할 만큼 작은 값이다. 따라서 x_n 다음부터는 사실상 더해지는 값이 없다. 즉, 급수는 수렴한다." 이 학생이 이러한 추론이 잘못되었다는 것을 깨닫지 못한 채 이런 식으로 추론 과정을 적을 것 같진 않지만, 그럼에도 이 학생에게 이 추론은 명백해 보일 수 있다. 이 학생은 초등학교와 중학교 수업에서 줄곧 사용해온 관행, 즉 수는 “근삿값으로” 명확하게 표현할 수 있다는 관행을 따랐기 때문이다. 이에 따르면 소수(decimal number)는 다음과 같이 쓸 수 있다.

$$d = \sum_{i=n}^{m} a_i \times 10^i \text{ (단, } m,\ n < 10\text{인데, 대개 } n \in \{2,3\}\text{이다).}$$

위 관행에 따르지 않는 수는 문자로 나타내거나 실용적인 이유를 들어 그 수와 가까운 소수로 표현하는데, 경우에 따라서는 $\pi = 3.14$와 같이 그 수가 바로 소수 자체인 것처럼 쓰기도 한다.

통약불가능성 문제는 도발적이며 역설적인 것, 결국에는 불필요한 것으로 치부된다. 예를 들어 “$1 = 0.9999\cdots$인가?”라는 질문에 대해 학생들은 재귀적 추론에 따른 여러 증명 중에서 소수의 자릿수 개수가 적당히 적은 것만을 인정한다.[7)]

이상의 모든 설명은 수가 이산 집합이라는 사실을 강조하기 때문에, $\forall x \in \boldsymbol{R}$에 대해 어떤 $d \in \boldsymbol{D}$가 존재하여 $|x-d| < \frac{1}{10^n} \Rightarrow x = d$인 $n \in \boldsymbol{N}$이 존재한다는 잘못된 생각을 타당화한다. 즉, x는 d로 “사실상 대체될” 수 있으며 $x-d$는 0이 된다는 것이다. 이러한 생각이 초등학교 때부터 지녀온, 소수에 대한 “그릇된” 정의에서 시작했을까? 이 질문은 나중에 다시 다루겠다.

장애 극복하기

장애는 지식과 동일한 특징을 갖는데, 대상 및 관계를 이해하거나 예상하는 방식이 있다는 점, 관련 증거가 있다는 점, 잊어버렸거나 예상치 못한 결과가 발생한다는 점 등에 있어서 그러하다. 장애를 없애는 것은 불가능하다. 주체는 잘 알려진 적응 과정에 따라 최소한의 노력을 들여 장애를 일부 변형하거나 수정하며 이를 제한된 영역으로 축소하여 최적화를 시도한다.

위와 같은 이유 때문에 장애가 동화될 수 없는 새로운 상황을 지속적으로 공급해야 한다. 이는 장애가 불안정하다는 것을 보여주며, 효과적이지 않고 무익하거나 틀렸다는 것이 드러나도록 하여 장애를 재고하거나 거부하여 끝내는 없어지게 만든다.

따라서 장애를 극복하려면 지식을 적용할 때와 동일한 활동을 해야 하는데, 이러한 활동에는 반복적인 상호작용, 학생과 학생의 지식 사이에 일어나는 변증법적 과정 등이 포함된다.

---

7) 편집자 주: 사적인 대화에서 브루소는, 주어진 등식을 수학적으로 증명하는 것이 학생들에게는 너무 어렵기 때문에 학생들은 이 등식을 충분히 이해하려 하지 않고 단순히 그 결과만을 받아들이려 할 것이라는 점을 강조하기 위해 이 부분을 썼다고 말했다.

이상의 내용은 진짜 문제가 무엇이지 알아내는 데 필수적이다. 진짜 문제는, 이러한 변증법을 일어나게 하거나 촉진하는 상황이다.

장애의 정보적 특성

장애처럼 개별 지식은 학생과 학생을 둘러싼 환경, 좀 더 정확히 말하면 학생이 앎을 "흥미롭게" 느끼도록 하는 상황과 학생 사이에 일어나는 상호작용의 결과이다. 특히 지식은 상황의 수치적, "정보적" 특징이 규정하는 어떤 영역 내에서 "최적인" 상태를 유지한다.

예를 들어 연립일차방정식을 대입법으로 푸는 것은 방정식이 두 개일 때는 유용하지만 방정식의 개수가 많아지면 사실상 실용적이지 못하다.

지식, 인간, 인간을 둘러싼 **환경**(*milieu*) 사이의 상호작용은 "그릇된" 개념 또는 부분적으로는 옳지만 전체적으로는 그렇지 않은 개념을 만들어 낼 수밖에 없다. 그러나 이러한 개념은, 상호작용을 조정하는 조건에 의해 통제된다. 이와 같은 조건을 이해하고 적절하게 사용하는 것이 **교수학**의 목적이다.

이상의 관점은 특히 교수와 관련하여 중요한 시사점을 준다. 단단하게 뿌리 내린 개념을 불안정하게 만들려면, 학생은 다음과 같은 상황에 자신의 개념을 충분히 투여해 볼 수 있어야 한다.

- 학생에게 친근하고 중요한 상황
- 다양하고 충분한 정보적 조건을 통해 질적 도약이 일어날 수밖에 없는 상황

예를 들면, 6세 아동은 지각을 통해 4나 5까지의 수를 어떻게 구별하는지 안다. 그러나 이 방법은 6이나 7을 넘는 수에는 사용할 수 없다. 만약 6, 7, 8을 순서대로 가르치려 한다면, 다양한 난관에 봉착할 것이며 혼란을 목격할 것이다.

이와 반대로 10개에서 15개 정도의 물건을 비교하도록 하면 지각 모델의 단점이 분명해지기 때문에, 아동은 이 모델을 즉시 폐기하고 일대일 짝짓기와 같이 새로운 전략을 떠올릴 것이다. 직관이라고 부르는 것은 때때로 지식을 알아내는 방법의 정보적 한계를 성급히 이해한 결과이다.

1.2.3. 교수학적 장애의 다양한 기원

장애의 기원

이제 교수학적 과정에서 드러나는 장애에 대해 살펴보자. 학생의 개념 이해를 막는 장애의 원인에는 여러 가지가 있다. 상호작용이 일어나는 과정 하나만을 탓할 수는 없

다. 장애는 앞서 언급한 학습 개념의 또 다른 결과이다. 따라서 인식론적 장애 개념은 지도상의 오류나 주체의 결점, 지식에 내재된 어려움 등을 대체하는 경향이 있다.

그러나 교사-학생-지식 체계의 하위 체계를 살펴봄으로써 장애의 여러 기원을 알아볼 수 있다. 하위 체계의 수정은 불가피하게 다른 체계의 수정을 초래할 수 있지만, 이를 통해 장애를 극복할 수도 있다.

이에 다음과 같은 기원에 비추어 교수학적 장애를 찾아볼 필요가 있다.

- 발달심리학적(ontogenetic)[8] 기원
- 교수학적 기원
- 인식론적 기원

수 개념 획득과 관련하여 앞서 기술한 사례는, 장애라기보다는 신경생리학적 한계에 가깝다.

발달심리학적 기원을 가진 장애

발달심리학적 기원을 가진 장애는 학생의 발달 단계에 따른 한계 때문에 생기는데, 신경생리학적 한계도 그중 하나이다. 학생은 나이에 걸맞은 능력과 목표에 따라 앎을 발달시킨다. 발생적 인식론은 인지 발달에 단계가 존재하며 조절과 동화라는 수단이 활용된다는 근거를 제시한다. 인지 발달의 단계는 다양한 규제하에서 여러 개념이 발달하는 단계와 유사하지만, 이러한 규제를 결정짓는 여러 제한 사항의 본질은 서로 다르다.

교수학적 기원을 가진 장애

교수학적 기원을 가진 장애는, 교육 체계가 선택한 사항 또는 만들어낸 계획에 의해 발생하는 장애이다. 예를 들면 현재 초등학교 수준에서 소수를 가르치는 방식[9]은, 백과전서파(encyclopaedist)[10]가 선택한 교수학적 틀에서 시작하여 스테빈(Stevin)의 개념을 따르는 **국민공회**(*Convention*)[11]가 주장한 교수학적 제안까지 거친 오랜 진화의 결과

8) 역자 주: 개체발생(ontogeny)이란 배아가 생장하여 성체가 되어가는 과정을 뜻하는 생물학 용어이다. 원문에서는 'ontogenetic'이란 비유적 표현을 이용하여 학생의 성장 과정에 기원을 둔 교수학적 장애에 대해 논의하고 있는데, 본 역서에서는 이 용어의 심리학적인 의미를 살려 '발달심리학적'으로 번역한다.

9) 편집자 주: 브루소는 70년대 초 프랑스 교육과정에 대해 말하고 있다.

10) 역자 주: 18세기에 간행된 프랑스의 백과전서 편찬에 참여한 사상가들인 디드로(Diderot, D.), 달랑베르(d'Alembert, J.), 볼테르(Voltaire), 루소(Rousseau, J.) 등을 이르는 말이다. 백과전서파는 합리주의, 회의주의 등에 입각하여 계몽사상의 보급에 힘쓴 바 있다.

11) 편집자 주: 프랑스 대혁명의 국민의회(National Assembly)를 계승한 국민공회는 1795년에 상

이다. 소수가 실생활에 유용하기 때문에 가능한 한 이른 시기에 학생들에게 소수를 가르쳤으며, 소수 지도는 측정 체계 및 자연수끼리의 연산 기법에 비추어 이루어졌다. 결과적으로 오늘날 소수는 학생들에게 "단위가 바뀌는 자연수"이며, 소수점이 있는 "자연"수이면서 측정수이다. 앞서 말한 것처럼, 기계적인 학습에 따른 이러한 소수 개념은 대학 수준에서 실수(real number)를 적절히 이해하는 데 장애로 작용한다.[12)]

루앙(*Rouen*)의 *IREM*에서 최근 실시한 설문 결과에 따르면, 학생의 수준을 가르는 주된 요소는 소수 및 10의 거듭제곱에 의한 곱셈이 모두 들어있는 계산 문제다. 즉, 소수 정의를 어떻게 "이해"하는지가 학생의 행동을 설명한다. 오늘날 이러한 장애는 교수학적 특징과 사회-문화적 특징을 모두 띠게 되었다.

인식론적 기원을 가진 장애

진정한 인식론적 기원을 가진 장애는 목표하는 지식 형성에 주요한 역할을 하기 때문에 피할 수 없을 뿐만 아니라 피해서도 안 되는 장애이다. 이러한 장애는 개념이 발생하는 역사적 과정에서도 찾을 수 있다. 그러나 이것이 장애의 영향을 확대할 필요가 있다거나, 장애를 극복하는 데 기여한 역사적 조건을 학교 상황에서 재현할 필요가 있음을 의미하지는 않는다.

1.2.4. 문제-상황을 조직하는 데 영향을 미치는 요소

지식 발달을 장애의 관점에서 탐색하는 연구가 기초하는 학습 개념은 고전적 관점의 학습 개념과는 상당히 다르며, 특히 문제-상황의 역할 및 조직과 관련하여서는 더욱 다르다. 이 새로운 관점은 문제-상황이 만들어지는 과정에서 문제보다도 기본적인 역할을 한다.

동기라는 조건

학생에게 문제를 제시하기 전에, 학생이 자신에게 "장애"를 일으키는 의문점과 관련하여 상호작용할 수 있는 상황을 찾아내야 한다. 이 의문점으로부터 학생은 새로운 지식을 획득하거나 구성할 수 있다.

당히 광범위한 사회 입법을 제정하였는데, 이는 오랜 기간 프랑스 사회 전반에 지대한 영향을 끼쳤다. 이 입법에는 수업 형태부터 설립 가능한 학교 유형까지를 규정하는, 교육제도 개선 전반과 관련된 내용이 담겨있다.

12) 좀 더 일반적인 관점에서 볼 때 지나친 "과잉 지도"는 이와 같은 장애를 만든다. 그러나 이러한 장애를 피할 수 있을까?

이상과 같은 상호작용이 일어나도록 하는 조건을 처음에는 교사가 설정하지만, 상호작용이 일어나는 과정에 대한 부분적인 통제권이 주체에게 재빨리 넘어가야 하며, 이를 통해 학생은 상황에 "의문을 제기"할 수 있게 된다. 동기는 이러한 노력에 의해 유발되며 지속된다. 단순한 외부 자극을 통해 동기를 유발하는 대신에 좌절을 적절히 조절함으로써 학생의 생각과 지식을 모두 개발할 수 있다. 그러므로 문제 해결을 통해 학생은 일종의 실험적인 경로를 밟아볼 수 있으며, 자신이 수행한 활동에서 수학적 개념이라는 "본질" 자체가 드러나는 경험을 하게 된다.

장애 극복 과정의 변증법적 특성

장애 극복 과정은 필연적으로 학생과 환경 사이에서 이루어지는 일련의 상호작용을 포함한다. 이러한 상호작용은 하나의 개념을 중심에 둔 학생의 작업과 관련될 때만 의미가 있다. 또한, 상호작용은 개념 발생의 단계를 형성하고 상호작용의 의미는 이 개념에 달려있다.

이러한 상호작용은 학생이 표현 체계를 이용하도록 한다. 겉보기에 문제로서의 "특성이 뚜렷하지 않은" 것과의 상호작용도 종종 메시지의 교환으로 해석될 수 있다. 왜냐하면 학생은 예상을 하고 행동의 방향성을 정할 수 있기 때문이다. 결과적으로 이러한 상호작용은 변증법적 특성을 가진다. 나중에 교사가 포함될 때는 더욱 그렇다. 게다가 이처럼 "교환된" 정보는 가설을 확증하거나 부인하는 사실 또는 심지어 주장으로 받아들여지기도 한다. 만일 어떤 지식이 관련된 또 다른 지식과 대립하고 이를 대체함으로써 확립된다고 가정한다면 장애 극복 과정이 자신과 타자 사이의 변증법, 선험성과 후험성, 지식과 행동 등 변증법적 특성을 가진다는 것을 이해할 수 있을 것이다.

장애를 극복하도록 준비하는 일은 상황을 제공하는 것으로 이루어진다. 이때 상황은 그 자체로 발전 가능하며, 학생이 적절한 변증법적 과정에 따라 발달하도록 만든다. 이것은 가르칠 정보를 전달하는 문제가 아니다. 학생이 관심을 쏟는 결과를 얻을 만한, 경합하는 여러 상황 중에서 만족스러운 최적의 상황을 찾아내는 문제이다.

하지만 이것으로는 충분치 않다. 상황은 학생이 초기 해답을 즉시 구성하거나 현재 지식을 활용하여 무언가를 시도해 볼 수 있게 해야 한다. 만일 시도가 실패하거나 부적합하더라도, 이 실패 이후 상황이 지적이고 본질적인 방식에 따라 수정되어 새로운 상황이 구성되어야 한다. 즉, 상황은 교사의 목적에 임의로 의존하지 않는다. 상황은 학생이 모든 자원을 자발적으로 반복해서 검증하도록 해야 한다. 이를 위해 학생의 성과에 대한 교사의 외적 승인이 아니라 학생의 내적 승인과 관련되는 절묘한 게임을 통해 학생의 자발적 동기가 유발되어야 한다. 따라서 학습 과정의 매듭을 푸는 일은 계획될 수 없다. 오직 상황과 상황의 선택만이 계획될 뿐이다.

교수학자가 당면한 문제는 개념의 단계와 상황을 동시에 확인하는 일이며, 이때 상황은 해당 단계가 학생의 입장에서 "구성 가능한" 답인지 학생 스스로 질문하게 만드는 것이어야 한다. 세 유형의 교수학적 상황에서 학생의 참여를 촉진하는 문제 상황의 조건을 각각 살펴보자.

학생의 참여를 촉진하는 문제 상황: 타당화, 형식화, 행동 상황

a) 타당화를 위한 문제 상황

학생은 주장을 타당화해야 한다. 학생은 스스로를 주체로 여기고 다른 학생이 자신의 주장을 받아들이거나 거부하고, 자신의 주장에 대해 증명을 요구하고, 또는 다른 주장을 제기하여 자신에게 도전할 수 있다고 생각해야 한다. 이러한 상호작용은 수학 이론을 명확히 하고, 이론이 형성되었을 때 검증하는 수단으로서 수학을 확립하도록 돕는다.

증명 과정은 학생이 여러 수사적 표현을 자발적으로 사용하도록 한 다음 이를 거부하게 만드는 타당화의 변증법으로 구성된다. 이를 위해 학생이 확립해야 하는 관계는 이러한 변증법의 특징에 달려있다(Brousseau, 1970). 타당화 문제는 수학적 증명을 찾는 문제보다 증명에 대한 평가를 비교하거나 증명을 거부하는 문제에 가깝다.

b) 형식화를 위한 문제 상황

이상과 같은 타당화 과정을 위해 학생은 추후 수정하더라도 우선 예비적 형식화에 기초하여 사고해야 한다. 학생들의 언어는 타당화의 변증법보다 덜 구체적인 변증법을 사용하는 것으로 발달한다. 여기서 의사소통과 여러 제약 조건은 중요한 역할을 하는데, 이는 적어도 명백한 타당화와는 부분적으로 무관하다. 왜냐하면 언어의 적절성을 위해서 이러한 의사소통은 실용적 타당화를 추구해야 하기 때문이다. 이 틀을 통해 현명한 수학적 선택을 요구하는 경제적 조건이 잘 드러난다.

c) 행동을 위한 문제 상황

학생들은 오직 적절성 기준에 근거하여 수학적 결정을 판단하면서 행동해야 한다. 결정을 정교화하는 장치는 정당성만큼이나 전적으로 암묵적이다. 여기에는 형식화나 타당화에 대한 어떤 제약도 없다. 이것이 가장 일반적인 변증법이며 다른 것들은 특수한 경우일 뿐이다. 이러한 변증법을 통해 학생은 의도하지 않더라도 암묵적으로 규칙, 도식, 행동 모델을 구성하게 된다.

변증법과 장애

이상의 변증법 중 어떤 것도 다른 변증법과 독립적이지 않으며 오히려 그 반대이다.

형식화는 흔히 암묵적 행동 모델이 존재할 때만 촉진된다. 주체가 문제를 해결할 수 있다면 그 문제를 형식화하는 방법도 더 잘 알기 때문이다. Vygotsky(1983)에 따르면 행동은 적절한 형식화에 의해 촉진된다. 언어는 상황을 적절한 대상과 관계로 나눈다. 행동은 암묵적 타당화와 형식화의 기본적인 유형을 하나씩 제시한다.

그러나 역으로 각 영역은 다른 영역의 장애가 될 수 있다. 어떤 것은 말보다 행동을 통해 더 쉽게 해결된다. 암묵적 모델은 더 많은 사실을 동시에 다룰 수 있으며, 재구성하기에 더 유연하고 용이하다. 행동에 유리한 조건은 설명을 쓸모없게 만든다. 예를 들어 바빌로니아인이 60진법을 사용하여 천문 계산을 했을 때는 소수점과 기준 단위에 대한 명칭이 필요하지 않았다. 자신이 말하는 바가 무엇인지 안다면 1을 60으로 보는 오류는 범하지 않을 것이기 때문이다. 마찬가지로 다루기 너무 쉬운 언어는 재형식화의 필요성을 오랫동안 제기하지 않는다. 이것이 바슐라르가 말한 언어적 장애이다.

장애를 극복하는 것은 행동, 언어, 증명-체계의 완벽한 재구조화를 필요로 한다. 그러나 교수학자는 구체적인 변증법을 추가하여 대안을 마련함으로써 이러한 재구조화를 촉진한다.

지금까지의 긴 논의는 일반적인 원리에 해당하는 것이었다. 그러나 장애와 교수학적 문제 상황의 상호관계를 이해하려면 다음 절에서 제시하는 것과 같은 구체적인 사례에 대한 논의가 필요하다.

1.3. 교수학적 문제 상황: 소수 개념 구성을 중심으로

1.3.1. 소수의 역사

소수의 인식론을 제시하는 것은 이 논문의 범위를 넘어선다. 소수의 인식론은 아직 연구할 부분이 남아 있다. 이를 연구하는 것은 어려운 일인데, 고려해야 할 사실이 1500년에서 2000년에 걸쳐 있기 때문이다. 각 "단계"마다 한 걸음씩만 내딛으면 되었을 것이라 생각하기 쉽지만 실은 그렇지 않다. 한 단계가 지속된 것이 노력 부족 때문도 아니다. 연구를 통해 한 단계에서 다음 단계로의 진전에 얼마나 놀라운 특징이 있으며, 이전 상태에 비해 무엇을 잃었는지 이해할 수 있다.

중국은 기원전 13세기부터 측정 상황에서 소수 개념을 사용하는 체계를 갖고 있었다. 바빌로니아인은 소수와 분수를 통합한 체계를 갖추었다. 피타고라스 학파는 분수 개념을 이해하였다. 아르키메데스는 분수를 비례로서 생각하였다. 그러나 비례 개념이 분수에 적용되고 비례 자체를 수와 동일시한 것은 10세기 후반에 이르러 아랍의 아불 웨파(Abû'l-Wefâ)에 의해 가능해졌다. 소수는 al-Kashî(1427)와 Stevin(1585)의 시대가 되어서야 등장하였다.[13)]

스테빈은 기하학, 정확히는 정수 계수를 갖는 다항식을 연구할 때 소수를 사용하였다. 이것은 우연이 아니다. 소수 개념은 스테빈 이전에도 사용되었다(Bonfiols de Tarascon, 1350; Regiomontanus, 1563). 하지만 유리 분수를 십진 분수로 대체하고 자연수 규칙에 따라 십진 분수를 계산한 것은 스테빈이 처음이었다. 스테빈은 겸손하게 "이것은 '발명'이라고 부를 만큼의 가치는 없는 단순한 것이다. … 이는 일상생활에서 마주하는 모든 회계 계산을 분수를 사용하지 않고 정수 계산처럼 신속하게 처리할 수 있게 한다"라고 말하였다. 그러나 스테빈은 십진 분수의 장점을 알았기 때문에 "앞서 말한 십진 나눗셈을 보다 권위 있는 학자들이 좀 더 합리적으로 조정하여 원하는 사람은 누구든지 사용할 수 있도록 해야 한다"라고 주장하였다.

1.3.2. 소수 지도의 역사

그리하여 소수의 "대중화"는 교수학적 문제가 되었고, 이 문제를 처음 다루기까지 2세기가 걸렸다, 1711년 고벤(Gobain)은 상인을 위해 쓴 책에서 이 문제를 언급하지 않았지만, 1779년 달랑베르(d'Alembert)는 백과전서의 소수(*Decimale*) 절에서 수학적 형식으로 이 문제를 제시하였다. 1784년 판에서, 아베 보쉬트(Abbé Bossut)는 소수를 자연수와 관련하여 소개하였다. 즉, 소수를 측정값을 나타내는 데 도움이 되는, 소수점이 있는 자연수로 설명하였다. 십진 분수와 관련되는 내용은 "부록"에 제시하였다. 십진 분수와 "대중적인 소수" 사이에는 단절이 생겼다. 대중적인 소수는 놀랍도록 단순한 알고리즘을 갖고 있어서 소매상인들의 부기(book-keeping)를 대중화하였다. 단절 문제는 국민공회의 결정에 의해 해결되지 않았다. 19세기의 이해관계는 너무나 다양하였고, 교수학적 문제는 정치적으로 다루어지는 경향이 강했다. 그리하여 샤를 10세는 6 "피에(*pied*)"를 1 "투아즈(*toise*)"로 다시 도입하고 미터법 체계의 임의적인 규준만을 유지하였다.[14)]

미터법 체계를 선택함으로써 대중화를 추진할 수 있었다. 혁신적인 의도의 범용성 덕분에 수학적 정당화를 고려하지 않고 "메커니즘"을 지도할 수 있었는데, 당시에는 시민의 필수 자질을 3년 내에 가르쳐야 했다. 이와 같은 19세기의 지배적인 경향은 20세

13) Saydan(1966)에 따르면 알 우클리디시(al-Uqlidisi)가 952년경에 최초로 십진 분수를 제안하고 오늘날과 같이 사용하였다.

14) 편집자 주: 투아즈(*toise*)는 눈금이 있는 수직 막대로, 사람의 키를 재는 도구이다. 1989년 프랑스의 라루스 사전(*Larousse dictionnaire de français*)에 따르면, *1* 피에(*pied*)는 32.5cm와 같다.

기에는 장애물이 되었다. 20세기에는 더 이상 내용을 전달하는 것이 문제가 아니었다. 문제는 교육하고 이해하도록 만드는 것이었다.

미터법에 적용된 행동적 방법에 의해 소수에서 비 또는 분수로서의 의미가 점차 없어졌다. 단위 변화에 관해서는 그 의미가 일부 남기는 했지만, 어떤 경우는 효율성을 위해, 또 다른 경우에는 부족한 설명으로 인해 정당화를 위한 담화가 결국 사라졌다.

오늘날 적어도 프랑스에서는 이러한 소수와 분수의 단절이 공식화되었다. 1970년 교육과정은, 정수라는 부적절한 연산자를 그럴싸하게 적용할 수 있도록 유리수를 구성하는, 결국에는 실패한 방법을 도입하였다. 이 방법은 유리수의 도입과 이해에 전혀 도움이 되지 않으며, 별도로 이루어지는 소수 학습에도 아무 쓸모가 없다. 소수와 분수는 분리되었으며, 특히 교사와 학부모가 이들 두 가지에 대해 지닌 개념은 더욱 그러하다.

1.3.3. 소수 구성에서 교수학적 장애

오늘날 소수 지도방법을 혁신하는 데 수많은 기술적, 사회-경제적 어려움이 따른다. 이러한 어려움을 극복하는 데 어떤 희생이 필요한가? 일반 학교 학생을 대상으로 실험적 인식론에 따른 질문만을 다루고자 한다.15)

우리가 연구하고 있는 해결책을 현재 상태로 교사들이 적용할 수는 없다. 여기서 모든 장애에 대해 분석한 결과를 설명하기는 어려우니, 좀 더 중요한 장애를 다루는 것으로 만족한다.16)

소수를 측정과 결부함으로써 아동은 순서쌍 $(n,\ p,\ u)$를 고려하게 된다. 이 순서쌍은, 정수 n, 단위 변환을 뜻하는 10^p에 의한 나눗셈, 단위 u로 구성된다. 예를 들어, 3.25m는 325cm를 미터로 나타낸 것을 말한다.

“단위 변환”을 실행할 때 p와 u는 특별한 상호관계를 갖는다. 이러한 관계를 깨닫게 하기 위해서는 단위를 변환하고 10의 거듭제곱을 곱하는 작업을 동시에 수행하는 연습문제를 제공하는 것으로 충분하다. 소수는 자연수처럼 작동하며 단위로부터 분리될 수 없다. 대상은 소수가 아니라 물리적인 양이다. 따라서 학생은 두 소수의 곱셈을 이를테면 두 길이의 곱셈으로만 해석하는데, 이를 통해 학생은 곱셈을 구체적인 수로 다루는 유명한 장애에 다시 봉착하게 된다. 학생은 $a^2 - a$를 이해하기 어렵게 되며, 차원을 수식으로 바꾸는 데 은연중에 힘을 들이게 된다.

---

15) 편집자 주: 여기서 브루소는 “이 책의 나머지 장을 참고하라”라고 덧붙였다. 이는 CIAEM 프로시딩에 실린, 시오섹(Ciosek), 글레이저(Glaeser), 잰비어(Janvier), 월뮤스(Wermus) 등의 다른 논문을 말한다.

16) 편집자 주: 브루소는 원문에서 “현재 작업 중인 글”을 언급하였다. 3장과 4장을 참조하기 바란다.

소수의 범위는 암묵적으로 현재 **사용 중인** 가장 작은 단위로 제한된다. 기껏해야 이는 **프랑스 프랑**[17]처럼 소수점 아래 둘째 자리 정도일 것이다. 아동은 허용 가능한 측정 오차보다 약간 작은 요소가 존재한다고 생각하고 모든 수를 자연수로 여긴다.

"3.25는 100을 하나의 단위로 봤을 때 325와 같다"라는 것은 공식적인 설명이다. 모든 연속적인 관계가 사라지고, 오랫동안 아동은 3.25와 3.26 사이의 소수를 찾지 못한다. 또한 소수 집합 $\boldsymbol{D}$에서 3.15 바로 앞에 있는 수가 3.14라고 생각한다. 아동이 자신의 대답을 수정하더라도 이처럼 오류가 있는 모델에 의해 직관적으로 추론한다. 앞서 언급한 것처럼 우리는 이러한 오류가 대학 수준까지 이어짐을 확인하였다.

처리 절차의 형태로 연산을 공부함으로써 소수는 더욱 강력하게 자연수와 통합된다. 즉, 소수점이 있는 자연수로 소수를 조금만 확장하면, 이해할 필요 없이 자연수에서 사용한 방식을 그대로 수행하면 된다.

암산은 또 다른 경로를 따른다. 학생은 "정수부분"의 곱을 계산하고 나서 "소수부분"의 곱을 계산하며 나중에 그 결과를 종합한다. 이 방식을 따르면 $(0.4)^2 = 0.16$이지만, $(0.3)^2 = 0.9$이고 때로 $(3.4)^2 = 9.16$이 된다.

이러한 문제는 측정의 영향으로 발생한 것이다. 측정에서는 정수부분이 문제이며, 소수부분은 무엇이든 상관없다.

소수를 자연수 모델에 통합하는 것은 세로 나눗셈에서 문제를 일으킨다. 하지만 구조가 뒤죽박죽이 되더라도 모델이 자동으로 기각되지 않는다. 소수가 "올바르게 작동하지 않는 수"이고 오류가 발생될 수 있다는 점은 가려진다. 아무 설명도 없이 반올림하기도 하고 학생이 수용하기 어려운 방식으로 범위를 한정하기도 한다. 소수의 암묵적인 정의는 "소수점을 가진 자연수"이며, 이로 인해 학생들은 0.33은 소수이지만 자연수는 소수가 될 수 없다고 생각하기도 한다. 이 장애의 가장 나쁜 결과 중 하나는 아동들이 잘못된 설명과 공허한 추론을 극복하는 시도를 너무 소극적으로 하거나 8학년과 같이 너무 늦은 시기에 시작한다는 것이다.

1.3.4. 인식론적 장애-교수학적 계획

위에서 설명한 장애에는 모두 교수학적 기원이 있다. 이러한 장애는 진짜 인식론적 장애나 역사적 장애와는 다르다.

우선, 곱셈과 관련하여 소수를 자연수 $\boldsymbol{N}$과 같이 다루도록 할 때 생기는 쟁점을 생

17) 역자 주: 프랑스 프랑(French franc)은 과거 프랑스의 통화이다. 이 통화로 금액을 나타낼 때 소수점 아래 둘째 자리까지 표시하였다.

각해 보자. 분수 몇 개가 떠오르면, 곧 그러한 분수를 "모두" 찾고 적어도 분수를 서로 더하거나 분수에 자연수를 곱할 수 있기를 바라게 된다. 이때 분수를 모두 구성하는 방법을 가르치기보다는 문제를 제기하도록 지도하는 것이 매우 중요하다. 아동은 이 문제를 자연수로는 해결할 수 없으며, 모든 결과, 특히 순서와 관련된 내용은 유도할 수 없다는 사실을 알아야 한다.

우리는 10살 아동이 이 문제를 풀기 위해 양의 유리수 Q^+를 발명할 수 있다는 것을 보인 바 있다. 상세한 내용은 다음 장의 "종이 여러 장" 문제를 참고하기 바란다.[18] 다만, 나는 이 학생이 소수 D로 만족했다고 생각하지 않으며, 이 학생이 그것을 어떻게 그리고 왜 발명했는지 알지 못한다.

그러나 일단 학생이 (Q^+, $+$, $<$)를 구성한 다음 여러 분수를 정렬하거나 서로 더할 필요를 느끼게 되면, 십진 분수의 사용을 선호하게 되며 십진 분수가 다른 분수와 "거의 같다"는 것, 즉 D가 Q의 부분집합이라는 것을 알게 된다. 또한 우리는 이것이 "탐구 문제" 및 뒤이은 교수학적 과정[19]을 통해 가능하다는 것을 확인하였다.

이 문제는 앞서 다룬 문제와 정반대이다. 이 문제는 더 이상 새롭고 미지인 집합의 원소를 발명하고 결합하는 것이 아니라, 적절하게 선택한 부분집합으로 이미 알고 있는 집합에 접근하는 것이다.

현재 작성 중인 논문에서, 변증법적 과정이 약 60시간 정도 포함되는 "문제" 25개를 상세히 다루겠지만[20], 맥락이 없는 예제를 가지고 다음과 같이 불충분한 설명을 제시하는 데 필자로서 주저하지 않을 수 없었음을 밝힌다.

모든 것은 균형의 문제이다. 예를 들어, 아동들이 Q에서의 계산법을 "자동화"한다면, D의 발명은 늦춰지고 쓸모도 없다. 그러나 Q에 대해 충분히 알지 못하면, D는 구성될 수도 없고 이해될 수도 없다.

조언을 한다면, 널리 알려진 관행을 너무 빨리 인지하게 하지 말길 바란다. 아동은 인접한 두 소수 사이에 존재하는 유리수를 어떻게 찾는지 아는데, 이것이 "나눗셈" 관행과 관련됨을 발견하기 전에, 더 나아가 이를 알고리즘으로 제도화하기 이전에도 그러하다.

게다가 주요 문제를 너무 오랫동안 암묵적인 수준으로 남겨놓을 필요는 없다. 형식화의 변증법 및 토론의 빈번한 진행을 통해 알 필요가 있는 바를 의식 수준으로 끌어올 수 있다.[21]

---

18) 편집자 주: 4장 3절을 참조하기 바란다.

19) 편집자 주: 4장 2.3절을 참조하기 바란다.

20) 편집자 주: 이 예는 4장에서 자세히 다룬다.

주요한 두 번째 장애는, 유리수와 소수를 비(ratio) 또는 Q 위에서의 선형 사상으로 개념화하는 것이다. 퍼즐 문제에서 보듯이[22], 적합한 상황이 주어지면 아동은 사상의 집합을 구성하는데, 처음에 몇 개를 만들다가 나중에는 이름을 붙일 필요가 있는 다른 것을 만든다. 분수, 소수, 또는 자연수가 그러한 명칭으로 적합할 수 있다. 전체적으로, 사상의 합성과 D 위에서의 분해가, Q, N, D를 통합하는 모델이 된다.

1.4. 논쟁에 대한 부연 설명[23]

수학에서 인식론적 장애를 연구하기 위해서는 창의적인 시도가 필요하다. 바슐라르의 개념이 이 분야에 꼭 들어맞지는 않기 때문이다. 다음 조건이 있는 한, 인식론적 장애에 대한 연구는 교수에 도움이 된다.

- 문제가 되는 장애가 수학사에서도 확인된다.
- 장애의 흔적이 학생의 자생적 모델에서 발견된다.
- 장애를 "극복"하거나 거부하기 위해 필요한 교육적 조건을 정확한 교수학적 프로젝트의 형태로 교사에게 제시할 수 있는 연구를 진지하게 진행한다.
- 이러한 프로젝트가 긍정적으로 평가된다.

첫 번째 논문(Broussearu, 1976) 이후에, 이상과 같은 맥락에 따라 매우 의미 있는 연구를 진행하였으며, 이를 잠정적으로 평가해 볼 수 있겠다.

Duroux(1982)는 어떤 지식이 바슐라르가 말한 "장애"가 되기 위한 조건을 명확히 하여 "어려움"과 구별되는 이 개념의 장점을 설명하였다. 장애의 징조는 흔히 "어려움"에서 발견된다. 하지만 장애는 지식의 일부라는 첫 번째 조건[24]을 만족시키기 위해, 연구자는 연구하고 있는 "어려움"을 지식의 결여가 아니라 지식, 즉 틀린 지식 또는 불완전한 지식으로 재형식화해야 한다.

---

21) 두 번째 부분은 거짓으로 밝혀졌다. 형식화와 타당화의 변증법이 교수 결과를 만들기에는 부족하다는 사실이 드러났다. 제도화 과정이 필요하다(Note, 1983).

22) 편집자 주: 4장 2.2절을 참조하기 바란다.

23) 이 마지막 절은 수학 교수학 연구(*Recherches en didactique des mathématiques* 4(2) 189-198)의 1976년 판에 실린 "결론과 논평"을 정리한 것이다. 이 글은 인식론적 장애의 본질에 대한 글레이저와 브루소 사이의 심오한 토론을 담고 있다. 당시 논쟁에서 지나치게 격렬한 내용은 이 절에서 생략하였다. 2장 머리말의 주석 2를 참고하기 바란다.

24) 역자 주: 이 절에서 브루소는 뒤루가 제시한 장애의 조건들을 하나씩 검토한다. 이 조건들은 2.2절에도 등장한다.

Glaeser(1981)는 반대의 입장을 취한다[25]. “상대적 수[26]의 인식론”이라는 논문에서 그는 “음수를 그 자체로 조작하는 능력의 부족”과 “음수 그 자체로는 의미를 부여하지 못하는 어려움”[27]을 장애라고 언급하였다.

위와 같은 형식화는 디오판토스(Diophantes)나 스테빈이 간과한 부분을 오늘날의 시각에서 현 체계에 비추어 설명한 것이다. 따라서 이는 15세기에 간과되어 “훌륭한” 해결이나 적절한 형식화를 방해한 지식이나 가능성에 주목하게 한다. 그러나 이러한 형식화는 음수를 그 자체로 조작해야 하는 문제가 어떻게 등장하였는지 이해할 필요를 느끼지 못하게 한다. 문제가 제기되었는가? 어떻게 해결할 수 있을까? 해결할 수 있다고 여길 만한가? 오늘날에 어려움으로 보이는 것을 그 당시에도 그렇게 생각하였는가? 이러한 “지식의 상태”에 비추어 볼 때, 어떤 질문이 충분히 효과적이며 왜 그러한가? 음수를 그 자체로 조작하기를 “거부”하면 어떤 장점이 있으며 어떤 불편함을 피할 수 있는가? 이 상태는 안정적이었는가? 이를 수정하거나 변혁하려는 시도는 왜 당시에는 실패하였는가? 새로운 조건이 등장하여 “추가” 작업을 완수한 다음에야 변화를 이룰 수 있었겠지만, 실제로 어떤 조건이 등장하였나?

지식 구성을 깊이 이해하기 위해서는 위와 같은 질문이 필요하다. 하지만, 글레이저는 이 질문을 제기하지 않았고, 우리는 음수를 그 자체로 조작하는 것이 무엇을 토대로 하는지 잘 알지 못한다. 그것을 알게 된다면 지도에 매우 유용할 것인데 말이다.

본질적으로 양(positive)의 크기를 가지는 “양(quantity)”을 양수 혹은 음수의 상태로 해석함으로써 “양수”와 “음수”의 용법이 변하였다고 생각할 수 있다.

예를 들어 보자. 상점 경리는 물건이 들어오고 나가는 것을 양 또는 음으로 기록할 수 있다. 달랑베르는 이 관점에 대해 상세히 설명하였다. 음수 그 자체를 사용하는 것은 대칭성을 부정하며 초기 규약을 잊도록 할 위험성이 있고, 더 심하게는 본질적으로 음수인 대상이 “존재”한다는 것을 긍정한다! 그러나 음수의 “상대적인” 특성은 그 수를 창조하고 수용하는 데 있어 중요하였다.

글레이저의 논문에서 이 가설을 형식화하는 바를 찾을 수 있지만, 그러한 형식화가 제대로 이루어진 것 같지 않다. 왜냐하면 글레이저가 장애라는 용어를 소박하게 사용하였기 때문이다. 반면 위 논문에서 제시되고 뒤루에 의해 정교화된 장애의 정의에 따르면 장애 지식에 대한 연구와 확인은 필수적이다.

---

25) Glaeser(1981)는 바슐라르를 인용하면서 “장애”라는 용어는 소박하게 사용해야 한다고 주장한다. 이는 완전히 다른 측면의 문제이다.

26) 역자 주: 상대적 수(relative numbers)는 다른 수에 따라 그 값이 결정되는 수를 말하는데, 여기서는 음수와 양수를 지칭한다.

27) 편집자 주: Glaeser(1981, p. 308)를 참고하기 바란다.

이는 자연스럽게 두 번째 조건의 검토로 이어진다. 장애 지식은 **타당하고 유효한 경우**가 있다. 또한, 동시에 장애 지식과 **선험적으로** 관련이 있지만, 장애 지식이 그릇되며 비효과적이고 오류의 근원이 되는 경우가 있다.

장애 지식의 역사적 지표에 대한 연구는 현재 생각하는 것과 "비슷한" 오류나 어려움에 대한 연구가 아니라, 모종의 지식으로 특징지어지는 실패에 대한 연구이다. 장애를 지식에 포함시킴으로써 잘못 제기되거나 해결될 문제를 예상하고 이를 역사적으로 탐색할 수 있다. 즉, 인식론은 체계적, 실험적 경향을 띠게 된다. 단절의 요지는 **발견 시기가** 아니라 **문제**와 활용되는 지식의 유형이며, 이는 인접한 여러 영역에서 다른 순간에 아주 비슷하게 발생할 수 있다.

장애 지식의 실패와 어려움을 확인하는 것으로는 충분하지 않다. 장애 지식의 **성공**을 알아보아야 하며 이를 위해서는 이전에 일어났던 장애로 거슬러 올라가야 한다. 예컨대 음수 그 자체에 의미를 부여하기 위해서는 통합된 "수직선"을 고려할 때 발생하는 (글레이저에 따르면 장애를 일으키는) "어려움"을 (음수 그 자체가 지닌 의미를 생각하면 양을 부여하는 것이 의심스러워 보이는 형식화의) "부적절성"과 연결해야 한다.

사실 음수 그 자체에 의미를 주기 위해 대칭인 쌍, 즉 양의 자연수 혹은 음수로 간주되는 자연수를 지속적으로 참조하는 방식을 포기하는 데 상당한 "수고"가 든다면, 이와 대조적으로 보이는, $(\boldsymbol{N}, +) \cup (\boldsymbol{N}, -)$ 과 같은 통합[28)]을 이루는 데도 동일한 수고가 들며 이러한 수고가 통합의 장애물이 된다.

뒤루는 음수가 본질적으로 양수와 다르다고 개념화하는 것은 장애 상태라고 지적하였지만, 뒤루의 설명은 글레이저가 말한 "장애"와 동일한 결론에 이르지 않는다. 왜냐하면 글레이저는 장애를 지식으로 보지 않았기 때문이다. 장애를 지식으로 보는 것이 가능하므로, 음수를 양수와 다른 것으로 개념화하는 것은 바슐라르가 말한 장애 쌍의 일종이다.

장애의 "정의"에 있는 세 번째 조건에 따르면 장애 지식의 **저항**을 입증하고 설명해야 한다.[29)] 예를 들어, 음의 양을 조작하는 일로부터 왜 양수와는 다른 성질을 가진 "음수" 개념을 필요로 하였는지, 그 결과 이러한 음수 개념이 기호가 붙은 "수"라는 새로운 실체로 통합되는 데 어떤 장애가 되었는지를 보여야 한다. 두 개념은 각각 효과적

28) 역자 주: '통합'은 homogenization을 번역한 것이다. homogenization은 2가지 불용성 액체를 하나의 혼합물로 만드는 과정으로 '균질화'로도 번역된다. 브루소는 양수와 음수를 수로 통합하는 과정을 비유하기 위해 homogenization이라는 단어를 사용하였기에 여기서는 '균질화' 대신 '통합'으로 이 단어를 번역하여 의미를 명료히 한다.

29) 편집자 주: 브루소의 학생인 뒤루가 Duroux(1982)에서 처음 제기한 이 정의는 2.2절에서 다시 다룬다.

인 영역이 있으나, 서로의 발달에 저항하며 정반대되는 두 극단으로 작용할 수 있다.

세 번째 조건은, 어떤 지식이 장애가 되려면 이것이 개별 지식을 확립하거나 거부하는 데 저항하는 증거를 찾아야 함을 의미한다. 내가 보기에 글레이저의 논문이 이런 면에서 흥미로운 탐구의 길을 열어준다.

음수 그 자체라는 용법의 타당성 및 저항에 대해 연구함으로써 더 오래된 중요한 장애, 즉 "수는 어떤 것의 측정값이다"라는 장애에 이르게 된다. 그러므로 음수로 측정한 것이 무엇인지를 잊어버려야만 음의 양을 독립적으로 사용할 수 있다. 정수 $\mathbb{Z}$는 측정값의 집합이 아니므로 정수 $\mathbb{Z}$를 더 이상 동질 집합이라고 간주할 수 없다. 한편, 나는 이러한 경우에 모든 교수학적 요인을 사회에서 지식이 발전하는 과정과 연결하여 살펴볼 필요가 있다고 생각한다. 스탕달(Stendhal)[30]이 반대하는 것은 달랑베르가 주저하는 것과 관련이 있지만, 이 둘을 혼동해서는 안 된다.

Cornu(1983)는 나와 비슷한 관점에 따라 극한 개념을 분석하였다. 역사 연구를 통해, 코르뉘(Cornu)는 어려움이 극한 개념 발생의 기원이 되는 장애를 드러내는 유력한 후보라는 점에 주목하여, 학생들의 행동에서 이에 대응하는 흔적을 추적하였다. 학생이 지닌 여러 장애 개념을 이와 비슷하게, 즉 동일한 조건을 사용하지만 학생의 관점 및 환경과 문화 또한 고려해서 연구해야 한다는 사실이 분명해졌다. 코르뉘는 나의 일반적인 가설을 따르면서도, 학생이 보이는 특정 어려움을 역사적 연구를 통해 확인한 어려움에 비추어 범주화할 수 있음을 보였다.

저항에 대한 분석과 이를 둘러싼 논의를 통해 학생이 지닌 장애를 확인하는 데 기여하는 요소를 찾아야 한다. 어떤 경우든, 역사적 연구를 교수학적 연구로 아무 수정 없이 적용하는 것은 불충분하다. 따라서 발생의 근원으로부터 논쟁거리를 끌어내야 하는데, 이는 학교에서 활용하기 적합한, 개념의 근원을 선별하고 이러한 발생을 촉진하는 교수 상황을 **구성**하거나 "발명"하기 위함이다.

나아가 인식론적 장애에 대한 연구를 흥미롭게 만드는 역사적, 인식론적, 심리적, 교수학적 주장이 서로 독립적인지 확인할 필요가 있다. 학생의 어려움을 구체화하고 그 어려움을 자생적 모델이나 장애 지식으로 조직하는 것은 역사적 확인과는 독립적으로, 어쩌면 별개로 행해질 수 있고 또 그래야만 한다. 학교 상황에서 장애의 저항과 극복을

30) 편집자 주: 앙리 브륄라르의 삶(*La vie d'Henri Brulard*)이라는 제목의 자서전에서 스탕달은 "기호의 규칙"을 이해하는 문제에 대해 말하였다. 그는 만약 누군가가 세계를 두 부분으로 나누어 하나는 양수, 다른 하나는 음수로 둔다면 A와 B가 음의 부분에 있을 때, A와 B의 곱이 어떻게 양의 부분에 있게 되는지 이해할 수 없다고 지적하였다. 그러나 스탕달이 곱셈을 정수로 확장하는 것을 어려워하였다면, 달랑베르가 제기한, "음수를 수로 생각해야 하는가?"와 같은 질문은 별개의 문제가 된다. Glaeser(1981, pp. 310~311, pp. 323~325)를 참고하기 바란다.

다룬 다음에는 그에 대한 설명, 실험 연구에 의한 검증, 개념 및 개념을 만드는 상황의 기원에 대한 실제화가 이어진다. 즉, 어떤 방법론적 조치를 훼손하더라도 정보의 근원은 이전의 정보와 독립적일 수 있고 또 그래야만 한다.

갖가지 유형의 독립적인 논의가 수렴하는 지점은 정확한 용어로 기술된 과학적 사실이다. 이러한 과학적 사실의 가치는 다음과 같다.

- 한편으로 위와 같은 사실은 1976년 내가 쓴 학습 또는 지식의 심리발생적, 교수학적, 역사적 기원에 관한 초기논문에서 제기한 여러 개념을 뒷받침한다. 이러한 개념은, 학생이 보인 특정 오류의 긍정적 측면, 어려움을 제공하는 문제의 필요성, 적응과 국소적 재조직화의 존재성, 복잡성과 관련된 도약의 필요성 등에 관한 것이다.
- 다른 한편으로 위와 같은 사실을 통해 학생들이 겪는 여러 "어려움" 중에서 명시적, 제도적, 반복적으로 확인되는 일부를 선별함으로써, 수업이 지식과 관련하여 복잡하게 얽힌 고려사항, 즉 지식을 발견술적, 기계적으로 취급하는 것에 잠식되는 것을 피할 수 있다.

위 2가지 사실은 교수를 위해 매우 중요하다.

앞서 언급한 여러 연구가 유망하지만, 반박할 수 없는 방식으로 "사실"을 확립한 것은 아니다. 실제 이러한 작업은 무척 어렵다. 바슐라르는 수학에는 없는 실험 설계, 가설 설정, 보고서 작성 등과 같은 물리학의 요소로 받침점을 설정한 다음, 사실이 과학 이론의 통제에서 벗어하는 순간을 분석하는 데 목표를 두었다. 즉, 바슐라르는 물리학 이론의 인식론이 아니라 물리학 확립의 인식론을 구성하였다.

또한 상황 분석 방법을 이용하여 수학적 지식의 상태 변화를 연구하는 것은 흥미로운 일이다. 쉐바야르(Chevallard)는 원시수학적 개념, 범수학적 개념, 수학적 개념을 구분하였다.[31] 내가 볼 때 이 구분은 장애에 대한 연구를 진전시키는 데 필수적이다. 이를 통해 지식을 그 기능과 다시 연결시킬 수 있으며, 과학적 활동에서 지식이 작용하는 방식을 지식과 재결합시킬 수 있다. 또한 수학에서 장애는 대개 지식 자체보다는 지식의 상태 변화와 관련된다는 것을 보일 수 있다.

저항에 대한 설명은 인식론적 장애 연구의 핵심이지만, 이를 설명하는 일관된 방법은 없다. 왜냐하면 다루고 있는 장애에 따라 각각의 설명이 달라지기 때문이다. 거부하려는 단계적 시도, 개조 및 회복 과정을 따라가며 이로부터 메커니즘을 찾기 위해 실재하는 다양한 조건을 알아보아야 한다. 이러한 연구는 실제 장애를, 완전한 지식의 일부인

31) 편집자 주: Chevallard(1985, p. 50)를 참고하기 바란다.

인식론적 장애로 다룰 때 촉진된다. 장애로 인한 거부는 명시적이며, 그 결과 지식 체계에 깊은 흔적을 남기는데 이는 장애의 네 번째 조건으로 다루어지는 것이다. 장애는 충분히 교정할 수 있는 일시적인 오류가 아니며, 누군가가 대충 수습할 수 있는 무지, 지나가는 유행, 심지어는 무능에 의해 만들어지는 것이 아니다! 장애는 사회적, 문화적, 경제적 환경의 결과일 수 있지만, 그 "원인"이 사라져도 개념의 형태로 지속되며, 잊히지 않는 개념으로서 실재한다. 망각을 위해서는 이 단계에서 관련되는 "논쟁"이 차단되어야 하기 때문이다.

이러한 이유 때문에 인식론적 장애는 개념 및 낡은 지식의 쓸모를 예전에는 알지 못했던 교수학자의 관심을 끈다. 장애는 지식의 일부로, 학생의 자생적 모델에서 드러난다. 교수를 통해 이를 부적절하게 취급함으로써 반복적이고 치명적인 오류가 생길 수 있으므로, 장애를 인지하여 학생과 함께 거부하는 것이 필요하다.

이러한 관점은 자연스럽게 우리를 수학 이론의 발달에 대한 연구의 핵심으로 이끈다. 이를 통해 교수의 중요성은 더 이상 비유적인 표현이 아닌 교수학의 필수 성분으로 확고해진다. 발라셰프(Balacheff)와 라보르데(Laborde)가 프랑스어로 번역한 Lakatos (1976)의 서문(Balacheff & Laborde, 1985)에서 강조한 것처럼 말이다.

우리는 장애 개념과 관련 이론을 이제 막 연구하기 시작하였다. 나는 앞서 다룬 방법과 연구 방법론적 문제가 더욱 발전할 것이며, 가까운 미래에 교수에 기여할 만한 결실을 맺을 것이라고 확신한다.

2. 인식론적 장애와 수학 교수학[32)]

2.1. 수학 교수학에서 왜 인식론적 장애에 관심을 가지는가?

Bachelard(1938)가 실험 과학에 한정하여 고안한 인식론적 장애 개념은, 1970년대에 교수학적 상황론이 발달함에 따라 자연스럽게 수학으로 유입되었다. 이러한 유입은 "정보적 도약"(Brousseau, 1974a)이라는 개념과 이 개념에 뒤따르는 교수학적 "정리"로부터 시작하였다.

32) Brousseau G. (1989) Les obstacles épistémologiques et la didactique des mathématiques. In: N. Bednarz and C. Garnier (eds.): *Construction des savoirs—Obstacles et conflits* (41-63). Montréal: *Centre interdisciplinaire de recherche sur l'apprentissage et le développement en Education* (CIRADE).

개별 지식은 학생이 상황 *S*에 적응한 결과로, 이때 상황은 개별 지식을 효과적으로 작동하도록 하여 이를 "정당화한다". 또한 개별 지식은 학습을 가능하게 하는 다른 여러 지식과 다양한 복잡성을 지닌 과제 수행의 결과이기도 하다. 상황 *S*와 관련된 변수값에 비추어 *S*에서 유용한 지식을 그 지식의 효과 또는 비용과 연관지어 고려할 수 있다. 지식의 효과 또는 비용의 상단 경계에는 안장점이나 특이점에 의해 구분되는 최댓값이 존재한다.[33] 그러므로 학생이 특정 지식을 구성하도록 하려면 교사는 "반드시" 그 지식을 다른 경쟁 지식에 견주어 최적으로 만드는 변인을 고려해야 한다. 지식의 발전은 매끄럽지 않은 비약을 통해 진행된다. 예를 들어, 대입법을 아는 학생에게 선형결합을 이용하여 일차연립방정식을 풀도록 가르치려면 방정식의 개수(rank)가 2개 또는 3개인 경우보다 4개인 경우를 제시하는 것이 좋다. 이러한 추론은 교사가 지식을 가르치거나 학생이 스스로 지식을 개발하는 경우뿐만 아니라 지식의 역사 발생을 분석할 때도 적용될 수 있다.

그러므로 환경에 대한 적응으로서의 학습은 반드시 인지적 분열을 동반하며, 이는 암묵적인 모델과 언어 및 인지 체계의 적응[34]과 변화 등을 가져온다. 만약 지식의 역사가 학생 또는 문화적 집단이 기준선을 향해 단계적으로 발달하도록 작용한다면, 적응의 원리 자체는 어떤 부적절한 지식이든 그 지식에 대한 저항을 거부하게 된다. 이 사실은 "임시적" 개념의 지속성을 보여준다.

Gonseth(1936)에서 시작한 연구 절차에 따르면, 학생의 행동을 간접적으로 살핌으로써뿐만 아니라, 교수학적 변인의 영향을 받는 상황 및 개별 지식을 직접적으로 연구함으로써 인지적 분열을 예측하는 것이 가능하다(Brousseau, 1974a, 1976).

그러나 Salin(1976)에 따르면, 인지적 분열을 고려하는 것은 학생의 오류 및 그러한 오류가 만들어지는 방식에 대한 해석 관점의 재검토를 요구한다. 살린(Salin)의 제안이 있기 전까지 오류는 기이한 잘못이나 지식의 부족에서 기인한다고 생각했으며 아주 부정적인 대상으로 여겨졌다. 이제, 반복적인 오류는 개념 발생 및 구성의 결과로, 설사 잘못되었다 하더라도 돌발적인 현상이 아니며 때로는 긍정적인 측면이 있다고 생각해야 한다.

그러므로 연구자는 다음을 수행해야 한다.

---

33) 역자 주: 다변수함수에서 안장점은 어느 방향에서는 극대이지만 다른 방향에서는 극소인 성질이 있다. 브루소는 지식이 어떤 맥락에서 보면 최대의 유용성을 갖지만, 다른 맥락에서는 그렇지 않을 수 있음을 안장점에 비유하여 설명하고 있다.

34) 역자 주: '적응'은 프랑스어 원문의 프랑스 단어 accommodation과, 이에 대응하는 영역본의 영어 단어 adaptation을 번역한 것이다.

a) 반복적인 오류를 찾아 이를 개념별로 범주화해야 한다.
b) 수학사에서 장애를 탐색해야 한다.
c) 역사적 장애와 학습 장애를 비교하여 장애의 인식론적 특징을 명확히 해야 한다.

2.2. 수학에 인식론적 장애가 존재하는가?

첫 번째 주제인 반복적인 오류 찾기와 관련하여, $(a+b)^2 = a^2 + b^2$, $0 \cdot a = a$, $\sqrt{a^2} = a$, $(0.2)^2 = 0.4$ 등과 같이 놀라운 오류가 발견되었다. 다양한 통계 분석 기법을 적용하고 표준화하여 이러한 오류와 개념 이해 사이의 관계를 파악하였다(Cronbach, 1967; Pluvinage, 1977; Gras, 1979). 교수학적 상황론에 따라 개념의 정의가 개선되면서 진전이 가능해졌다.

유리수의 경우, **측정**과 **세분**(*subdivision*)이라는 2가지 교수학적 접근에 따른 개념 학습이 이루어져왔다(Brousseau, 1980, 1981; Brousseau & Brousseau, 1987). 측정과 세분은 교수학적 변인을 간단히 조작하여 얻을 수 있다. Ratsimba-Rajohn(1981)은 이 두 개념이 어떻게 서로에게 장애가 되며, 심지어는 어떻게 한 학생에게서 공존하는지 설명하였으며, 사전 교수 설계에서 충분히 이와 관련된 정보를 확인하고 고려하였음에도 불구하고, 학생들의 초기 개념은 사라지기는커녕 강화되는 것을 확인하였다.

두 번째 주제인 수학사에서의 장애 탐색과 관련하여, 부호가 붙은 수의 역사에 관한 연구인 Glaeser(1981)는 수학사에서 관찰되는 분열 현상이 학생의 어려움을 이해하는데 흥미롭고 주요한 도구임을 명확히 보였다. 그러나 이를 수학으로 확대하기 전에 Bachelard(1938)의 모델을 해석할 필요가 있다는 사실이 분명해졌다. Duroux(1982)는 장애의 정의는 아니지만, 장애의 필수 조건을 다음과 같이 제시하였다.

a) 장애는 어려움이나 지식의 부족이 아니라, 개별 지식이거나 개념이다.
b) 이러한 개별 지식을 통해 반복적으로 경험하는 특정 맥락에서 적절히 반응할 수 있다.
c) 그러나 이는 특정 맥락 밖에서는 잘못된 반응을 일으킨다. 참이면서 보편적인 반응을 위해서는 완전히 다른 관점이 필요하다.
d) 결과적으로 장애는 이따금씩 나타나는 모순이나 더 나은 지식에 저항한다. 더 나은 지식을 지니게 되어도 이전 지식인 장애가 사라지는 것은 아니다. 이는 장애를 극복하는 것과 피아제가 말한 적응이 어떻게 다른지 보여준다. 그러므로 장애를 확인하여 이를 거부하는 과정을 새로운 지식과 통합해야 한다.

e) 부정확성이 인식된 후에도, 장애는 적절하지 않은 순간에 지속적으로 등장한다.

세 번째 주제인 역사적 장애와 학습 장애의 비교와 관련하여, 중요한 연구 결과가 있다. 극한 개념을 다룬 Berthelot & Berthelot(1983)의 매우 훌륭한 연구와 Sierpinska (1985, 1987)의 중요한 발견을 예로 들 수 있다. El Bouzzaoui(1988)는 함수의 단순 연속성과 관련하여 교사와 학생의 개념, 교과서와 수학사에서 등장하는 개념을 다루었다. 이러한 연구에 따르면 장애가 존재한다는 사실은 분명하다. 물론 장애를 식별하고 확인하여 이를 목록화한 다음 이들 사이의 관계와 원인을 탐색하려면 더 많은 논의와 연구가 필요하다.

기본적으로 인지적 장애는 발생의 기원과 방식에 따라 존재론적, 인식론적, 교수학적, 심지어 문화적 장애로 볼 수 있다. 지식을 장애라는 분열이 발생한 지점에서 지식의 통제 방식에 비추어 원시수학적, 범수학적, 수학적 지식으로 구분하는 것 또한 흥미로울 수 있다.

2.3. 인식론적 장애 탐색: 역사적 접근

2.3.1. 수의 사례

수의 역사에는 인식론적 장애의 예가 풍부하다. 예를 들어, 특정한 사회적, 물리적 조건에 따라 적절성이 달라지는 다양한 측정 방식은 오랫동안 일반화된 소수 체계의 구성을 막는 장애로 작용하였으며, 오늘날까지도 보편적인 도량형 체계의 채택을 방해하고 있다. 자연수처럼 모든 분수를 분수 몇 개로 생성할 수 있다고 "가정"하던 체계 때문에 암흑시대[35] 말까지 분수의 조직과 명명이 제한되었다. 이러한 체계는 961년에서 976년 사이에 소수로의 전환을 위하여 al-Uqlidisi(952)가 진행한 첫 번째 시도에도 장애로 작용하였다. 비(ratio)는 측정값을 분수로 표현하여 사용하는 것과 관련되는 바, 일관되게 비를 사용하는 고대 계산 방식은 비-분수의 형식화 및 이러한 사상(mapping)을 수(number)로서 개념화하는 데 장애가 되었다. 수의 역사를 연구함으로써 유클리드가 시도한 것과 같은 진보를 살펴볼 수 있으며, 그와 동시에 신피타고라스 학파가 보였던 타성과 퇴보도 분명하게 확인할 수 있다. 아르키메데스는 아르키메데스 상수[36]에

35) 역자 주: 암흑기는 로마 제국이 멸망한 5세기 이후부터 10세기 중반까지의 시기를 말한다.

36) 역자 주: 아르키메데스는 원주율 π의 유리수 근삿값으로 $\frac{22}{7}$를 찾아내었다. 이 근삿값을 아르키메데스 상수라 부른다.

대하여 알았을까?

육십진법 체계는 대수적, 연결적(topological), 계측적 문제를 한꺼번에 해결하는 독특한 수단으로서 인도(Indian) 방식과 아랍 방식의 발전에 기여하다가 이 2가지 방식에 끝내 자리를 내주었다.

2.3.2. 방법과 질문

교수학에서 역사적 질문을 다루는 방식에 대해 정확하게 설명할 필요가 있다. 역사적 질문은 역사를 통해 알 수 있는, 지식이 창조되는 조건을 고려하여 상황 모델을 만드는 데 활용될 수 있으며 상황 모델을 논리적으로 조직하는 데 기여한다. 이때 논리는 다른 요구사항, 이를테면 수학적, 심리학적, 사회학적, 교수공학적(ergonomical) 조건이나 지식을 재생산하는 경험과 대비된다. 사실 교수학에서의 질문 방법은 선사시대의 돌 깎는 기법과 같은 실험만큼 역사적 방법을 크게 바꾸지는 못한다. 이러이러한 집단이 이러이러한 지식을 사용할 수 있었다면 무슨 일이 벌어졌을지 추측하는 것은 실질적인 역사와 클레오파트라의 코[37]에 대해 무모한 주장을 펼치는 것이 아니라, 다른 지식 체계의 일시적인 통제하에 놓이는 모델에 대한 작업가설이다. 이 방법을 통해 역사적 사실에 질문을 제기하여 비교할 수 있으며, 여러 가설 사이의 연관성을 확실히 할 수 있다. 어떤 설명이 모순으로 밝혀지면 새 모델은 더 넓은 영역에서 이전 모델보다 더 나은 결과를 내놓기 때문이다.

질문에는 다음과 같은 것이 있다.

i) 지식을 기술하고 그 용법을 이해하기 위한 질문
ii) 이러한 용법이 이전 지식의 용법에 비해 어떤 장점이 있으며, 어떤 사회적 실행과 기법, 어떤 수학적 개념과 관련되는지 설명하기 위한 질문
iii) 이러한 수학적 개념을 이전 수학적 개념과 관련지어 이전 개념의 한계와 어려움을 찾고 궁극적으로 이전 개념이 실패한 원인을 알아보면서 동시에 이러한 개념이 상당 기간 안정적인 상태를 유지할 수 있었던 이유를 살펴보기 위한 질문
iv) 이전 개념이 유지했던 안정적인 상태가 단절되기 시작한 시기와 원인을 확인하고, 이러한 개념을 거부하는 것에 대한 저항의 흔적을, 그 실행 및 언어 또는 개념의 존속과 관련하여 설명함으로써 조사하기 위한 질문
v) 이전 개념이 원래와는 다르지만 비슷한 형태로 재유행할 가능성과 예상치 못하게 복귀하는 경우를 조사하고, 이러한 일이 발생하는 이유를 이해하기 위한 질문

37) 역자 주: '클레오파트라의 코'는 중대한 영향을 미치는 사소한 일을 뜻한다.

문헌 연구를 통한 역사적 주장을 펼치면서, 학습과 관련된 실험 결과에 따라 기술적이며 인식론적인 주장을 추가할 수 있다. 또한 역사적 주장을 통해 교수학적 상황론 관점의 지도 방식을 선택하는 데도 개입할 수 있다.

2.3.3. 고대 이집트의 분수

설명을 위해, 오래된 지식 하나를 예로 택하여 해당 지식의 어떤 특징이 인식론적 장애가 될 만한지 검토해 보자. 고대 이집트에서는 분수를 표현하기 위해 단위 분수만 사용하였다. 당시에 이를 수용하게 했던 "생태적" 조건이 모두 사라졌기 때문에, 이 문제에 교수학적인 흥미는 없지만 이하에서는 설명을 위한 예제 정도로 사용하고자 한다.

2.3.3.1. 지식의 확인

이집트의 필경사는 측정값을 표현하기 위해 단위 분수의 합과 자연수를 사용하였다. 필경사는 수에 2를 곱하거나 나누어, 그 수의 잠재적인 비가 2의 거듭제곱의 합으로 나타나도록 하였다(그림 1과 2 참고).

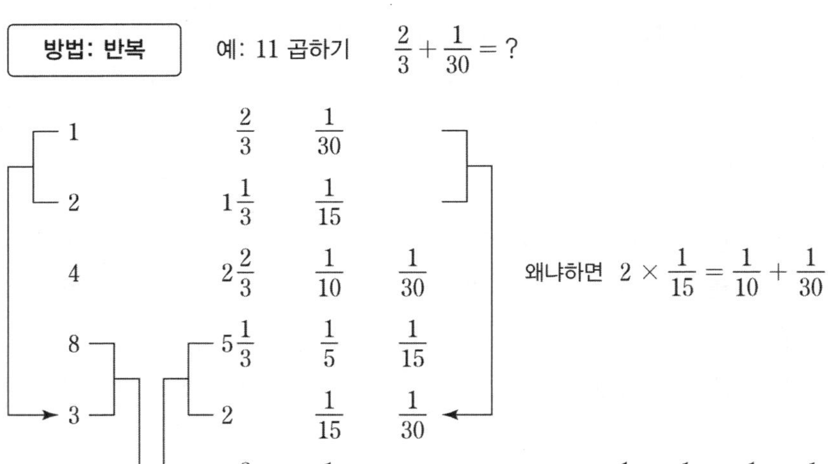

[그림 1] 자연수와 분수 혹은 자연수 사이의 곱셈

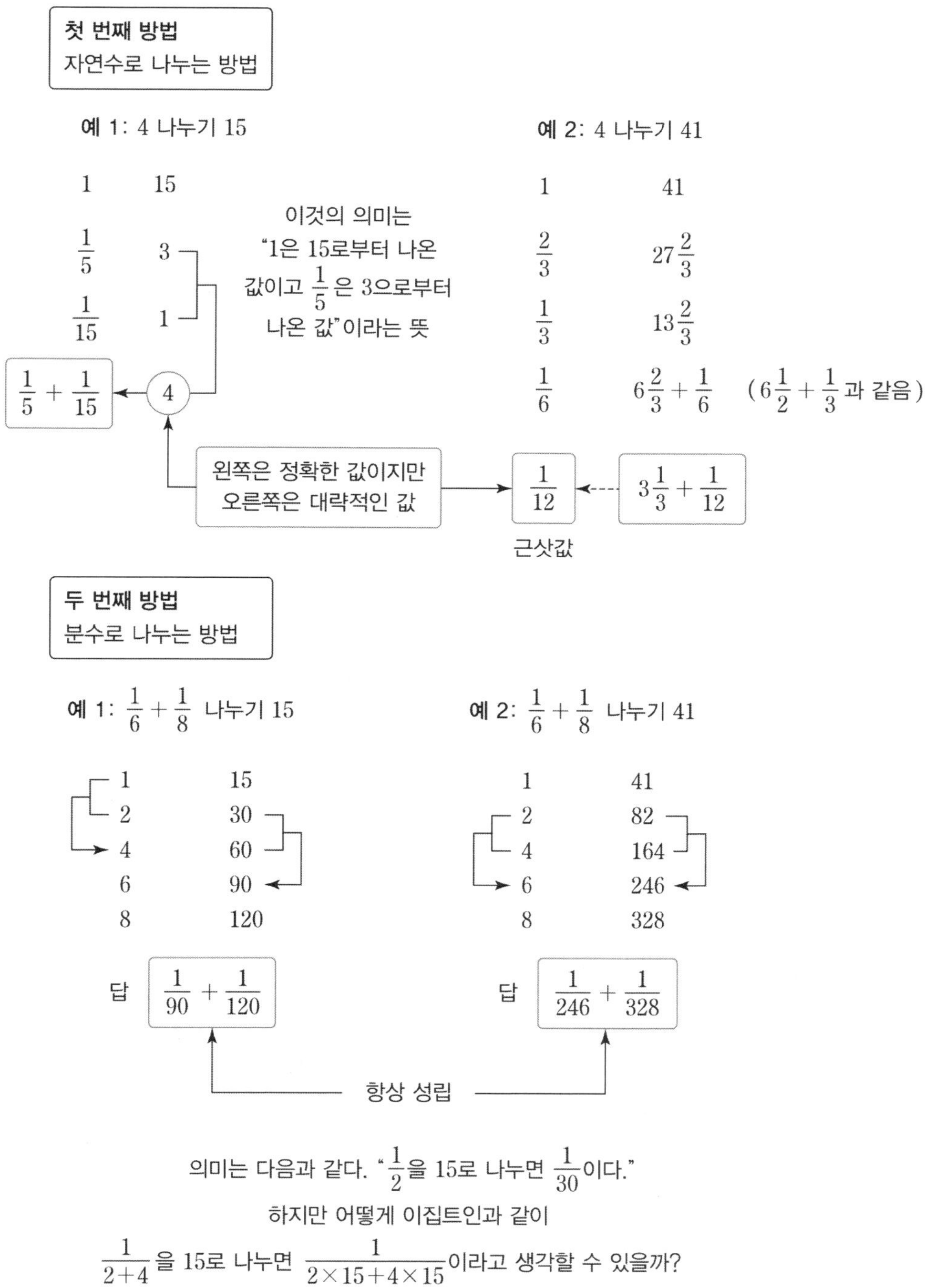

[그림 2] 자연수 나눗셈: 2 또는 5로 나누는 2가지 방법

특정 기법과 개념은 필경사 집단에 내부적으로 기여했겠지만, 나머지 기법과 개념은 계산을 통해 정당화되는 관행에 의존해야 했을 것이다. 또한 필경사의 결과물은, 행정가가 통속적인 체계에 따라 검증한 바에 영향을 받았을 것이다. 즉, 이러한 사회적 활동에 따라 어떤 신체적 조작이 필요하였으며, 그러한 신체적 조작이 다루고 있는 양에 따라 얼마나 다양하였는지 아는 것이 중요하다. 필경사는 이러한 계산을 사용하여 수확한 작물의 목록을 만들고, 자원을 비례적으로 분배하며 특히 화폐가 없던 시기에 물물교환이 가능하도록 하였다.

역사학자들은 자신들이 발견한 계산법과 그 바탕에 깔린 논리를 해석하기 위해 어쩔 수 없이 수학자들에게 질문하였다. 흥미로운 계산 기법이라도 그 자체로는 해당 기법이 성행한 이유를 설명하지 못한다. 왜냐하면 이 계산법은 특정 계급을 위해 유지되었으며, 이 계급은 자신의 존재를 정당화했던 경제적(예, 비용의 부재), 사회적, 정치적(예, 중앙집권) 조건과 함께 사라졌기 때문이다. 계산 및 추측 체계를 수정하는 필경사의 자유는 이러한 계급의 사회적 역할에 기여하는 범위로 제한되었다. 큰 수를 표현하는 아르키메데스 학파의 기호처럼, 필경사가 만든 모든 수학적 발명품은 국소적인 상태로 남았다. 즉, 지식의 역할은, 이를 뒷받침하는 참조적 틀과 관련되는 사회적, 경제적, 기술적 맥락으로 되돌아가서 살펴야 한다.

2.3.3.2. 단위 분수를 사용하면 어떤 장점이 있는가?

필경사들이 대중적이고 전통적인 상형문자 체계가 아닌, 신관문자(Hieratical)[38] 체계를 선택한 이유가 무엇일까? 왜 이들은 단위 분수를 받아들였을까? 왜 분자는 제외하고 분모만을 사용하였을까? 당시 이집트의 이웃 국가에서는 다른 접근법을 사용하였다.

고대 이집트인들은 “실용적인” 소수 체계와 잠재적으로 동치인 체계를 적어도 2가지는 알고 있었는데, 이것이 바로 자연수와 이진 “분수”이다. 양(quantity)의 표현이 한 편에서는 수의 이름으로, 다른 한 편에서는 수반되는 단위의 이름으로 구분된 이후, 계산할 수 있는 가장 작은 “크기”의 단위를 선택하고 “가능한” 모든 양을 자연수로 표현하게 되었다. 교수공학적 조건을 고려할 때 이 방식은 비용은 높고 효용은 낮다. 게다가 분할과 세기는 서로 다른 연산에서 출현하였으며, 각각에 대한 이론과 구체적인 기호를 필요로 한다.

하지만 계산 기법은 이미 통합되었다. 두 경우 모두 반복을 통해 곱셈을 실행할 수 있으며, 자연수인 경우에 약간 어려워지기는 했지만 계산이 간단해졌다.

---

38) 역자 주: 신관문자는 고대 이집트의 형식적인 표기 체계 중 하나이다. 신관문자라는 이름이 붙은 이유는 이 문자가 전통적으로 종교적인 텍스트를 기록하는 데 사용되었기 때문이다.

호루스(Horus)의 눈 체계[39]는, 조작 가능한 양으로 표현되는 대부분의 크기를 동일한 두 부분으로 쉽게 나눌 수 있다는 사실에 기초한다. 이 체계의 계산 절차를 활용함으로써 오늘날 소수를 이용하는 모든 문제의 답을 이론적으로 구할 수 있다. 만약 이 체계를 다른 체계로 대체한다면, 그 이유는 참조되는 상황을 개념화하거나 해당 상황에 적응하기 위함이다.

계산 상황을 통해 분할과 측정 상황의 다양한 교수학적 변인을 예상할 수 있으며, 인식론적 실험을 통해서 이러한 교수학적 변인을 관찰할 수 있다. 이로부터 서로 다른 개념화를 이끄는 상황을 적어도 15가지 개발하였다(Brousseau & Brousseau, 1987). 수량이 작아서 다른 양과 비교하거나 전체적으로 조작하기 쉬운 경우에는 먼저 균등화를 한 다음 근사적인 분할을 수행하는 것이 확실한 방법이다. 이러한 조작은 보다 큰 양에 대해서도 반복할 수 있지만, 한 속성을 규칙적으로 적용하는 것이 보다 경제적이다. 즉, 부분의 개수가 정해졌을 때는, 분할할 전체 양을 모두 사용할 때까지 각 부분이 동일한 양이 되도록 취하면 이 양을 측정하지 않고도 동일한 조작을 통해 부분의 개수를 알 수 있다.

한 부분의 값, 부분의 개수, 전체 양 모두를 사전에 알지 못하더라도, 조각을 작고 임의적이지만 동등하게 배열함으로써 나눗셈을 할 수 있다. $\frac{1}{9}$을 예로 들면, “일, 이, 삼, 사, 오, 육, 칠, 팔, 구”와 같이 센 다음에 아홉 번째 조각을 취하고, 다시 “일, 이, 삼, …, 구”와 같이 세어 아홉 번째 조각을 취한다. 이와 같은 활동을 9의 모든 배수에 대해 반복한다. 필경사가 해결해야 하는 상황은 이와 같은 실행을 아주 많이 필요로 했을 것이다.

개수를 나타내는 언어를 순서 열(rank-order)로 표현할 때 자연수 체계와 동일한 용어를 사용하며 단위 분수의 이름으로 자연수와 동일한 접미사를 쓰는 것을 볼 때, 이상과 같은 방법이 그렇게 오랫동안 널리 사용된 이유를 알 수 있다. 그러나 이는 로마 시대에 전쟁에서 패한 군대에 대해 ‘10분의 1형(decimation)’[40]이라는 형벌이 사용된 경우를 제외하면 오늘날에는 기억조차 되지 않는다.

전통적인 체계에 비해 신관문자가 가지는 또 다른 장점은 필경사가 회계 업무를 할 때 계산을 정확히 할 수 있다는 점이다. 신관문자를 쓰면 어떤 분수든 적어도 합의 형태로 나타낼 수 있기 때문이다. 음식을 마을 주민에게 분배할 때 이진법 체계를 사용하

39) 편집자 주: 여기서 호루스의 눈은 “부분”이라는 뜻을 가진 기호 혹은 단어 를 말한다. 이것은 범자연수에 대응하는 단위분수를 나타내는 표현이다.

40) 역자 주: 10분의 1형(decimation)은 로마 군대의 형벌 중 하나로, 병사 10명당 1명을 제비뽑기로 정해 나머지 9명이 그 1명을 죽이는 형벌이다.

면 대부분의 자연수에 대해 그 역수를 정확히 구할 수 없다는 사실을 다음과 같은 현상으로 설명할 수 있다. 호루스의 분수로 64번째까지 구한 여러 부분을 나타내는 수를 모두 합하면 분배하려는 전체 양과 같지 않다. 주민의 수가 늘어나면 그 오차는 더 증가한다. 필경사가 수행한 나눗셈 자체는 언제나 정확했으며, 몫을 기술하는 데 걸리는 시간도 잘 통제되었다(그림 3).

한 자연수를 다른 자연수로 나누려면 두 단계를 연속적으로 따라야 한다. 첫 번째 단계는 나눈 값이 단위보다 작아질 때까지, 즉, 오른쪽의 수가 피제수보다 작아질 때까지 반복한다.

예: $2 \div 41$

첫 번째 단계:

1	41	
$\frac{2}{3}$	$27\,\frac{1}{3}$	
$\frac{1}{3}$	$13\,\frac{2}{3}$	
$\frac{1}{6}$	$6\,\frac{2}{3}\,\frac{1}{6}$	
$\frac{1}{12}$	$3\,\frac{1}{3}\,\frac{1}{12}$	
$\frac{1}{24}$	$1\,\frac{2}{3}\,\frac{1}{24}$	2보다 작다

그런데 $2-(1\frac{2}{3}+\frac{1}{24})=\frac{1}{6}+\frac{1}{8}$

두 번째 단계:

1	41
2	82
4	164
6	264
8	328

답: $\frac{1}{24}+\frac{1}{246}+\frac{1}{328}$

언제나 정확한 답을 얻을 수 있다

[그림 3] 필경사의 나눗셈 방법

개념적인 관점에서 볼 때, 분수를 단위 분수로 제한함으로써 자연수에서와 비슷한 추론을 사용할 수 있다. 즉, 계산 과정에서 부분의 개수에 대한 추론은 부분 중 하나의 값에 대한 추론과 같다. 따라서 단위를 나타내는 숫자 위에 놓인 막대기는 분자가 없다는 것을 표현하기 위해 존재하는 것이 아니다. 또한 단위 분수는 필경사들이 자주 접한 비례적 나눗셈을 수행하는 데 아주 적합하다. 어떤 경우든, 고대의 분수 개념은 오늘날에 가정하는 단위의 세분(subdivision)을 곧바로 진행하지 않는다. 그보다는 배수를 다루는 데 좀 더 적합한 통약(commensuration)의 방식을 거친다. 실제로 단위 분수는 배수를 2의 거듭제곱의 합으로 분해하는 것에서 시작하여 보다 일반적인 개념으로 나아가는 변천 과정의 징표이다.

이처럼 구성하는 것이 $\frac{1}{9}$ 단위가 두 개 존재한다는 개념을 승인하는 것은 아니다. 보다 일반적으로 말하면, 이러한 구성이 단위 분수 두 개의 합을 자연수와 같이 할 수 있다는 것을 말하는 것도 아니다. 특히, 자연수 덧셈의 특징인 반복은 단위 분수끼리의 어떤 단순 연산과도 대응하지 않는다. 누군가가 $\frac{1}{9}$을 취한 다음, 남은 것이 무엇이든 그것의 $\frac{1}{9}$을 연이어 취하면 이는 $\frac{2}{9}$가 아니라 $\frac{18}{81}$이 된다. 오히려 반복 모델이 진짜로 잘 들어맞는 것은 곱셈이다. 예를 들면 $\frac{1}{4}$의 $\frac{1}{5}$을 취하는 것과 같이 곱셈에 반복 모델을 적용함으로써 본질적인 결과를 얻을 수 있다. 그러나 단위보다 큰 분수에는 의미가 없다.

대체로 이 체계는 작성 방식의 유일성을 보장하며 나머지(remainder)를 아주 빨리 없애주기 때문에 어림하거나 다른 값과 비교하는 것이 수월하다. 사실 필경사들은 전통적인 계산법과 자신들이 지닌 뛰어난 계산 능력, 분수 형태에 대한 월등한 친숙도에 힘입어 그들의 방법을 최적화함으로써 작성 방식의 유일성을 획득하게 되었다. 어떤 형태이든 분자를 받아들이게 되면 이와 같은 작성 방식의 “유일성”을 잃게 된다.

바빌로니아의 다항식 체계는 자연수와 분수를 같은 기호로 표현하는 보편적인 해법을 제시하였다. 이 발명은 60처럼 밑이 거대하다는 대가만 치르고도 가능하였다. 거대한 밑은 측정 단위를 표시할 필요를 없앴는데, 참조하는 맥락을 아는 사람이라면 누구라도 1과 60 사이의 혼동은 상상할 수도 없을 것이기 때문이다. 또한 이는 1과 10 사이의 오차가 생길 수 있는 스칼라 분수의 용법을 신뢰하도록 하였다. 간단한 분수를 표현하는 것과 그 덧셈을 수행하는 것은 단순해졌지만, 자연수끼리의 계산은 더 복잡해져서 숫자 배열을 필요로 하게 되었다. 역을 표현하는 문제는 여전히 해결되지 않았지만, 단위보다 크면서 분자가 있는 분수 개념이 발전하기 시작하였다. 그러므로 누구도 한 체계가 다른 체계를 “대체”하였다고 말할 수는 없다.

2.3.3.3. 단위 분수 체계는 장애를 만드는가?

이집트의 방식은 기원전 2세기까지 그리스 천문학자들에 의해 사용되었다. 12세기 아랍 문화에서 공무원, 측량기사, 상인 등이 사용한 흔적도 있다. 현대적 연산을 이용해서 필경사들의 두 번째 나눗셈 방법(그림 2)과 같은 숫자 배열을 어떻게 구성할 수 있을까?

이 예는 장애가 미숙함이나 완전히 "틀린" 설명으로 구성되는 것이 아님을 보여준다. 단위 분수는 까다로운 조건에 적절히 적응한 결과이며, 문화적인 흔적을 남겼다. 우리는 바슐라르처럼 구체적인 메타언어로 장애를 특징짓는 방법을 아직은 알지 못한다.

2.4. 학교 상황의 장애 탐색: 예기치 않게 당면한 장애, 자연수

자연수가 유리수와 소수 개념의 장애가 되는가? 매우 흔한 오류인 "$0 \times 3 = 3$"은, 한 번 발생하면 "$3 \times 0 = 0$"과는 달리 연산을 수행하는 동안에는 결코 고쳐지지 않을 것이라는 사실을 처음부터 알 수 있다. 실제로 $3 \times 0 = 0$은 오류를 일으키지 않는다. 학생들은 $3 \times 0 = 0$을 생각하는 대신에, 곱해진 일부 결과를 간단하게 옮기기만 할 것이기 때문이다.[41] 이 방식이 왜 생겼는지 설명할 수는 없지만, 참고하는 곱셈 개념을 탓할 수는 있다.

- 3×0은, $0+0+0=0$이기 때문에 0을 3번 택하는 것으로 쉽게 이해된다.
- 그러나 0×3은, 3이라는 양(quantity)을 0번 택하는 문제이다. 이 양은 반드시 "존재해야" 한다. 0×3에 값을 주고 싶지 않을지라도 그 결과는 실재해야 한다.

이러한 추론은 Rogalski(1982)가 기술한 바와 반대이다. 어떤 학생이 직사각형으로 배열된 정사각형의 전체 개수를 구한다고 생각해 보자. 이 학생은 첫 번째 열에 있는 정사각형을 세어 행의 개수를 센 다음, 열의 개수를 셀 때는 첫 번째 열에 있는 정사각형을 제외하고 세는데, 그 이유는 "모퉁이에 있는 정사각형은 이미 세었기 때문이다". 이처럼 불완전한 개념은 앞서 본 경우와 같은가? 만약 "그렇다"면, 이는 "0배"가 의미하는 바에 대한 암묵적 정의와 관련된다. 그러나 이 경우는 자연수인 스칼라 값에 관한 문제인가, 아니면 자연수인 비의 문제인가, 그것도 아니면 자연수 사상에 관한 문제인가? 아니면 소수처럼 좀 더 풍부한 구조를 필요로 하는 새로운 개념의 문제인가? 이러

41) 편집자 주: 브루소는 자리수가 여러 개인 자연수의 곱셈에서 이와 같은 결과가 일어날 수 있음을 언급하고 있다. 예를 들어 321×201을 구할 때, 학생은 321×0을 실제로 계산하기보다는 642의 각 열을 왼쪽으로 한 칸씩 옮긴다.

한 질문의 답은 해당 오류를 수정하는 데 쓰일 학생의 지식에 달려 있다. 학생을 납득시키기 위해 다양한 설명을 제시할 수 있다. 다음과 같은 여러 예가 있는데, 이 중 어떤 것도 0과 1 사이에 있는 비는 염두에 두지 않는다.

- 0을 3배 하는 것은 1을 3배 하는 것보다 작다. 따라서 그 곱은 3보다 작다. 또는 $1 \times 3 = 3$, $\frac{1}{2} \times 3 = 1.5$, $\frac{1}{10} \times 3 = 0.3$, $\frac{1}{1000} \times 3 = 0.003$, …와 같이 생각할 수 있다.
- 0은 1빼기 1이다. "0배"는 1배보다 1배 작다. 그러므로 3을 0배 하는 것은 3을 1배 하는 것보다 3을 1배 하는 것만큼 작다. 좀 더 형식적으로 표현하면 $0 \times 3 = (4 - 4) \times 3 = (4 \times 3) - (4 \times 3) = 12 - 12 = 0$
- $0 \times 3 = 3 \times 0 = 0$

위 설명 중 어떤 것도 잘못된 개념을 곧바로 바꾸지는 못하며, 이러한 오류가 예기치 않게 다시 출현하는 것도 막지 못한다. 즉, 우리는 장애-후보를 알고 있고, 어려움은 이와 대응하는 개념을 확인해 준다. 장애-후보를 단순히 국소적 표상으로 한정할 수도 있고, 장애-후보의 기저가 되는 전체적인 수학 구조인 자연수에 이를 결부시킬 수도 있다. 이 문제는 종종 교수학의 토대로 여겨져 왔다. 우리는 개념을 모아 합치는 것보다는 구분하고 분리해내기 위한 실험적인 방법을 더 많이 알고 있다. 임의적인 결정을 따르는 대신 오류를 설명하는 가장 제한적인 구조를 선택하는 것이 합리적이다. 그러나 다른 오류가 비슷한 조건과 관련되면, 장애를 형성하는 개념을 확장하여 공통 모델을 만드는 것이 합리적이지 않을까? 따라서 누군가는 앞서 살펴본 어려움을, 곱셈을 하면 값이 증가한다고 보는 어려움이나 0.35와 0.84의 곱을 예상하는 어려움과 합치고 싶은 유혹을 느낄 수도 있다.

방법이 필요하다. 이 방법을 앞서 설명한 방향(Ratsimbq-Rajohn, 1981; El Bouazzaui, 1988; Brousseau & Brousseau, 1987)으로 사용함으로써 다음이 가능하다.

- 지식에 대응하는 "기본적인" 상황을 구성하는 것
- 교수학적 변인을 찾아보는 것, 이러한 변인이 만들어내는 다양한 개념, 특히 오류를 충분히 설명해 줄 수 있는 개념을 알아보는 것
- 이러한 개념에 비추어 학생들을 그룹으로 "구분하기" 위한 수단으로 요인 분석 또는 보다 고전적인 통계 방법을 사용하는 것. 학생들 사이에 분명한 차이가 없다면 이러한 개념을 다르게 볼 필요는 없다.

위 조건에 따르면 앞서 다룬 첫 번째 어려움은 나머지 두 장애에 속하지 않지만, 이

론적인 관점에서 이 문제를 살펴보자. 아동이 "이해"한다는 것은, 교사와 "별개로" 현상이나 사실, 상황, 나름의 언어 및 학습된 지식을 구성하여 연결하는 책임을 지는 것이다.

예를 들어 아동은 수 세기를 통해 처음으로 측정을 이해하고 측정을 통해 순서의 성질을 안다. 또한 순서를 가지고 연산을 검증하며 한 연산으로 다른 연산을 설명한다. 이를테면 "이것"이 증가하므로 나눌 필요가 없다고 생각하거나, 곱셈을 덧셈의 반복으로 설명하는 것처럼 말이다. 연산의 결과 또는 다음에 오는 수(successors)를 탐색해 본 덕분에 수 세기를 이해한다. 자연수 집합에서 만들어지는 참인 모든 관계는 의미를 제공하기에 충분하다.

학생이 사적으로 구성하였거나 수업을 따라가며 알아낸 지식은 교사의 활동을 통해 전적으로 제도화되는 것이 아니며, 그중 일부는 확실히 맥락을 통해 제도화되고 가치도 생긴다. 어느 경우든 교사가 가르친 제도화된 지식이 올바르게 작동하는 것이 중요하다.

학생이 이러한 성질을 경험하는 것은 일반적으로 수, 곧 모든 수의 성질을 통해서이다. 이는 자연수 집합의 확장이라고 수학자들이 부르는 바가 모든 수에 대해서, 심지어는 어떤 수에 대해서도 참이 아닌 성질을 만들어낸다는 점을 이해함으로써 가능하다.

학생은 이러한 분열을 이해하지 못하는데, 그 이유는 문화와 전통, 교수학적 공학 모두가 연습문제, 정보, 개념, 설명, 역설 등과 같은 필수 도구를 아직 만들어내지 못했기 때문이다. 그러므로 학생은 오류를 범하게 되며, 이러한 오류는 수의 성질을 이해하는 특정 방식과 결부되어 틀린 개념이 끈질기게 지속되고 분열이 미치는 영향이 수년간 나타나게 된다.

더 중요한 것은 이러한 장애의 메커니즘이다. 장애는 교사들이 일반적으로 예상하는 것과는 달리 가르친 지식의 누락이 아니라 학생이 이해하는 사적 방식과 관련된다. 학생은 더 이상 이해를 얻지 못하는데, 그 이유는 예전에 "이해"라고 칭했던 바를 얻기 위해 사용했던 방법을 바꾸어야 하기 때문이다.

자연수 집합과 관련하여 우리는 장애를 인식하는 방향으로 나아가게 하는 모든 특징을 확실히 알고 있다. 장애는 절대로 피할 수 없다. **인식론적 장애**라는 용어는 이런 종류의 지식을 위해 아껴두어야 할까?

개념 **각각은** 이후 학습에서 장애가 된다는 사실을 믿어야 할까? 앞서 살펴본 것처럼, 이는 자연수 본질과 관련된다. 하지만 그렇게 취급되어야 하는 충분히 중요하고 일상적인 어려움 중에서 드러나는 것은 극소수이다. 게다가, 섣부른 과잉 지도가 어떻게 필요한 지식 항목을 극복할 수 없는 장애로 변형시킬 위험을 증가시키는지도 쉽게 알 수 있다.

앞서 진술한 것처럼, 해결 방안이 나눗셈과 관련되는 상황을 분석하여 15개 이상의 상황을 확인하였으며, 그 각각이 서로 다른 개념에서 기인함을 알 수 있었다. 교사는 이 중 몇 가지, 종종 **분할** 1가지만을 인식하여 "한 부분에 대한 탐색"과 "부분의 개수에 대한 탐색"이라는 2가지 측면만을 다룬다. 나눗셈의 다른 측면, 이를테면 나머지를 찾거나 비(ratio)의 어림값을 탐색하는 것은 학생들에게 어떤 어려움도 주지 않으며 심지어 학생들이 일반화할 수 있는 개념임에도 불구하고, 교사는 분할이라는 1가지 개념에 기초해서 모든 나눗셈 문제를 인식하도록 한다.

한편, 자연수 모델은 소수를 학습할 때 사용하기가 어렵기 때문에, 학생들은 자연수 영역으로 문제를 되돌리기 위해 수를 쪼개어서 문제를 이해하려고 시도한다. 예를 들어, 가솔린 35.75리터에 135.40프랑인 상황에 대해 학생은 35리터에 135프랑이면 1리터는 얼마인지를 구하는 것과 비슷하게 연산하면 된다고 생각한다. 그러나 이 방법은 0.4프랑으로 0.75리터를 사는 상황에는 적용할 수 없다. 0 또는 1로 나누거나 0을 어떤 수로 나누는 것은 "지속적으로" 문제를 야기한다. 이러한 문제는 연속되는 뺄셈이나 곱셈의 역연산을 활용하는 개념에 의존하며, 측정값 또는 스칼라 등의 수로 표현된 크기의 본질과 관련된다. **교수학**의 관점에서 볼 때 이상과 같은 것을 장애로 취급해야 한다. 그렇다면 이러한 어려움은 모두 인식론적 장애로 간주되어야 하는가? 현재로서는 그렇게 생각할 정보가 아직 턱없이 부족하다. 특히, 현상의 일반성 및 이와 관련된 역사적 사건에 대한 정보가 매우 적다.

결론적으로, 학생들에게 관찰되는 오류는 역사적인 실행에서처럼 매우 특수하거나 매우 일반적인 개념을 중심으로 묶일 수 있다. 그 개념이 무엇인지 구체화하는 것은 교수학의 모든 영역에 걸친 주요 난제이다.

장애는 상호 관계의 관점에서 함께 다루어져야 한다. 여러 장애는 서로 모순을 일으키거나 다른 것으로 끊임없이 대체되면서 공존한다. 예를 들면, 소수 개념에 대비되는 분수 개념, "측정" 측면에 대비되는 "관계" 또는 "사상" 측면이 있다. 하나를 거부하면 나머지가 해결책으로 향하게 된다.

이 절에서 장애의 역할을 정확하게 검토할 여유는 없지만, 장애의 역할을 연구함으로써 장애의 사회적, 문화적 특징을 심리적, 인지적 측면 이상으로 드러낼 수 있다. 바슐라르가 제시한 예에서처럼, 실행, 맥락 또는 참조 체계의 변화가 어떤 역할을 하는지 분석해야 한다. 이러한 조건은 또한 교수학적 관계의 구체적인 특징이다. 교수학적 변환의 정도가 커질수록 두 교수학적 파트너의 지식 환경 간의 차이도 커지며, 장애로 작용할 위험도 더 커진다.

2.5. 장애와 교수학적 공학

장애의 기원 및 중요성과 상관없이, 장애의 존재는 교수학에 여러 공학적 문제를 제기한다. 장애를 어떻게 피할 수 있는가? 이들을 모두 피해야만 하는가? 피할 수는 있는가? 피할 수 없는 것은 어떻게 극복할 수 있는가?

2.5.1. 수업의 각 단계에서 장애를 어떻게 다룰 것인가?

학생들은 인식론적 장애를 마주한다. 학생들이 장애를 인지하고 "극복"하도록 어떻게 조직할까? 장애의 소멸에 대해서는 더 이상 말하지 않겠다. 내가 볼 때 표준 해법은 없지만, 앞서 논의한 바에 따르면 교수학적 상황과 모든 종류의 비교수학적 상황을 동시에 구성할 필요가 있다.

a) 타당화 상황의 필요성은 장애의 정의로부터 생긴다. 타당화 상황은, 다루고 있는 이론을 통해 사적인 통합이 일어나도록 하는 유일한 상황이다. 사회-인지적 갈등 상황이 이런 유형에 속한다. 장애를 끌어내는 것이 매우 중요하기 때문에 형식화 상황이 유용하다. 그러나 장애는 암묵적 모델 수준에서 등장하며 의식화 수준에 적합한 지식에도 나타나므로, 비교수학적 행동 상황 역시 쓸모가 있다.

b) 교수학적 상황도 못지않게 필요하다. 교수학적 상황의 매 절차마다 교사라는 매개체를 통한 수학적인 문화의 개입을 피할 수 없다. 피아제가 말한 단계와의 차이가 여기에 있다.

c) 또 다른 핵심 특징은 인식론적 장애를 절충하는 과정의 변증법적 특성이다. 지식과의 관계 및 체계의 변화, 특히 도구-대상 변증법은 중요한 역할을 할 것으로 보인다(Douady, 1984, 1985).

2.5.2. 교육과정 설계를 통하여 어떻게 장애를 선택적으로 다룰 수 있는가?

장애를 무시하면 다음과 같은 일이 발생한다.

- 어떤 지식을 정의할 때 학생들이 쉽게 받아들일 것 같은 정의를 선택하거나 이전 지식에 간단히 추가하면 되는 정의를 선택한다. 제한적인 맥락에서 이처럼 불완전한 지식이 작용하게 되면, 교사와 학생들이 극복할 수는 있지만 많은 어려움을 야기하는 "임시적인 문화"와 장애가 만들어진다.
- 지식을 확정적인 형태로 정의하거나, 의미가 결여된 형식적인 방식으로 사용될 위

험이 있는 언어로 "조직하게" 되는데, 이러한 언어가 학생들의 발달에 알맞지 않을 가능성이 있기 때문이다.

장애를 고려하기 위해서는 학생 스스로 만들어내는 기원을 다룰 필요가 있다. 이는 가르칠 지식이 해결할 수 있는 비밀스러운 문제로 남지 않는다. 이러한 기원을 통해 특정 장애는 관리하고 다른 장애는 무시한다. 즉 장애를 다루는 것은 선택의 문제로, 목적 없이 어려움의 근원으로 복귀시켜 틀린 시도를 많이 하도록 하는 것은 불합리하기 때문이다. 이러한 예방 조치에도 불구하고, 장애의 기원은 매우 복잡하다. 이를테면, 10~11세 아동들이 유리수와 소수에 대한 올바른 수학 지식을 대수적, 위상적(topological), 순서적 구조의 모든 측면에서 곧장 획득할 수 있으며 주요 장애를 "적절한" 방식으로 관리할 수 있다(Brousseau & Brousseau, 1987).

실험 교육과정에서는 모든 장애를 구체적인 방식으로 접근하였지만, 학생들에게 장애는 다음과 같은 경우로 나타났다.

- 암묵적으로 상황을 해결할 때
- 호기심을 표현할 때
- 탐구 대상을 찾을 때
- 상식적으로 알고 있는 것을 활용할 때

실험 교육과정에서 수행한 수업 65개는 동일한 지식을 고전적인 방식으로 지도할 때 일반적으로 들어가는 시간보다 더 많은 시간이 소요되지 않았다. 그러나 다음 해에 교사들이 이 중에서 무엇을 사용할지에 대해서는 대답하기 어렵다. 또한 이러한 수업을 보통 조건에서 일하는 교사가 완전히 공유하기는 어렵다. 그렇다면 이러한 투자에 비용을 지불해야 하는가? 어느 정도 지불해야 하는가?

2.5.3. 장애를 교수학적으로 다루기

자연수 개념은 소수 개념에 장애를 만든다. 소수 표기법과 구조가 자연수와 유사하기 때문에 이러한 장애는 자연수가 유리수 개념에 대해 일으키는 장애보다 극복하기 어렵다. Izorche(1977)는 15~16세 학생들이 소수 $\boldsymbol{D}$를 $\boldsymbol{D}2$ 또는 $\boldsymbol{D}3$와 동일시하며, 그래서 소수 $\boldsymbol{D}$를 자연수 $\boldsymbol{N}$과 동일시한다는 것을 보였다. 이때 $\boldsymbol{D}2$는 $d \cdot 10^2$이 자연수 $\boldsymbol{N}$에 속하는 소수의 집합이며, $\boldsymbol{D}3$은 $d \cdot 10^3$이 자연수 $\boldsymbol{N}$에 속하는 소수의 집합을 의미한다.

이러한 장애는 별도로 관리할 수 있는 여러 형태의 어려움으로 나타난다. 이들 대부분은 다음으로 잘 알려져 있다.

- 나누었을 때 값이 커지거나 곱했을 때 값이 작아질 수 있다는 점을 받아들이지 못하는 어려움
- 어떤 소수의 다음 소수가 없다는 것을 알기 위해, 서로 다른 두 소수 사이의 소수를 찾는 것에 대한 어려움
- 1.5와 1.4999…처럼, 소수의 "이중 표기"를 받아들이는 것에 대한 어려움
- 두 스칼라 소수의 곱셈을 생각하지 못하는 어려움
- 새로운 유형의 나눗셈을 생각하지 못하는 어려움

위에서 언급한 오류의 예를 다시 보자. 어떤 문제를 해결하기 위해 학생들은 주어진 소수를 이와 가까운 자연수로 대체하여 적당한 연산을 직관적으로 추측한다. 학생들은 반올림을 해서 피제수 또는 몫이 문제 해결에 적합한 자연수로 바뀌지 않으면 실패한다. 소수가 1보다 작거나 심지어 2보다 작기만 해도 뺄셈이나 역수, 오차와 관련된 혼란이 발생하거나 문제 자체를 이해하지 못하는 일이 일어난다.

사전에 소수와 자연수를 구분하는 것, 측정값을 표현할 때 소수를 적용하는 것, 1보다 작은 소수의 곱셈을 "적절하게" 탐구하는 것(Brousseau & Brousseau, 1987) 등으로 이러한 현상이 발생하는 것을 완전히 막지는 못한다.[42]

사용할 수 있는 기법에는 문제의 진술을 적절히 조직하여, 아동들 스스로 문제의 변인을 탐색하게 하는 방법이 있다. 이는 문제를 풀 수 없거나 어렵게 바꾸는 것과 관련된다. 예를 들면, "소녀 3명이 5미터 옷감을 나눈다"라는 진술을 "소녀 3.5명이 5미터 옷감을 나눈다"라는 진술로 바꿀 수 있다. 이 상황은 장애와 관련된 학생의 상황을 효과적으로 바꾸기 때문에 앞서 기술한 과정을 거치게 한다.

2.6. 교수학의 기본 입장과 장애

그러나 장애는 보다 근본적인 교수학적 문제를 제기한다. 후속 개념에 얼마간의 장애를 형성하는 일련의 상이한 개념 도식에 의해 학생의 수학적인 지식 습득이 일어날 수밖에 없다면, 전통적인 단순 부가 모델로 정당화된 여러 교수학적 실행은 검토되고 거부되어야 한다. 그러나 이러한 모델은 가르치는 교육과정과 관련되며, 교육 체계의 내적, 외적 절충에 모두 영향을 준다. 이때 내적 절충은 수업 내 또는 수업 사이에서 일어나며, 외적 절충은 교사와 사회 사이에서 발생한다.

42) 편집자 주: 4장의 소수 지도와 관련된다.

2.6.1. 수업 내적 문제

수업의 역할은 학습할 필요가 있는 새로운 지식을 이전 지식과 조화를 이루도록 소개하는 것에만 있지 않다. 수업은 예전에는 쓸모가 있었지만 새로운 지식과는 양립하지 않는 이전 개념을 잊어버리거나 심지어는 파괴하기 쉽게 만드는 역할을 한다.

이는 기술적 문제가 아니며 교수학적 문제와는 완전히 다르다. 오류의 진단과 설명, 뒤따라 이어지는 묘사가 수정될 뿐만 아니라 교사와 학생 사이에 존재하는 의무와 책임도 재조정된다.

문제의 규모와 어려움을 살펴보기 위한 예로 완벽하게 변환이 가능한 교수학적 계약의 매우 중요한 2가지 측면을 검토해 보자.

a) 가르친 결과가 불완전할 뿐만 아니라 거짓이며 이후에 반박될 지식이라는 것을 교사가 어떻게 받아들일 수 있는가? 이러한 사실이 받아들여지기 위해서는 제도뿐만 아니라 문화와 사회의 진정한 지원이 필요하다. 학생은 위와 같은 조건이 언젠가는 추가될 계약을 어떻게 신뢰할 수 있는가?
b) 교수 환경을 기억하는 것은 무시될 수 없을 정도로 중요하며 오늘날처럼 교사의 책임에서 제외될 수 없다.

이 주장에 추가 설명을 덧붙이고자 한다. 인식론적 장애가 제도화된 지식이라는 형식에 내재한다고 보는 입장에 따르면 교수는 지식을 "명확하게" 전달하는 것이어야 하겠지만, 인식론적 장애는 제도화된 지식에 내재하는 것이 아니라, 학생과 교사가 지식이 작동하도록 하여 이해하기 위해 구성한 표상과 관련된다. 이러한 이해는 학습 환경과 연결되며 제도화된 지식을 실행하는 데 필수적이다. 그러므로 학생은 학습한 지식뿐만 아니라 학습 환경도 기억해야 하며, 이러한 기억을 자신만의 방식으로 조직해야 한다. 기억은 오로지 학생의 책임이다. 학생에 대해 교사에게 부여된 책임은 제도화된 지식을 조직하여 임시방편적인 진전을 이루도록 하는 것으로 제한된다. 이러한 제한으로 인해 어떤 교사들은 일련의 활동지를 만들어 그저 연습문제를 다룰 뿐, 수업 사이의 관계는 전혀 논하지 않는 방식으로 임시적으로 대처하기도 한다. 제도화된 지식 말고는 학생의 과거에 대해 아무것도 모른 채로 수업을 하는 일련의 교사들을 상상할 수도 있다. 인식론적 장애가 존재함을 인지하고 교수학적 관계를 통해 이를 "공식적으로" 다룸으로써 교사는 학생의 서사를 인지할 수 있으며, 학생이 지닌 지식의 서사성과 입장을 알 수 있다. 이러한 인식을 통해 교사는 서사의 참여자이며 목격자로서 서로 다른 교수학적 기억을 불러일으킬 수 있다. 교사는 맥락과 예제, 행동을 기억해야 하며 특히 자신이 개발시킬 의미를 잊지 말아야 한다. 이러한 지식의 일부는 적어도 수업 수준에서 제도화되며, 교실 문화를 통해 공동으로 인지된 소규모의 이미지 목록이 존재한다. 학생의 사적 행위 일부를 기억하는 것은 무엇보다 중요하다. 발전 중에 있는 지식 항목과 그것이 의미하는 바를 인식하는 과정이, 앞서 언급했던 유리수에 대한 실험 수업에서 명확하게 드러났다. 이전의 학습 조건을 기억하는 목격자의 도움을 통해서만 학생은 이러한 개인화되고 배경화된 지식을 동원할 수 있다.

이와 같은 **어려움**은 교사가 **수준 사이의 관계**를 고려할 때 더욱 가시화되며 정교해진다. 문화적으로 인지된 사례를 참조하는 것만으로도 이전 수업의 맥락에 대한 기억을 대체할 수 있다. 이러한 참조가 불가능하면 학생은 획득한 모든 것을 잃게 된다. 이전의 학습을 간과하는 것도 예전 지식의 재유행이 불러오는 논쟁을 피하는 방법이며 그로 인해 인식론적 장애도 무시하게 만드는 방법이다.

2.6.2. 수업 외적 문제

교수학적 의사소통에 이와 같은 새로운 모델을 통합하기 위해서는 교사의 인식론을 수정할 필요가 있지만, 이를 통해 교사와 학생의 타협, 인간의 지적 활동과 일반 대중 전체의 타협을 유도하는 기반을 마련할 수 있다. 이 분야에서 일어날 변화에 의해 촉발되는 사회적, 문화적 변혁의 정도를 누군가는 상상할 수도 있다.

거짓인 지식이 확정적인 지식을 구성하는 토대로서 필수적이라는 사실을 인정하기가 어려울 수 있다. 과잉-학습, 개시의 지연, 수업의 변화로 발생하는 손실을 생각하는 것은 관례를 필요 없는 것으로 만든다. 지식 전달에 대해 사회가 갖는 합법적이고 필수적이며 간단하지 않은 통제권을 억제하지 않으면서 어떻게 그러한 계약을 만들 수 있을까?

CHAPTER 03

소수 지도의 문제

1. 서론
2. 1960년대 소수 교육
3. 1970년대 소수 교육

서 문

소수 지도 연구를 통해 교수학적 상황론의 주요 개념이 만들어졌으며 이 이론의 영향력을 보여주는 명확한 증거를 찾을 수 있었다. 브루소에 따르면 소수 지도 연구는 "유리수와 소수 지도를 연구 대상으로 하면서 동시에 교수학적 문제 상황을 설정하는 토대"가 되었다.

이 연구는 1969년에 보르도(Bordeaux)에서 브루소를 주축으로 구성된 연구팀에 의해 수행되었다. 이후 수와 연산에 대한 연구, 특히 곱셈과 나눗셈을 다룬 DEA 논문[1]이 작성되었으며, 1972년에서 1994년 사이에 브루소의 박사학위 논문 및 교사 연수 자료 등이 쓰였다. 또한 이 연구는 10~11세 4학년 아동에게 확률과 통계를 소수의 기원으로 지도하는, 1972년부터 1974년에 수행된 후속 연구로 이어졌다.[2] 이 후속 연구의 주제는, 공이 들어 있지만 속이 보이지 않는 항아리 여러 개에서 복원 추출한 결과를 "의미론적으로" 빈도(frequency)와 동치인 순서쌍 (추출 횟수, 고려 중인 사건이 일어난 횟수)와 비교하는 것이었다. 추출하는 공의 개수가 많아지면 빈도는 항아리에서 검은 공 또는 흰 공이 차지하는 비율에 가까워진다. 실제로는 빈도 개념을 나눗셈으로 곧장 도입하여 학생이 이를 여러 번 사용해 보게 함으로써 소수에 친숙해지도록 한다. 연구 기간의 마지막 해에 검사를 실시하여 연산이나 크기 비교 등에서 소수를 활용하는 학생들의 능력을 살펴보았으며 대단히 만족스러운 결과를 얻었지만, 학생들이 사용하는 수단에 대한 수학적 지식에서는 그렇지 못하였다. 이에 연구팀은 다른 접근 방법을 택하였다. 즉, 익숙한 대상의 크기를 측정하게 한 후, 구조가 명확하고 효과적인 정보를 제공하는 필수적인 "상황"에 참여하도록 한 다음, 유리수를 분수의 동치류로 소개하는 공리적 방법을 진행하였다. 이러한 전개는 정수, 유리수, 복소수를 모노이드(monoid)[3]라는 동일한 패턴으로 구성하여 조화를 추구하는, 그 당시의 일반적인 방식을 따른 것이다. 핵물리학자인 살린(Salin)은 브루소의 연구팀 일원인 아내에게 이러한 접근은 종이 더미를 생각나게 한다고 말한 바 있다. 당시는 1975년이었다. 해당 아이디어는 바로 채택되어 실험을 통해 검증되었다.

---

1) 편집자 주: Brousseau(1974a, 1976a, 1988) 또는 Katembera(1986)을 참조하기 바란다.

2) 관련 자료는 헤네퀸(Hennequin), 로아넷(Rouanet)의 지도로 이루어진 여러 연구와 함께 IREM의 소책자와 CIEAEM의 프로시딩으로 출판되었다. 이 자료는 브루소의 두 번째 연구 프로젝트의 주요 내용이 되었다. 첫 번째는 릭너로빅(Lichnérowics)과 그레코(Gréco)가 책임을 맡아 "수학교육학에서 실험이 지닌 한계 조건"을 다루었으며 자연수와 그 연산 지도를 연구 대상으로 삼았다.

3) 역자 주: 모노이드는 추상대수에서 결합 법칙을 따르는 이항 연산과 항등원이 있는 대수적 구조를 말한다.

1976년에 연구팀은 OFRATEME[4]가 주관한 교사 연수에서 분수 연산 방법으로 소수를 다루는, 초기 관점에 관한 강의를 진행하였으며, 지속적으로 수업에 반영 가능한 "긍정적인" 교수 설계를 처음으로 공개하였다.

관련 수업을 같은 해에 미슐레(Michelet) 학교에서 실행하였다. 개별 수업을 설계할 때는 30여 시간을 연구한 후에 학생들과의 수업에 적용하였다. 한편 연구팀은 1976년부터 1986년까지 해마다 바로 전해의 수업 관찰 및 비평 결과에 비추어 수업 계획을 수정하였다. 네이딘 브루소(Nadine Brousseau)는 자신이 준비한 수업 자료를 지속적으로 수정하였으며 일련의 과정을 기록하였다. 최초 수정안 중에서 가장 오래된 것은 1978년 원고인 "회색 노트"에 수록되어 있다. 1987년에 IREM이 출판한 책은, 1986년에 브루소가 모든 자료를 한꺼번에 묶어 **논문집***(Thèse d'état)*으로 편집한 원고이다. 브루소는 실험에서 일어난 상호작용의 실제 결과를 "수업 계획"에 가능한 한 많이 포함시켜, 네이딘의 방식을 따르려는 교사가 지속적으로 수업을 실행하고 자신들이 행한 자발적인 변형을 검토할 수 있게 하였다. IREM이 출판한 브루소의 연구팀 자료는 모두 확정적이라기보다 "잠정적"인 성격을 갖는다.

3장에서는 1980년과 1981년에 **수학 교수학 연구***(Recherches en didactique des mathématiques)*에 실린 논문 2편 중 이 연구의 핵심을 담고 있는 첫 번째 것을 다시 살펴보려고 한다. 이 논문은 가르칠 내용을 분석하는 것이 가르치는 문제를 이해하는 데 매우 주요함을 보여준다. 이는 교수학적 변환 과정을 분석한 첫 사례인데, 교수학적 변환은 70년대 후반에 쉐바야르(Chevallard)에 의해 도입되어 **교수학**(Chevallard, 1985)[5]을 통해 이론적으로 발전되었다. 브루소에 따르면 이러한 연구는 "상세하지만 다소 소박하게" 보일 수도 있다. 그러나 브루소는 60년대와 70년대 프랑스에서 수업 실행과 관련하여 진행된 이러한 연구가, 교수의 어려움을 학생들이 학습에서 겪는 어려움으로 환원할 수 없음을 명확히 한 것만으로도 충분하다고 언급하였다.

3장은 학생들이 배워야 하는 바에 대해 의미를 구성하기 위해서는 상황의 수학적 특징이 얼마나 중요한지를 설명하고, 이러한 상황이 교수학적 변환 및 가르칠 내용의 결과적 특징과 어떻게 관련되는지를 다룬다.

4) 역자 주: Office Francois des Techniques Modernes d'Enseignement의 축약어이다.
5) 편집자 주: 교수학에서 다루는 변환 개념의 내력은 Arsac(1992)에서 살펴볼 수 있다.

브루소는 1980년대 독자들에게 이 연구가 시대에 뒤떨어져 보일 것을 의식하여 1979년 프랑스의 상황을 설명하는 짧은 절을 추가하였으나, 3장에서는 이 부분을 생략하였다. 이 책의 주요 관심사는 방법론 및 이를 통해 드러나는 **연구 방법론적 문제**를 밝히는 것이며, 가까운 시일 내에 이 연구를 보완하는 후속연구가 필요하다는 사실에는 이견이 없기 때문이다.

편집자

CHAPTER 03

소수 지도의 문제[6)]

1. 서론

길이나 질량, 부피를 비교하고 측정하거나 재구성하는 것은 매우 기본적인 활동이기 때문에 초등학교 저학년 때 배워야 한다. 이러한 활동은 유한개의 물체를 분류하고 순서를 매기거나 세고 재구성하는 활동 후에 즉시 학습할 필요가 있다. 이를 통해 유리수나 소수와 같은 수학적 개념이 활성화되기 때문이다. 소수의 정의와 용도를 규정하는 수학적 구조를 고려하여 이러한 학습 활동을 이론적인 프로젝트로 개편할 수 있다. 이를 통해 학습 활동에서 드러난 지식에 비추어 학생들이 배운 바를 확인할 수 있으며, 이러한 지식이 학문적 지식 체계에서 차지하는 위치에 따라 학생들이 학습한 것을 정돈하고 정당화할 수 있다.

이와 같은 프로젝트에 착수하는 이유는 해당 개념과 관련되는 익숙한 사회적 관행의 기원이 역사의 뒤안길로 사라졌기 때문이다. 사회적 관행에 따른 활동의 결과와 구체적인 행위, 실행 방법 등이 명료하여 유용한 것처럼 보이지만, 상세히 조사해 보면 이러한 활동은 대단히 복잡하며 이와 관련되는 기본 개념도 그렇다는 것을 알 수 있다. 이처럼 이론과 실제의 관계는 베일에 싸여 있다. 특히 이러한 관계를, 이를 구성하는 주체의 **행위로** 변환하거나 이를 배우는 학생이 **개선해야 하는 요소** 또는 이를 가르치는 교사가 **결정해야 하는 요인**으로 변형하려고 시도하는 경우에 이론과 실제의 관계는 더욱 모호해진다.

위와 같은 이유 때문에 사람들은 이 연구의 목적이 너무 야심차다고 여길 수 있다. 실제로 이 연구는 행위가 드러내는 수학 개념과 이를 수반하는 **상황**의 특징 사이에 어떤 관계가 있는지 살펴보고, 행위 또는 적응이 어떤 조건하에서 출현하는지를 탐색하는 것에 목표를 둔다.

설명해야 하는 변인의 수가 많기 때문에 이러한 연구를 수행하는 것에 비관적인 견

6) Brousseau, G. (1980). Problems de l'enseignement des decimaux. Recherches en Didactique des mathematiques. 7(2), 33~115.

해가 많다. 프로젝트를 수행하기 위해서는, 연구 초반부의 이론적인 탐색뿐 아니라 앞서 기술한 여러 관계를 구체적인 방법론에 비추어 검토해 보는 실험이 필요하다. 검토의 목적은 수학 개념이 수반되는 상황을 교수와 관련하여 조직하거나 통제하는 데 있다. 이를 통해 유리수와 소수의 현재 지도 방식을 해석하고 비교하는 것에만 머무르지 않고 다양한 대안을 모색하는 시도를 할 수 있다.

이 글은 1974년에 보르도의 IREM에서 진행된, 소수 지도의 대안을 다룬 대규모 연구 활동에 기초하며[7)], 연구 보고서나 특정 연구의 일부를 기록한 것이 아니다. 그러므로 학문적인 연구 활동을 설명하는 보통 방식과는 다른 절차에 따라 **교수학**에 대한 논의를 소개하고자 한다.

우선 1960년대와 1970년대의 전형적인 교육과정 분석에서 시작하여 1970년 개정 교육과정이 소수에 대한 교사들과 학생들의 개념에 끼친 인식론적인 영향을 살펴본다. 첫 번째 분석을 위해 그 당시에 쓰인 언어와 철학을 사용하려고 하는데, 이는 독자가 관찰 대상 및 현상, 수학 **교수학**이 제기한 현재의 문제 상황에 대한 논의를 쉽게 이해하는 데 도움이 될 것이다. 이러한 분석 이후에는 1960년대와 1970년대 방식의 결과 및 대안에 대한 검토가 이어질 것이며, 이때 교수-학습 및 발달에 관한 여러 이론을 다룰 것이다. 이처럼 사례로부터 시작하는 것은 이 책의 나머지 부분에서 실험적으로 탐구하게 될 현상을 입증하는 데 기여할 것이다.

만약 어떤 나라가 미터법을 가르치려고 한다면, 이 주제를 도입한 다른 나라에서 어떤 교수 양상이 나타나는지 상세히 조사할 필요가 있다. 이러한 탐색 과정에서, 전문가들이 전통적인 교육학 담론을 사용하여 논쟁하거나 의견을 제시한 정도에 그친 문헌을 만날 위험도 있다. **교수학**을 학문 분야로 안착시키고자 하는 이 연구의 의도가 명확해지면 이 주제를 다시 다루겠다. 그러나 앞서 제시한 이 글의 전개 방식에 대해 오해가 있어서는 안 된다. 이 연구에서 수행할 분석은 실험 연구를 통해서만 가능한데, 이 글의 두 번째 부분에서 이 점에 대해 상세히 설명할 것이다.[8)] 경험이 많은 독자는 시대에 맞지 않는 용어와 아이디어를 알아차릴 수 있을 것이다.

예를 들어, 딘즈의 입장에 대한 이 연구의 간단한 분석은 다소 장황한 관찰 결과를 토대로 하지만, 수학 개념의 생성 과정을 다룬 또 다른 이론의 존재가 이러한 분석을 보증한다. 이처럼 적극적이고 변증법적인 내면화를 통해 딘즈의 즉각적인 내면화를 대체함으로써, 지식의 상호작용적 특징을 부각하고 실험의 목표를 분명히 하고자 한다.

7) 이 연구에는 대학원생들, 수학 교수학을 연구하는 교사들, 관찰이 이루어진 에꼴 미슐레(Ecole Michelet)에 근무하는 교사들, 지역 교육학교(School of Education)인 에꼴 노르맬(Ecole Normale)에 근무하는 교사들이 참여하였다.

8) 편집자 주: 4장을 참조하기 바란다.

"다른 어떤 분야보다도 과학에서는 전달한 지식을 창조한 지식과 동일시하는 경향이 있다"라고 지적한 바슐라르(Bacherlard)[9]의 의견은 유리수와 소수 개념에 대한 역사적, 인식론적 분석이 필수불가결함을 보여준다. 이러한 분석을 통해 다양한 상황에서 개념이 작용하는 사례를 살펴볼 수 있으며, 개념의 특징을 검토하고 개념에 의미를 부여하는 바를 탐색할 수 있다. 우리는 이와 같은 지식의 발달을 가로막는 장애의 본질을 확인할 것이다. 이러한 장애의 특징을 구체화함으로써 관련 개념 및 상황 유형을 개발하는 데 기여할 수 있다.[10]

2. 1960년대 소수 교육

1960년대 초에 아주 간단한 "소수"가 "일반 분수(ordinary fraction)"와 함께 초등학교 4, 5학년 교육과정에 들어왔다.[11]

2.1. 교육과정 개관

이하에서는 교과서 *Arithmétique nouvelle au cours moyen*(R. Jolly, Fernand Nathan, Paris)이 소수를 다루는 방법에 대해 요약할 것이다. 이 교과서는 1936년 이래로 매우 널리 사용되었으며, 이 시기에 교사들이 사용한 소수 지도의 전형적인 방법을 보여준다.

2.1.1. 도입 단원[12]

교과서에 접히는 자(folding rule)로 길이 측정을 복습하는 내용이 있다. 교사는 소리 내어 교과서를 읽지 않으며 그림을 설명하지도 않는다. 접히는 자로 길이를 측정하는 데 어떤 어려움이 있는지, 눈금자의 단위를 세는 것에 어떤 특징이 있는지에 대해 전혀 다루지 않는다.

9) Bachelard(1968)

10) 편집자 주: 이는 다음 장의 주제이다.

11) CM1(9~10세)과 CM2(10~11세)를 말한다.

12) 12쪽, 여섯 번째 단원, 1시간 분량

교과서에서는 미터의 "하위배수(submultiples)"를 가장 작은 단위인 밀리미터의 "배수(multiples)"로 정의한다.

학생들은 단위를 바꾼 조작 결과를 "소수"로 써야 한다. 이때, 교육과정에서 도입한 "정(whole)[13)]"이라는 용어가 처음 등장한다. 이는 소수 부분이 없는 "수"를 정수로 칭하고, 소수 부분과 단위 표시가 있는 수를 "소수"로 구분하여 부르기 위해서인데, 이에 따르면 정수는 소수가 아니다. 이처럼 표 안에서 열마다 표기법을 바꾸는 것은 각 열의 머리글에 맞추어 친숙한 수 세기 연습을 하는 것에 불과하다.

그러나 이와 같은 용어의 변화는, 하위단위의 명칭을 원래 단위에 비추어 정당화할 수 있기 때문에 혁신을 불러온다. 수 세기 학습에서 사용한 "열 개씩 묶기" 전략은 미터의 눈금을 구성하는 데 사용하는 "십으로 나누기" 전략으로 대체된다. 이러한 "나누기"가 기하적으로 가능한지, 어떻게 해야 하는지에 대해서는 아무도 모른다. 이러한 활동 결과가 자연수의 나눗셈과 일치하며, 학생에게 어떤 의문을 갖게 하거나 문제를 일으키지 않는 것만으로 충분하다. 학생은 무언가를 실제로 분할하거나 나누어 보는 행위를 하지 않는다.

교과서에는 "단위"라는 용어를 쓰는 몇 가지 예시가 있는데, 이때 단위는 관련되는 물적 대상을 나타낸다. 그러나 단원의 제목이 "단위 변환"이기 때문에 아동들에게 어떻게 단위를 바꾸는지 설명할 필요가 있다. 사실 수업의 진짜 내용은 연습 문제를 통해 알 수 있다. 수표를 베끼고 빈칸에 수를 적어라. 주어진 길이를 미터나 미터의 하위배수로 나타내고 주어진 길이만큼 "선을 그려라"!

2.1.2. 미터법과 문제

위 단원에 이어 단원 7개가 나온다. 이들 단원에서 학생은 항상 특정 길이를 참조하면서 다양한 실용 문제를 통해 소수에 정수를 더하고 빼고 곱하는 것을 배운다. 이후에는 제목이 "길이 계산"인 단원에서 미터의 배수와 하위배수가 정리된 표를 복습한다.

각을 제외한 다른 수량, 즉 부피(단원 2개), 무게(단원 5개), 돈(단원 3개)에 대해 앞서와 동일한 방식으로 도입 단원이 전개된다. 이후에 있는 단원 11개는 넓이, 부피, 밀도, 속력과 같은 수량을 재는 "측정 체계"의 학습에 할애한다. 모든 단원의 마지막 부분은 실생활에서 가격, 길이, 넓이, 부피 등을 계산하는 데 소수가 쓰이는 응용문제로 채워진다.

---

13) 역자 주: whole number가 범자연수 또는 정수(整数)를 의미하므로 whole을 정(整)으로 옮긴다.

2.1.3. 소수의 연산

교과서는 소수에 10, 100, 1000을 곱하는 것, 그 다음에 자연수를 곱하는 것을 다룬다. 다음으로는 범자연수에 소수를 곱하는 것, 끝으로 소수끼리 곱하는 것을 설명한다. 소수와 범자연수를 곱할 때 단위를 바꾸는 방식은 이러한 전개가 타당함을 보여준다. 한편 범자연수에 소수를 곱하면, 소수에는 고정된 단위가 있다는 암시가 사라진다. 그러나 해당 규칙은 증명 없이 제시되며, 특정 사례에서 0.5를 분수 $\frac{1}{2}$로 대체하는 활동을 통해 관행을 확인하는 데 그친다. 이는 관련 내용을 정당화할 이론을 미리 제시하지 않았기 때문이다.

케이크 나누기와 같은 구체적 조작을 통해 나눗셈을 정의하여 지도하는 것은, 나눗셈 이해에 도움이 되는 정신적 표상을 갖게 하여 복잡한 과제를 점진적으로 수행하도록 하려는 것으로 볼 수 있다. 자연수를 10, 100, 1000으로 나누는 것을 지도하고 소수를 10, 100, 1000으로 나누는 것을 다룬 다음 몫이 소수가 되는 자연수의 나눗셈, 피제수가 소수인 나눗셈, 제수가 소수인 나눗셈, 마지막으로 소수끼리의 나눗셈 순서로 지도하는 것은 각 단계의 알고리즘이 전 단계로부터 유도되었음을 보여주지만 이와 관련되는 설명은 어디에도 보이지 않는다.

소수로 나눌 때도 해당 소수는, 단위라는 의미를 잃게 되며 "측정값"[14)]으로서의 성격을 상실한다. 소수로 나누는 방법은 자연수에서 성립한, 피제수와 제수에 같은 수를 곱하면 몫은 변하지 않는다는 성질을 별다른 설명 없이 소수에 확장 적용함으로써 정당화된다. 피제수를 피제수보다 큰 제수로 나누는 방법에 대해서는 별도 단원에서 다룬다.

2.1.4. 십진 분수

일반 분수를 도입하기 직전에 앞서 배운 소수의 새로운 표기로서 십진 분수를 소개한다. 분수 연산과 관련하여 소수의 계산 규칙을 재형식화하는 내용이 단원 5개에서 다루어진다. 이에 따르면 소수의 계산 규칙은 배워야 할 수학적 사실이 아니라 표기 방법일 뿐이다. 즉, $\frac{3}{10}$은 십진 분수이고 $\frac{1}{2}$, $\frac{2}{5}$, $\frac{3}{5}$는 "일반 분수"이다!

14) 이 절에서는 "측정값"이라는 용어를 수학적 의미가 아니라 분석 중인 교과서에서 쓰인 의미로 사용한다.

2.1.5. 정당화와 증명

규칙을 언급한 다음 이를 적용하는 것에 치중하는 다른 교과서[15]와 달리, 이 교과서는 규칙을 실제로 증명하거나 예제를 통해 확인함으로써 빠짐없이 정당화한다. 이는 증명이 불가능한 경우조차도 학생은 교과서의 문구를 이해할 수 있으며 이해해야 함을 암시한다. 임의의 두 수에 대한 나눗셈의 "몫"은 "정확히 소수"이거나 "근사적으로 소수"이다.

십진 분수가 아닌 유리수에 대해서는 배우지 않는다. 학생은 맥락에 따라 적합한 정밀도를 갖는 소수를 구할 때까지 나눗셈을 해야 한다. 이러한 관례가 구체적으로 언급되지 않지만 실제로 적용된다.

2.2. 교육과정 특징 및 성과 분석

2.2.1. 1960년대 학교 수학의 소수 개념

이 당시의 전형적인 지도 방법은 적어도 다음과 같은 특징을 지닌다.

a) 비수학적 의미에서 소수는 항상 "측정값"을 나타낸다.
b) 측정값은 미터법에 따라 표기한다.
c) 소수는 소수점이 있는 자연수로 간주된다. 이때, 소수점은 무엇을 단위로 택하였는지, 주어진 단위에서 일(ones)의 위치가 어디인지를 나타내는 것으로 여겨진다.
d) 소수의 계산 알고리즘은 자연수의 계산 알고리즘에 소수점을 처리하는 절차만 추가하면 된다.

2.2.2. 소수 곱셈 지도에 미친 영향

위와 같이 소수 개념을 전개한 결과, 이후 소수 지도에 다음과 같은 영향이 불가피하게 발생한다.

a) 소수 연산자의 부재

3.25라는 표기는 측정 범주를 적절한 단위와 함께 제시하였을 때만 의미가 있다. 따

15) 예를 들면 페르낭 나단(Fernand Nathan)에서 출판된, 보다르드-브레조(Bodard-Bréjaud)가 쓴 교과서를 말한다.

라서 소수는 "구체적인 수"로 미리 지정된 경우에만 사용될 수 있다.

b) 소수 곱셈의 의미 부재

어떤 수에 소수를 곱하는 것이 무엇을 의미하는지 학생이 직접 이해하는 것은 불가능하다. "3.25m×4"는 자연수의 곱셈처럼 더하기를 반복한 것이라고 생각하면 되지만, 단위가 없는 3.25의 의미를 알지 못하면 "4m×3.25"를 자연수의 곱셈에 의존해서 설명할 수 없다. 이들은 앞서 지적한 바와 같은, 장애를 줄이는 속임수는 아니다. 다음과 같은 동치성은 상상할 수도 없다.

$$\text{“}4\text{m}\times 3.25 = 3.25\text{m}\times 4\text{”}$$

아래와 같이 표현을 바꾸어도 마찬가지이다.

$$\begin{aligned}\text{“}7.25\text{m}\times 4.38 &= 7.25\times(4+0.3+0.08)\\ &= 7.25\times 4+7.25\times 0.3+7.25\times 0.08\text{”}\end{aligned}$$

곱셈은 소수를 정의할 때 쓰였던 자연수 표상으로는 더 이상 해석할 수 없다. 두 소수의 곱셈에 "구체적인" 표상을 주기 위하여, 즉 2.2.1절에서 기술한 개념과 일관성을 유지하기 위하여, 소수끼리의 곱셈은 직사각형의 넓이처럼 "측정값의 곱셈"으로 간주하거나, 비이산적인 변량의 가격 또는 부피가 주어진 동질인 물체의 무게 등과 같이 측정값과 동형인 수끼리의 곱셈에만 한정하여 사용하여야 한다.

c) 측정값의 곱셈과 차원

직사각형의 넓이를 구할 때 측정값의 곱셈을 통해 "2.5×3.25=8.125"와 같이 쓰는 경우는, 앞 수인 가로의 단위 길이와 뒤 수인 세로의 단위 길이를 갖는 직사각형의 넓이, 즉 단위 넓이를 적절히 선택하였을 때뿐이다. 위 등식이 2.5×3.25=812.5 또는 다른 값보다 선험적으로 정당하다는 것을 보일 방법은 없다.16)

---

16) 역자 주: 25×325=8125의 의미는, 가로의 길이가 25cm, 세로의 길이가 325cm인 직사각형의 넓이 8125cm^{2}을 구하는, 측정값의 곱셈으로 해석할 수 있다. 이때 직사각형의 넓이 8125cm^{2}는 가로의 단위 길이 1cm와 세로의 단위 길이 1cm를 갖는 직사각형의 넓이, 즉 단위 넓이 1cm^{2}의 8125배를 의미한다. 그러나 소수 측정값에 대해서는 그 곱셈을 단위 넓이로 설명하기가 쉽지 않다. 주어진 등식에서 가로의 단위 길이 0.1cm와 세로의 단위 길이 0.01cm를 갖는 직사각형의 넓이를 0.001cm^{2}으로 정당화할 방법이 없다.

d) 비율(proportion)

측정값과 동형인 수끼리의 곱셈으로 설명하는 것이 좀 더 유리하다. 이때 한 측정값은 다른 측정값에 대해 곱셈 연산자로 작용한다. 그러나 이를 위해서는 두 수의 곱셈을 해석하는 새로운 접근이 필요하다. 이러한 접근은 통합적인 수 개념을 만들기 위해 9세기에 알콰리즈미(al-Khowârizmî)가 사용한 해석으로 a×b는 a가 1에 대응할 때 b가 대응하는 수를 나타낸다고 보는 것이다.

측정 결과를 나타내는 소수의 역할과 소수의 의미를 분리해보려는 궁색한 시도는 다음과 같이 매우 형식적인 방식으로 진행되었다.

- 미터법 체계에서 쓰이는 단위의 이름을 십분의 일, 백분의 일과 같이 좀 더 일반적인 명칭으로 대체하거나 십의 자리, 백의 자리와 같이 자연수 단위의 명칭으로 확장하기
- 1945년 이후, 3m.25 대신에 3.25m 또는 m:3.25처럼 단위를 수 앞이나 뒤에 놓기

단위를 생략하여 간단하게 나타내는 것은 몇몇 단원에서 갑자기 시작되었으며, 1970년 개정교육과정 이후에는 체계적으로 진행되었다. 이는 매우 잘못된 것이지만 별 생각 없이 슬그머니 일어났다. 그 당시에는 이론화한 구조에서 그 대상을 분리하려는 수학자들의 압력이 그렇게 강하지 않았다.

2.2.3. 소수의 2가지 표상

위와 같은 이유로, 추상적인 수와 동일한 차원에 있는 비(ratio)와 비율을 범자연수로 나타낼 수 없을 때는 일반 분수나 소수 또는 백분율로 표현하였다. 이처럼 어휘가 특수화된 것은 역사적 흔적 때문이라고 생각할 수 있지만, 이는 소수의 서로 다른 표상과 관련이 있다. 소수는 자연수를 더하거나 곱할 수 있는 측정값이면서 동시에 분수를 나타내는데, 이때 분수 역시 케이크를 잘랐을 때 부분을 나타내는 수, 즉 측정값으로 정의되며 비(ratio)로서 사용된다.

그러므로 추론 과정의 효율성은 문제 해결 상황에서 학생들이 한 표상에서 다른 표상으로 옮겨갈 때 얼마나 잘 대처할 수 있는지에 달려 있다. 탐구 활동에서 한 표현을 다른 표현으로 대신할 수 있다는 것은 학생이 이처럼 관점을 바꿀 수 있다는 것을 의미한다. 추후에 이상과 같은 관계를 역사적 측면에서 설명할 것이다.

2.2.4. 소수의 순서

그러나 사실상 학교 수학에서 다루는 소수는 범자연수와 완전히 같다. 어떤 것을 측정할 때는 더 이상 부분으로 나눌 수 없는 하위배수, 즉 원자가 존재한다. 소수 정의에 따르면 어떤 크기의 단위도 10으로 나눌 수 있는 듯하지만, 단위를 10으로 나누는 것이 나눗셈 계산을 손쉽게 한다는 허구에도 불구하고, 이는 유용성과 합리성을 넘어서며 초등 수학에 적절히 지도될 수 없다. 소수를 이처럼 다루는 경향은 1970년 교육과정에서 명확하게 드러나는데, 여기서 소수는 유한집합의 기수(cardinality)를 측정한 값으로 도입된다. 즉, "거주자가 10850명인 도시의 인구는 천을 단위로 택하면 소수 10.850이 된다".

이상과 같은 조건에 따르면 소수는 자연수처럼 이산적인 순서를 갖는다. 이 때문에 많은 학생들이 10.849와 10.850 사이에 존재하는 수를 찾는 데 어려움을 겪는다. 그러나 이 시기에는 이상과 같은 문제를 전혀 생각하지 않았다. 이 문제는 알고리즘을 배우거나 새로운 하위 단위를 "상상"할 때만 해결할 수 있다. 그러나 어떻게 이를 한다는 말인가?

소수점 아래의 자리수가 n 으로 똑같지 않다면, 소수끼리 더하거나 소수의 대소를 비교하는 것은 옳지 못한 결과를 초래한다. 즉, 두 소수가 $10^n \times \boldsymbol{D}_n \in \boldsymbol{N}$ 을 만족하는 소수 집합 $\boldsymbol{D}_n$ 의 원소일 때만 두 소수를 자연수와 비슷한 의미로 해석할 수 있다.[17)]

상황이 더 복잡해지면 $\boldsymbol{D}_0 \subset \boldsymbol{D}_1 \subset \boldsymbol{D}_2 \cdots \subset \boldsymbol{D}_n$과 같은 $\boldsymbol{D}_n$의 포함 관계를 이해하는 것이 어려워지며, 특히 자연수의 집합인 $\boldsymbol{D}_0$에 대해서는 더욱 그러하다. 소수는 기본적으로 자연수와 같지만 범자연수는 소수가 아니라고 설명되기 때문이다!

2.2.5. 근사

정수 부분과 소수 부분의 구분은 측정 방법에서 파생되거나, 정수 부분을 연산하여 계산 결과의 크기에 순서를 주는 과정에서 발생한다. 이러한 구분은 단위를 적절히 선택하면 0.31, 3.1, 31, … 을 동일하게 간주할 수 있기 때문에 굉장히 유용하다.

그러나 소수를 두 부분으로 분리하면 정수 부분과 소수 부분에 각각 다른 규칙을 적용하고 싶은 유혹이 생긴다.[18)] 예를 들면 9가 12보다 작으니까 3.9는 3.12보다 작을 것

---

17) Izorche(1977)는 이 모델을 철저하게 분석한 바 있다.

18) 편집자 주: 이 문제는 Léonard & Sackur-Grivard(1981, 1991)와 Sackur-Grivard & Leonard(1983)을 참조하기 바란다.

같고[19], 2.3×2.3은 언뜻 생각하면 4.9가 될 것 같다.

소수는 소수 부분과 동일시되므로, 단위 수인 1보다 항상 작다고 여겨진다. 이로 인해 학생들은 소수점 아래 숫자가 한 개이면서 0.9보다 큰 소수를 찾는 데 어려움을 겪는다.

측정에 의해 “근사적”이지만 “셀 수 있는” 부분에 해당하는 수와 무시해도 되는 잔여 부분이 만들어진다는 아이디어에는 매우 강력한 뿌리가 있다. 나눗셈을 할 때 주로 소수 부분에서 무한히 계속되는 수열이 등장하는데, 이를 모두 나열할 수는 없기 때문에 별수 없이 일정 부분을 숨길 수밖에 없다.

나중에 어떤 학생이, 일반항이 0으로 수렴하는 양항 급수 $\sum a_n$ 가 수렴한다고 생각한다면, 이 학생은 유명한 정리를 떠올린 것일까? 아니면 어렸을 때 배운 소수 표상을 참조하여 $(\forall \varepsilon \ \exists n \ st \ p > n \Rightarrow a_p < \varepsilon)$이 $(\exists n \ st \ p > n \Rightarrow a_p = 0)$을 의미한다는 아이디어를 어딘가에서 불러낸 것일까?

2.3. 일반 교육학 이론을 배경으로 한 소수 개념 지도의 영향

2.3.1. 결과 평가

그 당시에는 앞서 언급한 장애가 등장하지 않았거나 중요하게 간주되지 않았다. 산술을 가르치는 것은 교사에게 별로 어려운 일이 아니었으며 아동들도 산술을 그렇게 어려워하지 않았다. 소수는 수학 내적으로 볼 때 어떤 논란이나 어려움도 만들어내지 않는 주제가 분명하였다. 또한 소수는 미터법의 활용 및 학교 수학의 측정값 문제와 밀접하게 관련되기 때문에, 그 누구도 소수 지도의 대안이나 이를 지도할 때 발생 가능한 실패를 생각보지 않았다. 1960년대 소수 지도 정황을 이해하려면 이러한 견해를 검토해 볼 필요가 있다.

2.3.2. 고전적 방법

1960년대 초에는 요즘과 같은 교육학 이론이 없었고, 학교 수학의 소수 개념에 대해 대안을 제시하는 문서도 없었다. 소수 지도 내용은 수학적인 규칙에 따라 조직할 수 있으며 교육학은 이러한 내용을 전달하는 기법으로 여겨졌다. 교육학은 소수 지도 내용과는 무관한 것이었다. 이상과 관련되는 가장 오래된 방법부터 살펴보자.

---

19) 1979년 INRP에 따르면 CM2단계의 학생 32%가 이러한 추론을 한다. 편집자 주: 브루소는 1979년에 콜롬(Colomb)이 책임을 맡은 INRP연구를 언급한다.

- 전형적인 지도 방법은 규칙을 먼저 가르치고 그 적용은 나중에 다루는 것이었다.
- 소크라테스 산파법은 문답법이라는 수단을 사용하여 규칙의 재발견을 흉내 내었다.
- 활동중심 수업은 학생의 활동, 무엇보다 손으로 하는 활동에 쓰는 시간을 학생이 듣는 시간이나 형식적인 학습에 쓰는 시간보다 중요시하였다. 그러나 이러한 활동은 수업 도입부의 설명을 보여주는 조작이나 실습에서만 등장하였다. 손이 두뇌를 가르친다는 이념의 신봉자들이 효과적인 문제-상황을 우연히 찾아냈을 뿐이었다.
- 감각적 경험주의자들의 영향으로 교과서에 색칠된 그림이 늘어났는데, 어쩌면 교과서가 이들의 주장에 영향을 주었을지도 모른다.

위 방법은 모두 다음 원리를 따른다.

a) 바로 받아들일 수 없거나 예전 지식으로 정의 또는 설명할 수 없는 지식은 교육내용으로 다루지 않는다.
b) 정의나 설명은 공식화되어야 한다. 공식화될 수 없는 경우에는 수학적 언어 또는 누구나 아는 문화적 표현으로 정당화되어야 한다.
c) 확인하기 쉽고 통제 가능한 학습을 위해 "교수"가 존재한다. 교수는 학생이 학습할 수 있는 것에 제한되어야 한다.
d) 학습한 지식은 이후 수업에서 중요하게 자주 사용됨으로써 유지되고 정당화된다.

2.3.3. 최적화

위 원리에서 다음 내용을 함의하는 교수 최적화 개념이 자연스럽게 등장한다.

a) 수업은 학생의 능력에 따라 학습이 최대한으로 일어나게 하는 데 목표를 두어야 한다.
b) 개념 학습은 이전 지식을 최대한 이용하거나 적어도 개선하는 형태로 이루어져야 한다.
c) 학습에 드는 시간은 가능한 한 적어야 한다. 학습한 바를 실용 문제에 자주 적용하여 강화해야 한다.

앞서 살펴본 도입 단원은 원리 a)를 만족하지 않는다. 그 이유는 단원에서 설명하는 사실 대부분이 즉시 학습되지 않으며, 나중에 있을 실생활 활용을 정당화하는 것에만 치중하기 때문이다.

2.3.4. 다른 방법

학생의 동기 유발에 목표를 둔 여러 다른 방법은 교수에 다소간의 변화를 가져왔다. 동기는, 프레네(Freinet)가 말한 현대적 학교라는 환경의 중심에 위치하며, 데크로리(Decroly)가 주목한 아동의 흥미와도 밀접하게 관련된다. 이처럼 동기는 완전히 임의적이며 지식과의 관계가 외재적이다. 즉, 동기는 지식 자체와 아무 상관이 없다.

학습 순서는 앞서 설명한 바와 완전히 다르게 보일 수 있으며, 그 밖에 모든 것은 매우 비슷하게 일어난다. 그러나 실제로 학습 순서를 바꾸어 친근하고 흥미로운 상황에서 시작하는 것은 학습에 거의 영향을 주지 않으며 학습되는 의미에도 아무 차이가 없다. 사실상 학생은 새로운 문제에 직면할 때마다 다음과 같은 접근을 택한다.

- 이전에 학습한 것이 아니라 맥락에 비추어 풀이를 구성한다.
- 풀이 구성에 실패하면 교사의 안내에 따라 문제 해결 기법을 터득한다.

첫 번째 경우에 교수는, 동기 유발이 아니라 제기된 문제를 확인하고 알아낸 바를 구체화하는 과정에서 시작되며, 그 이후에 개별 지식을 재적용하고 학습하여 조직할 필요성이 만들어지게 된다. 두 번째 경우에는 문제 해결 기법이 학습되어야 하는데, 어떤 조건하에서 이러한 기법을 사용할 수 있는지 인식시키는 데 중점을 두어야 한다. 두 경우 모두에서 정보, 지식, 용법, 정당화는 교수를 통해 다루어야 하는 필수 개념이다.

게다가 학습은, 위의 두 경우를 활용하는 교사가 중요하게 생각하는 발견의 순간을 지나서 학생이 홀로 수행하는 경험적인 노력으로 지속된다. 이때 학생은 프로그램 학습에 쓰이는 "자동교정(auto-corrective)"[20] 활동지에 반응하는 것과 본질적으로 비슷한 활동을 통해 자신의 경험을 스스로 검토하거나 교정해야 한다.

교수학의 주요 문제는 서로 다른 소수 개념과 관련되는 구체적인 실제 상황을 찾아 이러한 상황과 개념을 타당하게 조직하는 것이며, 교수-학습을 시작하는 순간부터 무엇을 하고 무슨 말을 하며 어떤 지식을 다루어야 하는지 알려주는 인위적인 발생적 기원을 구성하는 것이다.

20) 편집자 주: 프레네가 개발한, 학습자가 스스로 정답을 찾아가는(self-correcting) 계산 활동지를 말한다.

2.4. “메커니즘” 학습과 “의미” 학습

2.4.1. 메커니즘 학습과 의미 학습의 분리 및 그 원인

앞서 진행한 분석을 통해, 지식 탐색 단계, 특히 지식을 구성하는 알고리즘 단계에서 주로 다루어지는 개념에 대해 설명하였다. 이러한 개념은 소수의 표상을 만들고 활성화하는 데 그 자체로 주요한 역할을 한다. 이와 같은 학습을 다음처럼 2가지 부분으로 분리하여 살펴볼 수 있다.

- 교사들이 연산 “메커니즘”이라고 부르는 알고리즘을 학습하는 것
- 이러한 메커니즘의 “의미”라고 불리는, 메커니즘의 적용 조건을 학습하는 것

첫 번째 학습은 고전적 교수 기법인 조건화를 수반한다. 두 번째 학습은 메커니즘을 예제에 반복하여 적용해봄으로써 가능하지만, 이는 “학생이 충분히 똑똑할 때만 도달할 수 있는” 신비로운 전이 덕분이다.

어떤 교과서는 상황을, ‘부분의 수를 찾는 상황’, ‘나눗셈에 쓰일 한 부분의 값을 찾는 상황’ 등과 같이 교묘하게 분류하여 의미에 대한 교수를 메커니즘에 대한 교수로 환원한다. 이를테면 ‘3의 법칙(rule of three)’[21)22)]과 같이 구체적인 단계를 설정하여 지도하거나, “부족하다”, “남아있다”, “…를 가져갔다”가 있으면 빼기를 한다와 같이 언어적 힌트에 따라 필요한 연산을 찾도록 하는 방식으로 지도한다. 이러한 지도 방식은, 메커니즘화되지 않는 문제나 공식을 교과서에서 다루지 않게 만들며, 이로 인해 알고리즘 단계에서 주로 행해지는 개념의 모델링이 더욱 쉬워진다.

“메커니즘을” 적용하기 위해 형식적으로 배울 수 있는 것과 그럴 수 없는 것, 즉 형식과 “의미”를 이처럼 분리하는 것은 교수에 주요한 영향을 미친다. 이는 교수학적 절충(Verret, 1975)의 극단적인 결과를 불러오는데, Verret(1975)에 따르면 이러한 절충에 의해 실용적 지식이 교수학적 변환을 거쳐 가르칠 지식이 된다.

이와 같은 교수학적 절충을 통해 학생은 교사가 의도한 상황에 대한 정상적인 반응으로, 지식의 대상이 될 수 있는 것과 그렇지 않은 것, “문제”가 될 수 있는 것과 어리석은 혼동에 불과한 것, 사소한 적응에 해당하는 것과 학습에 해당하는 것, 배워야 할

---

21) 편집자 주: 아직도 3의 법칙을 가르치기는 하지만, 영어권 국가에서는 더 이상 구체적인 명칭을 붙여서 부르지는 않는다. 이 법칙은 주어진 비율과 관련되는 요소 3개를 알 때 나머지 한 요소를 찾는 방법을 알려준다. “수학 용어(The words of Mathematics, Schwartzman, 1994, p. 191)”를 참조하기 바란다.

22) 역자 주: 비례식에서 외항의 곱은 내항의 곱과 같다는 법칙을 말한다. 이 법칙을 이용하면 비례식에서 세 수가 주어졌을 때 나머지 한 수를 찾을 수 있다.

것과 잊어도 되는 것 등을 자연스럽게 구분한다. 이처럼 중요한 현상을 이론적으로 다룬 연구에 대해 나중에 검토하겠지만, 소수 지도 사례에서 이러한 현상이 어떻게 작용하는지에 대해서는 즉시 살펴볼 수 있다.[23)]

2.4.2. 알고리즘

알고리즘은 일련의 절차적 설명으로, 이를 유한 번 실행하면 주어진 범주에 속하는 문제의 명확한 해를 찾을 수 있다. 정해진 절차에 따라 알고리즘을 사용할 때 중요한 사실은, 알고리즘은 사전에 결정되는 것이며, n번째 절차의 실행은 (n−1)번째에서 예측할 수 없는 어떤 조건에도 영향을 받지 않는다는 것이다. 즉, 알고리즘은 새로운 정보의 등장, 새로운 결정이나 해석에 의존하지 않으며, 이들에 부여되는 어떤 의미에도 영향을 받지 않는다. 때문에 알고리즘의 실행은 높은 신뢰성과 신속성을 보장한다.

알고리즘을 알아냄으로써 복잡해 보이는 여러 과제를 하나의 위계로 조직할 수 있으며 과제에 대해 추론할 수 있다. 방대한 양의 활동과 평형화 과정을 알고리즘으로 기술할 수 있기 때문에, 이러한 활동과 평형화 과정이 메커니즘에 따라 기계적으로 실행한 결과이거나 교사들에 의해 잘못 통용되고 있는 "알고리즘의 자동화"를 추구한 결과로 보일 수 있다.

과학과 공학에서 널리 알려진 유용한 알고리즘은 해당 분야가 복잡해짐에 따라 더욱 증가하였으며, 다음과 같은 이유로 교사들을 현혹한다.

- 알고리즘은, 이를 직접 사용하거나 알고리즘에 하위 알고리즘을 추가하는 "복합화(complexitication)"과정을 통해 학습될 수 있다.
- 알고리즘은 의미를 생각할 필요 없이, 반복적인 사용 및 암송과 같은 형식적인 방법으로 지도될 수 있다.
- 알고리즘에 대한 학습 여부를 모니터할 수 있다. 알고리즘을 배우지 못했다면 그 책임이 선험적으로 학생에게 있다고 교수학적으로 간단히 판단할 수 있다.
- 알고리즘의 유용성은 알고리즘이 적용되는 사례에서 확인된다.
- 일단 배우고 나면 알고리즘은 과제를 수행하는 데 높은 신뢰성과 자신감, 신속성을 보장한다.

나아가 알고리즘은 교사들이 암묵적으로든 직접적으로든 참조하는, 조건화에 의한 교수-학습 모델을 정당화하는 데 큰 역할을 한다.

---

23) 편집자 주: 이와 관련해서는 5장을 참조하기 바란다.

사실 알고리즘을 사용하는 것은 정신적 활동에서 빙산의 일각에 불과하다. 알고리즘에 호의적인 교육학 이론을 은유적으로 언급한 수많은 사례에 따르면, 알고리즘은 형식적인 학습과는 완전히 다른 절차로 습득된다. 알고리즘은 주체가 연속적으로 또는 단계적으로 상황에 적응한 결과이며, 이때 상황의 의미와 특징은 매우 중요한 역할을 한다. 계산 알고리즘과 이를 사용하는 조건을 분리해서 배우는 것은, 인용구와 그것을 언제 사용하면 되는지를 따로 배우는 것과 같다. 이는 학술 문헌에서는 가능하지만 언어 학습에서는 그렇지 않다.

이상과 같은 방법으로 얻은 설명과 이해는, 오류나 불확실성이 있는 경우에 알고리즘을 개선하는 데 활용될 수 없기 때문에 쓸모가 없다. 유일한 장점은 내용 암기에 기술적으로 기여한다는 것이지만 이 역시 내용에 따라 다르다. 이는 과제 수행 동기를 일으키지 못하므로 학습을 위해서는 더 많은 교육학적 조치가 필요하다.

따라서 어떤 교과서는 이러한 동기를 아예 무시해 버리거나 부차적으로만 사용하여 설명이라는 것을 여타의 것에 따라 붙는 새로운 지식처럼 다룬다. 가장 뛰어난 학생들만 이러한 설명을 이해할 수 있다면 이는 필수불가결한 것이 아니기 때문이다. 즉, 설명은 문제 해결에 필요한 노하우 등과는 무관하며, 긴급한 상황에서는 불필요한 사치품과 다를 바 없는 지식으로 여겨진다. 이에 1960년대 교육학은 교수 상황을 설계할 때 내용 요소에 주목하지 않았으며 이를 조직화된 지식으로 다루지 않음으로써, 사실과 알고리즘 지도에 필요한 측면만을 강조하였다.[24)]

이 연구의 결과는 앞서 살펴본 전략이 1960년대에 사용된 매우 전형적인 방식임을 보여준다. 이 연구는 문헌 자료 분석을 통한 역사적 정당화를 하지 않을 것이며, 1960년대의 방식을 따르는 수업에서 학생이 보인 반응을 분석하는 실험적 정당화도 하지 않을 것이다. "교육학적 변인"의 영향을 받은 1960년대의 방식은 서로 배타적이지 않아서, 개별 교과서와 교사는 단원마다 다른 계통적 서술 방식에 맞추어 이러한 변인을 결합하였다.

결과가 일관되며 다른 점이 별로 없기 때문에 이 연구의 초반부에 기술한 내용의 정확성이 입증되었다. 앞서 언급한 교육학적 변인으로는 학생들이 소수와 같은 개념에 대해 어떻게 생각하는지 감지하기 어렵다. 1970년대 개혁 운동을 검토함으로써 학생의 생각을 비로소 알 수 있다.

---

24) 이러한 경향은 필로이(Filloy)가 수행한 연구 프로젝트에서도 확인되었다. 필로이에 따르면 수세기를 가르칠 때 교사들은 학생들의 반응을 미리 생각해 보지 않으며, 학생들이 분류체계의 하위 수준에 도달하는 것만을 목표로 삼았다. 편집자 주: 좀 더 다양한 예는 Filloy et al.(1979)에서 살펴볼 수 있다.

3. 1970년대 소수 교육

프랑스에서 일어난 1970년대 개혁 운동은, 앞서 살펴본 1960년대 상황에 대한 비판에서 시작된 면이 있다. 그러나 이러한 개혁 운동을 설명하거나 정당화하기 위해서는 1960년대의 신념에 의존해야만 하였다. 소수 지도는 개혁을 도모하는 사람들과 이를 반대하는 사람들이 관심을 두는 논쟁의 중심은 아니었지만, 이 때문에 개혁 운동의 새로운 아이디어를 일일이 열거하지 않고 그 궤적을 살펴보는 데 소수를 검토하는 것이 더욱 흥미롭게 되었다.

3.1. 소수 지도 교육과정 예시 자료

피카드(Picard)가 수학 잡지(*Journal de Mathématique*)에서 제안한 연습문제를 살펴보자.[25] 이 연습문제의 일부는 피카드가 쓴 "추상화의 특징(*Agir pour abstraire*)"에서 다루어진 바 있다.[26]

3.1.1. 도입 단원

학생은 타일이 깔린 영역의 넓이를 타일의 개수를 세서 측정한다. 넓이의 단위는 타일에 붙은 이름으로, "넓이의 단위는 작은 삼각형인 mes. 3이다"[27]와 같이 제시된다. 학생이 타일을 세는 활동은 도형을 "조각"으로 덮는 활동으로 바뀌는데, 이때 "조각"은 딘즈의 멀티베이스(multi-bases)에 따라 다음과 같은 체계로 만든 것이다.

조각 A는 타일 1개, B는 2개, C는 2^2개, D는 2^3개,
E는 2^4개, F는 2^5개, G는 2^6개에 해당한다.

도형을 덮는 각종 조각의 최소 개수를 알아보기 위해 결과를 이리저리 바꾸어 보는 활동을 한 다음, 자연수인 넓이를 2진법으로 나타내어 표에 정리하도록 한다. 다음으로 "A가 단위일 때" 넓이가 11011인 도형 M을 그리게 하고, 그 다음에는 "단위로" E를 택하여 M의 넓이를 재도록 한다. 조각 중 하나를 단위로 택하여 이와 같은 교환 게임을

25) CM1의 분책 Ⅱ와 CM2(1972)

26) 피카드는 딘즈의 아이디어를 프랑스에 널리 퍼뜨렸다. 1966년부터 1970년 사이에 INDP의 연구원으로 일하면서 개혁 운동이 추구하는 방향을 교사들에게 알리는 역할을 하였다.

27) "mes. i"는 교과서 저자가 타일에 붙인 이름을 말한다.

해봄으로써 넓이가 같은 도형의 동치류를 만들도록 한다. 그러나 이러한 범주화에 쓰이는 용어나 설명이 교과서에 제시되지는 않는다. 구체물을 조작할 때 단위가 바뀌었다는 것을 나타내기 위해 학생은 표에서 단위로 선택한 조각에 ∧을 표시하고 그 조각의 개수 뒤에는 점을 찍는다.

교환 게임이 끝나면, 이전 표와 같지만 점과 ∧이 추가된 표를 얻게 된다. 단위를 바꾸는 것은 같은 체계 내에서만 가능하다. 즉, 사각형 타일을 육각형 타일로 대신할 수는 없다.

3.1.2. 다른 진법으로 나타내기 위한 분해(decomposition)

같은 종류의 활동을 3진법과 10진법으로도 진행한다. 여러 번 연습을 했기 때문에 학생들은 어떤 수에 나타내고 싶은 진법의 기저(base)[28]를 곱하면 자리수가 왼쪽으로 하나 옮겨진다는 것을 안다.

이러한 활동에서 교사가 제시하는 설명과 산파적인 대화 덕분에 아동들은 다음 표를 그리게 되는데, 이를 등식으로 나타내면 $S=2f+1f+\frac{f}{8}+\frac{f}{16}$ 와 같다.

〈표 1〉 이진 소수표기를 위한 분해 표

G	$\hat{\text{F}}$	E	D	C	B
1	1	0	0	1	1

이와 같은 상황에 대해 교과서 저자로서 피카드가 내린 해석은, 이러한 활동의 진정한 의의를 알려주는 데 충분하지 않다. $\frac{f}{8}$, $\frac{f}{16}$ 와 같은 항은 "당연한 것처럼 등장"하였지만 이처럼 분해된 표기가 나온 것은 이때가 처음이다. 교사는 "친구가 말한 것을 수학적으로 써 봅시다"라고 하면서 예를 들어주는데, 이때 "f"가 순식간에 사라진 다음과 같은 표현이 등장한다.

$$S=2+1+\frac{1}{8}+\frac{1}{16}$$

저자는 아동들이 표에 수를 적을 수 있으면 소수표기를 이해한 것으로 보는 듯하다. 연습문제는 서로 다른 여러 진법으로 표현되어 있지만, 진법을 바꾸는 문제, 이를테면 2진법으로 나타낸 넓이를 3진법으로 바꾸는 문제는 포함되어 있지 않다.

28) 역자 주: 진법의 기저는 2진법으로 나타낼 때는 2, 3진법으로 나타낼 때는 3을 말한다.

3.1.3. 연산

2진법으로 표현된 수처럼 "소수점을 가진 수"에 자연수를 곱하거나 더하는 연산은, 조각으로 넓이를 측정했던 것과 유사한 상황을 통해 학습된다. 즉, 교환 활동을 해본 다음 주어진 기저에 따라 직접 세기 활동을 한다.

3.1.4. 순서

소수의 순서 학습에는 완전히 다른 표상, 즉 서가에 있는 책에 "번호 붙이기"가 쓰인다. 책에는 문자 A, B, C, …로 코드가 붙는데, 이유는 알 수 없지만 도서관 사서는 서가에 이미 꽂혀있는 두 책 사이에 새 책을 꽂는다. 예를 들어, B와 C 사이에 있는 F에 대하여 "F를 위한 코드를 찾는 것이 문제"가 되는데 이는 다음을 의미한다.

1) 이미 꽂혀있는 책과의 관계로 F의 위치를 설명해야 하지만,
2) 다른 새 책을 꽂을 때도 성질 1)을 그대로 유지해야 한다.

이렇게 "번호를 붙이는 데" 서가의 책을 세는 것은 효용이 없다. 실제로 이 문제는 풀이 "방법"이 곧바로 주어지기 때문에 문제로서 별 역할은 하지 못한다. 이 방법은 임의적인 도입부처럼 몇 가지 코드를 만들어 내는 실용적인 방식이 아니라, 규칙에 맞는 체계 전반을 생성하는 알고리즘의 형태를 띤다. 즉, 모든 코드는 앞서 언급한 모델을 유지하면서 소수점 뒤에 한 자릿수, 그 다음에 두 자릿수, …를 갖게 된다(2.2.4절).

3.1.5. 연산자와 문제

곧이어 단위가 없는 두 소수의 곱셈을 다루기 위한 고전적 접근이 뒤따른다. 저자는 정수 $\boldsymbol{Z}$를 이용하여 자릿수의 순서를 … 3, 2, 1, 0, $\bar{1}$, $\bar{2}$, $\bar{3}$ … 로 도입한다. 10, 100, 1000을 곱하면 표 안에서 자릿수가 왼쪽으로 한 칸씩 이동한다. 이를 통해 한 자리에 있는 여러 조각을 바로 앞자리의 조각과 바꾸는 것으로 연산을 정당화하는데, 이러한 정당화에도 여전히 모델은 필요하다.

나눗셈은 무엇을 나눈 것인지, 수인지, 측정값인지, … 아니면 단위인지에 대한 언급 없이 $123.35 = 12335 \div 100$ 과 같이 역 알고리즘으로 도입된다. 그런 다음 두 소수의 곱셈을 아래처럼 "연산자"로 해석한다. 그러나 이와 같은 해석이 언제 필요한지는 설명하지 않는다.

$$
\begin{aligned}
123.35 \times 4.3 &= [12335 \div 100] \times [43 \div 10] \\
&= [12335]((\div 100).(\times 43).(\div 10)) \cdots \\
&= [12335]((\times 43).(\div 100).(\div 10))
\end{aligned}
$$

위 식에서 대괄호 안의 수는 측정값을 나타내며, 괄호 안의 수는 교과서에서 화살표와 함께 표현되는 “연산자”로 해석할 수 있다. ‘.’은 화살표의 “합성”을 나타내므로 위 식에서는 내재적 연산인 ×, 외재적 연산인 [ ]( ), 함수의 합성인 ‘.’과 같이 “곱셈” 3개가 있으며, 교과서에는 이들이 모두 뒤섞여 있다.

“구체적인 수” [43]을 연산자 (×43)로 해석하는 것은 자연수를 학습할 때부터 교과서 저자가 “기계”라는 이름을 붙여 여러 차례 연습시켜 온 것이다. 두 소수의 곱셈이 의미를 가지는 문제-상황은 제시되지 않는다.

나눗셈은 자연수에서 수행한 유클리드 나눗셈 방식으로 설명된다. 예를 들면, $a \div b = ka \div kb = \frac{a}{h} \div \frac{b}{h}$ (단, h 는 a 와 b 를 나눈다)와 같은 성질이 소수로 확장된다.

이상의 도입 단원이나 4학년 대상 활동지 131개 중 32개와 5학년 대상 활동지 149개 중 58개[29]의 학습 활동을 제외하면, 소수는 넓이의 범위를 다루는 단원에서 “어떤 영역의 넓이가 mes 44에서 51 사이에 있다”와 같이 언급할 때만 등장하며 그 외에는 소수나 그 용법 및 응용에 대해 별도의 설명은 없다.

3.1.6. 근사

첫 번째 연습문제에서 학생들은 곡선으로 둘러싸인 영역의 넓이가 눈금의 상태에 따라 달라짐을 보여야 하는데, 이때 눈금은 조각을 대신하여 넓이를 예측하는 도구가 된다. 그러나 이 경우에 넓이가 존재하기는 한 것일까?

다음으로 학생들은 눈금에 걸친 선으로 둘러싸인 영역의 넓이를 구하는데, 처음 것을 한 단위로 하면 다음 것은 $\frac{1}{6}$ 로 줄어든 단위를 사용한다. 이는 단위의 분할을 의미하지만, 두 눈금이 동시에 제시되기 때문에 겉으로 보기에 상황은 앞서 묶음과 세기를 함께 다루었던 활동과 다르지 않다.

다음에 이어지는 연습문제에서는 곡선으로 둘러싸인 영역의 넓이를 더 미세한 눈금을 이용하여 “그 넓이가 mes 50에서 51 사이에 존재한다”와 같이 보다 정밀하게 탐구한다. 이상과 같은 전개에 대해서 몇 가지 논의가 필요하다.

29) 편집자 주: 각각 CM1과 CM2에서 다루는 내용을 말한다.

3.2. 소수 지도 교육과정 예시 자료 분석

3.2.1. 넓이

도입부는 선행 개념을 따르지만, 여러 영역의 넓이를 통해 측정값이 같으면서 동일한 범주에 속하는 서로 다른 대상 사이의 차이가 부각되도록 한다. 그러나 구체물을 사용하여 교환 규칙을 터득시키는 활동은 쓸모없는 숫자 읽기 연습에 불과하다. 이는 일부 도형에만 국한되는 수 세기를 강조한 것으로, 조작이라는 신념의 희생 제물이다.

3.2.2. 소수점

처음부터 그냥 그렇게 해왔기 때문에, 숫자를 표 안에 쓸 때 소수점과 ∧은 어떠한 의미도 지니지 않는다. 다항식 형태로 분해하여 나타내는 "수학적인" 표기는 소수를 바르게 학습하는 토대이지만, 해당 교과서는 이를 진지하게 다루지 않으며 뒤따르는 활동도 없다. 교과서 저자는 표현을 바꾸는 것에만 흥미가 있어 보인다.

3.2.3. 순서

소수의 순서를 학습하는 것은 이미 살펴본 것처럼 기존 방법이 지닌 한계를 혁신적으로 해결한 것이다. 그러나 실행한 추론 과정이나 번호 붙이기를 통해 설명된 성질은, 소수인 측정값과 어떻게 관련되는가? 소수인 측정값이 새로운 "수"라면, 이러한 수끼리의 합을 어떻게 이해해야 하는가?

3.2.4. 구체화와 단위 생략

이상과 같은 여러 요소가 지닌 공통점은 그 표기 방식에 있다. 각 요소의 표상은 모두 다르고 개별적이며, 형식적이라는 사실을 제외하면 어떠한 연관성도 없다. "소수점이 있는 수"로서 측정값의 순서를 알기 위해서는 책을 배열하는 알고리즘을 기억해야 한다. 어떠한 활동도 이 2가지 표상과 관련되는 새로운 표상을 만들어 내지 못한다. 이를테면 누군가는 두 점 사이의 거리를 정의한 다음 "여러 선분"의 길이라는 표상을 고안할 수도 있는데 말이다.

그러는 사이에 소수 수업에서는 단위에 대한 모든 참조물이 사라진다. 그러나 소수점은 소수를 비교하거나 더할 때 여전히 의미를 갖는다. 개별 소수에서 단위의 자릿수는 모두 같다고 가정되지만 아무도 그것이 얼마인지 모른다. 이에 대한 설명은 학생에게 제시되지도 않으며 그렇다고 학생에게 물어보지도 않는다.

주어진 수는 서로 관련이 없으며 단위가 같다고 보아야 할 이유가 전혀 없는데도 단위라는 표지가 갑자기 사라진다면, 이는 의도한 정보를 소수점이 효과적으로 전달하는 바로 그 순간에 아무도 알 수 없는 별도의 정보가 전달될 수 있음을 의미한다.

측정값 소수(measure-decimal)와 연산자 소수(operator-decimal)의 특징을 아직 구체적으로 밝히지는 않았다. 다이어그램으로 이들의 차이를 강조하여 설명하면 그 특징을 규명하기 어렵기 때문에 완전히 형식적인 방법을 통해서만 이를 다룰 수 있다. 한 개념은 다른 개념에 의해 만들어진 성질과 규칙을 물려받는데, 이는 동일한 기호를 사용하여 마술과 같이 진행된다. 이것이 바로 소수를 측정값이나 연산자가 아니라 형식적인 교량으로 사용해야 하는 이유이다. 구체적인 예에서 쓰이는 표상으로는 성질과 규칙을 이처럼 전수하는 것이 타당함을 입증할 수 없으며, 오히려 그 역할을 방해하게 된다. 앞서 본 연구에서는 이러한 과정을 단위의 생략으로 칭한 바 있다.

이상과 같이 소수의 정체성을 형식적으로 부여하는 것은 소수의 의미를 창조하는데 근본적인 문제를 야기하였으며, 소수 지도에 대한 연구를 완전히 등한시하게 만들었다. 본 연구는 유리수를 통해 소수의 의미를 살펴볼 것인데, 이는 벡터 공간의 특징을 그것의 쌍대공간을 통해 알아보는 것과 매우 비슷하다.

3.2.5. 곱셈

곱셈 개념 역시 새로울 것이 없지만, 곱셈 계산을 이해하는 것은 [43÷100]과 같은 "구체적인" 수를 (×43).(÷100)과 같이 연산자로 보는 능력에 달려있는 것만은 분명하다. 그러나 곱셈 계산이 무엇을 의미하는지는 언급되지 않는다.

3.2.6. 결론

소수는 단위를 상당히 작게 하여 구한 측정값으로 도입되며, 배수를 통해 표현된다. 소수는 "구체적인" 자연수지만, 미터법은 소수의 의미를 다루는 기초 영역으로 인정받지 못한다. 소수 학습은 매우 작은 부분을 차지하며, 길이, 겉넓이, 부피, 질량과 같은 차원을 소개하는 연습문제를 경험하는 정도에서 멈춘다. 계산 알고리즘을 전통적인 방법으로 설명하며, 상당히 엄격한 형식주의에 따라 계산법을 정당화하는 것에 치중한다. 이때, 주목하는 형식주의는 수학적인 것이 아니라 학습 지도 과정의 오랜 주제가 되어온 자동화와 관련된다.

1960년대의 전형적인 교육 방법으로 여겨지는 여러 특징이, 매우 혁신적이라고 평가받는 이들 교과서에서 대부분 그대로 유지됨을 알 수 있다.

3.3. 1970년대 전형적인 교육과정 자료 탐구

1970년대 개혁 운동의 영향을 받은 교과서 중에서 가장 널리 쓰인 것은 토야르(Touyarot)의 수학 안내서(*Itinéraire Mathématique*, Paris: Editions Fernard Nathan. 1976)이다.

3.3.1. 선택

흥미롭게도 선택 가능한 질문은 1960년대의 경우와 같다. 단위를 바꾸어 가며 유한 기수인 측정값으로 소수를 도입한 다음 지표인 단위를 "생략"한다. 두 자연수를 비교하거나 두 소수를 비교할 때 쓰이는 서로 다른 알고리즘을 별도의 정당화 없이 수의 대소를 비교하는 동일한 활동으로 제시하여 소수를 자연수처럼 다룬다.

3.3.2. 연산의 성질

"합집합"과 "교집합"이라는 용어를 쓰지 않고 집합의 연산이라는 표상을 검토하여 자연수 연산의 성질을 밝힌 다음, 자연수 연산의 성질에서 소수 연산의 성질을 간단히 유도한다. 이는 소수 연산의 성질에 더 이상 문제나 논쟁거리가 없으며 새로울 것도 없음을 보여준다. 소수는 수학적인 독립체가 아니라 이미 알려진 어떤 대상의 변형일 뿐이다.

3.3.3. 곱셈

두 소수를 곱할 때 학생은 "설탕 한 꾸러미는 168조각이므로 설탕 한 꾸러미에는 100조각짜리가 1.68개 있으며, 설탕 꾸러미 28개에는 100조각짜리가 1.68×28개 있다"는 점에 주목하도록 안내된다. 또한 설탕 열 꾸러미에는 100조각짜리가 16.8개 있으므로 설탕 열 꾸러미 2.8개에는 100조각짜리가 16.8×2.8개 있다. 즉 곱하는 소수의 소수점은 16.8×2.8=1.68×28처럼 사라지게 된다.

3.3.4. 연산자

아주 나중에 자연수와 소수의 연산, 소수와 소수의 연산에서 소수를 ×2.5와 같은 사상으로 정의하는데, 이를 통해 주어진 문제를 3의 법칙(rule-of-three) 문제로 표현하게 된다.

3.3.5. 분수

분수는 구체적인 문제-상황을 통하지 않고 일련의 연산자 연쇄로 정의된다. 이렇게 정의된 분수는 갈수록 "유용하다". 이에 교과서는 분해와 재결합을 통해 분수가 소수 연산자와 "같음"을 보이기 위해 소수 개념을 이용한다. 이상하게도 교과서에는 비-십진(non-decimal) 기수법에 대한 연습문제가 거의 없지만, 뚜렷한 이유 없이 "소수"라는 용어 대신 "소수점이 있는 수"라는 표현이 자주 사용된다. 이를테면 이전에 배운 바 없는 [그림 1]을 이용하여 $\frac{21}{28} = \frac{75}{100}$를 보이는 지루한 증명을 진행한다.

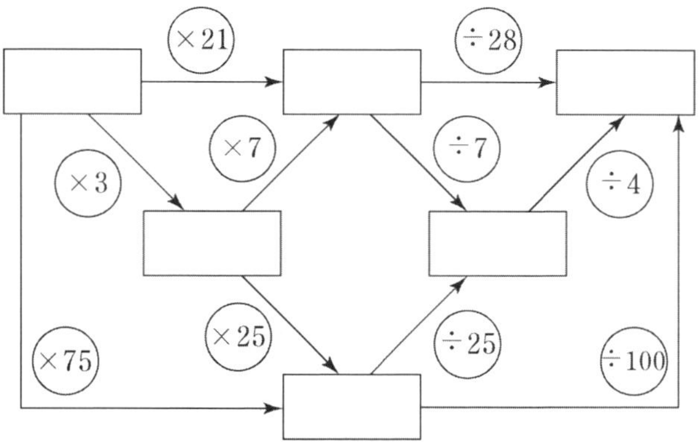

[그림 1] $\frac{21}{28} = \frac{75}{100}$임을 보이는 교과서 사례

그러나 $\frac{75}{100} = 0.75$인 이유는 설명되지 않는다.[30] 또한 $\frac{21}{28} = \frac{75}{100}$라는 "결과"를 얻기 위해, 피제수인 21의 오른쪽에 0을 필요한 만큼 많이 붙여서 28로 나누면 최종적으로 나머지가 0이 되는 이유도 다루지 않는다. 이상과 같은 활동에서 미지수 x, y, z가 처음으로 대거 등장한다. 나눗셈이 "절대로 끝나지 않는" 경우에 어림값을 설명하는 예

30) $\left(\times \frac{75}{100}\right) = (\times 75)(\div 100) = 75 \div 100$ 도 역시 비슷한 문제가 있다.

로 $\frac{10}{11}$만을 다룬다.

3.3.6. 결론

이처럼 다양한 내용을 다루는 교과서는 예전 틀을 그대로 유지하면서도 당대의 새로운 사실로 이러한 틀을 설명한다. 문제는 셀 수 없이 많고 다양하다. 그러나 교사는 어떤 문제를 골라야 할지 모르며 학생의 문제 풀이에서 다른 문제의 해가 어떤 도움을 주는지 알지 못한다. 이로 인해 학생은 자신이 적응한 학습 내용을 문제에서 찾지 못한다. 어휘 역시 예전에 다룬 대상을 새로운 용어 몇 개로 표현함으로써 환경과 타협한 결과이다. 그러나 어떤 장애물이 등장하면, 앞 문단에서 살펴본 증명과 같이 이 시기의 교수학적 혁신으로 무장한 수학 언어가 재등장한다. 이는 협상의 어려움을 보여주며, 이제부터 검토할 여러 조건을 암시한다.

3.4. 개혁적인 소수 지도 관점 분석

3.4.1. 내용을 목표로 삼은 개혁

이전 교육 운동과 달리 1970년대의 개혁은 가르칠 수학 지식의 내용, 형식, 조직 및 도입 순서를 수정하는 데 주요 목적을 두었다. 이러한 개혁이 교육학적인 입장을 취하였지만, 별반 큰 차이는 나타나지 않았다. 약간의 보충 설명과 어휘의 변화를 제외하면 가르치는 소수 개념이 본질적으로 바뀌지 않았기 때문에 학생들이 겪는 어려움도 달라지지 않았다.

이제부터는 내용의 변화를 추구하는 개혁 운동이 가져온 학습 개념의 변화와 이러한 개혁 운동이 학생의 활동을 재조직함으로써 수학 교수에 가져온 변화를 살펴본다. 1970년대의 개혁은 무엇보다도 다음을 주장하였다.

- 수학 지식은 재조직되고 통합되어야 한다.
- 엄밀성에 대한 새로운 요구가 있기 때문에 어휘를 지속적으로 바꾸어야 하며, 이러한 재조직화에 힘입어 수학의 적용 범위가 부분적으로 확장되어야 한다.
- 수학 지식을 통합함으로써, 학습을 통해 문제 해결을 가르치기보다 학습하는 방법을 가르치는 데 목표를 두었기 때문에 교수를 보다 효과적으로 진행할 수 있다.

위와 같은 이유로 수학자들은 개혁을 요구하고, 장려하였으며 추진하기까지 하였다. 그러나 위에서 제시한 통합 개념은 수학이 "구조 이론"[31]으로 기능하는 데 다양한 가설을 낳았다. 내용과 분리됨으로써 구조는 "그것이 토대로 하는 대상의 본질과는 무관한 것이 되었다".[32]

수학은 지식을 만드는 수단이기 때문에 수학을 배우는 것은 학습하는 것을 배우는 것이다. 많은 사람이 새 수학을 형식 언어로 체계화하였는데, 형식 언어의 의미론적 측면이 구조 이론이 되고 그 통합적 측면이 발현됨에 따라, 구조주의 개념인 실용론에 근거하는 적응을 통해 형식 언어가 다양한 분야에 적용 가능하게 되었다. 이러한 개념은 피아제(Piaget)의 연구가 시사하는 바와는 대조적인 방식으로, 학습에 대한 기대를 지속시켰다.

3.4.2. 구조에 대한 교수

위와 같은 수학을 아동들이 학습할 수 있도록 조직하는 것이 가능하다고 주장하려면, 앞서 언급한 구조를 그 자체로 적정화하는 방법부터 설명해야 한다. 실제로 구조주의적 방법은 구조의 의미를 주체와 상황의 상호작용 내력에 두지 않기 때문에 경제성이 있다. 구조주의적 관점에 따르면 상황은 지나치게 풍부하거나 다양하며, 이러한 상황하에서는 구조가 한쪽으로 치워지거나 불필요하게 구체적인 의미를 띠게 된다. 게다가 1970년대에 만연한 교육적 아이디어는 수학적 담화를 학문적으로 연구하는 일을 거부하게 만들었다.

여러 연구는 문제에 주목하여 해결 방안을 모색하였다. 이 연구에서는 가장 대표적이고 분명한 딘즈의 시도에 대해 살펴보겠지만, 딘즈가 추구한 방향과는 차이가 있는 다음과 같은 해석 방식을 따를 것이다.

– 피아제의 연구를 토대로 하여, 기초적인 지식의 발현이 아니라 전반적인 구조의 형성에 대해 설명하는 발생적 인식론을 고려한다. 발생적 인식론에 따르면 본질

---

31) "Remarques surIes mathématiqueset la réalité" by Lichnérowicz, 1967 (In: Logiqueet connaissance scientifique, pp. 474~485/esp. 477). Encyclopédie la PIéiade. Paris: NRF, 1969.

32) 이 논문에서 저자는 2가지 예를 통해 새로운 과학을 연역적인 수학에 그 자체로 위치시키는 것이 얼마나 중요한지 설명한다. 또한 저자는 귀납적 방법, 광범위한 추상화 및 신생 학문 분야에서 두드러지는 실험 결과 등을 거부하는 태도의 중요성도 강조한다. 저자는 "우리가 추구하는 지식의 유형은 매우 수학적이며, 우리가 지닌 힘은 그러한 유형과 불가분의 관계에 있다"고 결론을 내리는데, 이는 개혁 프로젝트를 사회적 수준에서 정당화하며 개혁 프로젝트에 심리적, 학문적 토대를 제공한다(Lichnérowicz, op. cit.).

적으로 이와 같은 구조의 형성은 일반적인 것에서 특수한 것으로 진행된다.

- 로저스(Rogers)의 아이디어를 비판적으로 검토하여, 때 이른 규범적 교수학이 만들어내는 장애물이 없다면, 주체의 활동과 자연 발달은, 목표하는 기본 지식의 전유(appropriation)[33]로 이어진다는 결론을 내릴 것이다. 이러한 입장은 "전달이 용이한" 교수 관행을 규정하기 위함이 아니라 "전통적인 방식"을 거부해야 한다고 주장하는 "미지의 교육학적" 실험[34]을 정당화하기 위함이다.

한편, 딘즈는 다양한 수업과 새로운 자료를 통해 해결 방안을 제시하였다.[35] 딘즈가 "심리역학(psychodynamics)"이라고 부른 과정은 보통 다음 6단계를 따르는데, 여기에 일반화 단계에 해당하는 현상이 포함되기도 한다.

- 놀이 단계
- 구조화된 게임
- 동형 게임과 추상화
- 도식화와 공식화
- 기호화와 형식화
- 공리화

3.4.3. 딘즈의 심리역학적 과정

딘즈의 심리역학적 과정에 대한 이 연구의 해석은 그의 저술에 전적으로 의존하지는 않는다. 이 연구는 교사들이 1970년대의 교육적 아이디어와 관련하여 심리역학적 과정을 어떻게 해석하였는지 살피고자 한다. 이는 심리역학적 과정을 언급한 다수의 교육 활동 및 상황과 관련된다.

구조화된 게임

구조화된 게임에서 아동은 형식적인 방법이나 맥락으로 주어지는 규칙에 따라 행동한다. 이때, 규칙은 아동이 찾아야 하는 구조에 대한 규칙이다.

---

33) 역자 주: 원본을 창작의 자원으로 삼는 방법론을 이르는 용어이다. 확고한 권위와 지명도가 있는 원본은 하나의 기호로 작용하는데, 이 기호의 맥락을 변경하여 의미를 전복한다는 뜻을 함의한다.

34) INRDP 용어로는 "expériences '*pédagogiques sauvages*'"이다.

35) Maudet(1979). *Etude et critique du processus psycho-dynamique selon Diénès*. Mémoire de DEA. Université de Bordeaux.

이와 관련되는 전형적인 사례에는 군이 있다. 교사는 군의 표상을 선택하는데, 예를 들면 인형을 공중 회전시키고 돌리고 굴려서 얻은 4가지 위치를 사용하여 어떤 집합의 변환 군으로 "클라인 군"을 가져온다. 교사는 집합을 제시하고 학생들이 변환을 만들어서 모든 변환을 찾도록 유도한다. 또한 이 위치에 적용된 변환이 그 위치에 해당하는지, 다른 변환으로 대신할 수 있는 것은 아닌지 살피도록 한다. 이는 수학적 활동을 그대로 옮겨온 것으로, 방정식의 해를 찾거나 그 성질을 조사하는 것과 관련된다.

당시 "게임"이라는 용어는 교육학적 의미로 사용되었다. 게임은 학습 의무나 학문적인 요구가 없는 색다른 상황으로, 게임에서 아동은 상황을 자유롭게 다루어 상상력을 발휘하여 새로운 것을 발견하거나 타인과 공유한다. 학생은 학습 목표에 접근하는 문제를 규칙이라는 틀을 통해 만나지만, 일반적으로 교육 상황은 게임으로 조직되지 않으며, 경쟁 관계에 있는 여러 전략을 게임 참여자가 확인해 볼 기회도 제공되지 않는다. 즉, 여기서 "게임"은 수학적인 활동을 흉내 내어 과제를 재현하는 진부한 연습이면서, 진짜로 개방적인 상황이 되기도 한다. 수학적 상황은 어떤 활동에 삽입된 뼈대 자체로, 친숙하고 유용한 문제 상황에서 최적의 전략을 찾는 데 필요한 지적인 수단이 아니다.

이러한 조건에 따르면 동기는 외부에서 얻어지는 것으로, 학습 내용을 흥미로운 상황의 해답으로 작용하게 하는 원동력이 아니다.

동형 게임

동형 게임 단계에서 교사는 동일한 구조를 가진 여러 게임을 학생들에게 잇달아 제시한다. 학생들은 게임의 문제 상황에 비추어 한 게임에서 다른 게임으로 행동, 성질, 방법을 전이하기 위해 대상 대 대상, 관계 대 관계 사이의 관련성을 스스로 인지해야 한다. 교사에게 이러한 전이는, 학생이 인지한 것을 서로 연결 짓게 되었음을 보여주는 근거이다. 실제로 이러한 관계는 구조가 지닌 다소간의 차이를 제외함으로써 드러나는 동질성을 암묵적으로 이해하였을 때 파악되는 것으로, 다음 단계에서 학생이 터득하게 될 것이다.

추상화

추상화는 "다양한 동형 게임"의 "공통 구조"를 지식의 대상으로 보는 것이다. 여기서 구조는 개별 사례의 특수한 요소와 독립적이며 이러한 요소 모두를 아우르는 여러 성질의 집합이다. 그러므로 교사는 추상적 구조의 순도를 숨길만한 "변이"가 있는 실제 대상들의 세트를 만들어야 한다. 가장 순수한 구조는 구조 자체를 불변의 규칙으로 설정하고, 카르납(Carnap)의 정의에 따라 구조의 의미를 형성함으로써 찾을 수 있다. 그러나 이처럼 구조를 찾는 이유, 예를 선택하여 그 구조를 활용하는 이유를 학생은 이해하지 못하기 때문에 학생의 입장에서 이는 그저 계약처럼 보일 뿐이다. 이 계약에 따르면 학생은 교사가 게임에 숨겨놓은 바를 알아내야 하며 정해진 규칙에 따라 교사의 의도를 해석하여 유사점과 차이점을 찾아야 한다. 전 단계와 달리 이 단계에서 교사는 새로운 결정을 내릴 필요가 없으며 구체적인 문제-상황도 만들 필요가 없다. 이러한 문제-상황은 전적으로 학생의 책임하에 일종의 해답으로 등장하게 되는데, 이를 위한 필요충분조건은 전 단계에서 학생에게 제공된 바 있다.

내가 보기에는 교수학적 계약이 이상의 과정을 작동하도록 하지만, 지식 발생의 유일한 법칙은 아닌 듯하다. 추상화가 꼭 필요한 것은 아니다. 실제로 상점 주인은 금전 거래에 영향을 미치는 여러 요소의 구조를 추상화하지 않으며, 그 이유는 그러한 추상화의 필요성을 느끼지 않기 때문이다.

도식화와 공식화

구조의 도식화와 공식화는 식별 및 갱신 과정 다음에 일어난다. 딘즈는 이것이 일반적으로 어떤 상황에서 가능한지 설명하지 않았으며, 단지 아동이 도표와 같은 도식을 그리면 구조를 도식화한 것으로 해석하였다. 그러나 아동은 언어를 배우는 것처럼 모방에 의하여, 점으로 대상을, 화살표로 연산자를 나타낼 수도 있다. 이처럼 표현한다고 해서 어떻게 구조를 도식화했다고 볼 수 있을까?36)

기호화

기호화는 이전 단계에서 표현한 성질을 새로운 언어로 기록하는 것이다.

공리화

공리화는 습득한 지식을 재조직하는 단계로, 여러 구조 사이의 관계를 설정하는 데 필요한 기본 성질을 선별하여 각각의 관계에 따라 여러 구조를 제 위치에 배치하는 단계이다. 물론 이러한 위치는 수학적 지식의 현 상태에 따라 달라지며, 수학적 지식이 교수학적 참조물이 되려면 그 자체가 "현대 수학"이라는 이름으로 규정되어야 한다. 이 단계 역시 동형 규칙이 있는 자유 게임, 공식화 등과 같은 이전 단계를 거쳐서 발달한다.

여기에서 심리역학적 과정의 본질이 드러난다. 심리역학적 과정에서 지식은 문제-상황에 적용 가능한 반응으로 조직되는 것이 아니며, 문제-상황에 적합하거나 경제적인 개별 반응으로 구성되는 것도 아니다. 지식은 타당성과 유용성을 보장하는 문화적 체계에 따라 완벽하게 다듬어진 후에 학생에게 제공된다. 학생은 지식에 대해 어떤 책

36) 편집자 주: 부알로(Boileau)의 표현에 따르면 "확실히 이해된 것이 명확히 설명될 수 있다(*Ce que l'on conçoit bien s' énonce clairement*)."

임도 지지 않으며 다만 이를 충실히 따르기만 하면 되는 것으로 여겨진다. 지식은 평범하고 관습적인, 간단하게 꾸며낸 이야기 뒤에 살짝 숨겨져 있을 뿐이다. 교수학적 상황 또는 무-교수학적(non-didactical) 상황에서 지식의 역할에만 초점을 맞추어, 학생이 지식을 발견하기 위하여 해야 하는 바가 논의된다. 딘즈가 택한 방법은 학생들과의 언어적 의사소통을 구성하는 것으로, 브루너가 주장한 바에 따라 지식의 본질을 교수학적으로 암호화하는 것이다. 이때 학생은 메시지를 해독할 수 있을 때만 학습에 참여할 수 있다는 것이 교수학적 계약이 된다. 아주 간단한 사례에 대해서만 이와 같은 의사소통 방식이 매우 느리게 작동할 것이다.

일반화와 특수화

위와 같은 이유 때문에 일반화 및 특수화 과정을 다시 살펴볼 필요가 있다. 구조를 일단 공리화하면, 여러 공리 중 어떤 것을 포기하거나 제거하여 학문적 체계를 세울 것인지 논쟁이 일어난다. 딘즈는 이러한 과정의 예로 [그림 2]를 제시하였다.

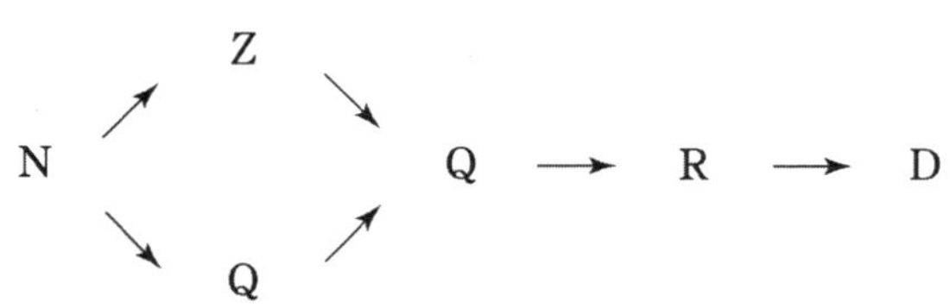

[그림 2] 일반화와 특수화의 예[37)]

3.4.4. 심리역학적 과정과 교육적 실행

앞서 논한 계약은 인식론적이면서 심리학적인 허구에 적용된다. 이러한 허구는 1970년대에 매우 널리 공유되었으며 잘 조직된, 다음과 같은 전문적 실행을 통해 드러난다.

a) 학생들의 행동은 기본적으로 경험적이다. 학생들은 교수학적 상황이라는 "실제"와 반복적으로 관계를 맺음으로써 실제에 내재한 구조를 "형태(gestalt)"로서 지각한다. 이와 같은 추상화 과정은 기억 경로 이론(theory of memory paths)[38)]을 통해 완벽하게 해석할 수 있다.

b) 학생의 역할을 설명하기 위해 가져온 경험 모델은 교사에게 전통적인 지위를 부

37) 역자 주: 자연수 $\boldsymbol{N}$에서 실수 $\boldsymbol{R}$로의 수 체계 발달을 일반화 과정으로, 실수 $\boldsymbol{R}$에서 소수 $\boldsymbol{D}$의 구조에 대한 해석(4장 참조)을 특수화 과정으로 설명한 것으로 보인다.

38) 편집자 주: Hull(1943)

여하는 바, 이는 기본적으로 실재주의(realist)에 기초하며 거의 플라톤주의에 가깝다. 현실에는 인간이 발견할 수 있는 구조가 있는데, 교사는 가르치고자 하는 구조를 가림으로써 본질을 가상적으로 다룰 수 있도록 만든다. 이때 발견이라는 것은 세계를 읽어내는 것이다.

c) 동형 게임 기법은 반복해서 문제를 다루는 오래된 관행과 관련된다. 이러한 관행에는 사전에 조직해 둔 유형으로 문제를 범주화하여 그 해결 방법을 지도하려는 의도가 있다. 이와 관련하여 새로운 방법은 예전 방법과는 다르지만, 그와 동시에 예전 관행을 크게 변경하지 않으면서 그 자체를 대신한다.

d) 예전 입장에 따르면 노하우를 배우는 것과 의미를 배우는 것은 별개이다. 새로운 입장은 이 2가지를 통합할 수 있다는 희망을 준다. 새로운 관점을 통해 교사는, 학생이 학습해야 할 구조의 의미 및 알고리즘은 구조가 기술하는 실제 대상들의 세트에 불과하며 추상화는 필연적으로 암기와 동일한 과정이라는 사실을 확신할 수 있기 때문이다. 그러나 사실상 "구조"는 노하우를 대신하며, 의미를 도외시하는 학습을 대체한다. 이로부터 문제의 소멸이 발생한다.

e) 1970년대에 만연한 구조주의는 이상과 같은 학습이 유용하며 생산적이라고 확신한다.

f) 딘즈의 **교수학**에는 서로 모순되는 요소가 있다. 개별 구조와 관련하여 구성은 분석에 선행하며, 교사는 학생이 구체에서 추상으로, 조작과 행동에서 반성으로, 놀이에서 학습과 적용으로 나아간다고 이해한다. 그러나 교사는 가장 일반적이고 단순한 구조를 가르치는 것으로 시작하여 가장 특수하고 복잡한 것에서 끝낼 수 있다.

g) 동형(isomorphism) 또는 실제화(realization)와 같은 수학 언어로 재공식화를 시도하거나 심리학적, 교수학적 현상을 수학으로 재조직하는 것은 피아제의 접근과 동일하며, 앞서 언급한 리크네로비츠(Lichnérowicz)의 역동적 수학(pan-mathematical) 프로젝트와도 일치한다. 이는 교수학 "이론"이 처음으로 출현하는 데 큰 역할을 하였다. 이때 출현한 교수학 이론의 가치는, 나름의 도식으로 얻은 실험 결과의 필요성을 제기한 것이 아니라, 교수 활동 자체를 살펴볼 필요성을 드러낸 것에 있다. 이 이론이 기술하는 교수 활동이 작동하기만 하면 이 이론은 옳다.

h) 이상과 같은 개념이 지닌 결점은 일어날 결과를 심리 법칙에 비추어 "보장함으로써" 특정 단계를 규정할 때 교사가 느끼는 책임감을 없애는 것이다. 예를 들면, 고전적 의미로서의 문제는 사라져서 관행과 목표가 되었다. 사실상 유일하게

남아 있는 바는 구조를 학습하여 필요한 순간에 적용하는 것이다.

i) 딘즈의 입장은, 앞서 이 연구에서 언급한 교수학 이론 대부분과 양립 불가능하다. 또한 딘즈는 흥미 있는 견해를 내놓았지만, 이는 자신의 교수학 이론과 무관하다.

3.4.5. 소수 지도에 대한 심리역학적 과정의 영향, 비평, 제언

1970년대 개혁 운동으로 일어난 변화를 소수 지도 상황에서 얻은 자료에 비추어 살펴보자. 미터법 및 그와 관련된 연습보다 이진법에서 시작하여 여러 진법을 소개하는 것이 선호되었는데, 이때 서로 다른 단위의 개수는 아주 빠르게 증가한 반면 이를 취급하는 방법은 더욱 단순해졌다. 수 세기 활동을 재현하는 데 필요한 조건은 쉬워졌지만, 새로운 문제는 하나도 등장하지 않았으며 이와 같은 구체화는 단순한 반복에 지나지 않았다.

또한 비이산적 속성과 관련하여 단위를 찾거나 비교 방법을 모색하는 것, 오차를 기술하거나 한계를 정하고 조정하는 것 등과 같이 측정의 실제 문제는 나중에 본격적으로 논의할 것으로 미뤄둔 채 초반에는 다루지 않는다. 활동 과정에서 더 이상 실질적인 활용을 언급하지 않으며 분명한 이론적 정당화나 설명을 제시하지도 않는다. 그로 인해 학생은 이러 이러한 과제를 다루었기 때문에 이러 이러한 성질을 발견했다고 생각한다. 관찰자가 문제-상황의 구조라고 평가하는 것을 학생이 다루려고 시도하였다는 사실만으로 구조에 대한 학습이 일어난 것으로 간주된다. 이는 마치 미로에 갇힌 쥐가 시행착오를 거듭하여 미로에서 나오면 쥐가 미로를 파악했다고 판단하는 것과 같다.

나는 딘즈가 이런 식으로 말하거나 생각하였다고 여기지는 않지만, 딘즈의 교수학 "이론"은 교사가 학생들의 활동을 염두에 두어 학생들이 뭔가를 "잘못"할 때 이를 설명하거나 예측하고 그에 맞추어 교수 상황을 조정하는 것과 관련하여 어떤 것도 행하지 못하게 한다. 딘즈 이론은 일종의 선견지명이나 예지력에 대한 신뢰를 바탕으로 하며, 소수-기호에서 어떤 성질은 측정-소수로 전수된다는 사실을 학생들에게 가르칠 수 있다는 교사의 자신감과 관련된다. 이 이론은 학생의 성공과 실패에서 드러나는 의미에 대해 아무것도 알려주지 않는다.

3.4.6. 개념(conception)과 상황

이 글의 목적이 딘즈의 흥미로운 연구를 체계적으로 비평하려는 것은 아니지만, 딘즈의 연구에 허점이 되는 주요 장애물을 검토해 볼 필요가 있으며, 이러한 장애물에는 목표 행동과 지식을 연관시키려는 시도가 포함된다. “수학적 구조”는 구조가 만들어진 용도, 기능, 다른 구조와의 관계, 무엇보다도 구조에 의해 해결할 수 있는 문제를 통해 의미를 얻게 된다. 구조의 의미는 개념 수준에서 찾을 수 있다. 유사 문제에 작용하는 유추가 문제에서 드러나는 여러 구조의 동질성을 보장하지는 않는다. 또한 두 사례에서 동질성을 보았다고 해서 두 상황이 확실하게 유사한 역할을 하는 것도 아니다. 구조주의는 연구에 쓰이는 효과적인 도구이지만 교수에서는 기만적인 마술에 지나지 않는다.

실제로 딘즈의 연구는 학습 내용을 **교수**에 대한 논쟁의 중심에 성공적으로 안착시키기는 했지만, 교수자가 **구조** 너머의 **개념**을 탐색하기 위해 수학을 연구하도록 이끌지는 못하였다. 또한 딘즈의 연구는 교수자가 개념(concept) 이면에 존재하는, 특정한 역사적 교수학적 **상황**에서 주체가 구성한 **개념**(*conception*)을 알아내기 위해 수학에 대해 의문을 품도록 자극하지도 못하였다. 학생이 어떤 개념(conception)을 지니거나 지니지 말아야 하는지에 대한 분석은 그러한 개념(conception)이 작용하고 기능하는 일련의 구체적인 상황에 대한 분석과 분리될 수 없다. 이 둘은 교수학적 기법과 이론 모두를 다룬다고 주장하는 시도에서는 필수적으로 탐색해야 하는 것이다. 이때 교수학적 기법은 교사들이 지속적으로 제어할 수 있는 것이어야 하며, 이론은 구체적인 대처 방법을 지니고 있어야 한다. 딘즈의 연구는 학생의 **행동**이 교수학적 요구에 대한 반응이 맞는지 살피지 않으며, 무엇보다도 학생의 행동을 교수학이 다루는 이론적인 연구문제를 설정하는 자료로 활용하지 않는다. 내가 보기에 딘즈의 연구가 지닌 이러한 한계는 어쩔 수 없는 결과이기는 하다.

위와 같은 이유로, 교수 실행을 다룬 장대한 두 연구가 있음에도 불구하고, 소수와 소수의 다양한 발생 조건 및 용법, 이와 관련하여 학생이 보일 수 있는 행동과 학생이 보인 행동에 대한 해석 등에 대해 알려진 바가 거의 없다.

CHAPTER

04

소수에 관한 교수학적 문제

1. 소수 지도 과정에 대한 일반적인 설계
2. 지도 과정과 실행 분석
3. 교수학적 상황에 대한 분석: 종이 한 장의 두께
4. 소수의 교수학에 관한 문제

서 문

3장에서는 교수학적 상황 이론을 통해 답하고자 하는, **교수학**의 핵심 질문을 다루었다. 브루소(Brousseau)는 이 질문에 대해 다음과 같이 말하였다.

“개념이 실제로 기능하도록 만드는 상황을 어떻게 정교화할 수 있는가? 다시 말해, 개념을 활용하고 의미를 부여해야만 답을 찾을 수 있는 상황을 어떻게 만들 수 있는가? 개념이 활용되도록 보증하는 절차는 질적으로 어떤 변인에 달려있는가? 피아제가 말한 동화가 필요하도록 어떻게 만들 수 있는가? 피아제가 말한 조절이 필요한 순간은 언제인가? 이것이 소수의 **교수학**에 제기된 몇 가지 질문이며 우리는 그 답의 일부를 찾고자 한다.”

4장에서는 기본적인 교수학적 개념을 제시하고 이를 활용하여 이상의 질문에 답한다. 4장은 1장에서 다룬 **교수학**의 기본 개념을 모두 언급하지는 않지만, **교수학**의 기초와 방법에 대해 기술한 1장의 속편으로 볼 수 있다. 특히, 1981년에는 **양도**(*devolution*)와 **비교수학적 상황**(*adidactical situation*) 개념이 아직 없었다. Perrin-Glorian(1994)에 따르면, 이 개념들은 각각 1982년과 1986년에 있었던 **수학 교수학**(*Didactique des mathematiques*) 여름 세미나에서 등장하였다. 그렇지만 4장에서 독자는 이 개념들의 초기 형태를 살펴보게 될 것이며, 브루소가 교수학적 상황론과 관련하여 1장에서 포괄적으로 소개한 바를 재음미하는 사례로 이를 다룰 수 있다.

4장은 소수 교수-학습과 관련된 문제를 다룬다. 이를 통해 전통적인 소수 개념의 대안이 되는 소수 개념이 존재하며, 교사가 이를 교수학적으로 선택할 수 있음을 보이고자 한다. 4장에서는 소수 개념에 대한 인식론적 분석을 제시하고, 학생들이 이러한 개념을 획득하게 하는 지도 과정과 상황의 주요 특징을 분석한다. 브루소는 이 글을 “실험적 인식론”의 일종으로 여겼는데, 실험적 인식론은 한때 우리의 연구 분야를 지칭하는 표현이었다.

편집자

CHAPTER 04

소수에 관한 교수학적 문제[1)]

1. 소수 지도 과정에 대한 일반적인 설계

1.1. 수학적 분석

1.1.1. 공리와 암묵적인 교수학적 선택

소수를 수학적으로 정의하거나 구성하는 방식은 여러 가지이다. 어떤 수학적 대상과 증명 방법이 알려져 있다고 보느냐에 따라 이 방식은 서로 다르지만, 그 결과로 만들어진 구조가 서로 동치이고 동형이라는 것을 보일 수 있다는 점에서 각 방식의 결과는 동일하다. 이러한 공리적 구성 각각은 수학의 영역에 속한다. 그러나 각각의 공리적 구성 사이의 차이에는 어떤 배경이 있는지, 선택의 근거가 무엇인지, 허용되고 허용되지 않는 것이 무엇인지, 중요하고 중요하지 않은 것이 무엇인지, 쉽거나 쉽지 않은 것이 무엇인지 밝히는 연구는 수학의 영역에 속하지 않는다. 공리적 구성은 암묵적으로 인식론적 선택과 교수학적 가정을 수반한다. 이때 교수학적 가정을 수학적 결론과 동일한 수준에서 필수적이라고 간주해서는 안 되지만, 교수학적 가정을 통해 개념에 대해 소통이 가능한 담론을 만들 필요는 있다. 두 방법은 정리를 만들기 위해 공리와 규칙을 선택할 때 차이가 있다.

1.1.2. 수학적 담론의 변형

동일한 공리 집합을 유지한 채 수학적 담론을 다른 담론으로 변형하는 몇 가지 형식적인 절차도 있다. 이 절차는 다음과 같은 방식으로 담론에 다소간 영향을 준다.

– 논리는 진술의 순서 변화, 필요조건 또는 충분조건을 이용한 다양한 함의 관계

1) Brousseau G. (1981). Problemes de didactique des décimaux. Recherches en *didactique des mathématiques*, 2(1), 37-127.

제시, 일반적인 진술로의 재구성, 보조정리나 따름정리로의 분할 등을 가능하게 한다.

– 수사학은 사고의 그림[2], 대조법, 비교법, 반복법, 박진법[3]과 의인법[4]을 제공한다. 여기에 설명, 예, 논평 등을 더할 수 있다.
– 문법과 문체를 통해 간단한 언어로 재형식화를 수행할 수 있으며, 용어를 정의로 대체할 수 있다. 동의어를 설정하거나 Gagné(1980)가 언급한 제시 절차를 선택할 수도 있다.

이상의 다양한 절차는 거의 자동으로 적용되며, 이를 통해 기존의 수학적 담론보다 더 간단하고 명백하며 풍부하여 이해하기 쉬운 담론이 만들어진다고 주장할 수도 있다. 이 관점에 따라 여러 흥미로운 연구가 수행되었지만, 이러한 연구는 관념과 학생의 학습에 이상과 같은 절차가 어떻게 구체적이고 독특한 방식으로 작용하는지 보이지 못하였다. 이전 장에서 그 효과를 살펴본 교육학적 방법처럼, 이러한 절차는 수학적 구성 그 자체를 논하지 않으며 문제 삼지도 않는다.

1.1.3. 메타수학과 발견술

위와 같은 방법을 기술하고 비교하는 것에 특화된 언어가 있다. 이는 수학자들의 담화, 논평, 강의, 비밀 이야기에서 발견된다. 때로 은유적인 방식으로 사용되는 실제 수학 용어, 메타수학적 언어를 기술하는 주요 수학 용어, 정의되지는 않았지만 명백하다고 여겨지는 범수학적 용어를 다룸으로써 본질상 발견술적인 개념을 찾을 수도 있다. 여기서 발견술적 개념이란 일반화와 종합, 분석과 문제 같이 폴리아(Polya)가 제시한 것 등을 말한다.[5] 이 언어는 폴리아를 계승한 몇몇 사람들이 사용한 것처럼 다소 기술적이고 분류적이지만, 이를 활용함으로써 개념의 다양한 구성 과정을 그 발생 단계에서부터 검토할 수 있다.

---

2) 로버트(Robert)의 《프랑스어 사전(Alphabetical and Analogical Dictionary of the French Language)》에서 "그림(figure)"이라는 단어 아래 있는 주요 그림 43개를 참고하기 바란다.
3) 역자 주: 박진법이란 사물이나 정경 따위가 생생하도록 사실적으로 묘사하는 수사법을 말한다.
4) 루시엔느 펠릭스(Lucienne Félix)를 참고하기 바란다. 편집자 주: Félix(1971)에서 루시엔느 펠릭스는 드로이(Drawy), 마티(Mati), 로지(Logi) 세 사람의 대화를 상상하였다. 이 세 사람은 어떤 기하 문제를 그림, 수학, 논리를 통해 힘을 합쳐 연구하였다. 의인법은 공허, 죽음, 신, 초자연적 존재, 추상적 실체 또는 우화를 통해 발화를 전달하는 수사학적 장치이다.
5) 편집자 주: Polya(1957)를 참고하기 바란다.

1.1.4. 확장과 축소

소수 $\boldsymbol{D}$를 직접 구성한 예를 살펴보자.

$\boldsymbol{Z} \times \boldsymbol{N}$에서 동치 관계 $\approx$를 생각하자.

- $(a, n) \approx (b, p) \Leftrightarrow a \cdot 10^p = b \cdot 10^n$, (a, n)의 동치류를 $\dfrac{a}{10^n}$라고 쓴다.
- $\boldsymbol{D} = \boldsymbol{Z} \times \boldsymbol{N}/\approx$에서 다음 연산이 정의된다.

  $(a, n) + (b, p) = (a \cdot 10^p + b \cdot 10^n, n + p)$

  $(a, n) \times (b, p) = (a \cdot b, n + p)$

  이것은 자연수 $\boldsymbol{N}$에서의 연산을 확장한 것이다. $(\boldsymbol{N}, 0) \subset \boldsymbol{D}$이다.
- $(a, n) \leq (b, p) \Leftrightarrow a \cdot 10^p \leq b \cdot 10^n$와 같이 $\boldsymbol{D}$에 순서를 부여한다.
- 그러면 $(\boldsymbol{D}, +, \times, \leq)$은 가환 유니터리 환(commutative unitary integrated ring)이며 완전순서집합(totally ordered)이다.[6)]

이 방법은 $\boldsymbol{Z}$처럼 잘 알려진 구조에 더 많은 원소를 덧붙여 확장하는 전형적인 구성 방법이다. 이전 장에서 우리는 $10 \cdot d = 1$을 만족하는 원소 d를 **추가하여** $\boldsymbol{N}$을 **확장함으로써** $\boldsymbol{D}^+$를 구성하는 방법을 개관하였다. 원소 d의 모든 거듭제곱, 다른 유한개의 원소와 이러한 거듭제곱의 합과 곱이 $\boldsymbol{D}^+$를 생성한다. 같은 결과지만, d를 추가하는 방법을 통해 $\boldsymbol{N}$에 가장 적은 수의 원소가 더해지며, 이때 무엇이 추가되었는지 잘 "확인"된다. 그러나 이 방법은 한 원소와 다른 원소 사이의 모든 연산 결과, 즉, 자연수 계수를 가지는 다항식 반환(semi-ring) $\boldsymbol{N}[x]$를 인식하기에는 부족하다. 이는 더 복잡한 구조가 있는 지식을 가정한다.

한편, 또 다른 방법으로, 축소를 통한 구성이 있다. $\boldsymbol{Q}$와 같이 일반적인 구조가 이미 정의되어 있는 경우에는 원소 일부를 제외하면 된다. 예를 들어, 소수는 십진 분수(decimal fraction)로 표현될 수 있는 유리수이다.

---

6) 역자 주: 교환법칙을 만족하는 + 연산과 × 연산이 정의되었으므로 $(\boldsymbol{D}, +, \times, \leq)$는 가환 환이다. 또한, 모든 $(a, n) \in \boldsymbol{Z} \times \boldsymbol{N}$에 대해 $(1, 0) \times (a, n) = (a, n) \times (1, 0) = (a \cdot 1, n + 0) = (a, n)$을 만족하므로 $(\boldsymbol{D}, +, \times, \leq)$는 유니터리이다. $\boldsymbol{D}$의 완전순서 성질은 덧셈과 곱셈 연산과 함께 정의된 정수 집합이 완전순서를 가진다는 성질로부터 도출된다. 모든 $(a, n), (b, p), (c, q) \in \boldsymbol{D}$에 대하여 $(a, n) \leq (b, p) \Leftrightarrow a \cdot 10^p \leq b \cdot 10^n \Rightarrow a \cdot 10^{p+2q} + c \cdot 10^{p+q+n} \leq b \cdot 10^{n+2q} + c \cdot 10^{p+q+n} \Leftrightarrow (a \cdot 10^q + c \cdot 10^n) \cdot 10^{p+q} \leq (b \cdot 10^q + c \cdot 10^p) \cdot 10^{n+q} \Leftrightarrow (a \cdot 10^q + c \cdot 10^n, n + q) \leq (b \cdot 10^q + c \cdot 10^p, p + q) \Leftrightarrow (a, n) + (c, q) \leq (b, p) + (c, q)$이고, $(0, 0) \leq (a, n), (0, 0) \leq (b, p) \Rightarrow 0 \cdot 10^n \leq a \cdot 10^0, 0 \cdot 10^p \leq b \cdot 10^0 \Leftrightarrow 0 \leq a, 0 \leq b \Rightarrow 0 \leq a \cdot b \Leftrightarrow (0, 0) \leq (a \cdot b, n + p) \Leftrightarrow (0, 0) \leq (a, n) \times (b, p)$이므로 $(\boldsymbol{D}, +, \times, \leq)$는 완전순서환이다.

$$\boldsymbol{D}=\{x\in\boldsymbol{Q} \mid \exists\, p\in\boldsymbol{N} \ \ s.t. \ \ x\cdot 10^{p}\in\boldsymbol{Z}\}$$

순서 문제 또는 연속성 문제와 같은 수학적 의도(motivation)에 따라 다양한 방법으로 소수를 구성할 수 있다. 이 장에서 이러한 방법을 다루지는 않을 것이다. 자세한 설명은 Ermel(1980)을 참고하기 바란다.

1.1.5. 수학적 의도

자연수 집합 $\boldsymbol{N}$을 확장하는 여러 방법이 있다. 그렇다면 왜 특정 방법을 사용하는가? 이 방법은 다른 방법이 해결하지 못한 어떤 점을 해결해 주는가? 소수를 창조하여 사용할 필요가 있는 분명한 상황을 찾기는 아직 이르지만 이를 찾는 것이 우리의 최종 목표이다.

어떤 문제는 특정 집합에서 해를 갖지 않는데, 그 이유는 해당 집합이 충분히 풍부하지 않기 때문이다. 예를 들어 ⅰ) $a\times 3=2$나 ⅱ) $7+a=5$를 만족하는 자연수는 존재하지 않는다. 그러나 이와 같은 방정식을 특정 영역이나 응용 상황으로 한정하면 항상 해를 갖는다. 예를 들어, 길이가 2인 대상은 항상 삼등분할 수 있으며, 이 길이를 구체적인 수로 표현할 필요가 생긴다. 즉, 위와 같은 방정식이 항상 해를 갖도록 자연수 집합을 확장할 필요가 있다. 방정식 ⅰ)에 대해서는 유리수 집합 $\boldsymbol{Q}$로, 방정식 ⅱ)에 대해서는 정수 집합 $\boldsymbol{Z}$로, 또는 $\boldsymbol{Q}$와 $\boldsymbol{Z}$를 포함하는 다른 구조로 확장할 수 있다. 모든 코시 수열이 수렴하도록 실수 집합 $\boldsymbol{R}$을 구성하는 방법도 있고, 복소수 집합 $\boldsymbol{C}$를, 계수가 집합 $\boldsymbol{C}$의 원소인 일변수방정식이 적어도 한 근을 갖도록 구성하는 방법도 있다.

한편, 왜 집합을 축소하는가? 집합 A와 이를 확장한 집합 B가 있을 때, 집합 A의 모든 원소는 집합 B의 모든 원소가 공통으로 갖는 성질을 만족한다. 그러나 그 역은 성립하지 않으므로 집합 B의 원소는 집합 A의 원소가 갖는 일부 흥미로운 성질을 "잃을" 수도 있다. 예를 들어 "n은 17의 다음 수(successor)이다"를 만족하는 n은 자연수 $\boldsymbol{N}$에는 하나가 있지만, 소수 $\boldsymbol{D}$에는 그렇지 않다. 그러므로 $\boldsymbol{D}$는 $\boldsymbol{N}$이 지닌 계산에 관한 성질은 공유하지만, $\boldsymbol{Q}$는 이러한 성질을 갖지 않는데, 특히 구간끼리의 뺄셈, 비교, 계산과 관련하여 그러하다. 따라서 모종의 방법을 통해 문제의 해가 존재하도록 집합 B를 구성할 수 있지만, 그 계산 과정이나 추론이 지루할 수도 있다. 이 경우에, 집합 B의 모든 원소가 근사적으로 표현될 수 있고 계산이 더 쉬워지는 B의 부분집합인 축소집합 A를 찾는다. $\boldsymbol{D}$에는 모든 실수에 대하여 허용오차를 얼마로 잡든지 주어진 실수와의 차이가 허용오차보다 작은 소수가 항상 존재하기 때문에 이를 $\boldsymbol{Q}$나 $\boldsymbol{R}$로 근사할 수 있다. 이러한 유형의 문제는 수학에서 생성 체계에 따라 만들어지는 모든 대상을 탐구하거나, 반대로, 주어진 집합을 생성하는 편리한 체계를 찾을 때 자주 발생한다.

집합을 확장하면 집합과 원소의 "성질"이 바뀌며 이후로는 변화된 성질을 사용하기 때문에, 심리적, 문화적 관습이 작용할 때는 용법과 관련하여 상당한 저항과 어려움이 존재한다. 이것이 수학에서 등장하는 주요한 인식론적 장애 중 하나이다.

이상의 논의 결과에 따르면 발견술적 분석법을 통해서는 수학을 창조하거나 사용하는 실제 상황을 다룰 수 없음을 알 수 있다. 무엇보다도 발견술적 분석법은 주체, 사회 집단, 그리고 이들의 역사를 간과한다.

1.2. 인식론적 분석

소수 개념에 적절한 의미를 부여하는 실험적인 발생 과정을 구성하기 위해서는 인식론적 분석을 통해 소수가 등장하는 양상을 밝히고 그 인지적 상태를 살펴볼 필요가 있다. 이러한 분석 전반을 기술하는 것은 이 책의 범위를 넘어서므로, 몇 가지 결론만을 선별하여 살펴보고자 한다.

1.2.1. 다양한 소수 개념

고대에는 "소수"를 양을 측정하여 표현하는 데만 사용하였다. 예를 들어, 기원전 13세기 중국에서는 소수 측정값을 사용하였다. 당시 중국인들은, 기원전 2500년 이집트에서 신관수 계산에 사용한 이진법(hierophantic binaries)[7]이나 기원전 1900년 바빌로니아에서 사용한 60진법과 비슷한 방법을 사용하여 문제를 해결하였다. 분수 나눗셈을 기술하기 위해 수 세기에 쓰는 명수법(numeration) 체계를 그대로 사용하였는데 어떤 분수는 정확하게, 어떤 분수는 근사적으로 표현하였다. 이러한 고대 분수는 형식적, 기술적, 사회적 측면에서 볼 때, 계산을 정확히 하려는 필요에 의해 만들어져서, 비 개념을 정의하는 용도를 거쳐, 여러 장애를 극복하기 위해 사용된 다른 분수와 구별된다. 후자의 분수는 임의의 자연수 m에 대하여 분수 $\frac{1}{m}$에서 시작하여, m보다 작은 n에 대해 $\frac{n}{m}$인 분수를 거쳐, 임의의 자연수 n, m에 대하여 $\frac{n}{m}$과 같은 형태로 발전한 분수이다. 이러한 고대 분수의 성질은 실제로 사용되었더라도 거의 인식되지 못하였다. Chevallard(1979)의 표현을 빌리자면, 이러한 고대 분수와 관련되는 소수는 원시수학적

7) 역자 주: 2장을 참고하기 바란다.

개념이다. 이 구조는 무언가를 실행하는데 암묵적으로 사용되었으며 특정 문제를 해결하는 데 쓰였으나, 연구 주제 또는 문제 해결의 도구로 인지되지 못하였다.

"기하적인" 비 계산을 자연수 계산과 통합하고 십진자리 값에 기초하여 명수법을 도입한 알콰리즈미(al-Khowârizmî, 780~850)는, 양(magnitude)의 근삿값을 표현하는 도구가 아니라 유리수나 거듭제곱근과 마찬가지로 소수가 셈수, 측정수, 비(ratio)와 관련된 수학적 실체임을 개념화하는 데 기여하였으며, Stevin(1585)은 사상(mapping)으로서의 소수 개념을 조명하였다.

이후에 소수는 **범수학적 개념**이 되었다. 처음에 소수는 의식적으로 사용, 인식, 설계된 도구였으나, 소수를 발명한 al-Uqlidisi(약 952년)는 이를 연구 대상으로 다루지 않았다(Abdeljaouad, 1978). 소수는 사전에 부여된 역할만을 수행하였으며, 분수를 설명하는 수단 혹은 그저 신기한 무언가로 여겨졌다. 알 우클리디시(al-Uqlidisi)의 저작에 등장하는 십진 분수는 우리 시대의 것과 동일하지만, 당시 사람들은 아직 그 개념을 받아들이지 못하였다.

반면, 두 번째로 소수를 발명한 al-Kashi(1427)는 이를 수학적 발견이라고 생각하였다. 그러나 아직 소수의 정의와 성질, 인식론적 위치를 설정하는 이론이 없었다. 소수는 천문학자가 사용한 60진법 체계를 계산이 편리하도록 변환한 체계에 불과하였다.

소수는 어쩌면 5세기에 걸쳐 이상과 같은 문화에서 등장하고 진화하였는지 모른다. 예를 들어, 1350년경 타라스콘의 본필즈(Bonfils of Tarascon)는 소수의 발전에 대한 개략적인 윤곽을 제시하였다.

소수가 **수학적 개념**의 상태에 도달한 것은 Stevin(1585) 이후이다. 스테빈(Stevin)은 수 개념과 대수 문제의 해 개념을 통합하기 위하여 기하적인 수, 다항식, 다항함수를 체계적으로 도입하였다. 소수는 이상과 같은 이론화의 최종 산물이다. 소수는 가르칠 수 있는 지식이 되었으며 실제적으로 응용되거나 계산에 활용되었고 표를 만드는 데 사용되었으나, 그 개념적 역할은 대부분 숨겨졌다. 스테빈은 "합리적이든 불규칙하든, 설명할 수 있든 없든, 정확하든 그렇지 않든, 터무니없든 간에 양(quantity)이라는 것"을 모두 실재하는 수로 다루었는데, 이는 모든 수가 소수로 근사될 수 있기 때문이다. 스테빈이 이 점을 실제 문장으로 기술한 것은 아니지만, 여러 정황을 고려할 때 그는 이처럼 생각했을 것이다.

소수는 초기 해석학에서 발견술적 모델로 활용되었다. 뉴턴은 다항함수와 급수를 이용하여 함수의 근사와 유율, 미분과 원시함수를 설명하는 데 소수를 사용하였다(Ovaert, 1976). 소수의 이러한 위치는 실수가 수학적 대상이 되고, 함수의 근사를 위해 스테빈이 사용한 절차가 수학적 정체성을 지니게 되면서 확실해졌다.

1.2.2. D와 Q 사이의 변증법적 관계

인식론적 분석을 통해 또 다른 정보를 얻을 수 있다. D의 발전은 요약하기 힘든 변증법적 방법을 거쳐 Q와 R의 발전을 촉진하였다. Q 또는 R과 같은 초구조(superstructure)를 만드는 데 필수적일 뿐 아니라 D에 효과적으로 의미를 부여하는 문제를 개발하는 것이 무엇보다 중요하다(Douady, 1980). 예를 들어, 소수로 표현된 비를 통해 비 관념을 곧바로 이해할 수 있다고 생각하는 것은 적절하지 않다.

1.2.3. 구현된 대상의 유형

D 또는 Q가 사용되는 상황은, 이러한 구조를 만들어낸 수학적 대상의 본질에 따라 매우 다르다. 본래 Q^+와 D^+는 측정 체계를 나타내는 상(image)으로서 만들어졌다. 자연수 연산자를 갖는 순서반군[8](ordered semi-group)인 $(Q^+, +, \times, \leq)$만이 설명되고 기술되었으며 지위를 가졌다. Q의 체로서의 성질은 암묵적으로 사용되었으나 인지되지는 않았다.

역사적 사실을 현대어로 옮기면 잘못 해석할 위험도 있지만 간결하게 나타낼 수 있기도 하다. 피타고라스 학파는 배수와 하위배수를 이용하는 자연수 비(ratio)에 맞추어 *épimäre, épimune, émiole* 등의 비밀스러운 비[9]를 사용하였다. 그러나 이러한 비를 기하에서만 사용하였으며, 계산이 어려웠기 때문에 이를 분수로 통합하지는 못하였다. 한때 유클리드는 이처럼 세련되지 않고 이상한 비를 사용하기를 거부하였지만 그의 의견은 거의 받아들여지지 않았으며, 아르키메데스조차도 현대에 들어 "아르키메디안(Archimedian)"이라 불리는 상수를 알지 못하였다. 군 연산이 주어진, 비 또는 연산자의 집합으로 $L(Q^+)$을 구성하여 Q^+와 동일시하게 되는 데는 천년(BC400~AD850)이 걸렸다. 이 시기의 마지막에 와서 비는 은연중에 사상(*mapping*)으로서 사용되었지만, Stevin(1585)에서 Q^+를 수로 취급하는 함수 집합을 명확히 인식할 때까지 적어도 600년 이상이 걸렸다.

---

8) 역자 주: 반군 $(S, \cdot)$은 결합법칙을 만족시키는 이항연산 $\cdot$이 정의된 대수구조이다. 순서반군 $(S, \cdot, \leq)$은 반군 $(S, \cdot)$에 모든 $x, y, z \in S$에 대하여 $x \leq y$이면 $z \cdot x \leq z \cdot y$와 $x \cdot z \leq y \cdot z$를 만족하는 부분순서 $\leq$가 부여된 대수구조이다.

9) 편집자 주: 토마스 히스(Thomas Heath)의 그리스 수학의 역사(1921, 1991 재출판, pp. 101~105)에서 επιμερης, ημιολιος, επιτεταρτος에 대한 설명을 참고하기 바란다.

1.2.4. 두 유리수의 곱이 가진 다양한 의미

두 분수를 곱하는 연산은 다양하게 해석될 수 있다. 〈표 1〉에서 보듯이 그중 많은 것이 별개의 시기에 나타났다.

〈표 1〉은 1.4절에서 제시될 설명을 토대로 읽을 수 있으며, 2.1.7절에서 다루게 될 두 선형 유리 사상의 합성과 관련된 지식에 비추어 해석할 수도 있다.

오늘날 분수 계산에서 혼란을 일으키는 개념들은 사실상 서로 다른 상황에서 비롯되었다. 그렇기 때문에 모두를 같은 방식으로 이해하면 어려움이 생긴다는 것을 예상할 수 있다.[10)]

더 나은 설명을 제시하기 전에, 이처럼 "호기심을 끄는" 범주화의 배경을 재구성하여 본문에서 제대로 설명하지 못한 내용을 다루고자 한다.[11)]

〈표 1〉을 제시한 목적은 여러 수 구조의 역사적, 발달심리학적, 교수학적 근원 또는 구성 과정을 구분하는 곱셈의 다양한 개념에 대해 "보이는" 것이다. 특정한 수학적 아이디어와 관련되는 다양한 개념은 동일한 아이디어를 이해하는 서로 다른 방식이다. 어떤 개념은 다른 개념보다 해석하거나 계산하기가 수월하며 맥락을 이해하기도 쉽다. 나는 이러한 생각을 1965년에 뒤노(Dunod)에서 출판한 책에서 이미 밝힌 바 있다.[12)] 당시 내가 흥미롭게 여긴 예는 분수에서 "통약(commensuration)" 개념과 "단위 분할" 개념 사이에 존재하는 대립이었다. 이러한 관심사는 내 학생인 라심바-라존의 논문(Ratsimbah-Rajohn, 1981)에 분명하게 드러난다. 이 연구에서 우리는 이론적이고 실험적인 방법을 사용하여 수학적 아이디어와 관련되는 다양한 개념을 확인하고 이를 구분하였다. 〈표 1〉은 이러한 연구를 준비하는 과정에서 만들어질 수밖에 없었고, 해당 주제에 대한 연구는 하나의 특정 논문에서 끝나지 않고 여러 논문에 걸쳐 계속되었다. 예를 들어, Brousseau & Brousseau(1987)에는 "유리수와 소수"의 나눗셈에 대한 다양한 개념 목록이 있으며, Brousseau(1988)는 나눗셈의 의미를 더욱 다양하게 확대하였다. 그 이후로도 지속적인 연구를 하였지만, 아직은 학문적으로 만족할 만한 상태에 있지 않다. 여기에서 나는 이처럼 개념을 구분하는 것에 대해 정당화할 것이다.

〈표 1〉에서 나는 측정값과 관련하여 중요한 역할을 하는 다양한 곱셈 개념을 구분하

---

10) 2.1.4절과 4.3.4절에서 이 질문을 다시 살펴볼 것이다. Vergnaud & Durand(1976)도 참고하기 바란다.

11) 편집자 주: 1.2.4절의 나머지 내용은 〈표 1〉에 대해 설명해 달라는 편집자의 요청에 의해 작성되었다. 친절하게도 브루소는 표기만을 수정한 것이 아니라 표와 관련되는 동기, 역사, 배경 및 표의 내용 등을 설명해 주었다. 브루소가 작성한 내용 중 중요한 것만 아래에 제시한다.

12) (Brousseau, 1965). 편집자 주: 이 책이 출판된 맥락을 이해하려면 이 책에 실린 브루소의 전기를 참고하기 바란다.

〈표 1〉 두 유리수의 곱이 가진 다양한 의미

자연수 연산자 $\times$	$n\times U,\ n\times L,\ n\times m\times M,\ \cdots$ $\times$에 대하여 $n\times L=\underbrace{L+L+\cdots+L}_{n}$을 의미한다	m, n은 자연수 변수, L, M은 크기, U는 단위
분수 측정값에 대한 자연수 연산 $\dot{\times}$	$n\dot{\times}\frac{U}{a}=\underbrace{\frac{U}{a}+\frac{U}{a}+\cdots+\frac{U}{a}}_{n}$ $n\dot{\times}\frac{U}{a}=\frac{n\times U}{a}$ $\frac{n\times m\times U}{a}$	$\frac{U}{a}$는 분수 측정값이며 임의의 값일 필요는 없다. n은 분수에 연산되는 스칼라이다.
X	$\frac{n}{a}\ \mathrm{X}\ U=n\dot{\times}(\frac{U}{a})$	$\frac{n}{a}$은 "분수 측정값"으로 스칼라 크기 대부분과 분리될 수 있다.
암묵적인 변환에서 자연수 불변량의 비 •	$\frac{a}{b}=\frac{L}{M}$ (단, $\frac{a}{b}$는 단위 M으로 L을 측정한 값이다). $\frac{a}{b}\bullet U=\frac{L}{M}\bullet U$ $\frac{n}{m}\bullet L$	$\frac{a}{b}$는 수로 표현된 크기의 비이다. $\frac{a}{b}$는 단위 U와 상관없이 단위 M으로 L을 측정한 값이다. $(mL,\ nL,\ L)$의 네 번째 비례[13]
선형 유리 사상 $\between$	$\frac{a}{b}\between L=\frac{a}{b}(L)$은 선형 사상 $\frac{a}{b}$에 의한 L의 상을 의미한다. $(\frac{a}{b}\between\frac{n}{m})(U)=\frac{a}{b}(L)=\frac{a}{b}(\frac{n}{m}U)$	$L=nU$이면 $(\frac{a}{b}\between n)$은 L을 측정하는 수로, 사상 $\frac{a}{b}$를 분수 측정값으로 확장한 것이다.
유리수 연산자	$(\frac{n}{m}\cdot\frac{p}{q})(L)=\frac{n}{m}(\frac{p}{q}L)$ $\frac{n}{m}\cdot\frac{p}{q}$	$\mathcal{L}(Q)$에서의 두 유리 사상이 합성된 사상
유리수	$\frac{n}{m}\cdot\frac{p}{q}$ (단, $\frac{n}{m}$과 $\frac{p}{q}$은 "추상적인" 유리수)	최종적으로 이해된 유리수[14]

기 위해 공식적이지는 않지만 상당히 명확한 방법을 적용하였다. 이하에서는 이 방법을

분명하고 정확하게 설명하고자 한다. 본 논문의 분량이 이미 상당히 많았고 연구 과정을 최대한 많이 소개하는 데 목적을 두었기 때문에 이 글을 쓸 당시에는 해당 내용을 모두 담지 못하였다.

교수학적으로 논의할 개념의 주요 성분

개념의 주요 성분은 다음과 같다.

1. 물론 가장 확실한 성분은 수학 자체이며, 다음과 같이 구분할 수 있다.

– 수학을 직접 사용하여 이미 알려진 구조를 설명함으로써 다음과 같이 다양한 개념을 구별할 수 있다.
  - 적절한 집합 연산 및 양립 가능한 변환이 주어진 가측 공간의 원소
  - 측도 함수 및 그 수치적 구조 $\boldsymbol{N}$, $\boldsymbol{Q}^+$, $\boldsymbol{D}^+$, $\boldsymbol{R}$이 주어진 수 집합의 원소
  - 선형 사상과 군 구조 또는 관련된 (쌍대) 선형 반군 구조. 차후에 베르뇨(Vergnaud)는 이 도구를 자신만의 방식으로 사용하였다.

– 또는 수학과 교수학적 상황 관련 성분을 함께 표기하여 개념을 나타낼 수도 있다. 이렇게 하면 연구 목적에 따라 "새로운" 구조로 개념을 표현할 수 있다. 어떤 교수학적 상황을 고려하고 어떤 연구문제를 다루는 것이 연구 목적인지를 고려할 수 있고 연구결과에 의하여 해당 개념 성분을 정당화할 수 있다. 측정 관련 연구를 예로 하면 다음과 같은 다양한 구조로 개념 성분을 표현할 수 있다.
  - (수, 단위)와 같이 그 성분을 나타낼 수 있는 "실행 결과로서의" 측정 개념
  - (수, 단위, 불확정 구간)과 같이 그 성분을 나타낼 수 있는 "구체적인" 측정 개념. 불확정 구간 대신 오차, 확률분포, 신뢰구간을 성분으로 제시할 수도 있다.
  - (수, 단위, 불확정 구간, 평가)의 네 성분으로 표현할 수 있는 "실제적인" 측정 개념. 여기서도 불확정 구간 대신 오차, 확률분포, 신뢰구간을 성분으로 제시할 수 있다. 여러 차례 측정한 결과를 값의 크기순서, 희소성, 위치에 비추어 평가하는 것까지를 측정값 개념에 포함시킨 경우이다.
  - 측정값의 곱, 미분, 적분 등 수학적인 연산까지를 포함한 측정 개념은 "물리학에서의" 측정에 해당한다.
  - 추가로 측정의 역(reciprocal images)에 해당하는 "크기" 자체의 집합으로 측정 개념을 표현할 수도 있다. 물리학에서는 이를 단위가 없는 "절대적 측정값"으

---

13) 역자 주: (a,b,c)의 네 번째 비례(4th proportionals)는 $a:b=c:d$를 만족시키는 d값을 말한다.

14) 역자 주: 이 문장은 "after identification"을 옮긴 것이다, 이는 유리수가 맥락에 따라 여러 의미로 쓰인다는 것을 인식한 이후 추상화된 유리수를 뜻한다.

로 다룬다.

("실행 결과로서의", "구체적인", "실제적인"이라는 용어를 사용하는 것은 위험한 시도이지만, 범주화를 하는 것이 보다 중요하다. 마지막 유형을 제외한 나머지에 대해 "*Grand N*"[15]에 실린 논문에서 "물 한 잔의 무게" 상황과 관련하여 기술하였다.)

2. 상황과 관련되는 분석, 특히 역사적인 조건 등에 대한 분석을 통해 비 개념과 같은 고대 수학적 대상에 기능을 부여하고 활용이 가능하게 만들 수 있다. 이러한 분석은 행동을 위한 암묵적인 수단, 표현을 위한 직접적이거나 메타-언어적인 수단, 연구 대상이나 증명 수단을 구분할 수 있도록 한다. 또한 이러한 분석을 통해 어떤 집합의 개별 성분에 관심을 가지게 되는 상황과, 집합의 구조가 행동의 도구나 대상이 되는 상황을 구별할 수 있다.

3. 가장 설득력 있으면서도 가장 정교한 도구는, 수학적 구조를 활용함으로써 특정 "**환경**(*milieu*)"에 직면하도록 하는 상황의 특징, 특히 교수공학적 특징을 탐구하는 것이다. 이때 환경은 상황의 논리적 구조가 아니라 그 용법에 근거하여 범주화된 상황 족(family)을 말한다.

곱셈으로의 적용

곱셈이 지닌 선험적인 개념이 얼마나 다양한지 확인하기 위해 앞서 살펴본 도구를 어떻게 결합할까?

1. 우선 자연수 집합 $\boldsymbol{N}$을 "측정값이 자연수인" 함수라는 대상으로 구성된 유한 집합이라고 생각해 보자. 이 집합에는 다음과 같은 특징이 있다.

1.1. 자연수 집합의 내재적 연산인 "형식적 곱셈" $\times$은 $3\times4=3+3+3+3$과 같이 덧셈을 통해 구성된다.

1.2. 자연수 집합에서 연산 $\times$는 유한집합 $A\times B$을 만든다. 이는 측정값을 자연수로 하는 사상 $\mathrm{Card}(A)$가 $\mathrm{Card}(A\times B)=\mathrm{Card}(A)\times\mathrm{Card}(B)$를 만족하는 것과 양립한다. 브라이언드(Briand)가[16] 보였듯이, 유한집합을 세기 시작하는 아동들은 이러한 사상과 연산을 자연스럽게 정의할 수 있다.

1.3. 효과적인 자연수 측정은, 자연수와 대상 한 개, 즉 "단위" 한 개 또는 "단위"의 집합을 연결짓는 형식적 연산으로 파악된다. 예를 들어 (3, 고양이) 혹은 (3,

15) 편집자 주: *Grand N*은 그래노블(Grenoble)의 IREM에서 발행하는 초등학교 수학교사를 위한 저널이다. 여기서 브루소는 Brousseau & Brousseau(1987)을 인용하고 있다.

16) 편집자 주: Briand(1993)을 참고하기 바란다.

장미 다발)은 외재적인 곱셈 $3 * U$로 해석할 수 있다.

1.4. 배수 비율은 연산 자체가 아니라 연산과 관련된 것이다. $(3;12) * 3 \times 4$와 같이 표현하자. 비의 유형은 비의 대상이 속하는 집합에 따라 다양하다. 이러한 유형은 쉽게 혼동되지만, 각각은 서로 다른 유형의 곱셈과 연관되어 있다.

1.5. $\boldsymbol{N}$에서 $\boldsymbol{N}$으로의 선형 사상도 연산은 아니지만, 자연수와 동일하게 볼 수 있다. 이때 자연수는 반군(semi-group)인 측정값 집합에서 곱셈을 가능하게 하며 여기에는 연관되는 연산이 있다. 예를 들어, $f=4$라고 보면 $f(3)=12$이다. 차이를 표현하기 위해 $f=*4$라고 쓰자. 초등학교 교사들은 이를 "연산자"라고 하면서 $*4(3)$이나 $*4\times 3$ 혹은 화살표를 사용하여 $3 \xrightarrow{\times 4} 12$와 같이 나타내거나 간단히 3×4라고 쓴다. 여기서는 이와 같은 외재적 연산을 $4 * 3$이라고 하겠다.

곱셈기호 $*$와 "÷"를 $*4$처럼 일항 연산 기호로 사용하는 것과 $3*4$처럼 이항 연산 기호로 사용하는 것 사이에는 개념상의 구별이 필요하다. 이는 자연수에서 +와 −를 일항 연산 기호와 이항 연산 기호로 동시에 사용하는 경우와 동일한 어려움을 일으킨다.

$\boldsymbol{N}$에서 $\boldsymbol{N}$으로의 선형 사상은 자연수 비의 동치류와도 동일하게 볼 수 있다. 결과적으로, 비(ratio)만큼 많은 유형의 선형 사상과 그만큼 다양한 곱셈이 존재한다.

1.6. 사상의 합성은, $\boldsymbol{N}$에서 $\boldsymbol{N}$으로의 선형 사상으로 구성된 반군 위의 내재적 연산이다. 이는 $*4 \circ *3 = *12$처럼 곱셈으로 해석할 수 있다.

2. 이제 측정값이 유리수인 예를 살펴볼 것이다. 어떤 수치적 구조라도 동일한 발달 과정을 거친다.

2.1. 유리수 사이에도 형식적인 내재적 곱셈이 있을 것이다. 이는 자연수 곱셈과 **선험적으로** 다르다. 그 차이는, 아동이 곱셈 연산을 하거나 이를 "이해"하기 위해 사용하는 성질로부터 드러난다. 예를 들어, 자연수 사이의 곱셈은 항상 그 결과를 "키우지만" 유리수에서는 그렇지 않다. 그러므로 이를 $\frac{a}{b} * \frac{c}{d} = \frac{a\times c}{b\times d}$과 같이 다르게 표현하고자 한다.

2.2. 유리수인 측정값으로 구성되는 조밀한 가측 공간(measurable space)[17]은 집

17) 역자 주: X가 집합이고 Σ이 X의 부분집합들의 집합이라 하자. 가측 공간 (X, Σ)은 집합 X와 X의 부분집합의 σ-대수 Σ으로 이루어져 있다. 집합 Σ이 다음 세 조건을 만족시킬

합 곱 ×을 갖는다. 이는 유한집합의 곱과 형식적으로 다르지만 $\mathrm{mes}(A \times B) = \mathrm{mes}(A) * \mathrm{mes}(B)$을 만족한다.

2.3. 유리수인 측정값 사이에 형식적인 연산이 존재한다. 이 연산은 분수를 가측 공간의 대상과 연결짓거나 단위 $\frac{a}{b} * U$와 관련시킨다.

2.4. 유리수 비와 유리수 비의 보존, 선분의 비 또는 면(surface)의 비처럼 가측 공간에서 직접적으로 내린 정의를 통해 그리스인은 유리수를 조작하게 되었으며, 유클리드의 경우에는 실수까지도 조작하였다. 이와 같이, 비를 구하는 대상을 어느 집합에서 택하느냐에 따라 다양한 유형의 비가 존재한다.

2.5. 유리수 사상도 위와 같이 분석할 수 있다.

개념의 순서

3.1. 유리수의 발생을 이해하기 위해서는 어떤 유리수 개념이 어떻게 생성되고 정교화되는지 알아보는 것이 중요하다. 위에서 고찰한 "개념"이 정말로 존재할 가능성, 즉 역사나 아동의 지식 발달 과정에서 별도로 관찰될 가능성은 이러한 관계에 달려있다. 〈표 1〉에서 살펴본 몇 가지 발달 단계를 개관하고자 한다.

가측 공간 위에서 연산을 정의하고 이 연산에 수를 맞춘 다음 해당 연산을 수 사이의 연산에 적용하여 그 결과를 새로운 수에 대응시키는 것과, 형식적 대상으로부터 새로운 개념이 오랜 기간에 걸쳐 힘겹게 출현하는 것에는 혼동과 모순이 뒤따를 수밖에 없다. 지금까지 나는 이러한 진화 과정을 인식론적 측면에서 분석한 논문을 발표한 적이 없으므로, 이하에서는 그 결론만을 간단히 요약하려고 한다.

표의 처음 두 줄은 이해하기 어려울 수 있다. 이는 내가 수행한 과정 전체보다 더 복잡한 과정을 요약한 것이다. 이 표는, 측정한 대상 공간을 변형하는 것과 사용한 수 공간을 변형하는 것 사이의 변증법을 나타낸다. 이러한 변증법을 통해 자연수인 측정값에서 유리수인 측정값, 즉 소수인 측정값으로 옮겨가는 것이 가능하다.

3.2. 첫 번째 줄은 위에서 $*$로 지칭한 연산을 나타낸다. 자연수 연산자는 물리적인 연산 $*$를 반복하도록 한다. 예를 들어, L이라는 "동일한" 길이를 가진 선분의 끝과 끝을 이어 배열하면 $n * L = L + L + \cdots + L$이다. 당연히 이러한 자연수

때 σ-대수라고 불린다.

(1) Σ은 공집합이 아니다.

(2) $E \in \Sigma$이면 $X \backslash E \in \Sigma$이다.

(3) $\{E_n\}$이 Σ의 원소로 이루어진 수열일 때 $\bigcup_{n=1}^{\infty} E_n \in \Sigma$이다.

연산자는 자연수끼리의 곱셈을 가능하게 한다. 즉, $(n\times m)*L=n*(m*L)$이다.

3.3. 표의 두 번째 줄에서 가측 공간의 대상에 대해 물리적인 연산이 도입된다. 예를 들어, 선분 L은 여러 개의 등거리 평행선을 이용하여 길이가 똑같은 부분 a개로 분할할 수 있다. 이 연산을 $\frac{L}{a}$이라 하자. 자연수는 이전 집합에서처럼 이 새로운 집합 위에서도 작동한다. 새로운 집합에는 분자가 측정값이고 분모는 스칼라 자연수인 합성 분수가 은연중에 등장하는데, 그 예를 이 책에서 찾아볼 수 있다. 통약성을 통해 인지되는 분수는, 분모 자리에는 "계산자(enumerator)"를, 분자 자리에는 세는 대상의 개수를 나타내는 "측정자(measurer)"를 갖는다.

이 아이디어를 확실히 하려면 앞 단락에서 사용한 기호 대신 새로운 기호를 도입하여 연산을 구별해야 한다. 〈표 1〉에서는 $\times$ 위에 점을 찍은 기호 $\dot{\times}$를 사용하였지만, 대신에 $*$를 사용하면 $n*\frac{L}{a}=\frac{L}{a}+\frac{L}{a}+\cdots+\frac{L}{a}$와 같이 나타낼 수 있다. 선분이나 넓이와 관련되는 물리적인 분수의 합은 자연물의 합만큼 이해하기가 쉽지 않다.

이때 $\frac{L}{a}+\frac{L}{a}+\cdots+\frac{L}{a}=\frac{L+L+\cdots+L}{a}$이므로,

$n*\frac{L}{a}=\frac{n*L}{a}$이고 $(n\times m)*\frac{L}{a}=n*(m*\frac{L}{a})$이다.

n이 a의 배수이면, 첫 번째 줄의 경우로 돌아간다.

소수를 조작하거나 단위 바꾸기 계산을 할 때도 이 개념과 관련되는 유사한 추론을 발견할 수 있다.

3.4. 세 번째 줄은 연산자가 유리수인 측정값과 관련되는 분수인 경우이다. 여기서도 연산을 $*$로 표기하겠다.

이 단계는 $n*\frac{L}{a}$과 $\frac{n}{a}*L$이 형식적으로 가깝다고 가정하는 과정보다 훨씬 복잡하고 중요한 과정을 통해 얻은 결과를 보여준다. 왜냐하면 이처럼 복잡한 과정을 통해 합, 차, 곱과 같은 수치적 연산을 정의해야 하기 때문이다. 대상을 가측 공간에서 수 체계로 "옮긴다"라고 설명하는 편이 나을 수 있지만, 그러한 활동을 하는 확실한 근거를 설명할 필요가 있다. 두 번째 줄과 세 번째 줄 사이에 매우 많은 일련의 단계가 필요하며, 이를 통해 더딘 역사적 발전 과정 또는 있을 법한 발달심리학적, 교수학적 진화 과정을 기술할 수 있다.

3.5. 네 번째 줄은 윗줄에서 설명한 것처럼 유리수 비의 다양한 개념을 나타낸다. 세 번째 줄과 네 번째 줄의 차이는, 세 번째 줄의 분수 측정값은 일종의 단위 역할을 하는 대상에 적용될 수 있지만, 비의 경우에는 그렇지 않다는 것이다.

〈표 1〉의 나머지 부분은 비교적 명료해 보인다. 〈표 1〉은 다양한 "곱셈" 개념을 보여주지만, 이 장에서 다룬 교수학적 과정에서 드러나는 발생의 기원을 보여주지는 않는다.

1.2.5. 실험 기반 인지 과정 분석의 필요성

그러나 모든 차이와 장애, 구체적인 상황이 지속적으로 효력을 발휘하지는 않는다. 예를 들어, 고대에는 십분의 일을 얻기 위해 원소에 순서를 매긴 다음 하나, 둘, 셋, … 과 같이 세어서 열 번째 원소를 택하였다. 그래서 당시에는 십분의 일만 있었고 십분의 이는 없었다! 그러므로 지금부터 설명할 조사 및 실험 방식에 따라 인식론에 대한 발생적, 실험적 연구를 수행할 필요가 있다.

"역사적인" 지도와 직접적인 가르침 사이에는 평형점이 있다. 역사적인 지도는 아동이 놓칠 수 있는 독특하거나 퇴화된 관점을 되살린다. 반면에 직접적인 가르침은 유일하고 일반적인 구조라고 오늘날에 알려진 바를 지도하는 것으로, 이러한 구조와 당연히 다를 수밖에 없는 아동의 개념과 구조를 통합하는 것에는 신경을 쓰지 않는다. 둘 사이의 평형점에 이르는 조건을 탐색하는 것이 **교수학**에서 현재 주목하는 문제 중 하나이다. 본 연구의 목적에는 이와 같은 방향으로 반성을 진행하는 것도 포함된다.

1.2.6. 문화적 장애

소수의 **교수학**에는 오랜 역사가 있다. 훌륭하게 설정된 원리와 독창성으로 소수의 교수학을 설계한 스테빈에서 시작하여 1792년 이후 프랑스 대중 교육에 처음 등장한 소수 측정 체계를 거쳐 미국이 미터법을 채택하기까지 소수의 **교수학**은 형태뿐 아니라 통찰과 정치적 의의에 있어 여러 변화를 겪었다. 이러한 정치, 문화적 의의는 교수에 항상 짐으로 작용하며, 경우에 따라서는 실제로 장애를 만들기도 한다(Brousseau, 1976).

1.3. 교수학적 분석

나아가 인식론적 연구에는 조건, 방법, 의미 등과 관련하여 다양한 변인이 있다. 지식의 발현을 촉진하는 상황을 재현하고 관리하기 위해 이러한 변인을 범주화하고 그 특성의 위계를 설정하는 것은 쉽지 않다.

1.3.1. 원리

우리는 이러한 질문을 열린 채로 남겨두고, 우리가 진행한 프로젝트에 따라 지도 과정을 만드는 방법을 보여줄 것이다. 이를 위해서는 소수 개념이 작동하는 다양한 측면이 드러나도록 인위적으로 발생 과정을 구성해야 한다. 이는 역사적인 과정을 그대로 옮기는 문제가 아니라 다른 수단을 사용하여 비슷한 효과를 내는 문제이다. 인식론의 현상학적 기법(phenomenotechnique)은 역사에서 드러나는 바와 특정 부분에서 매우 다른 선택지로 구성되지만, 발견 가능한 규칙과 원리를 사용하여 동일한 과정을 복구하는 방법이다.

인식론적 실험을 통하여 먼저 체계 전반에 걸친 변형을 시도한다. 다음으로 교수 활동을 설계한다. 인식론적 실험과 교수 활동은 성격상 동일하지만 교수 활동을 따라야 하므로 불가피하게 교수학적 변환을 거치게 된다. 그러므로 이제부터는 교수학적 틀에 따라 논의를 전개한다.

1.3.2. 소수 지도의 목표

소수 지도의 고전적인 목표를 생각해보자. 이는 학생들이 소수의 연산을 실행하고 그 대소를 조작함으로써 전형적이고 실용적인 문제를 풀도록 하는 것이다. 이 목표에는 10진법과 60진법 소수 측정값을 사용하는 것, 선형 사상이나 유리 사상과 관련되는 상황에 숙달하는 것이 포함되는데, 이러한 상황은 척도, 단위의 변화, 퍼센트, 금융 투자, 속력, 부피, 넓이, 밀도 등과 관련된다.

이러한 문제 대부분에서 아동들은 주어진 상황에 맞는 결과를 찾아내야 한다. 예를 들어, "라디오 판매 가격은 몇 프랑인가?"라는 문제에 $\frac{280\times 4}{3}$와 같은 공식을 사용하여 Q^+의 원소로 그 결과를 나타낸 다음 이에 가까운 소수를 찾아야 한다. 본질적으로 이러한 계산은 Q에서 D^+로 이동하는 과정이다. 그러나 학생은 어떤 설명도 적지 않는다. 대신에 마지막 계산 결과를 일련의 중간 계산 과정, 즉 이러한 연산이 사용될 수 있는 사례의 레퍼토리에 속하는 "간단한" 계산 과정으로 분해함으로써 정당화가 이루어진다.

교육과정은 미터법 체계를 통해 소수 연산을 배운, 적어도 9~10세, 많아야 12~13세 아동들을 대상으로 설계되었다. 이는 근본적으로 소수 지도의 고전적인 목표와 동일한 목표를 추구한다.

이 목표는 소수와 분수로 일반적인 계산을 수행하는 것과 관련되지만, 한편으로는 이론적인 재구성을 추구한다. 이러한 이론적 재구성은 13~14세 아동들이 소수 개념을 명확하게 재조직하여 소수를 수학적 표현, 예를 들면 계산기에 쓰이는 1.394×10^{-4}과 같은 표현으로 사용할 수 있도록 이끈다.

1.3.3. 결과: 상황의 유형

아동들이 풀이 방법을 적용하여 답을 도출할 뿐만 아니라 이해하고 논의하도록 하려면, 선형 사상과 그 성질에 대한 용어와 정리(theory)를 다소 단순하거나 불완전하게라도 사용하여 성찰적인 태도를 지닐 수 있게 해야 한다.

인식론적 실험을 통하여 정리의 제도화는, 학생들이 마치 수학자처럼 증명하거나 반박하는 수단으로 정리를 사용할 때 가능하다는 것을 확인하였다. 이 과정은 분석의 세 번째 단계로, 개념이 수학적으로 다루어지는 단계이다. 이러한 과정을 경험하도록 하는 교수학적 상황을 **타당화 상황**과 **제도화 상황**이라고 명명한다.

그러나 이러한 정리가 이를 사용하는 학생들에게 의미가 있으려면, 학생 스스로 해를 찾을 수 있는 조건하에서, 정확히는 해를 점진적으로 구성하거나 알고 있는 바로부터 해를 차용할 수 있는 조건하에서 개별 학생에게 주어진 문제의 해로 이러한 정리를 사전에 작동시켜본 적이 "있어야 한다". 이는 학생들이 스스로 판단을 내리지 못하는, 교수학적 의도나 문화적 압력에 따르는 것과는 다르며, 이때 정리는 암묵적인 모델로 작용한다. 정리의 출현을 이끄는 이와 같은 교수학적 상황을 **행동 상황**이라는 용어로 기술한다. 수업에서 작용하는 정리의 상태는 원시수학적 개념의 형태이다.

학생들이 용어를 알고 의미를 부여할 수 있으려면, 용어 사용을 정당화하거나 통제하는 상황에서 정보를 충분히 표현하고 전달하는 데 이를 사용해 "보아야 한다". 명시적인 모델 및 언어의 습득이 가능하다는 점에서 이를 **형식화 상황**이라고 칭한다. 경우에 따라서는 수학적 개념이 이 상황에서 미처 존재하지 않을 수 있으므로 이를 범수학적 개념의 상태라고 이른다. 여기서 개념에 대한 정의 대신 그 외형과 용법이 자리한다.

1.3.4. 새로운 목표

이상에 따르면 목표에는 지식, 방법, 용어, 정리의 습득 등이 포함된다. 이러한 목표는 서로 연결되어 있다. 실제 발생 상황에서 이러한 목표의 상호 호혜적 기능을 작동시키면 이들 사이의 평형에 도달할 수 있다. 정당화되지 않은 이론적 지식은 사라지거나 어떤 의미도 가지지 않게 되며, 논의를 거치지 않은 채 과다하게 수행된 연습은 조건화에 의한 학습을 이끌어 다음 단계에서 장애를 만들어 낸다.

마지막 단계에서 학생은 반체(semi-field) $\boldsymbol{Q}^+$와 반군 $(\boldsymbol{Q}^+ - \{0\}, \times)$에서 계산을 해야 할 것이다. 선택된 응용 영역은 앞 절에서 기술한 모든 인식 유형이 가능하다는 것을 보여준다.

연산자 또는 선형 사상으로 표현된 두 소수의 곱을 학생들이 설명할 수 있는지 살펴봄으로써 목표 구조에 대한 학습 유무를 제대로 검사할 수 있다는 가설이 있다(Rouchier, 1980).

예 1. 지름이 0.38m인 원판을 4.25바퀴 회전시켰을 때 원판이 굴러간 총 길이는 얼마인가? (**연산자 1개, 길이 1개**)

4.25×0.38은 0.38의 4배, 0.38의 십분의 2배, 0.38의 백분의 5배를 모두 더한 것이다. 즉 이는 $\frac{425}{100} \times 0.38$이다.

예 2. 어느 가구의 예산 명세는 다음과 같다.

임대비: 0.68, 관리비: 0.18, 연료비: 0.14

수입 중 위 항목이 차지하는 비율이 0.23일 때, 연료비가 수입에서 차지하는 비율은 얼마인가? (**연산자 2개**)

그러나 앞서 설정한 가설은 실험을 통해 검증되어야 한다. 위계적으로 우위를 갖기 위해서는, 즉 다른 모든 것을 함의하기 위해서는, 위와 같은 연습문제를 이용하여 확인해야 한다.

이러한 목표의 흐름, 즉 지식의 위계와 학습에 대한 영향 사이에 존재하는 관계를 다룬 연구가 지난 15년간 많은 연구자들의 관심을 받았다(Gras, 1980).[18] 이 주제에 대한 큰 관심에도 불구하고 아직 결정적인 결론이 나오지 않았다.

18) 편집자 주: Gras(1996)를 참고하기 바란다.

1.3.5. 선택사항

결과적으로 나중에 다시 검토할 주요 선택사항은 다음과 같다.

a) 측정값으로서의 소수 학습은 사상으로서의 소수 학습에 목적을 둔 지도와는 다른 과정을 따를 것이다. 또한, 측정값으로서의 소수 학습 뒤에 사상으로서의 소수 학습이 이루어질 것이다.
b) 두 경우 모두에서 소수는 십진 분수의 유리수 표현으로 제시될 것이다. 그러므로 유리수는 두 단계 중 첫 번째 단계에서 구성될 것이다. 연산자의 경우 이 점은 그다지 특이하지 않지만, 측정값의 경우 이는 매우 굳건하게 확립된 문화적 관습에 반한다.
c) 학생은 유리수를 어림하기 위해 측정값으로서의 십진 분수를 선택할 것인데, 이는 계산에서의 용이성 때문이다. 조밀성 문제는 구간에 대한 정확한 비교와 계산을 요구한다. 나아가 이 문제는 자연수 $\boldsymbol{N}$에서와는 다른, 유리수 $\boldsymbol{Q}$와 소수 $\boldsymbol{D}$에서 순서와 관련된 자연스러운 성질을 보여줄 것이다.
d) 이와 같은 조밀성에 대한 접근이 선형 유리 사상을 연구할 때 다시 재현되지는 않을 것이다. 이는 선택의 문제이다. 이 연구의 다른 부분에서 그러한 접근이 가능하다는 것을 보였으므로 여기에서는 다루지 않을 것이다.
e) 학생들이 암묵적 모델을 습득하도록 해야 한다. 학생들이 이미 암묵적 모델을 습득하였다면 이를 형식화하거나 분석하도록 이끌기 전에 이러한 모델을 작동시키도록 해야 한다. 아동들이 자연수 $\boldsymbol{N}$에서 비례에 대한 암묵적 모델을 지니고 있다는 사실을 우리는 알아야 한다.
f) 유리수 사상의 합과 차가 등장하더라도 이론화하거나 제도화하지 않을 것이다.
g) 나머지 선택사항은 상황을 제시하면서 설명하겠다.

1.4. 지도 과정의 개요

1.4.1. 참고사항

이 절에서 살펴볼 개요는 수학적 용어로 표현된 것으로, 학생의 언어가 아니라 고전적인 방식으로 정의와 정리를 제시하여 조직한 것이다. 수학적 담론을 이처럼 제시하면 언제나 개요를 구성할 수 있다고 생각할 수 있지만 그렇지 않다. rank(n)에 대한 질문이 rank$(n-1)$에 대한 질문을 해결하면서 생긴 문제, 혹은 이러한 문제의 풀이 개발

과정과 결과에서 발생하는 것처럼, 실제로 이러한 개요는 발생의 기원을 구성하는 일련의 질문과 문제를 드러낸다. 이러한 개요는 수학적 분석과 인식론적 분석의 결과에서 바로 얻을 수 없다. 국소적 상황의 발명, 조직, 전개를 이끄는 일반적인 설계 능력이 끊임없이 필요하다.

지도 과정의 설계와 상황의 설계를 왕래하는 변증법은 **교수학**의 본질이므로 피할 수 없다. 지식을 정교화하는 것만으로는 선택된 특정 상황에서 학습이 지닌 의미를 찾기에 부족하다.

최종 목표와 하위 목표 사이에 존재하는 시사점을 기술하기 위해 "교육과정"을 뒤에서부터 분석하는 것은 고전적인 방법이다. 이 글에서 이러한 절차를 사용하는 것에 놀라지 않기를 바란다. 지식이 만들어지는 상황과 독립적으로 지식이 획득되는 과정을 결정할 수 있는지가 여전히 의심스럽지만, 다음 절에서 동일한 절차를 사용하여 활동을 기술하고자 한다. 이 절차는, 학생들이 수업에서 실제로 사용하는 지식이 무엇인지를 독자가 이해하기 어렵게 만들 수 있다. 다만 이를 통해 독자가 왜 어떤 조건이 교수학적 상황의 전개에 필요하며, 수학적 지식 발달의 역사는 이 과정에서 어떤 역할을 하는지에 대하여 주목하기를 희망한다. 이러한 시도가 이해되지 않으면, 이하 절을 시간 순으로 읽어도 된다.

1.4.2. 단계 Ⅱ[19]: 소수 개념 형성[20]

앞서 살펴본 선택사항에 따라 마지막 단계에서는 측정 $(\boldsymbol{Q}^+, \times)$과 $L(\boldsymbol{Q}^+)$을 추론하고 승인함으로써 둘을 **동일시**하는 제도화가 이루어져야 한다. 이는 두 소수 사이의 비를 계산할 때 역 사상(inverse mapping)을 체계적으로 사용하는 과정을 포함한다(단계 Ⅱ.7[21]).

이를 위해서는 유리 사상의 **합성**과 **분해**를 사용할 수 있어야 하며, 대상-이미지

---

19) 역자 주: 4장에서 예로 든 지도 과정은 '단계 Ⅰ'과 '단계 Ⅱ'로 구분된다. 단계 Ⅰ은 여섯 부분으로 나뉘며, '단계 Ⅰ.1'~'단계 Ⅰ.6'으로 지칭된다. 단계 Ⅱ는 일곱 부분으로 구성되며, 각각은 '단계 Ⅱ.1'~'단계 Ⅱ.7'이다. 이와 같은 하위 단계는 1차시에서 7차시 정도의 수업으로 이루어진다. 하위 단계가 몇 차시의 수업으로 구성되었는지를 '단계 Ⅱ.7(2차시)'와 같이 나타내어 번역하였다. 한편, 브루소는 단계 Ⅰ.1과 단계 Ⅰ.2를 각각 '활동 1'과 '활동 2'로 지칭하고 있다. 두 활동의 필요 차시를 '활동 1(4차시)', '활동 2(5차시)'와 같이 옮겼다.

20) 역자 주: 지도 과정의 첫 번째 단계는 소수를 측정값으로서 이해하는 단계이며, 두 번째 단계는 측정값으로서의 소수와 사상으로서의 소수를 연결하여 보다 추상적인 소수 개념을 형성하는 단계이다. 이러한 의미가 잘 드러나도록 1.4.2절과 1.4.3절의 제목을 의역하였다.

21) 역자 주: 단계 Ⅱ.7은 2차시 수업으로 구성되었다.

(object-image)로 된 순서쌍의 역할에서 탈피하여 같은 사상을 다양하게 분해할 수 있어야 한다. 이 단계를 도입하는 상황에 대해 단계 Ⅱ.6(3차시)에서 제시할 것이다. 이 단계에서 학생들은 팬토그래프를 사용하며 "두 선형 사상의 합성"을 탐구한다. 이러한 탐구 활동이 만족스럽게 진행되기 위해서는 분수와 소수가 분수 및 측정값으로서의 소수를 조작하는 사상의 집합으로 구체화되어야 한다.

단계 Ⅱ.5(2차시)에서 아동들은 두 분수나 두 소수의 곱에 의미를 부여한다. 이를 위해 아동들은 하나의 수를 다른 하나에 작용하는 선형 사상으로 곱을 해석한다. 이 경우에 학생들은 수에 분수나 퍼센트를 취함으로써 유리수 연산자를 유리수에 "곱하는 것"을 설명하는 전통적인 어휘를 찾아낸다. 이를 통해 이전 단계에 이미 학습한 $L(\boldsymbol{Q}^{+})$의 원소로 상(image)을 계산하는 방법을 형식화 및 제도화하는데, 이 과정에서 매우 다양한, 경우에 따라서는 비형식적이거나 시행착오적인 방법을 사용한다. 곱하기, 나누기, 확대하기, 축소하기 사이의 관계가 논의 주제가 된다. 이와 같은 선형 사상의 도입에 앞서 3가지 선행 단계가 있는데, 이는 순서대로 설명하는 것이 좋을 듯하다.

단계 Ⅱ.1(2차시)에서 학생들은 퍼즐 조각 하나하나를 "확대"해야 한다. "확대"의 정의를 정확히 언급하지 않고, 변의 길이가 4cm인 조각을 변의 길이가 7cm인 조각으로 키워야 한다고 말해준다. 이 상황을 2.2절에서 자세히 다룰 것이다. 학생들은 상(image)의 길이를 계산하는 방법을 열심히 찾는다. 그러나 상의 합을 합의 상으로 암묵적으로라도 대응시켜야만 퍼즐을 만족스럽게 완성할 수 있다. 아동이 "경험적으로" 구성한 것은 순서쌍의 집합으로, 아직 이름이 없다. "선형 사상 $\frac{7}{4}$"이 문제를 해결하기 위한 행동 계획의 일부로 존재할 뿐이다. 그럼에도 불구하고, 소수와 분수로 표현되는 길이의 상을 찾아야 한다.

단계 Ⅱ.2(1차시)는 앞 단계와 거의 똑같은 상황을 반복한다. 표준 타일을 확대하는 것은 마찬가지로 길이가 소수인 변이 생긴다는 문제를 일으킨다. 토론 과정에서 1의 상이 다른 수의 상을 결정하기 위한 수단으로 출현하며 $10^{n}\,(n\in\boldsymbol{N})$으로 소수를 나누는 방법이 논의된다.

단계 Ⅱ.3(2차시)도 비슷한 상황에서 시작한다. 보트 그림 하나와 이를 다양하게 확대한 사진 6개가 주어진다. 학생들은 각자 자기 자리에서, 사진 중 하나를 만들려면 각 변의 길이를 어떻게 해야 하는지 예상한다. 학생들은 계속 예상하고 예상한 결과를 정당화하며 최대한 재검토한다. 이때 "확대"와 "축소"라는 용어가 쓰인다. 다음으로 새로운 사진이 주어지는데, 학생들은 메시지 전달 게임에서 이기기 위해 모든 사진을 기호로 나타내고 배열하는 방법을 찾아야 한다. 이는 3.1절에서 설명할 "종이 한 장의 두께" 수업에서 수행하는 활동과 비슷하다. 여기서도 물론 1의 상이 사진을 구체화하고 배열하는 데 기여한다. 즉, 학생들은 소수를 이용하여 선형 사상을 구체화하고 기호로 나타내도록 안내된다. 그러나 이러한 소수는 사진 중 하나, 즉 특정 값의 집합에 결부된다. 게임이 계속되지만 모델은 매번 바뀐다. 상을 계산하는 것에 점점 익숙해지며, 앞서 기술한 토론에서처럼 확대와 축소에 초점을 둔 어휘가 생기고 논의가 진행된다. 결과적으로 학생들은 $Q^{\times}$에서 Q^{+}로의 선형 사상과 $D^{\times}$에서 D^{+}로의 선형 사상을 기호로 표현하는 방법을 알게 되었다고 말한다.

이제 비선형 사상이 선형 사상에 대한 "필수적인(?)" 해로 슬그머니 들어오는 몇몇 상황을 제시할 차례이다(단계Ⅱ.4[22]). 여기서 학생들은 "척도(scale)" 및 상업 영역에서 다루는 세금, 퍼센트 등의 언어와 관련되는 관행을 접하게 된다.

1.4.3. 단계 Ⅰ: 측정값으로서의 소수 이해

단계 Ⅱ에서 유리수 연산자는 사상이 아닌 자연수 연산자로 이루어진다고 바로 정의되지 않는다. 대신에 이러한 측정값에 대응하는 집합으로 Q^{+}와 D^{+}가 존재한다고 설명되는데, 우리는 이 방법에 다양한 어려움과 모순이 있다고 언급한 바 있다. 단계 Ⅰ의 목표는 Q^{+}와 D^{+}같은 집합을 만드는 것이다. 아동들은 다양한 크기를 측정하기 위해 새로운 수를 만들고 다룬다.

단계 Ⅰ.1에서 우선 학생들은 유리수 쌍의 동치류를 사용하여 "유리수"를 발명하도록 유도된다(활동 1[23]). 3절에서는 "종이 한 장의 두께 재기" 활동을 자세히 분석하여 이러한 유리수 상태가 어떻게 발달하는지 설명할 것이다.

유리수는 인지적 지위가 없이, 익숙한 상황의 해로서 등장한다. 이 해는 몇 개의 비슷한 문제에서 출현하는데, 이 해에 다양한 동치 형태가 존재하기 때문이다. 이에 따라 학생들은 "이 새로운 대상이 수인가?"라는 질문에 대해 논의하게 된다. 이 점이 활동 2(5차시)에서 다루는 문제의 동기이다. 활동 2에서 아동들은 유리수를 구체화하여, 더하고 빼고 곱하며 자연수로 나누거나 비교하고 순서를 매긴다. 그런 다음 분수는 이미 알려진 수를 아우르면서도, 약간은 다른 성질을 지닌 새로운 수로 인식된다.

단계 Ⅰ.3에서 학생들은 길이, 용량, 무게를 측정하기 위해 이러한 수를 사용하며, **통약**에 의한 분수 정의에서 **구성**에 의한 정의로 옮겨간다. 4절에서 이 단계를 설명하겠지만 전 과정이 필수적이지는 않다.

22) 역자 주: 단계Ⅱ.4는 2차시 수업으로 구성되었다.

23) 역자 주: 활동 1은 4차시 수업으로 구성되었다.

단계 Ⅰ.4에서 다루는 주제, "$\boldsymbol{Q}$를 탐구하는 수단인 $\boldsymbol{D}$"는 7차시로 구성된다. 유리수를 측정값으로 사용하기 위해 찾아야 하는 새로운 성질은 대부분 연속성으로, 두 유리수 사이에 항상 또 다른 유리수를 놓을 수 있으며, 그렇게 얻은 모든 구간은 측정할 수 있다는 것과 관련된다. 아동들은 유리수 "물고기"를 잡기 위해 점점 더 미세한 그물을 던지는 "해군 전투" 게임을 통해 $\boldsymbol{Q}^+$의 조밀한 구조를 탐구한다. 이 활동에 대해서는 2.3절에서 다룬다. 그러나 분수 형태의 유리수로 수행하는 모든 연산 가운데, 이를 정확히 비교하고 합과 차를 구하는 것이 가장 오래 걸리고 어렵다. 따라서 아동들은 유리수 분수 중에서 십진 분수를 금방 선택하는데, 이는 빨리 계산할 수 있으며 유리수인 측정값을 어림하여 간편하게 표현할 수 있어 효율성이 높기 때문이다.

단계 Ⅰ.5에서 $\boldsymbol{D}$를 구성하고 탐구하는 것은 6차시에 걸쳐 진행된다. 십진 분수를 간단하게 표현하는 방법이 있는데, 이 표현법을 통해 약간의 수정만 거치면 덧셈, 뺄셈, 스칼라 곱과 같은 계산 규칙을 $\boldsymbol{N}$에서 $\boldsymbol{D}$로 확장할 수 있다. 이는 활동 6에서 다루어진다.[24)]

단계 Ⅰ.6(4차시)은 $\boldsymbol{Q}$ 내에서 $\boldsymbol{D}$의 조밀성, 즉 유리수를 소수로 어림하는 과정을 나눗셈에 의해 다룬다. 분명히 모든 유리수가 소수는 아니지만, 어떤 유리수든 소수를 이용하여 원하는 만큼 어림할 수 있다. 이처럼 조직화, 표준화, 제도화된 접근은 유리수를 자연수로 나눈 결과를 소수로 나타낼 수 있도록 하며, 소수를 정수로 나누는 방법을 암묵적으로 제공한다.

첫 번째 부분인 단계 Ⅰ에서 아동은 수를 측정값인 것처럼 조작한다. 그러므로 이러한 구성은 고려해야 하는 의미가 제한적이라는 한계가 있다(2.3절 참고).

사용 가능한 유일한 연산자는 자연수이다. 학생은 2나 3을 곱하고 나누는 방법은 알지만, $\frac{2}{7}$ 나 2.5를 곱하고 나누는 방법은 모르며 이를 학습하는 것이 단계 Ⅱ의 목적이다. 따라서 이러한 연산자는 수학적 대상으로 소개되지 않으며, 자연수 집합 $\boldsymbol{N}$에서 차용한 선형성을 지닌 암묵적인 모델로 작동한다. 이는 계산 과정에서 사용되는 **자연수 스칼라 비**를 설명하는 데 활용될 뿐이다.

학생들이 측정값이라는 소수의 용법을 배웠는지, 소수와 관련된 연산을 수행할 수 있는지 등은 이상의 지도 과정을 설계하는 데 별로 영향을 미치지 않는다. 이 점은 학생이 이미 알고 있는 바를 모르는 척해야 한다거나, 이미 알고 있는 바를 낡은 의미 대신 "새로운" 의미의 지식으로 바꾸어야 한다는 뜻도 아니다.

---

24) 역자 주: 활동 6은 4장에 제시되지 않는다. 이에 관한 내용은 Brousseau, Brousseau, & Warfield (2014)를 참고하기 바란다.

2. 지도 과정과 실행 분석

2.1. 팬토그래프

2.1.1. 팬토그래프 도입: 단계 Ⅱ.6의 구현(realization)

팬토그래프는 주어진 도형의 닮음 도형을 그리는 데 사용되는 접합식 평행사변형꼴의 도구이다. 이 활동에는 전문가가 사용하는 것보다 훨씬 덜 정확한 플라스틱 도구가 사용된다. 이와 같은 부정확성이 이 활동에 효과가 있다. 배율을 어떻게 설정하느냐에 따라 매우 정확한 소수비의 닮음 변환을 할 수 있다. 1.5, 2, 2.5, 3, 4나 그 역수 배율이 가능하며, 다른 모델을 사용하면 $1\frac{1}{2}$, 2, $2\frac{1}{4}$, $2\frac{1}{2}$, $2\frac{3}{4}$, $3\frac{1}{2}$, 4, 5, 6, 7, 8, 10과 같은 배율도 할 수 있다.

학생들은 도입부에서 도구 사용법을 간단히 배운다. 고정점과 종이는 움직일 수 없고, 그림(model)을 따라 막대에 있는 포인터를 움직이면 펜에 의해 새로운 그림이 그려진다.[25] 학생들은 자신의 그림을 확대, 축소해보고 그 결과를 관찰하여 다음과 같이 가설을 세우고 공유한다.

- 포인터와 펜의 위치를 서로 바꿈으로써 "확대"하거나 "축소"할 수 있다.
- 팬토그래프를 어떻게 사용해도 그림의 모양이 변하지는 않는다.
- 어떤 팬토그래프와 장착용 구멍을 택하느냐에 따라 확대 정도가 다르다.
- 팬토그래프가 평행사변형 모양이 되지 않으면 변환이 잘 되지 않는다.
- 원래 도형의 특정 길이는 팬토그래프로 그린 도형의 특정 길이에 대응한다. 원래 도형의 전체 길이는 팬토그래프로 그린 도형의 전체 길이에 대응한다.

25) 역자 주: 팬토그래프의 구조와 관련하여 아래 그림을 참고하기 바란다. 아래 그림에서 가운데 a를 가리키는 부분이 팬토그래프 막대의 포인터이며, 복사본에 표시된 a는 펜에 의해 그려진 새로운 그림이다.

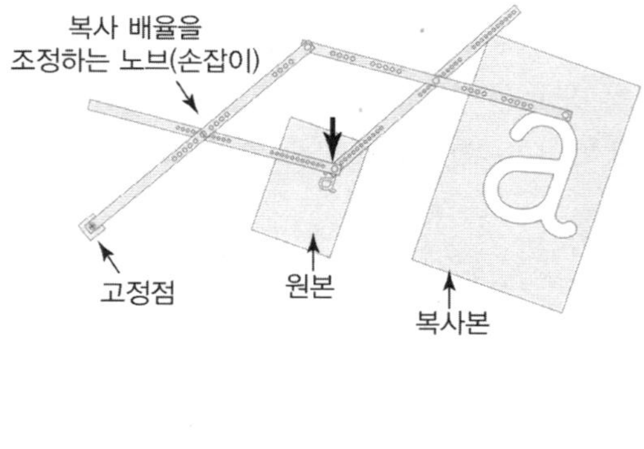

– 팬토그래프는 정해진 배율로 그림을 확대한다. 학생들은 구멍 위에 쓰인 확대 배율을 볼 수 있다.

2.1.2. 상황의 개요에 근거한 다양한 교수학적 상황의 예

a) 시범을 통한 일반적인 설명

교사는 도구를 보여주면서 그 놀라운 효과를 소개하고 사용 방법을 가르친다. 또한 상, 그림(model), 확대 배율에 대한 계산을 여러 방식으로 할 수 있다는 것을 보여준 다음 이를 연습하도록 한다.

b) 재발견에 의한 발견술

이는 앞에서 언급한 것과 유사하다. 발견술을 이용하면 매우 빨리 전체적인 결과를 얻을 수 있는데, 학생들이 개별 탐구와 토론에 익숙한 경우에 적절하다. 그러나 학생이 자신에게 "흥미로운 것을 말하는 것"에만 목적을 둔다면 이 방법은 오래가지 못한다.

c) 활동적인 소크라테스식 산파술

학생은 각각 팬토그래프를 사용한다. 일련의 질문을 제시하여, 학생이 다양한 특성을 밝힐 수 있도록 하거나 자기가 한 실수를 정정하도록 한다.

d) 여러 단계로 구성되는 보다 정교한 과정

- 행동 단계: 교사는 학생에게 1cm에서 15cm 사이의 길이 중 하나를 1분 내에 선택하도록 하여, 이 길이가 팬토그래프를 쓰면 어떻게 변할지 학생들이 각자 또는 짝과 함께 예측하도록 한다. 이러한 예측은 그저 추측한 것일 뿐이므로 검토의 대상이 될 것이다. 즉, 예측한 값이 정확한지는 기구를 활용하여 검증하게 된다. 검증 과정에서 학생들은 몇 가지 상을 관찰하고 이를 정당화함으로써 예측하는 법을 연습할 수 있다. 학생들은 규칙을 발견하고 확신이 들면 바로 예측 값을 말하게 된다.
- 타당화 단계: 구체적인 결과는 굉장히 부정확하며 경우에 따라서는 그림(model)에 있는 단점을 드러내기도 한다. 팬토그래프는 잘못 이용되기 쉽기 때문에 게임을 통해 여러 모둠이 경쟁하도록 만들 수 있다. 각 모둠은 다른 모둠의 팬토그래프를 보지 않고 도형을 정확하게 확대한 것이 무엇인지 추측한다. 각 모둠은 다른 모둠에게 그들이 선택한 선분이나 도형이 팬토그래프에 의해 어떻게 변했는지 보여줄 것을 요구한다. 어떤 모둠이 팬토그래프에 의해 지정된 배율을 추측했다고 생각했을 때 그 결론을 말한다. 팬토그래프가 없는

다른 모둠 중 하나가 이처럼 추측된 결론이 잘못되었다고 생각하면 이의를 제기할 수 있다. 그러면 토론이 시작되는데, 이 토론의 후반부에 한 모둠은 불확실한 증명에 항의하면서 반대편의 결론이 틀렸고 자신들의 주장이 옳다고 다른 학생들에게 증명해야 한다. 이때 증명은 팬토그래프의 숨겨진 배율을 보여주거나 그것을 통해 만든 그림을 보여주는 것으로 이루어진다. 각 모둠이 반대편의 증명을 거부할지 수용할지 또는 새로운 그림을 그리도록 요구할지에 따라 발언권을 부여하는 규칙과 점수를 매기는 체계가 달라진다(Brousseau, 1979a). 이러한 방법을 통해 몇몇 학생들은 팬토그래프의 모든 선분을 똑같이 확대하면 합의 상은 상의 합과 같기 때문에, 사상은 반드시 선형이어야 한다고 확신하게 된다.

2.1.3. 지도 과정에서 상황의 위치

팬토그래프 상황은 수정을 거의 하지 않고도 선형 사상 학습의 초기 상황으로 사용할 수 있다. 그러나 퍼즐을 확대하는 것(2.2절)을 평행 변환 $x \rightarrow x + a$로 해석하기 위해 학생들이 만든 가설은 그리 진지하게 고려되지 않는다. 팬토그래프가 올바른 상을 만들기 때문에 이러한 가설은 검토되지 않은 채 거부될 수도 있다. 모델을 구성하여 올바른 결과, 즉 원하는 조건을 예측하는 대신에, 그림을 당연한 규칙에 의한 것으로 간주할 수 있다. 덧셈 모델은 곱셈 모델을 만드는 데 장애가 되며, 열린 상황에서 합리적이고 지적인 기준에 근거하여 곱셈 모델을 구성하지 못하게 된다.

2.1.4. 사상의 합성(2차시)

먼저 학생들은 짝을 이뤄, 1.5배를 한 다음 다시 2.5배를 하는 것과 같이 연속하여 2번 확대하는 방식으로 간단하게 그림을 그린다. 가장 “아름답고”, “정확한” 그림을 그린 학생이 검증을 거쳐 승리한다. 그림을 그리는 과정이 아니라 결과가 중요하다는 점을 분명히 알려 주어야 한다.

사실 직접 조작을 하면 확대한 것이 너무 부정확하기 때문에 선분을 계산하기 위해서는 자로 선분을 다시 그려 이를 측정해야 한다(그림 1). 그런 다음에는 막대와 펜을 정확하게 사용했으므로 확대한 그림이 옳다는 것을 “증명”할 수 있다. 즉, 학생들은 두 선형 사상을 합성하여 그린 도형의 모양이 보존된다는 사실을 암묵적으로 확신하게 된다.

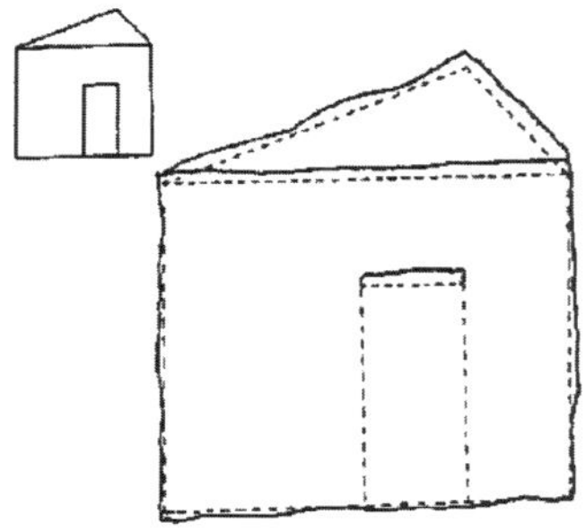

[그림 1] 왼쪽 도형은 주어진 모델 도형, 오른쪽 실선 도형은 팬토그래프로 그린 것, 오른쪽 점선 도형은 모델 도형을 3배 확대하여 얻은 닮은 도형임

2.1.5. 수학적 이론과 실제의 관계

2.1.1절의 마지막 두 상황-문제[26]는 이론, 즉 구조 혹은 수학적 지식이 조작과 관련하여 우선적으로 충족해야 하는 역할을 보여주는 적절한 예이다. 이론은 모델을 제공해야 하는데, 이때 모델은 실제보다 단순하고 경제적이며 정확한 방식으로 예측할 수 있도록 하며, 쓸데없이 복잡하지 않다. 이는 누구나 수학에는 모순이 없어야 한다고 생각하기 때문이다. 이론은 실제를 통하여 입증되고 정당화되며, 동시에 실제를 위한 지적인 증명으로 사용된다.

두 번째 차시에서 학생들은 닮음 변환을 합성해서 그린 그림의 선분 몇 개에 대해 그 길이를 추측한다. 학생들은 기존 그림에 있는 각 변의 길이, 경우에 따라서는 확대된 선분의 길이를 안다. 또한, 선형 사상을 나타내는 소수를 알 수도 있는데, 실제로 이는 1의 상에 해당한다.

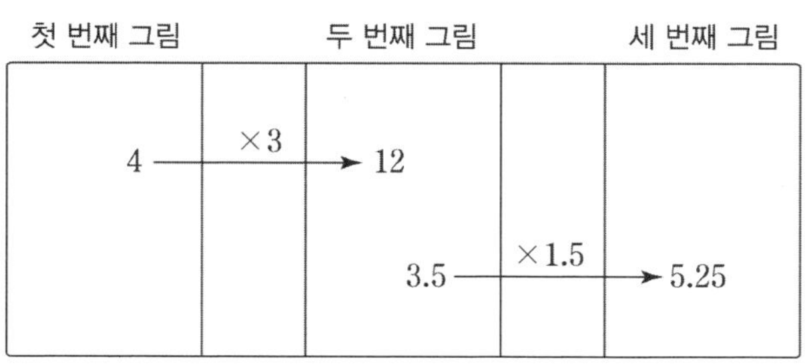

[그림 2] × 3, × 1.5배율에 의한 선분의 확대

26) 역자 주: 단계 Ⅱ.6의 마지막 두 상황-문제를 말한다.

세 번째 그림을 그리기 위해서는 첫 번째 그림에 있는 길이 2.5, 6, 2, 5.1, 14.6, 2.25, 4의 상을 계산해야 한다[27]. 학생들은 이러한 상을 계산하는 데 여러 방법을 사용한다.[28]

P_0) 선형성과 중간 계산을 이용하는 방법으로, 가장 오래 걸리는 절차이다. 이 방법은 이전에 발견한 것과 관련된다.[29] $\frac{3.75}{2.5}$의 계산이 매우 까다롭기 때문에, 다음과 같은 계산을 유도하는 처음 정의를 고집하는 학생이 점점 줄어든다.

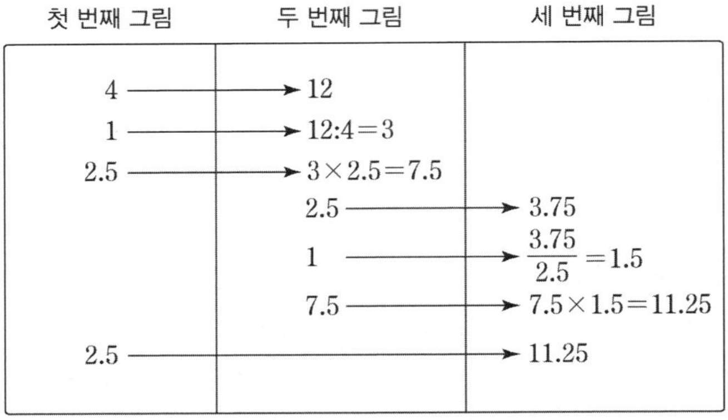

[그림 3] 선형성과 중간 계산을 이용하는 방법

P_1) 중간 계산 없이 첫 번째 그림과 세 번째 그림 사이의 선형성을 직접 이용하는 방법은 다음과 같다.

---

27) 역자 주: 원문에는 숫자의 목록 중 4가 빠져있지만 포함되는 것이 적절하다. Brousseau et al. (2014, p. 105)에서 이 활동에 대한 보다 자세한 설명을 참고하기 바란다.

28) 역자 주: [그림 3], …, [그림 6]은 주어진 길이를 ×3, ×1.5배율로 확대하는 다양한 방법을 보여준다.

29) 역자 주: 이전에 발견한 것이란 '1의 상'을 말한다. [그림 3]은 다음과 같이 해석할 수 있다. 학생은 길이가 4인 선분을 확대한 길이가 12가 됨을 측정을 통해 알 수 있다. 그러면 1의 상은 $\frac{12}{4}=3$이고, 2.5의 상은 1의 상과 2.5를 곱한 $3\times2.5=7.5$와 같다. 다시, 길이가 2.5인 선분을 확대한 길이는 측정을 통해 3.75가 됨을 확인할 수 있다. 그러면 1의 상은 $\frac{3.75}{2.5}=1.5$이고 7의 상은 $7.5\times1.5=11.25$이다. 결과적으로, 길이가 2.5인 선분을 3배 확대하고 뒤이어 1.5배 확대한 선분의 길이는 11.25이다.

$$\begin{array}{rcl} 4 & \longrightarrow 12 \longrightarrow & 12\times1.5=18 \\ 1 & \longrightarrow & 18:4=4.5 \\ 2.5 & \longrightarrow & 2.5\times4.5=11.25 \end{array}$$

[그림 4] 선형성을 직접 이용하는 방법

P_2) 중간 계산이 있는, 두 선형 사상의 합성에 의한 방법은 다음과 같다.

$$2.5 \xrightarrow{\times 3} 7.5 \xrightarrow{\times 1.5} 11.25$$

[그림 5] 두 선형 사상의 합성에 의한 방법

P_3) 두 사상의 합성을 바로 이용하는 방법은 다음과 같은데, 이 합성은 모든 것을 한꺼번에 계산한다.

$$\begin{array}{rcl} 2.5 & \xrightarrow{\times 4.5} & 11.25 \\ 1 & \longrightarrow & 4.5 \\ 2 & \xrightarrow{\times 4.5} & 9 \end{array}$$

[그림 6] 두 사상의 합성을 바로 이용하는 방법

이 상황에서 두 닮음 변환을 합성한 결과가 다시 닮음 변환이 된다는 사실을 암묵적으로 이용하여, 기존 그림에 있는 각 선분의 최종 상을 계산을 통해 구하는 방법은 매우 효과적이다.

이전과 마찬가지로 그림은 칠판에 붙어 있다. 학생들은 추측을 한 다음 앞으로 나와 이를 확인해 보고, 추측한 것이 틀렸으면 자기 자리로 돌아가서 계산 과정이나 자신이 추측한 방식을 수정한다.

학생들이 문제-상황을 해결하는 과정에서 두 닮음 변환을 하나로 나타내는 행동이 드러난다. 그러나 서로 다른 절차는 서로 다른 인지 수준을 보여준다. 절차 P_0에서 학생은 사상을 합성하였지만, 이 학생이 합성 사상에 관심이 있다고 할 수는 없다. 이 상황에서 일반적으로 관찰자의 눈에만 그렇게 보일 뿐, 절차 P_0에 합성 사상이 포함되는 것은 아니다. 합성 사상은 문제-상황에 존재한다. 이는 계산의 복잡성이라는 측면에서 볼 때, 더 하등한 풀이를 더 우월한 풀이로 바꾸는 독특한 지식이기 때문이다.

2.1.6. 선형 사상의 합성과 관련되는 다양한 "지식 수준"

이러한 수준은 지식을 표현하는 행동과 행동을 유발하는 상황의 유형 둘 다에 의해 결정된다. 수준을 범주화함으로써 각 수준을 특징짓는 상황, 절차, 인지적 모델 간에 존재하는 복잡성의 차이를 선험적으로 설명할 수 있다. 복잡성의 이러한 차이는 수학적, 인식론적, 심리학적 기원을 갖는 정보에 기초하며, 이러한 정보는 상황이나 교수학적 과정을 분석할 때 쓰이는 고유한 방식으로 정당화된다.

이와 같은 수준이 존재한다는 사실은 4.3.5절에서 논의될 단서와, 베르뇨가 "심리발생적 복잡성 수준"[30]이라고 부른 구체적이고 중요한 사례를 통해 실험적으로 분명해질 것이다.

– 편의상 절차 P_0가 0수준을 나타낸다고 하자. 이 구조 자체는 학생들의 행동에서 드러난다.

– **1수준**: 이 수준은 절차 P_1에서 보듯 일련의 닮음 변환이라는 행위를 하나의 행위로 대체할 때 드러난다. 이러한 행위는 학생이 암묵적인 모델을 가지고 있을 때만 가능한 것으로 여겨지며, 암묵적인 모델을 통해 학생은 대체가 가능함을 인지할 수 있다. 이는 학생이 대체를 인식하고 형식화하여 탐구 대상으로 고려하지 않을 때도 일어나며, 증명에 의하기보다는 다른 방식으로 이러한 대체를 정당화해야 하는 강력한 이유가 없을 때도 등장할 수 있다.

– **2수준**: 학생이 "저는 팬토그래프로 [×2.5]와 [×0.25]를 한 결과를 알아요. 그래서 사상 한 개로 상을 계산할 거예요"라고 말하면 한 단계가 올라간다. [×0.625] 자체는 특정 선분의 길이를 계산한 다음에 얻어진다(절차 P_2).

– **3수준**: 학생이 "네가 팬토그래프로 [×4.5]와 [$\times\frac{1}{3}$]를 한 결과를 알려주면, 나는 이것이 [$\times 4.5\times\frac{1}{3}$]만큼 확대한 값과 같을 것이라고 예측할 거야"라고 말하면, 이 학생은 한 발 더 나간 것이 된다. 계산을 통해 검증이 가능하다(절차 P_3).

– **4수준**: 이 수준의 학생은 "두 개 이상의 팬토그래프로 하는 행동은 한 개의 팬토그래프로 하는 행동으로 항상 대신할 수 있어야 해요. 이는 처음 두 값을 곱함으로써 계산할 수 있어요"와 같이 말한다.

– **5수준**: 같은 성질이 다른 영역에서도 성립할 수 있어서 전문적인 형식화를 학습

30) 편집자 주: Vergnaud & Durand(1976)을 참고하기 바란다.

할 수 있다. "… 의 부분을 취하면", "퍼센트 …"와 같은 형식화는 다른 유형의 상황이 필요하다. 이러한 상황을 통해 개념은 친밀성과 확장성이 늘어나며, 수학적 측면이 크게 바뀌지 않은, 새로운 문화적 지위를 얻게 된다. 한편, 측정값의 곱에 의한 계산법은 분수 개념에도 영향을 미치므로 이 단계에서는 분리해서 다루어야 한다(Vergnaud et al., 1979; Rouchier, 1980).

– 6수준: 이전의 특정 언급 때문에 학생은 자연수를 다룰 때 쓰이는 다음과 같은 모델에 어려움을 느낄 수 있다.

증가시키기-곱하기 또는 더하기
감소시키기-나누기 또는 빼기

또한 학생은 $[\times \frac{1}{3}]$이 정수 위에서 $[\div 3]$과 같은 연산자라고 인지했을 수도 있다(단계 II.3). 그럼에도 불구하고, 자연수 $\boldsymbol{N}$을 토대로 하는 이러한 모델이 만들어내는 장애를 쉽게 극복하기는 어렵다. 따라서 학생들은 $3.2 \xrightarrow{\div 3}$ 이 의미하는 바를 곧바로 알지 못하며, 대응하는 상을 찾는 도구가 있어도 이를 계산하지 못한다.

"닮음"을 나타내는 서로 다른 방법을 구체화하여 계산 방법을 통합하도록 요구하는 게임에 참여함으로써 학생들은 사상 몇 개만이 아니라 전반을 고려하게 된다. 지적인 토론과 적절한 사회적 게임을 통해서만 이러한 문제를 촉진할 수 있고 "모든 팬토그래프에 역(inverse)이 존재할까?"와 같은 질문을 고려할 수 있다. 6수준에서 학생들은 연산의 어떤 성질이 행동에 기여하는지를 보면서 연산의 성질을 생각할 수 있다.

팬토그래프 상황과 같이 역의 존재성을 이용하는 상황과, 알게 되면 유용한 수학적 이유를 묻는 질문을 제기하는 상황 사이에는 복잡성 면에서 큰 차이가 있다. 특히, 이러한 질문은 교수학적 이유나 형식적 이유와는 별로 관련이 없으며, 누군가는 이러한 이유를 학생들이 확인하기를 바란다.

– 7수준: 이 단계의 학생은 연산을 분석 수단인 함수로 만든다. 예를 들어, $(\times \frac{3}{4}) = (\times 3) \cdot (\times \frac{1}{4})$처럼 모든 유리수 사상을 정수 사상과 정수의 역 사상의 합성으로 나타낼 수 있다.

이 체계에서는 계산법이 유리수와 관련된 진짜 이론을 만드는데 기여하며, 이는 토야르(Mme Touyarot)[31]가 제안한 뜻밖의 질문과 관련된다(Brousseau, 1980, p. 36).

31) 편집자 주: 3장 3절을 참고하기 바란다.

예를 들면 이러한 질문에는 “모델에서 상으로 가기 위하여 $\times\frac{4}{7}$라는 선형 사상을 이용하였다. 상에서 모델로 가는 선형 사상은 무엇인가? 상을 계산하지 않고 친구에게 이를 설명할 수 있는가?”와 같은 것이 있다.

이 단계에서 학생들은 모든 경우의 소수 나눗셈을 일반적으로 해결하는 방법을 발견한다. 학생들은 선형 사상의 합성을 이용하지 않고도 이전 수준의 지식인 나눗셈 방법을 다른 의미로 발전시킬 수 있다. 단계 Ⅰ.5와 단계 Ⅰ.6에서 보았던 측정값으로서의 유리수의 한계 때문에, $\times\frac{1}{4}$(단계 Ⅱ.3)와 같이 특정 닮음 변환에 의한 상을 계산하려면 역 사상이나 맥락을 통해 명확해지는 두 사상의 합성을 이용해야 한다. 예를 들어, 합성을 사용하지 않고 $3.25\times\frac{1}{1.25}$을 계산하기 위해서 학생들은 $\times\frac{1}{1.25}$과 동치인 사상을 찾는다. 학생들은 이 사상이 1.25를 1에 대응시키는 사상이라는 것을 알고 있다. 즉 학생들은 $\frac{100}{125}$과 같은 소수, $\frac{800}{1000}=0.8$을 어렵게 찾으며 그 결과 3.25×0.8을 계산하면 된다.

이러한 계산을 한두 번 실행한다고 해서 그 과정이 방법으로 분명하게 여겨지거나 학습 대상으로 파악되지는 못한다. 학생들은 계속되는 노력과 의미론적 지원 덕분에 한 번쯤은 적절한 방법으로 계산할 수도 있다. 이러한 “절차”를 맥락에서 분리하여, 반복 연습을 통해 하나의 방법으로 직접 가르치는 것은 옳지 않다. 7수준은 이러한 문제에 대하여 합리적이지만 제한적인 해결책을 제공한다.

– **8수준** : 8수준에서는 공리적인 수학 이론과 대수 언어를 이용하여 7수준을 해석하고 이를 연구 대상으로 삼아 형식화하고 기술한다. 이러한 작업의 관심사는 수 구조를 범주화하는 것이다. 1970년대 개혁 운동은 13~14세 8학년 학생들이 이러한 구성 활동을 하도록 하는 데 의도가 있었다. 그러나 수학적 활동을 통해 다룬 바에 대해 학생들과 명확하게 교수학적 계약을 맺지 않았기 때문에 앞서 설명한 인식론적 수준에 혼란이 일어났고 결국 다양한 시도는 실패할 운명에 처하게 되었다.

교사는 현재 초등학교 수업과 비슷하게도 학생이 발견한 바를 서둘러 제도화하며 앞서 제시한 것과 같은 교수학적 상황을 “남용”한다. 이를테면 교사는 “여러분이 이러저러한 대상을 발견하였습니다”라고 말하는데, 이는 학생이 발견한 대상에 일반적인 특징이 있다고 암묵적으로 인정하는 것이다. 또한 교사는 “이것을 ‘함수의 합성’이라고 부릅니다”라고 설명하는데, 이는 학생이 발견한 바가 인지적, 문화적 상태에 있다고 제시하는 것으로, 학생들이 이를 인식하여 추후 연습문제에 사용하도록 만든다.

교사의 이러한 행동은 모든 수학적 활동을 방해하고 심지어 부정한다. 이는 원시적인 수학적 개념을 수학적 개념으로 바꾸기 위해서 원시수학적 개념을 그저 생각해보는 것만으로도 충분하다는 견해를 암묵적으로 긍정한다. 물론 이러한 교수학적 절차도 효과적이며 교사는 이를 국소적으로는 사용해도 된다. 그러나 "학습 주체"와 지식 사이의 관계를 근본적으로 변화시키기 위해서는 이러한 교수학적 절차를 기계적으로 이용하는 것을 지양해야 한다.

2.1.7. 교수학 연구에 대하여

상황에 교수학적 특징을 부여하는 조건은 다음과 같다(4.2.2절 참고).

- 개별 학생이 자신의 지식 수준을 변화시킬 충분한 기회를 지닐 가능성
- 지식을 단순하게 이용하여 절차가 복잡해지면 실행 효율이 떨어지고 실수 가능성이 늘어나는 것에 대한 암묵적인 불이익

학생이 주어진 상을 두 사상의 합성으로 예측해야 하는 상황은 이상과 같은 특징을 갖는다.

이와 관련하여 교수학자가 제기하는 문제는 실현가능성에 관한 것이다. 팬토그래프 상황에는 다룰 필요가 있는 최소한의 그림과 그릴 선분의 개수가 있다. 주어진 시간과 학생들의 동기를 고려하면 사용 가능한 최대한의 연산이 있다. 그 교집합은 비어있는가? 일반적으로는 정보를 좀 더 제공하거나 상황을 폐쇄적으로 만들어 학생들이 느끼는 불확실성을 줄임으로써 보다 빠르게 진전하도록 유도할 수 있다. 이러한 방법은 의미의 습득에 얼마나 영향을 미칠까? 실험을 통해서만 이 질문에 답할 수 있다. 실험은 이상의 조건이 미치는 영향에 대해서 더 많은 정보를 제공한다. 어떤 경우에는 "상황의 경제성을 계산해보는" 선험적인 연구를 이용할 수 있다. 예를 들어, 암산이나 필산으로 수행된 연산의 수에 비추어 다양한 전략의 비용을 〈표 2〉와 같이 비교할 수 있다.[32]

---

32) 역자 주: 〈표 2〉는 다음과 같이 이해할 수 있다. 중간 계산이 포함되면 총 계산 비용이 2배 늘어난다. 따라서 P_0, P_2의 비용은 각각 P_1, P_3의 비용보다 2배 크다. P_2, P_3의 나눗셈 방법은 '1의 상'을 계산하는 과정에서만 나눗셈이 사용된다, P_0, P_1의 방법은 각 선분마다 나눗셈 계산을 사용하므로 P_2, P_3의 나눗셈 비용은 각각 P_0, P_1의 나눗셈 비용을 선분의 수 n으로 나눈 값이다. 계산의 신뢰성은 중간 계산의 포함 여부에 따라 달라진다. 중간 계산을 포함하는 P_0, P_2에 의한 결과의 신뢰도는 $d^2 \cdot m^2$이며, 중간 계산을 포함하지 않는 P_1, P_3에 의한 결과의 신뢰도는 $d \cdot m$이다.

〈표 2〉 상황 해결에 필요한 절차의 양과 결과의 신뢰성

	P_0	P_1	P_2	P_3
절차의 양	$2D+2M$	$D+M$	$2M+\frac{2D}{n}$	$\frac{D}{n}+M$
결과의 신뢰성	$d^2 \cdot m^2$	$d \cdot m$	$d^2 \cdot m^2$	$d \cdot m$

D: 나눗셈 절차의 양
M: 곱셈 절차의 양
d: 나눗셈을 정확하게 할 확률
m: 곱셈을 정확하게 할 확률
n: 선분의 수

n이라는 수의 크기에 따라 달라지는 D, M 등 다양한 변인이 미치는 영향을 예측할 수 있다. 절차의 발달에 중요한 질적 영향을 미치는 변인을 "교수학적 변인"이라고 부르겠다.

누군가는 다른 절차를 고려함으로써 특정한 가설, 예를 들어 절차 P_1은 절차 P_2보다 절차 P_3을 빠르게 유도한다와 같은 가설을 세울 수도 있다.

각 방법마다 충분한 수의 선택이 이루어진 사례에 대한 정보가 수집된다면, 위와 같은 유형의 가설은 학생이 총 50명 정도인 두 학급에서 얻은 관찰 결과를 카이 제곱법으로 간단히 해석함으로써 검증할 수 있다. 우리가 정기적으로 탈랑스(Talence)의 에꼴 쥘 미슐레(Ecole Jules Michelet)에서 관찰한 것처럼 말이다. 4절에서 이 사례를 기술할 것이다.

2.1.8. 나머지 과정 요약(2차시)

방금 설명한 두 활동에 이은 다음 활동의 목표는 1수준부터 7수준으로 기술한 의미에 따라 변형이 일어나도록 유도하는 것이다.

이 과정을 통해 학생들은 합성의 성질에 관한 다음과 같은 수학적 질문을 스스로 던진다. "$\times 2 \cdot ((\times 1.5) \cdot (2.5))$는 $\times(2 \times (1.5 \times 2.5))$와 같은 사상인가? $\div 3$이 나타내는 것은 무엇인가? 다른 이름을 붙일 수는 없는가?" 세 번째 질문에서는 두 합성이 같다는 정의를 증명의 수단으로 사용한다. "예를 들어, $\times 2$, $\times 3$, $\times 4$, $\times 7$, $\times 10$ 중 두세 개의 팬토그래프를 합성하면 그림이 어떻게 확대되는가? $\times \frac{4}{7}$의 역은 무엇인가?

$\times \frac{4}{7} \times \frac{5}{3}$의 결과는 무엇인가?" 이러한 활동의 목표 중 하나는 학생들이 자신이 다루는 대상의 성질을 탐구하고, $\times(1+0.03+0.05)$나 $\times(1+0.03)(1+0.05)$처럼 합이나 합성에 의해 값이 증가하는 두 모델 중 하나를 선택해야 하는 상황에 관심을 갖도록 하는 것이다.

물론, 각 단계는 구체적인 상황을 선택하는 구체적인 문제를 제기한다. 그럼에도 불구하고, 다음 절에서 논의할 몇몇 교수학적 개념과 기법을 통해 몇몇 상황을 만들고 그 적절성을 평가할 수 있다. 이 중 대부분은 타당화 형식을 따른다. 타당화 상황은 정확한 규칙이 없이 시작되는데, 이를 통해 학생들은 매번 명확한 규칙이 배제된 토론을 수행하며 토론에서 논의된 내용 중에서 주제를 선택한다.

마지막 활동에서는 측정으로서의 분수, 선형 사상으로서의 분수와 비(ratio)를 동일시하고, 이 과정에서 만들어진 표현과 구체적인 설명을 통합하며 이를 새로운 공용어로 재형식화한다.

2.1.9. 재구성 과정의 한계

"사후" 지식 재조직은 학생의 좋은 수학 학습을 이끄는 기본 활동이다(Brousseau, 1976). 그러나 역사적 발생에서 교수학적 발생으로의 변환이 정말로 관심을 받았는지는 아직 입증되지 않았다. Ratsimba-Rajhon(1981)에 따르면 새로운 모델이 더 뛰어나고 상황에 더 적절하다고 학생들이 확신하더라도, 경우에 따라 다른 모델의 근원과 타당성을 뒷받침하는 이전 모델이, 모델을 교체하는 과정에 의해 더욱 강력하게 지지되기도 한다. 이는 기대했던 바와는 반대되는 현상으로 상황을 적절히 선택했더라도 일어날 수 있다. 그러므로 교수학적 상황의 특징에 대한 연구는 심리학이나 인식론 연구로 환원되지 않는다.

2.2. 퍼즐

2.2.1. 문제 상황

선형 사상에 대한 학생의 탐구를 이끄는 첫 번째 상황은 다음과 같다.

안내

여기에 [그림 7]과 같은 "탱그램" 퍼즐 몇 개가 있습니다. 여러분은 이 모델과 모양은 같지만 더 큰 것을 만들되, 모델에서 4cm인 선분이 7cm가 되도록 해야 합니다. 4~5명으로 이루어진 각 모둠에 퍼즐 한 개씩을 나누어 주겠습니다. 각자 퍼즐 한 조각씩을 받을 것이고 모둠에서 2명은 2조각을 받을 것입니다. 이 모델과 정확히 같은 모양의 그림을 만들어야 활동이 끝납니다.

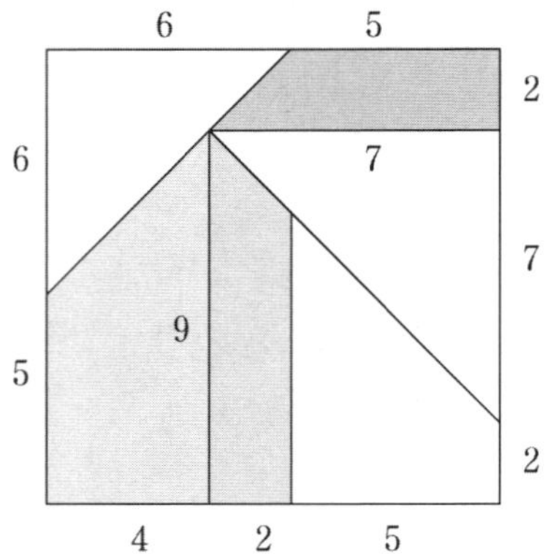

[그림 7] 탱그램 퍼즐

전개

각 모둠별로 계획 단계를 간단히 마친 다음, 학생들은 흩어진다. 교사는 퍼즐을 확대한, 완성된 모양을 칠판에 붙여 놓는다.

거의 모든 학생이 각 변에 3cm를 더하면 된다고 생각한다. 몇몇 학생이 이 모델을 의심하지만 자신의 생각을 설명하지 못하여 친구들을 설득하지 못한다. 당연히 결과적으로 조각이 맞지 않는다. 토론과 진단 과정에서 각 모둠의 장은 모둠원들이 꼼꼼하지 않았다고 나무란다. 문제가 되는 것은 모델이 아니라 실행이다. 어떤 학생들은 모든 조각을 다시 조작하고 확인한다. 근거를 받아들여야 하지만 쉽지 않다! 교사는 특별한 것을 요구하지 않고 학생을 격려하거나 사실을 검증하도록 할 때만 개입한다. 지속적인 재배열을 통해 학생 몇몇은 본래 모델에 얼추 맞는 퍼즐을 만든다. 다른 학생들은 위와 같이 하는 것을 그만두고 큰 정사각형을 분할하여 조각을 완벽하게 맞춘다. 자신들이 성공했는지 봐주도록 학생들이 교사에게 요구할 때, 교사는 [그림 8]을 만드는 모델을 사용하라고 제안하며, 학생들이 만든 상인 [그림 9]로는 [그림 8]을 재현하지 못한다고 설명한다. 일반적으로 $a=b+c$ 이면서 $f(a)+f(b) \neq f(c)$ 인 세 변 a, b, c 를 찾는 것은 매우 쉽다. 이를 통해 학생들은 선형성이라는 특징적인 조건을 충족해야 함에 주목하게 된다.

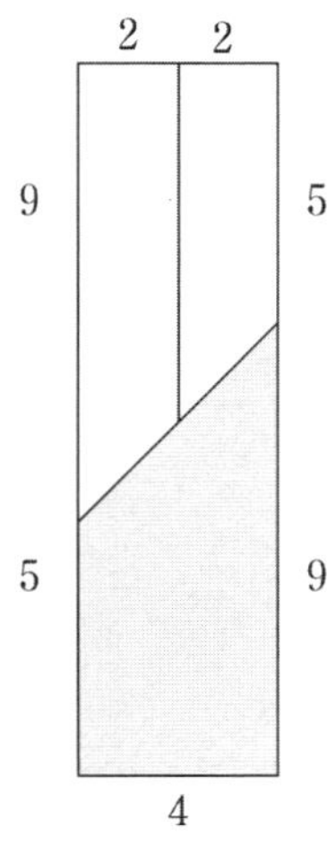

[그림 8] 주어진 탱그램 모델

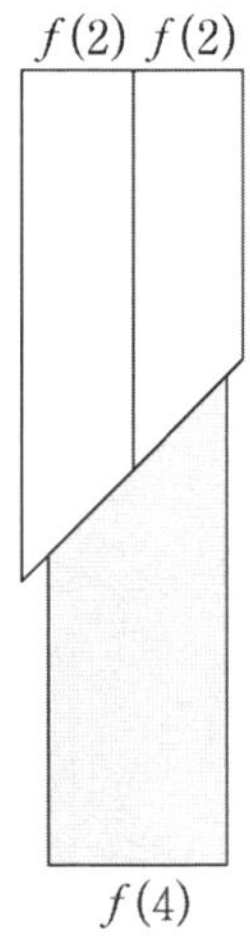

[그림 9] 덧셈 모델에 의한 변환 결과

다양한 사회적 과정과 지적 과정이 동시에 작용하기 때문에 학생들이 모델을 재검토하기가 어렵다. 학생들은 논박, 격노, 눈물, 위협과 같은 매우 생생하고 자극적인 표현에 노출된다.

아동들이 다른 규칙의 필요성을 받아들이고 이를 찾기 시작하면 진전이 빠르게 일어난다. 특히, 학생 또는 교사가 칠판에 [그림 10]과 같이 길이를 표현하면 작업이 빨라진다.

[그림 10] 4의 상이 표시된 판서 내용

학생들은 먼저 8의 상을 찾는다. 4→7이면 8→14이라고 생각하지만, 이 아이디어는 도움이 되지 않는다. 그러나 이상하게도 이 아이디어는 다른 모델이 거부되자마자 논쟁 없이 그 모델을 대체한다. “우리는 1의 상이 필요해”, “그래, 그러면 다른 것을 모두 구할 수 있어”, “그러려면 4를 네 조각으로 나누고 7도 네 조각으로 나눠야 해”. 학생들은 공약 모델을 배웠기 때문에 바로 다음과 같이 쓸 수 있다. 즉 1의 상의 4배가 7이므로, 1의 상은 $\frac{7}{4}$이다(3.2.6절 참고). 학생들은 이를 자연스럽게 사용하지는 못하며, 다음과 같은 절차에 따라 계산한다.

$$7=\frac{70}{10}=\frac{280}{40}\ ,\ \frac{280}{40}\div 4=\frac{70}{40}=\frac{35}{20}=\frac{175}{100}=1.75$$

이므로 $\frac{350}{100}\div 2=\frac{175}{100}=1.75$. 확실히 위와 같은 계산은 측정값으로서의 분수를 알기 때문에 가능하다. 이 단계에서는 $a+b=c$이므로 $f(a)+f(b)=f(c)$인 선분을 그려야 한다는 주장은 거의 나타나지 않는다. 위와 같은 계산을 통해 효율적인 구성에 따라 적절한 절차로 검증하는 것이 가능하다.

2.2.2. 나머지 과정 요약

다음 수업은 앞에서와 같은 상황에서 분수 길이의 상을 찾는 활동으로 구성된다. 아동들은 퍼즐을 이용하여 간단한 분수에 대해 자신들이 한 추측을 입증한다.

소수의 상을 계산하는 방법을 가르치기 위해 교사는 퍼즐 상황과 비슷한 상황을 도입한다. 이 상황은 T 모양의 조각을 확대하고 이를 병렬식으로 나열하여 타일을 채우는 상황이다. 이번에는 기본적인 관계가 많이 언급되고 선형 모델이 시작부터 채택되지만, 학생들이 선형성을 명확하게 이해했다고 보기는 어렵다. 왜냐하면 6차시 이후 활동에서 학생들은 아무런 문제 제기도 없이 $\times 2.2$, $x+5$, $2x+3$ 이 모두 다른 사상처럼 "확대"된 상을 만드는 선형 사상이라고 간주하기 때문이다. 또한, 학생들이 선형성을 사용하는 정확한 근거를 이해하고 기본 준거를 체계적으로 이용하기 위해서는 이러한 사상을 "사각형의 변→사각형의 넓이"인 이차함수와 구별할 수 있어야 한다.

퍼즐과 관련된 첫 번째 차시에서는 확대에 이름을 붙일 필요가 없었다. 다음에 살펴볼 활동에서는 배율을 곱하여 그 값을 비교하고, 동형인 것을 찾아 위계를 부여할 것이기 때문에 의식적으로 1의 상에 우선권이 부여될 것이다. 그다음에는 측정값으로서의 분수 경우와 마찬가지로 "이 배율은 수인가?"라는, 정답이 주어지지 않는 질문이 제기된다.

2.2.3. 수학적 증명에 대한 정서적, 사회적 토대

퍼즐 상황은 팬토그래프 상황과 교수학적으로 동일한 형태이지만, 올바른 예측은 덧셈 모델을 우선하는 인식론적 장애와 매우 강하게 부딪힌다.

학생들에게 교사가 보낸 신호를 해석하도록 하기보다 먼저 문제 상황에서 스스로 답을 찾는 습관을 가르치는 것이 중요하다. 학생들이 적절한 정서적 수준을 유지할 수 있도록 교사는 목표하는 사회적, 심리적 과정을 해치지 않으면서 "인지적인 중립성"을 지닐 필요가 있다. 처음에 학생들은 상황에 문제가 없고 익숙하며 의심의 여지가 없다고 생각한다. 모둠별로 학생들은 저마다 역할을 맡아 아이디어를 내고 개인적으로 과제를 탐구할 시간을 갖는다. 매우 미미하지만 긴장이 존재한다. "말도 안 돼!", "이게 왜 안 되지!"와 같은 말로 놀라움이 예고 없이 드러난다. 모둠의 특징과 사회적 입장에 따라 여러 확신이 충돌하고 표현된 다음, 학문적인 과정이 시작된다. 학생들은 탐구를 지속하기 위한 이유를 찾아야 한다. 상대방을 꼬드기거나 위협해서는 아무것도 얻지 못한다. 자신뿐만 아니라 다른 사람에게 확신을 주기 위해서는 증명을 해야 한다. 모둠에는 하위 모둠이 생긴다. 몇몇은 이미 수행한 결과를 확인하고 나머지는 사각형을 확대해서 두 배로 만들어 이를 잘라낸다. 학생들은 가혹한 시험에 든다. 의심은 배신으로 간주되며, "약한" 학생은 "강한" 학생의 능력을 의심한다. 교사가 할 일은 없다. 미사여구는 과학적이고 지적인 증명으로 대체되는데, 이것만이 "상대방"의 항복을 받는 유일하고 고결한 방법이다. 장애가 극복되어 모두가 풀이를 이해하기 쉽고 상식적이며 애매함이 사라진 것으로 볼 수 있게 되면, 학생들은 친구에 의해서가 아니라 스스로 풀이를 인정하게 되고 승리감을 느끼게 될 것이다. 교사가 어떤 가르침을 주지 않아도 모든 학생이 이를 성취할 수 있다. 틀린 아이디어를 포기하는 것에는 옳은 아이디어를 찾아내는 것만큼의 장점이 있다. 완고함을 유지하는 것은 이를 포기하는 것만큼 필수적이다. 아동들은 더 열정적으로 진리를 추구하게 된다.

스포츠 경기와 여러 면에서 비슷한 이러한 게임을 학생들이 매우 즐거워하는 것을 여러 번 관찰하였다. 이러한 즐거움을 통해 학생들은 수학을 좋아하게 되며, 즐거움이 없었다면 맛보지 못했을 인간적이고 철학적인 의의가 수학에 존재함을 알게 된다. 교사는 학생들의 욕구와 정서를 잘 관리하여 수업을 통해 학생들에게 때로 연습과 훈련을 요구해야 할 수도 있다. 교사의 개입을 관장하는 복잡한 체계에 대해 서술하지는 않았지만, 이것이 엄밀히 말해 교수학적이지는 않더라도 그 중요성을 간과할 수는 없다. Perret Clermont(1979; 1980)[33]은 사회적 통합에서 지능의 구성에 대해 연구하였고, Balacheff(1980)는 다양한 수준의 학생들이 증명 문제를 다루는 방법을 상세히 설명하였다.[34]

---

33) 편집자 주: 두 번째 문헌은 Schubauer-Leoni & Perret-Clermont(1980)을 말한다.

34) 편집자 주: 더 상세한 내용은 Balacheff(1987, 1991)을 참고하기 바란다.

2.3. 유리수에 대한 소수 근사(5차시)

학생들이 유리수를 덧셈, 뺄셈, 곱셈, 자연수에 의한 나눗셈 연산과 순서가 존재하는 집합으로 구성하자마자 소수로 유리수를 근사하는 상황을 마주하게 되는데, 이는 단계 Ⅱ.4에 해당한다.

2.3.1. 자연수 구간 내에 유리수 배치

학생 A는 0과 10 사이의 분수를 아무 말 없이 선택하여 종이에 쓴 다음 주머니에 넣는다. 학생 B는 그 분수가 속하는, 연속된 두 자연수가 경계가 되는 구간을 추측한다. 이를 위해 학생 B는 "분수가 7과 9 사이에 있나요?"와 같은 질문을 하고, 학생 A는 "예", "아니오"로 답한다. 학생 B는 분수가 속하는 구간을 찾을 때까지 계속해서 질문한다. 학생의 요청에 의해 학생들 사이의 갈등을 조정하거나 좀 더 자세한 정보를 제공할 때만 교사가 개입한다.

이 게임은 팀 대항 형식으로 시작하지만, 곧 두 학생이 짝을 이룬 활동으로 진행된다. 두 학생은 각자 분수를 선택하고, 서로 번갈아 가며 질문한다. 이어서 관찰 결과가 공유된다.

이 게임을 통해 아동들은 자연수 $\boldsymbol{N}$의 구간과 그 교집합을 지칭하는 언어를 다룬다. 질문의 수를 최소화하려는 시도를 통해 대략 같은 크기의 연속적인 선형 구간으로 분할하는 전략이 만들어진다. 예는 다음과 같다.

B: [0, 5]?
A: 예.
B: [0, 3]?
A: 아니오.
B: [3, 4]?
A: 아니오.
B: 알겠다. [4, 5]구나!

10살 정도 되는 학생 대다수는 "B: [0, 5]? A: 예. B: [0, 3]? A: 아니오."와 같은 대화 후에 [3, 5]를 물어 확인하기도 한다. 모둠 게임은 흥미로운 설명을 이끈다.

이전 단계에서 학생들은 자연수가 특정 분수에 대응한다는 것을 알았지만, 위 활동에서는 $\boldsymbol{N}$이 $\boldsymbol{Q}$에 완전히 포함된다는 사실을 체계적으로 이용할 필요가 있다.

2.3.2. 유리수 구간

교사는 학생들에게 분수를 찾도록 요구한다. 예를 들어 3과 4 사이에 있는 분수를 찾도록 하면, 학생들은 $3=\frac{12}{4}$, $4=\frac{16}{4}$을 비교하여 몇 가지 방법을 생각해내고 $\frac{13}{4}, \frac{14}{4}, \frac{15}{4}$와 같은 답을 말한다. 그러면 교사는 이전 게임에 새로운 규칙, 즉 상대방이 고른 분수가 속하는 가장 짧은 구간을 찾아보자는 규칙을 추가한다. 이때 가장 짧은 구간이 무엇인지는 처음에 정의하지 않는다.

이 게임은 "레이더 게임" 또는 "탐험가 게임"이라고 불리기도 하였다. 왜냐하면 상대방이 선택한 분수가, 레이더 광선의 범위를 최대한 좁게 설정하여 위치를 나타내야 하는 항공기에 대응될 수 있기 때문이다. 하지만 이러한 "정당화"는 한 번만 사용될 뿐이며 아동들에게는 별로 도움이 되지 않는다.

학생들은 두 수 사이에 속하는 분수를 찾거나, 상대방 "그물"에 있는 수와 선택된 수를 비교할 때 어려움을 겪는다. 여러 번의 시도 끝에 게임 방법이 점점 더 명료해지면서 가장 작은 구간을 어떻게 부를 것인지에 대한 동의가 필요해진다. 학생들은 토론하고 규칙을 형식화한다. 다만, 게임의 규칙을 배우기 어렵고 수많은 계산이 필요하며, 목표하는 지식이 명확하지 않다는 것이 힘든 부분이다. 이 활동은 처음부터 "즐거움을 우선"으로 한다. 아동들은 첫 번째 구간의 길이가 1보다 작아지면 더 이상 구간을 구하지 않고 구간 사이의 크기를 비교한다. 이어지는 차시에서 아동 중 몇몇은 분할을 한 번 더 세분한다. 아동들은 게임을 두 번밖에 하지 않는다. 소수가 양 끝값인 구간은 상대방이 쉽게 계산할 수 있다는 것을 아동들이 알지만, 이러한 구간이 너무 일찍 등장한다. 이는 해당 게임의 약점이다. 학생들은 상대방이 복잡한 계산을 하도록 만드는 것이 자신들에게 이득이 된다는 점을 이해하지 못하기 때문이다.[35] 전체 논의에서 질문이 다루어지면 게임은 훨씬 빨라지고 분수의 분모는 점점 커져서, 예를 들면 $\frac{99}{100}$는 $\frac{9900}{1000}$과 같은 형태로 표현된다. 길이가 $\frac{1}{100000}$처럼 매우 작은 구간으로 분수 $\frac{22}{7}$를 아직 잡아내지는 못한다. 활발한 토론 결과, "도저히 못 찾겠다!" "맞아, 그런데 왜지?", "왜냐하면, 10, 100, 1000, … 은 7의 배수가 아니기 때문이야"와 같은 반응이 나온다.

---

35) 역자 주: 이는 "[T]he students do not understand by themselves that complicating their opponents' calculations has no merit."을 번역한 것이다. 그대로 번역하면 앞뒤 문장과 의미가 연결되지 않으므로 이 문장의 "has no merit"를 "has merit"으로 바꾸어 번역하였다.

하지만 누구도 납득하지 못하며, 교사는 흥미를 느끼는 것처럼 보이지만 중립적인 상태를 유지하면서 당분간 문제를 열린 상태로 둔다.

2.3.3. 나머지 과정

이전 게임에서 사용한 십진 분수를 눈금이 있는 선분 위에 나타낸다. 학생이 소수와 소수점을 알면, 소수점을 갖는 수와 길이로 표현된 수 사이의 관계를 이 활동에 따라 설정할 수 있다. 그러나 학생이 소수와 소수점을 모르면, 교사가 소수 개념을 소개한다. 이는 수인가?

토론은 매우 간단하다. 학생들은 분수 계산법에서 소수 계산법을 유도한다.

위치 게임은 일련의 수업 끝부분에 다시 등장하여 "$\frac{221}{35}$은 어디에 위치할까?"와 같은 질문이 제기된다. 이러한 질문은 "4319를 29로 나누고자 한다"와 같은 형태로 나타나기도 한다. 학생들은 자연수 나눗셈을 "재발견"하고 이를 확장한다. 〈표 3〉은 수업에서 최종적으로 만들어진 것으로 작업이 수행되고 계속해서 개선되는 과정을 보여준다. 나눗셈 규칙이 완성된다.

2.4. 지도 과정에 대한 실험

2.4.1. 방법론적 관찰

소수 지도 문제를 구체화하고 교수학적 개념의 역할을 살펴보기 위해 물리학과 경험과학에서 널리 쓰이는, "일정한 결과와 비교하기" 방법을 사용하였다.

의미 있게 작용할 것으로 보이는 몇몇 변인과 옵션을 결정한 다음에는, 이러한 변인 및 옵션과 비교할 필요가 있는 다른 선택사항에 기초하여 실험을 설계하였다. 이때 다른 선택사항은 교수에 영향을 미치는지 여부보다는 변인 및 옵션과의 비교를 위해 선별된 것이다.

전통적인 실험 방법은 여러 선택사항을 실험 계획에 따라 조직한 다음, 자료에 추정 통계 검사를 적용하는 것이다. 그러나 이는 다음과 같은 이유로 본 연구의 목적에 적합하지 않다.

- 우선 이 방법은 윤리적으로 인정될 수 없다. 어떤 전문가도 자신과 결과를 분리하여 뭔가를 "관찰하기 위해" 가르치는 것에는 동의할 수 없다.

〈표 3〉 나눗셈 방법이 개선되는 과정

찾는 것	확인한 것		
1. 자연수를 찾는다. $\frac{35}{35}$에 몇 배를 해야 $\frac{221}{35}$이 되는지 찾는다. $6<\frac{221}{35}<7$	$221\div35=6$ 나머지는 11, 이를 $\frac{11}{35}$로 나타낸다.		한 여학생이 뺄셈을 연속하여 하는 대신 나눗셈을 하자고 제안하고 이 여학생이 일단 한 번 해본다. 이 여학생은 이와 같이 모든 나눗셈을 하나로 통합할 수 있는지 질문한다.
2. 십분의 일을 찾는다. $\frac{1}{10}$에 몇 배를 해야 $\frac{11}{35}$이 되는지 찾는다. $6.3<\frac{221}{35}<6.4$	$\frac{11}{35}-\frac{1}{10}$ $\frac{110}{350}-\frac{35}{350}=\frac{75}{350}$ $\frac{75}{350}-\frac{35}{350}=\frac{40}{350}$ $\frac{40}{350}-\frac{35}{350}=\frac{5}{350}$ 3번 뺄 수 있다.	$110\div35=3$ 나머지는 5 이를 $\frac{5}{350}$로 나타낸다.	**IV- 나눗셈 알고리즘** 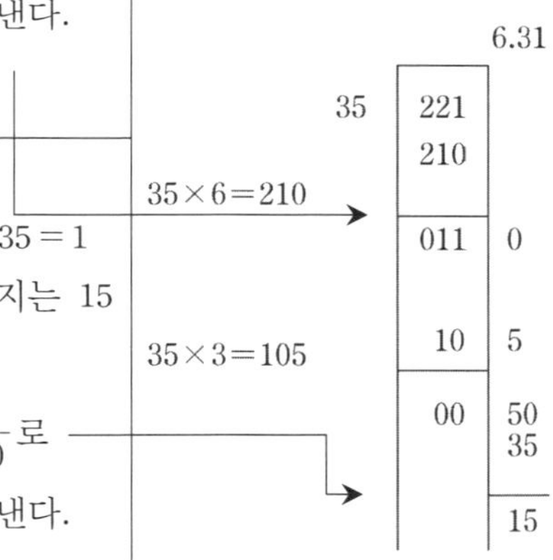
3. 백분의 일을 찾는다. $\frac{1}{100}$에 몇 배를 해야 $\frac{5}{350}$가 되는지 찾는다. $6.31<\frac{221}{35}<6.32$	$\frac{5}{350}-\frac{1}{100}$ $\frac{50}{3500}-\frac{35}{3500}=\frac{15}{3500}$ 1번 뺄 수 있다.	$50\div35=1$ 나머지는 15 이를 $\frac{15}{3500}$로 나타낸다.	
4. 천분의 일을 찾는다.	$\frac{15}{3500}-\frac{1}{1000}$ $\frac{150}{35000}-\frac{35}{35000}=\frac{115}{35000}$ 여기서 아동들은 "항상 같다"는 것을 알았기 때문에 "등등"이라고 적는다.		

– 또한 이 방법은 불가능하다. 본질적으로 교육 체계는 지도 조건을 개선함으로써 결과 자체에도 영향을 준다. 따라서 조건을 구체화하여 이를 비교하는 것은 가치가 없다. 결과적으로 교육 체계와 지도 조건의 반응을 분석할 필요가 있다.

"일정한 결과에 비추어" 비교하는 것은, 결과 그 자체가 아니라 결과를 획득하는 조건 및 정당화 수단을 살피는 것과 관련된다. 다양한 선택사항에 따라 동일한 결과를 얼마나 어렵게 또는 쉽게 얻을 수 있는지 확인할 것이다. 여기서 설명할 수 없는 여러 이유가 이러한 절차를 뒷받침한다.

그럼에도 불구하고, 기본적인 연구 관행을 깰 필요가 있다. 특정 조건을 수정한 효과를 관찰하기 위하여 다른 조건은 그대로 둔 채로 미묘하게 달라진 절차를 비교하는 대신에, 중요하다고 판단되는 조건을 다양화하여 지도 과정을 여러 가지로 설정하는 편이 좋다. 그러나 지도가 가능하기 위해서는, 즉 이처럼 일관된 상황을 구현하여 실행하기 위해서는 답해야 하는 수많은 질문이 있으며 설정을 필요로 하는 여러 선택사항이 존재한다. 이러한 질문과 선택사항은 교수학적 개념과 이론을 통해 설명되어야 하며, 이와 동시에 구현된 상황을 분석하는 수단이 되어야 한다.

2.4.2. 실험 상황

교육과정

IREM의 관찰 센터가 위치한 탈랑스(Talence)의 에꼴 쥘 미슐레(Ecole Jules Michelet)에서 10~11세의 5학년 두 학급을 담당하는 교사 로렌스(Mme Llorens)와 브루소 보르듀(Mme Brousseau Bordeaus)와 함께 1974년에서 1976년에 걸쳐 교육과정을 준비하고 예비실험을 하였다. 이 교육과정은 1971년부터 1972년 사이에 시작된 다양한 시도의 연장선에 있다. 이 교육과정은 2절과 같이 일련의 교재 형태로 제공되었으며 프로튜(M.C. Prouteau)의 도움을 받아 OFRATEME에 의해 영상으로 만들어졌다.

이 교육과정의 지도 가능성은, 파우 에꼴 노말(Ecole normale de Pau)의 다섯 학급, 페리괴 에꼴 노말(Ecole normale de Perigueux)의 세 학급, 오를레앙 라 수르스(Orleans, La Source)의 한 학급에 속하는 10~11세 학생을 대상으로 한 실험과 9~10세 아동을 대상으로 실행한 세 번의 실험을 통해 입증되었다.

연구 대상

이 절에서는 브루소(N. Brousseau)와 그레스라드(D. Greslard)가 1977년 10월부터 1980년 6월까지 3년 동안 에꼴 쥘 미슐레에서 10~11세 아동들로 구성된 두 학급을 대상으로 한 반복 실험에 대해 설명한다. 3년 동안 참여한 학생의 표본 크기는 54, 50, 47이다.

방법

이러한 "반복 실험"이 지도 과정 전반에 영향을 주었음을 보이기 위해 단계를 설정하였다. 이 과정에서 여러 조건을 조정하여 동일한 결과를 얻는데 필요한 다양한 노력을 비교하였다. 통제된 조건하에서 여러 관찰 결과를 수집함으로써 4절에서 논의할 교수학적 질문과 관련되는 고전적인 실험 연구를 수행할 수 있었다.

2.4.3. 실험 연구 결과

다음 결과는 여러 유형의 수학 연습문제를 해결한 학생의 학년 말 수준을 최대한 보여주기 위해 선별한 것이다. 〈표 4〉는 서로 다른 CAS(표준 학기말 평가)와 TAS(학업 성취도 평가) 결과뿐만 아니라, CAS 및 TAS와는 다른 유형의 문제로 구성된 교내 평가 결과 중 가능한 한 학년 말 근처에 수집된 것으로 작성한 것이다.

〈표 4〉 실험 연구 결과 1

<table>
<tr><th colspan="4">분수</th><th colspan="4">소수</th></tr>
<tr><td>문제</td><td colspan="3">결과(%)</td><td>문제</td><td colspan="3">결과(%)</td></tr>
<tr><td>연도</td><td>77~78</td><td>78~79</td><td>79~80</td><td>연도</td><td>77~78</td><td>78~79</td><td>79~80</td></tr>
<tr><td>학생수</td><td>54</td><td>50</td><td>47</td><td>학생수</td><td>54</td><td>50</td><td>47</td></tr>
<tr><td colspan="8">I. 측정값</td></tr>
<tr><td colspan="8">1. 순서 정하기</td></tr>
<tr><td rowspan="2">다음 수를 작은 것부터 큰 순서로 배열하시오.
$\frac{1109}{1000}$, 0.802
1.019
$\frac{41}{50} \div \frac{4}{50}$
(CAS 78)

※CAS: 표준 학기말 평가</td><td rowspan="2">78.5</td><td rowspan="2"></td><td rowspan="2"></td><td>다음 중 가장 큰 수에 ○ 표시를, 가장 작은 수에 × 표시를 하시오.
8.709, 8.09, 8.079
8.90, 8.097
(CAS 80)</td><td></td><td></td><td>70
72</td></tr>
<tr><td>0.12<0.097<0.107
0.097<0.107<0.12
0.097<0.12<0.107
※TAS: 학업 성취도 평가(정답 선택하기)</td><td>39.5</td><td>39</td><td>70</td></tr>
</table>

<table>
<tr><th colspan="4">분수</th><th colspan="4">소수</th></tr>
<tr><td colspan="8">2. 위치 정하기</td></tr>
<tr><td rowspan="2">다음 분수를 수직선에 표시하시오.
$\frac{75}{50}$, $\frac{160}{75}$, $\frac{450}{50}$
(1978년 4월 2일, 1979년 2월 시행)</td><td rowspan="2">62</td><td rowspan="2">84.5</td><td rowspan="2"></td><td>다음 수를 수직선에 표시하시오.
2.2, 2.63, 2.04</td><td></td><td></td><td>50
50
52</td></tr>
<tr><td>수직선의 화살표가 표시된 자리에 대응되는 수를 쓰시오(0.8, 3.7, 8.5가 주어짐).
(CAS 80)</td><td></td><td></td><td>70
72
90</td></tr>
<tr><td colspan="8">3. 구간</td></tr>
<tr><td rowspan="3">$\frac{5}{10}$와 $\frac{45}{25}$ 사이에 있는 분수를 세 개 쓰시오.
(1979년 1월 2일 시행)</td><td rowspan="3">67.7</td><td rowspan="3">77.7</td><td rowspan="3"></td><td>1.2와 1.3 사이에 있는 소수를 쓰시오.</td><td></td><td></td><td>67</td></tr>
<tr><td>3.14<…<3.15에서 …에 들어갈 수 있는 소수를 쓰시오.
(CAS 79)</td><td></td><td>53</td><td></td></tr>
<tr><td>1.019와 1.021 사이에 있는 소수를 다섯 개 쓰시오.
(CAS 78)</td><td>33</td><td></td><td></td></tr>
<tr><td colspan="8">4. 변환</td></tr>
<tr><td>분수를 소수로 변환
다음 수를 소수로 바꿔 쓰시오.
$\frac{123}{100}$, $\frac{12}{25}$, $\frac{2}{125}$
(CAS 78)</td><td>56</td><td></td><td></td><td>글로 쓰인 수를 숫자로 변환
다음을 수로 나타내시오.
*사십팔의 십 분의 칠
*십이의 백분의 삼
*삼십오의 백분의 일
(CAS 80)</td><td></td><td></td><td>80</td></tr>
</table>

분수				소수			
동치성 15/25와 같은 분수를 3개 쓰시오. (시험 1, 1978~1979)	65.5	82.5		**다음을 소수로 나타내시오.** *사십팔의 십분의 칠 *십이의 백분의 삼 *이백의 천분의 팔 *팔십구의 천분의 일 *육백사십팔의 백분의 일 (CAS 79)		79	
다음 중 동치인 분수만을 모아 놓은 것을 고르시오. $\frac{2}{3}, \frac{4}{5}, \frac{6}{7}$ $\frac{2}{3}, \frac{4}{6}, \frac{6}{9}$ $\frac{2}{3}, \frac{4}{6}, \frac{16}{81}$ (TAS)	50.5	54	62.5				

5. 덧셈

다음을 계산하시오. $\frac{84}{10}+\frac{425}{100}+7+\frac{3}{5}$ (시험 1)	24	38	52	다음을 계산하시오. 12.04+108.974 (CAS 78~80)	82.5		90
				2763+544.65 (CAS 79)		89	
				0.07+0.05+0.01 =0.013 0.07+0.05+0.01=1.3 0.07+0.05+0.01 =0.13 (TAS)	84.5	75	82

분수				소수			
6. 뺄셈							
다음을 계산하시오. $5/8 - \frac{24}{100}$	57.5	69	71	다음을 계산하시오. 8.043−7.95 (CAS 78)	65.5		
				273.08−67.5 (CAS 79)		78.5	
				8.14−7.956 (CAS 80)			87
				다음 중 올바르게 계산한 것을 고르시오. 1−0.991=0.009 1−0.009=0.091 1−0.001=0.099 (TAS)	47	45	45
7. 곱셈(multiplication)							
				다음을 계산하시오. 17.03×4.507 (CAS 78)	53.5		
				2.6×30.5 (CAS 79)		89	
				2.68×30.9 (CAS 80)			67
				다음 중 올바르게 계산한 것을 고르시오. 1000×0.042= 42 420 4200 (TAS)	52.5	66	62

분수				소수			
8. 나눗셈							
				다음을 계산하시오. 52.25÷33.5 (CAS 78)	58.5		
				491.4÷0.7 (CAS 79)		61	
				50.25÷33.5 (CAS 80)			62
				다음 중 올바르게 계산한 것을 고르시오. 0.17342÷0.0017342= 1000 100 10000 (TAS)	67.5	64	75
곱셈(products) 1. 연산자							
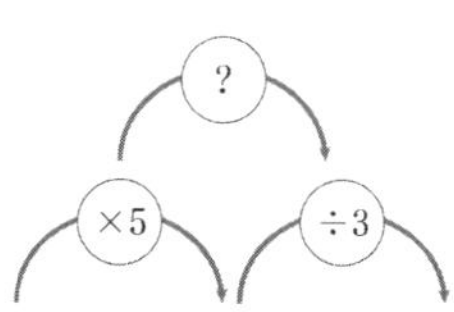 (TAS)	82.5	87	82.5				
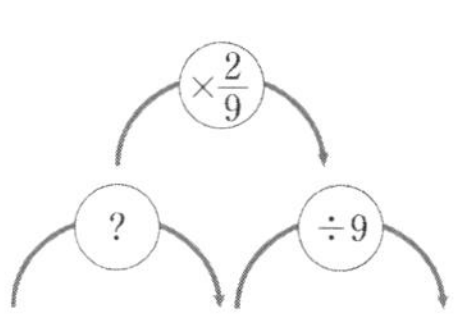 (TAS)	86.5	93.5	90				
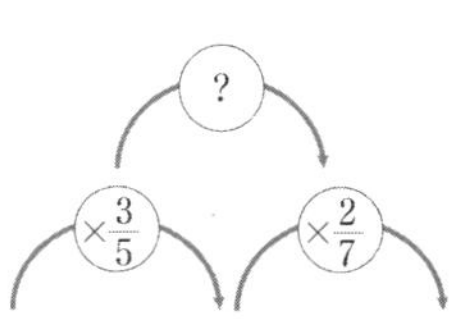 (TAS)	63.5	75	75.5				

분수				소수			
2. 문장제							
지방 함유량이 35%인 치즈 250g에는 지방이 얼마나 들어있는가?	C: 64 R: 45.5						
축척이 1:5000000인 지도에서 12cm의 거리는 실제로 얼마의 거리를 나타내는가? 두 도시 사이의 거리가 35km라면, 지도에서의 거리는 얼마인가? (CAS 78) ※C: 수식과 설명의 정확성 R: 계산 결과의 정확성	C: 75.5 R: 53						
나눗셈(Quotients) 1. 연산자							
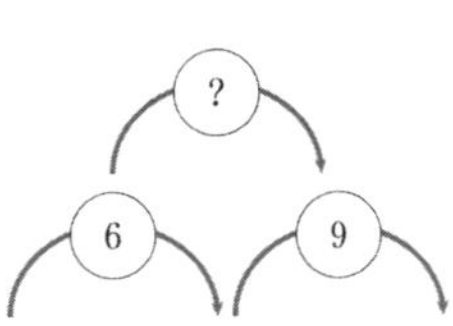 (TAS)	63.5	75	75.5				

분수				소수			
2. 문장제							
				병 12개의 가격은 56.40프랑이다. 병 1개의 가격은 얼마인가? (CAS 80)			C: 95 R: 72
				병 10개의 가격은 36.50프랑이다. 병 1개의 가격은 얼마인가? (CAS 78~79)	79	C: 93 R: 82	
				이브는 오렌지 14kg을 20.00프랑을 주고 샀다. 오렌지 1kg의 가격은 얼마인가? 답을 분수로 나타낸 뒤 이와 가장 가까운 소수를 소수점 세 번째 자리까지 나타내시오. (CAS 78)	C: 79.5 R: 53		
II. 문제							
시계의 큰 바늘이 5/12 바퀴 회전하였다. 그동안 시간이 얼마나 흘렀는가? 5분 25분 15분 (TAS)	37.5	43	32	제라드는 스테이크 900g을 25.20프랑에 샀다. 스테이크 1킬로그램은 얼마인가? 스테이크 350g의 가격은 얼마인가? (CAS 78)	C: 55.5 R: 28		

분수				소수			
축척이 1:200인 도면에서 방의 크기는 35cm×20cm이다. 실제 방의 크기를 미터로 나타내면 얼마인가? 옳은 것을 고르시오. 2.35m×2.20m 70m×40m 7m×4m (TAS)	26	31	27	어떤 지도에서 4.5cm는 실제 9km를 나타낸다. 이 지도의 축척은 얼마인가? (CAS 78)	C: 31 R: 18.5	C: 58 R: 53.5	
				구운 소고기 1kg의 가격은 40프랑이다. 구운 소고기 1500g의 가격은 얼마인가? (CAS 78~79)	64		
				구운 소고기 1kg의 가격은 40프랑이다. 구운 소고기 3550g의 가격은 얼마인가? (CAS 80)			
				콜렛은 사과를 사려 한다. 이때 무게와 가격에 따라 다음과 같은 A, B, C, D 4가지 선택지가 있다. A: 1kg, 2.30프랑 B: 2kg, 5.00프랑 C: 3kg, 6.90프랑 D: 5kg, 10.50프랑 1킬로그램당 가격이 가장 싼 것은 무엇인가? (CAS 78~79)	49	C:43 R:43	

TAS는 수학과 프랑스어 성취도를 평가하는 국가 수준의 표준화된 객관식 평가이다. 실험학교의 TAS 결과가 국내 학교 전체의 TAS 결과와 크게 차이 나지 않는다.

CAS는 학기말 평가 문항 중에서 실험 목표와 연관되는 연습문제를 선택하여 목록화한 것으로, 해마다 평가 문항이 다르다. CAS 결과는 교육과정의 효과가 최고라는 것을 보여주기 위한 것이 아니라 교육과정에 대한 정보를 제공하기 위한 것이다. 본 실험의 유일한 윤리적 요건은 다음과 같다.

i) 교사는 주어진 조건하에서 최상의 결과를 얻기 위하여 노력한다.
ii) 실험 결과가 적어도 다른 방법에 의한 결과만큼은 좋아야 한다.

〈표 5〉는 이상과 같은 요건이 만족되었음을 보여준다. 방법의 차이를 근거로 학문적인 주장을 끌어내기는 어렵다. 통제할 수 없는 매우 다양한 조건에 의해 이러한 차이가 생길 수 있기 때문이다.

2.4.4. 재현 가능성과 쇠퇴

유사한 조건에서 3년간 실행된 실험에서 학생들이 비슷한 연습문제를 해결한 결과가 안정적이면, 재현 가능성이 있다고 보아야 한다.

교사에게 자신의 지도 방식을 조정할 수 있도록 상당한 자유를 허용함으로써, 매년 주어지는 연습문제 75개 중에서 3년 동안 공통 문제로는 40개만이 제시되었다. 이 중에서 21개는 학기 중 연습문제로, 8개는 학년 말 연례평가로, 11개는 TAS에서 별개로 주어졌다.

〈표 5〉 실험 연구 결과 2

연도 성공률(%)		X 77–78	Y 78–79	Z 79–80	XY t: 학생 시험 r:상관계수		XZ t r	YZ t r
학생수		54	50	47				
학기 중 연습문제 r=21	m	65.93	72.23	76.05	t	1.57 NS	1.98 NS	NS
	σ	20.21	18.08	11.75	r	0.97 S.001	0.67 S.001	0.64 S.001
연례평가 r=8	m	73.25	77.50	72.50	t	0.65 NS	NS	NS
	σ	11.46	14.17	10.12	r	0.75 S.05	0.80 S.02	0.47 NS

〈표 5〉는 다음을 나타낸다.

- 교사들은 학급별 학생 수준에 큰 차이가 있다고 봤지만, **연례평가 결과**가 높은 안정성을 갖는다. 즉, 결과는 해마다 크게 다르지 않았다. 한편, 연례평가 문항에 대한 응답 결과 사이에는 높은 상관성이 있었으며 이는 해당 문항이 매우 비슷하다는 것을 보여준다.
- 학기 중 **학습 과정에서 주어진 연습문제의 결과**는 덜 유용하였으며, 유의미한 차이도 없었다. 상관이 대단히 높았지만, 선형보정(linear correction)을 하면 백분율이 약간 바뀔 수 있다. 부분 상관계수를 살펴봄으로써 "연습문제의 특징"이 미치는 영향을 어느 정도 제거할 수 있다. 처음 2년 동안은 상관이 매우 강했지만, 3년째에는 비교적 독립적이었다($r_{xz/y} = 0.055\,(\mathrm{ns})$, $r_{xz/y} = 0.26\,(\mathrm{ns})$, $r_{xy/z} = 0.95\,(\mathrm{sig})$).

회귀 그래프는 실제로 이차 상관을 보여준다. 1차년도에 가장 낮은 성공률을 보인 연습문제의 개수(성공률 50% 미만 5개)가 나머지 두 해 동안에는 줄어들었기 때문이다(2차 연도: 성공률 50% 미만 3개, 3차 연도: 성공률 50%~60% 2개). 이 경우는 학기 중 학습 과정에서 주어진 연습문제에만 해당하지만, 수학적인 연산의 유형에 따라 이 연습문제의 특징이 설명되는 것은 아니다.

동일한 과정을 재현한다는 **가설**은 주로 다음과 같은 2가지 반대에 부딪힌다.

1. 앞서 설명하였듯이 "발전 상태"에 관한 문제가 부분적으로라도 있다. 눈에 띄는 효과가 재현되느냐의 문제는, 결과에서 산포도가 줄어드는 효과로 드러난다. 본 연구에서 결과의 표준편차는 해를 거듭하면서 줄어들었다.
2. **교수학적 상황의 쇠퇴**가 재현되느냐의 문제가 있다. 쇠퇴는 다음과 같은 현상을 의미한다. 해가 거듭될수록 교사는 가르친 개념을 학생들이 동일하게 이해하도록 만드는 조건을 재현하는 데 어려움을 겪는데, 이는 아마도 학생들의 반응이 다르기 때문일 수도 있다. 교사들은 학습 경로를 자유롭게 열어두면서 같은 결과를 낼 수 있는 조건을 재현하는 대신, 학생들의 반응에 올바른 의미를 부여하는 교수학적 조건의 본성을 변형함으로써 이전 해와 비슷한 발달 결과가 생기도록 "과거"를 재현할 뿐이다. 학생들이 획득한 행동은 동일하지만 행동이 나타나도록 만든 조건이 **의미**를 변화시켰다. 즉, 학생의 행동은 문화적 행동에 가깝다.

따라서 아동은 답을 얻기 위해 자신에게 주어진 상황을 분석하고 문제를 이해하여 정보를 얻는 대신에, 내용과는 무관한 암묵적인 교수학적 계약에 따라 "교육적" 지시에 의존하여 정보를 끌어낸다(Brousseau, 1979a). 이러한 과정은 지식의 제도화를 만들어 내는 데 이점이 있다. 학생은 교사가 묻고 싶은 질문, 기대되는 정답, 정답의 문화적 상태 등을 읽는다. 학생들이 문제-상황에 적응하도록 구상된 교수학적 상황은, 잘 알려진 바를 이해하여 습득하도록 하는 데는 결점이 있는, **제도화된 개별 지식**의 전달 상황으로 바뀐다.

유제니오 필로이(Eugenio Filloy)에 따르면[36], 높은 위계 수준에 속하는 특정 목적은 교사의 통제 즉, 교수학적 교정 행위의 범위를 벗어난다. 쇠퇴는 형식적인 문제의 수를 늘리려는 의도에서 교사가 선택하는 질문의 수준은 나아지게 하는 대신, 다양한 열린 문제를 해결하는 성공의 횟수는 감소시킨다.

예를 들어 〈표 6〉에서 보듯이, 연산 성공률이 나아지는 것을 관찰하여 이를 문제 성공률과 비교해 보아도 그 경향성을 알 수 있다. 그러나 이러한 경향성은 통계적으로 유의미하지 않다.

학습 순서를 충분히 기술하지 않았지만 다음 결론을 제시하고자 한다. 임상적이면서 통계적인 해석에 근거하여 예견한 조건이 실험을 통해 재현된다면, 대략 비슷한 결과를 얻을 수 있다. 이것이 표에 있는 어떤 정보든 그 결과가 우리가 연구하고 있는 학습 과정의 결과라고 보는 이유이다.

〈표 6〉 실험 연구 결과 3

		78	79	80
연산	m	72.0	77.4	77.2
	σ	12.8	11.08	10.97
문제	m	73.8	73.7	67.2
	σ	8.13	17.43	5.87

답

	78	79	80
연산	19	15	15
문제	7	1	1

통제 변인 수

36) 편집자 주: Filloy et al.(1979)를 참고하기 바란다.

2.4.5. 간단한 논평

외적 비교

앞에서의 관찰 결과를 고려하면서, 소수 지도 방식을 앞 절의 서두에 있는 표와 나란히 놓고 보면, 교사가 목표로 삼는 기본적인 연산의 측면에서 볼 때, 그 결과가 상당히 비슷하며, 뭔가가 뒤처진 것도 없다. 성공률의 순서가 60%와 90% 사이에서 같다.

변동하는 부분은 질문들 사이의 차이에 기인한 것으로 생각할 수 있다. 마찬가지로 여기서도 "문제"와 관련되는 성공률이 상당히 줄어든다.

내적 비교: 소수

결과에 대한 요인 분석에 따르면, TAS 또는 CAS의 문제 유형이 학생과 문제에 우선되는 분산 요인이다. 소수에 대한 연산은 상당히 잘 학습되었다. 1 - 0.09 등 특히 어려웠던 몇몇 TAS 문제를 제외하면, 덧셈과 뺄셈의 성공률 차이는 없었다. 마찬가지로 곱셈과 나눗셈의 성공률은 비슷하였으며, 덧셈과 뺄셈 연산보다 평균적으로 10%~15% 정도 낮았다. 두 소수의 순서 관계 및 그 표현, 순서 정하기, 위치 정하기, 범위 정하기 등의 성공률은 일반적인 경우와 달리 연산에 대한 성공률 순서와 동일하였다. 선형 사상으로서의 소수 개념은 확실히 획득되었다. 이해 정도가 80%에서 95%일 정도로 연산의 사용은 신중하게 이루어졌고 매우 성공적이었다. 상황과 문제는 덜 성공적이었는데, 쟁점이 되는 바는 상황에 대한 이해이다.

유리수

순서 정하기, 위치 정하기, 범위 정하기는 소수보다 유리수인 경우에 좀 더 성공적이었고 결과도 상당히 훌륭하였다. 이는 앞서 언급한 초기 모델, 즉 분수를 활용하여 소수 비교 규칙을 만드는 모델을 보강한 효과이며, 이와 관련되는 지식도 강화되었다.

이러한 현상은 유리수 도입 초기에 사용한 분수 뺄셈에서도 나타났으며(65%), 분수 덧셈에서는 이보다 적게 나타났다(40%). 그러나 최종 연습에는 7이 나와[37] 정답률이 더 내려갔다. 연산과 함수 기호 사용에 대한 학습은 매우 짧은 기간에 이루어졌지만 매우 효과적이었다(75%~90%). 소수를 다루는 연습문제의 성공률이 유리수를 다루는 연습문제의 성공률과 유사하다는 사실은 개념이 더 잘 통제되어 기능함을 보여주는 새롭고 긍정적인 표시이다.

---

37) 역자 주: 분수 계산 시 분모의 값이 7이면 계산이 복잡해져 정답률이 내려갔다는 의미이다.

이 절에서는 학습 과정을 분석하지 않았다. 우리가 관심을 가진 주요 문제를 다루려면 연습문제 수와 수업 횟수, 학생들이 보인 결과 사이의 관련성과 시사점을 탐구할 필요가 있다(4.4절 참고). 이러한 탐구는, 여기서처럼 상위 수준의 상황과 관련되는 성공률뿐만 아니라 오류에도 주목해야 한다.

3. 교수학적 상황에 대한 분석: 종이 한 장의 두께

3.1. 교수학적 상황에 대한 설명(단계 Ⅰ.1, 1차시)

3.1.1. 수업 준비

교사는 다음을 준비한다.

- 학생 책상 위에 복사 용지나 카드 더미처럼 크기와 색은 같지만 두께가 다른 종이 200장 정도의 묶음 5개를 임의 순서로 놓는다. 손으로 만져서는 종이 한 장의 두께 차이를 알 수 없다. 교사가 미리 그 두께를 "알" 필요는 없다. "정확한 측정값"을 구할 수 없기 때문이다.
- 교실 뒤편 다른 탁자 위에 같은 종이 묶음 5개를 다른 순서로 놓는다. 이는 단계 2에서 사용할 것이다.
- 캘리퍼스[38] 10개를 준비하여, 한 모둠에 2개씩 나눠준다. 각 모둠에 속한 학생은 기본 5명이다.
- 교실을 두 구역으로 나눌 수 있는 커튼이나 가림막을 준비한다.

3.1.2. 첫 번째 단계: 코드 찾기(20~25분)

교사는 학생 4명 또는 5명씩을 모둠으로 나눈다.

상황 제시

교사가 안내하는 내용은 다음과 같다. "A, B, C, D, E 상자에 종이 더미가 있습니다. 같은 더미에 있는 종이의 두께는 모두 같습니다. 하지만 각 상자마다 들어 있는 종이 한 장의 두께는 다릅니다. 종이 한 장의 두께 차이를 알 수 있나요?"

---

38) 역자 주: 캘리퍼스는 정밀한 측정이 가능한 자(ruler)의 일종이다.

학생이 각 더미에서 종이 몇 장을 꺼내어 돌아가며 만져보고 비교하게 한다. "종이 종류를 구분하기 위해 보통 무엇을 하나요?" 무게를 잰다고 답할 것이다.

목표

"이제 여러분은 종이의 차이를 두께로만 나타내어 구분하는 새로운 방법을 발명할 것입니다. 모둠별 시합을 할 거예요. 모둠별로 종이 두께를 나타내는 방법을 생각해보세요. 방법을 찾으면 다른 친구에게 그 방법을 알려주는 메시지 전달 게임을 할 것입니다. 종이와 '캘리퍼스' 도구를 사용하세요." 자(ruler)로도 충분하지만, 학생들은 캘리퍼스를 사용해본 적이 있다.

전개와 유의점

거의 모든 학생은 답을 바로 얻기 위해 종이 한 장의 두께를 측정하려고 시도한다.

학생들은 이렇게 말한다. "종이 한 장은 너무 얇아서 두께가 없어.", "두께가 1mm보다 훨씬 작아.", "종이 한 장은 못 재."

이 단계에서 학생들은 실망하고 좌절하다가, 종이 여러 장을 한 번에 재도 되는지 교사에게 묻는다. 얼마 안 가서 종이 5장, 10장의 두께를 재보고 캘리퍼스나 20cm 자로 두께를 충분히 측정할 수 있을 때까지 종이의 수를 늘린다. 그다음에는 아래와 같은 표현 체계를 공유한다.

10장 1mm
60장 7mm
또는
31=2mm (논의가 진행되면, 교사는 이 표현법에서 등호가 잘못 사용되었다고 지적할 것이다.)

어떤 모둠은 캘리퍼스를 사용하지 않았기 때문에 A=TG, B=TF, C=M와 같은 표현 체계를 만든다. 이때, A, B, C는 종이의 종류를 나타내고, TG는 "매우 두꺼움", TF는 "매우 얇음", M은 "평균" 두께를 의미한다.[39] 이 단계에서 교사는 학생들의 활동에 가능한 한 개입하지 않는다. 모둠 내의 학생이 집중하지 못하거나 지시사항을 잊은 경우에만 이를 알려준다. 학생들은 종이를 가져오거나 서로 교환할 수 있다.

대다수 모둠이 표현 체계나 코드를 발견하여 다섯 모둠이 모두 이 체계에 동의하거나, 일부 모둠이 표현 체계를 미처 찾지 못했지만 시간이 많이 흐른 경우에, 교사는 다

39) 역자 주: TG, TF, M은 각각 매우 두꺼움, 매우 얇음, 평균을 뜻하는 프랑스어 단어인 trés gros, trés fin, moyen의 약자이다.

음 단계인 메시지 전달 게임으로 넘어간다.

3.1.3. 두 번째 단계: 메시지 전달 게임(10~15분)

상황 제시

"여러분이 찾은 코드를 시험하기 위해서 메시지 전달 게임을 할 거예요. 이 게임을 통해서 여러분이 만든 두께 코드를 보고 종이의 종류를 알 수 있는지 확인할 겁니다."

각 모둠은 모둠원을 두 개의 하위 그룹으로 나누어 한 그룹은 발신자, 한 그룹은 수신자로 구분한다. 한 모둠이 5명인 경우, 발신자는 2명, 수신자는 3명이 된다.

- 발신자 그룹이 가림막의 한쪽 편에 있고 수신자 그룹은 가림막의 다른 쪽 편에 있다.
- 발신자 그룹은 첫 번째 책상 위에 있는 A, B, C, D, E 종류의 종이 중에서 하나를 선택한다. 수신자 그룹은 가림막 때문에 발신자 그룹이 어떤 종이를 선택했는지 볼 수 없다. 발신자는 수신자에게 자신들이 선택한 종이 종류에 대해 메시지를 보내서 수신자가 알도록 한다. 수신자는 교실 뒤의 두 번째 책상 위에 있는 종이 더미를 이용해서 발신자가 선택한 종이 종류가 무엇인지 찾는다.

수신자가 종이 종류를 찾으면, 역할이 바뀌어 발신자가 된다. 발신자가 선택한 종이 종류를 수신자가 정확히 찾으면 모둠에 점수를 준다.

전개와 유의점

게임 시작 전에 교사는 가림막을 설치하여 발신자와 수신자를 분리한다. 교사는 다음 역할을 한다.

- 발신자의 메시지를 수신자에게 전달한다.
- 수신자의 대답을 듣는다.
- 수신자의 대답이 발신자가 선택한 바와 일치하는지 확인한 다음, 전체 모둠의 성공과 실패를 기록한다.

모든 메시지는 종이 한 장에 적는다. 이 종이를 "메시지 양식"이라고 하자(그림 11 참조). 각 모둠의 발신자와 수신자는 이 종이를 주고받는다. 이 종이에는 해당 모둠의 번호가 적혀 있다. 발신자는 다른 종이에 각 게임에서 자신들이 고른 종이 종류를 적는다. 이를 "선택 양식"이라고 하자. 선택 양식이 있기 때문에 교사는 수신자의 대답이 맞았는지 틀렸는지 확인할 수 있다.

	메시지 양식		선택 양식
모둠 번호	1		1
첫 번째 게임: 보낸 메시지	E: 10 = 1mm	첫 번째 게임	D종이
대답	R: D종이 성공		
두 번째 게임: 보낸 메시지	E: 21 = 1mm		
대답	R: B종이 성공		
세 번째 게임: 보낸 메시지	E: 8 = 2mm	세 번째 게임	A종이
대답	R: A종이 성공		

[그림 11] 메시지 양식과 선택 양식

유의점

교사가 "메시지 양식"과 "선택 양식" 같은 불필요한 용어나, 학생이 추가로 배워야 하는, 메시지 제시의 형식적인 요구사항을 설명하지 않는 것은 당연하다. 이 주제에 대한 일반적인 지시사항은 없으며, 교사는 "잘못 생각한" 학생을 돕거나 바로잡을 뿐이다.

어떤 모둠이 효율적으로 메시지를 구성하지 못하면, 그 모둠이 코드를 찾을 수 있도록 교사는 첫 번째 단계의 설명을 제시하여 새로운 논의를 이끌어야 한다. 그러나 이러한 상황은 8번의 동일한 실험에서 한 번도 일어나지 않았다. 학생들은 두세 차례 게임을 해보면 성공하였다.

이 게임에서 학생들이 사용하는 전략 3가지를 관찰할 수 있었다.

- 종이 수를 선택한 다음 두께를 재기
- 두께를 선택한 다음 종이 수를 세기
- 종이 수와 두께의 선택 순서를 고려하지 않고 임의로 찾기

또한 학생들은 친구가 쉽게 알 수 있도록 매우 극단적인 종이 종류, 즉 가장 얇거나 가장 두꺼운 종이를 선택하는 경향이 있었다.

3.1.4. 세 번째 단계: 게임과 코드의 결과(20~25분) [비교하기]

상황 제시와 설명

이 단계에서 학생들은 다시 처음 단계와 같이 5명이 한 모둠인 원래 모둠으로 돌아온다. 교사는 결과를 비교하여 알려 주고, 칠판에 (모둠 이름)×(종이 종류)로 구성된 이차원 표를 그린다(표 8 참고). 이 표에 교사는 학생들이 게임을 하면서 교환한 메시지와 각 모둠이 획득한 점수를 적을 것이다.

전개와 유의점

각 모둠은 차례로 "대표"를 선출한다. 대표는 메시지를 크게 읽고 선택된 코드를 설명하며 게임의 결과를 발표한다. 학생들은 다른 메시지를 비교하는 논의를 한다. 메시지가 너무 다르면, 교사는 학생들이 공통된 코드를 선택하도록 한다.

예를 들어 다음을 보자.

10 = 1mm,
TF
60장 7mm

토론을 거친 후, 학급 전체는 다음과 같은 공통 코드를 쓰기로 한다.[40)]

10f; 1mm
60f; 7mm

모든 메시지가 칠판에 적히면, 학생들은 표를 보면서 자연스럽게 "이건 맞지 않아", "그래, 이게 맞아" 등과 같이 말한다. 이런 반응을 다음 4가지 유형으로 분류할 수 있다.

유형 1

종이가 다른 종류이면, 종이 수가 같더라도 두께는 다르다.
〈표 8〉의 예를 살펴보자.

40) 편집자 주: "f"는 "장 수"를 나타낸다. 프랑스어로는 *feuilles*의 앞글자다.

19f; 3mm → A종이
19f; 3mm → B종이 } "이건 맞지 않아."
19f; 2mm → C종이
19f; 2mm → D종이 } "이건 맞지 않아."

유형 2

같은 종류의 종이라면, 같은 두께를 가진 종이 수는 같다.
〈표 8〉의 예를 살펴보자.

30f; 2mm → C종이
30f; 3mm → C종이 } "이건 맞지 않아."

유형 3

종이의 수가 두 배로 되면, 그 두께도 2배만큼 커진다.
〈표 8〉의 예를 살펴보자.

30f; 3mm → C종이
15f; 1mm → C종이 } "이건 맞지 않아."

다음과 같은 경우에 학생들은 "이건 틀림없어"라고 한다.

30f; 2mm
15f; 1mm

왜냐하면 15f; 1mm ×2 ↓ ↓ ×2 30f; 2mm

유형 4

종이 수의 차이와 측정값의 차이가 같을 수 없다.
〈표 8〉의 예를 보자.

19f; 3mm
20f; 4mm } "이건 맞지 않아. 종이 1장의 두께가 1mm일 수는 없기 때문이야."

이 차시의 마지막에 교사는 다음 차시에는 다 함께 표를 검토해서 측정값이 맞는지 확인하고 필요하면 그 값을 수정할 것이라고 말한다.

동치인 쌍을 찾을 때 화살표를 사용해서 수 연산을 표현하는 것은 형식적이지도 강제적이지도 않다. 이는 그저 학생들에게 익숙한 자연수 연산의 용법을 "표현한" 것일 뿐이다.

3.1.5. 결과

모든 아동은 종이 여러 장의 두께를 측정하여 측정 결과와 종이 종류의 쌍을 쓰는 방법을 알고, 자신들이 작성한 쌍에 맞지 않는 종이 종류를 거부할 수 있다. 대다수 학생은 비교 전략을 만들고, 측정 결과에 맞는 종이 종류를 승인하는 데 이 전략을 사용한다. 몇몇 학생들은 전략을 형식화한다. 학생들 대부분은 표에 있는 측정값을 분석할 수 있고, 선형 모델을 암묵적으로 사용하여 양립 불가능한 측정값을 지적할 수도 있다.

3.2. 두께와 동치 쌍의 비교(단계 Ⅰ.1, 2차시)

3.2.1. 수업 준비

첫 번째 차시와 같이, 종이 더미와 캘리퍼스를 준비한다.

3.2.2. 첫 번째 단계(25~30분)

상황 제시와 설명

교사는 첫 번째 차시에서 작성한 표를 학생들이 검토하도록 한다. 학생들은 측정값 중에서 명백하게 양립 불가능한 것을 찾는다. 관찰이 끝나면 교사는 학생들이 찾은 오류를 종이 종류에 따라 하나씩 수정하라고 요구한다.

전개와 관찰

검토가 끝나면 학생들은 교사의 호명에 따라 칠판 앞으로 나와서 틀리다고 생각하는 "메시지"를 말하고 가능한 수정안을 제시한다.

이러한 수정안에 대해 학급 전체 토론이 이루어진다. 만일 학생 모두가 동의하면 수정이 이루어지고, 그렇지 않으면 조작 활동을 통해 검증해보자고 제안한다. 즉, 메시지에 있는 종이 수를 세어 이를 측정한다. 이러한 조작은 여러 모둠이 함께 수행한다. 예를 들어, 두 모둠이 한 메시지를 검증하면 다른 두 모둠은 다른 메시지를 검증한다. 이처럼 함께 확인한 뒤에 새로운 메시지를 채택하고 이를 표에 기록한다. 같은 종류의 종이를 다른 모둠의 학생들이 측정했을 때, 두 모둠이 서로 양립할 수 없는 측정값을 얻는 경우가 있다. 이는 눈금을 잘못 읽었거나 측정할 때 종이를 누른 정도에 차이가 있었기 때문이다. 학생들은 이를 빨리 알아채고 말한다.

또한 두께가 비슷한 종이에 대해 측정값으로 종이 종류를 구별하기 어려운 경우가 많다. 이 단계에서 학생들은 종이의 수를 늘려서 측정하면 두께가 비슷한 종이를 좀 더 쉽게 구별할 수 있다는 것을 알아차린다. 실제로 두께가 거의 비슷한 종이를 15~20장 정도 재서는 측정값이 너무 비슷하기 때문에 종이 종류를 정확히 구별할 수 없다. 이 단계에서 학생들은 50, 80, 100장의 두께를 측정하자고 제안한다.

〈표 8(수정 후)〉에서 가져온 학생들의 관찰 사례는 다음과 같다.

$$\left.\begin{matrix}10f;\ 2mm \\ 5f;\ 1mm\end{matrix}\right\}\ \text{B종이}\quad \text{“이것은 괜찮다.”}$$

한 학생이 다음과 같이 덧붙인다.

$$\begin{matrix} & 5f;\ 1mm & \\ \times 3 \downarrow & & \downarrow \times 3 \\ & 15f,\ 3mm & \end{matrix}$$

위 결과, 측정값 3개, 5f; 1mm, 10f; 2mm, 15f; 3mm는 수정되지 않고 유지된다. 반면, 학생들은 “종이 C”열의 측정값, 12f; 1mm, 8f; 1mm을 거부하고 다시 측정하자고 제안한다.

〈표 7〉에서 세 번째 추측은 처음 두 추측과 다르다. 학생들은 첫 번째 추측을 받아들이기로 한다. 왜냐하면 종이 100장에 대한 측정값은 3mm 차이가 있지만, 8장, 14장, 12장에 대한 측정값은 차이가 없기 때문이다.

학생들은 종이 4장(12－8)이나 2장(14－12) 정도의 차이로는 측정값의 변화가 없다고도 말한다. 학생들은 이를 조작을 통해 검증한다.

〈표 7〉 측정 결과와 이에 대한 학생 추측

모둠	C종이	D종이	학생 추측
1	100f; 8mm	100f; 11mm	1) D＞C (D는 C보다 두껍다.)
2	12f; 1mm	10f; 1mm	2) D＞C (D는 C보다 두껍다.)
3	8f; 1mm		3) C＞D (C는 D보다 두껍다.)
4		14f; 1mm	

3.2.3. 두 번째 단계: 표 완성하기와 빠진 값 찾기(20~25분)

상황 제시와 설명

메시지 전달 게임을 하는 동안 학생들은 어떤 종류의 종이는 선택되지 않아서 측정값이 없다는 점에 주목한다. 교사는 학생들에게 빠진 종류의 종이를 측정하여 표를 완성하도록 제안한다.

전개와 유의점

학생들은 5명이 한 모둠이 되어, 더 이상 경쟁하지 않고 협력하여 과제를 수행하는데, 이전 차시와 같은 모둠으로 작업할 필요는 없다. 몇몇 모둠은 동일한 종류의 종이를 선택하여 나중에 측정값이 양립 가능한지 확인한다.

〈표 8(수정 후)〉에 기술된 종이 C 관찰 사례를 살펴보자.

12f; 1mm

×8 ↓ ↓ ×8

96f, 8mm

모든 아동이 동의하면 새로운 측정값을 〈표 8〉과 같이 적는다. 이 단계의 마지막에 표는 완전히 수정되고 완성된다. 각 종류의 종이마다 양립 가능한 여러 측정값이 있다.

3.2.4. 세 번째 단계: 메시지 전달 게임(15분)

교사는 학생들이 종이의 수, 종이를 누른 정도 등 모든 관찰 결과와 수정 결과를 고려하면서 활동 1[41]의 메시지 전달 게임을 다시 하도록 제안한다. 새로운 종류의 종이 한두 개가 추가되어도, 학생들은 매우 성공적으로 메시지 전달 게임을 반복한다.

3.2.5. 결과

학생들은 종이 두께를 구별하기 위해서 종이를 어느 정도 선택해야 하는지 아는데, 특히 두께의 차이가 별로 없으면 종이의 수를 늘려야 한다고 생각한다. 학생들은 같은 종류의 종이에 대응하는 쌍을 계산할 수 있으며, 모든 학생은 표를 분석하기 위해 선형 모델을 어떻게 사용하는지 이해한다. 몇몇 학생은 각 쌍이 지닌 유사한 관계를 사용할 수 있다. 대다수의 학생은 진술을 판단하고 자신의 견해에 따라 주장하는 것을 배운다.

〈표 8(수정 전)〉 메시지로 만든 첫 번째 표의 예

종이 종류	1모둠	2모둠	3모둠	4모둠
A	19f, 3mm	10f, 2mm	20f, 4mm	
B	19f, 3mm		4f, 1mm	15f, 2mm
C	19f, 2mm	30f, 2mm	100f, 8mm	30f, 3mm 15f, 1mm 20f, 2mm
D	19f, 2mm 12f, 1mm		100f, 9mm	
E			9f, 4mm	13f, 5mm 7f, 3mm

〈표 8(수정 후)〉 5학년(CM2) (1977)

종이 종류	1모둠	2모둠	3모둠	4모둠
A	48f, 9mm			
B			10f, 2mm	5f, 1mm 15f, 3mm
C	100f, 8mm	12f, 1mm 96f, 8mm	8f, 1mm 64f, 8mm 12f, 1mm	
D	100f, 11mm	10f, 1mm 100f, 10mm		14f, 1mm 154f, 11mm
E	23f, 10mm	10f, 4mm 8f, 3mm	6f, 2mm	

41) 역자 주: 활동 1은 소수 지도 과정의 '단계 Ⅰ.1'을 말한다.

3.2.6. 나머지 수업 요약(3차시)

두께가 (48; 9)처럼 표현된 종이가 어떤 것인지 찾아내는 방법을 학생들이 안다는 사실을 확인한 다음, 교사는 학생들에게 종이 두께를 적는 다른 방법을 찾고 가장 얇은 것에서 가장 두꺼운 것 순으로 종이를 배열하라고 요구한다. 그 다음 교사는 종이를 두께 순으로 배열한 열의 어디에 (25f; 7mm)를 위치시키면 좋을지 알아보도록 한다.

차시의 마지막에 교사는 학생들에게 종이 한 장의 두께를 표현하는 방법을 설명한다. 교사는 (50; 4)이 50장을 쌓으면 두께가 4mm가 되는 종이를 나타낸다고 알려주면서, 이 종이 한 장의 두께는 $\frac{4}{50}$와 같이 쓰고, “50분의 4 밀리미터”라고 읽는다고 설명한다. 교사는 이러한 정보가 잘 전달되었는지 연습문제로 확인한다.

종이 한 장의 두께와 종이 더미를 칭하는 이름을 구별하는 것이 중요하지만 쉽지 않기 때문에 점진적으로 학습될 것이다.

3.2.7. 결과

학생들은 동치인 쌍을 찾는 방법을 알며, 주로 2가지 방법을 사용하여 종이의 두께를 비교한다. 학생들은 이러한 비교법을 이용하여 쌍에 순서를 매기는 전략을 갖게 된다. 학생들은 종이 한 장의 두께를 분수로 표현하는 방법, 동치인 분수를 찾는 방법을 알게 된다. 학생들은 일반적인 경우에 두 분수가 같은지 찾아내는 방법은 모른다. 이와 같은 방법은 상황을 통해 드러난다. 아직 맥락을 벗어난 독립적인 질문은 제기되지 않는다. 학생들에게 결과는 “배운” 지식과 무관하며, 학생들은 결과를 배운 지식과 관련지어 인식하지 않는다.

3.3. 게임 상황 분석

3.3.1. 문제-상황

발신자 학생들이 해결해야 하는 과제 분석

발신자의 과제는 수신자의 과제보다 훨씬 쉽다. 발신자는 선택한 종이의 장수를 세고 정확히 측정하는 데 집중하면 된다. 발신자는 간단하고 정확한 숫자를 얻기 위해 다음 조건에 맞도록 종이의 수를 선택한다.

– 두께가 mm 눈금에 가능한 한 가까워야 한다.
– 종이를 눌러서 생기는 오차가 작아야 한다.
– 세어야 하는 종이의 수를 최대한 적게 한다.

더 세밀한 분석과 반복을 통해 발신자는 다음 조건을 설정한다.

– 어떤 종이와 그것 다음으로 두꺼운 종이의 두께 사이에 차이를 분명히 하기 위해 충분히 많은 수의 종이를 택한다. 예를 들면 누르지 않은 상태에서 그 차이가 1mm보다 크도록 한다.
– 조작의 비용이 최소가 되도록 종이의 수를 결정한다. 여기서 조작의 비용이란 종이를 세는 횟수와 시행 오차에 의해 결정된다. 오차의 비용은, 조작할 때 오차가 생길 가능성에 따라 상대적이다. 이 점은 수학적 탐구를 유발하지만 여기에서는 논의하지 않겠다.

수신자 학생들이 해결해야 하는 과제 분석

수신자의 과제는 훨씬 많다. 이 학생들이 합리적인 알고리즘을 "적용"하면, 메시지 (60f; 7mm)를 해석하기 위해서 다음과 같은 활동을 할 것이다.

– 각 종류의 종이를 60장씩 센다.
– 60장씩 쌓은 종이 더미 5개의 두께를 측정한다.
– 측정값을 비교하여 그 값이 7mm와 가장 가까운 종이 더미를 선택한다.

실제로, 위와 같은 절차가 체계적으로 적용되면, 상황의 중요한 혜택이 사라진다. 학생들은 첫 단계에서 얻은 경험과 두께에 대한 암묵적인 모델을 이용하여 특정 가설을 제거할 수 있고 또 그래야만 한다. 이와 같은 행동 단계에서는 관계, 예측, 연산이 여전히 막연하고 불완전하며 근사적이다. 그러나 이러한 관계, 예측, 연산은 완전히 형식화되기 전에 이 단계에서 검토 및 개선되며, 좀 더 복잡해지기도 한다. 예를 들면 "60f; 7mm, 이것은 A종이가 아니라 더 얇은 종이다. A종이는 (3f; 1mm)이기 때문이다"라는 말은 학생이 A종이 60장의 두께가 7mm보다 두껍다는 것을 이해하고 있음을 보여준다.

학생들이 만든 가설이 틀렸다면 학생들은 이를 금방 알 수 있으며 시간을 약간 낭비한 것 외에 별다른 손해는 없다. 표현은 예상이나 경제적인 시도를 가능하게 한다. 표현은 행동에 의해 검증되지만, 표현이 행동을 완전히 규정하지도 않으며, 행동에 의해 규정되지도 않는다. 그러나 표현은 행동하기 위한 여러 결정을 지배한다. 왜냐하면 그럴듯하지 않은 "종이"를 제거하면 다른 것들이 남기 때문이다. "C종이 30장의 두께는 2mm인데, B종이도 그래. 이것은 이상해. 다시 재어 봐야 해. 30장의 두께가 2mm보다 조금 작으면 이 종이는 분명히 D종이일 거야. 종이 수를 좀 더 늘려 보자."

수신자가 두 메시지를 동일한 종이에 대한 설명으로 받아들이면, 두 메시지는 동치로 다루어지게 된다. 이 두 메시지는 위치상 동일한 근방에 속한다.

아동들은 번갈아 가며 발신자와 수신자가 되어야 한다. 모든 학생이 상대적인 두께를 추론하는 것과 관련하여 동일한 역량을 갖추지는 못하더라도, 각자가 선택하게 될 모델이 충족해야 하는 조건에 대한 정교한 지식을 획득할 수 있으며, 이 점이 꼭 도달되어야 하는 바이다.

3.3.2. 교수학적 상황

교사가 해결해야 하는 과제 분석: 단계 1과 2

처음 두 단계에서 교사의 가장 중요한 과제는 학생이 성찰한 내용과 그 전개를 통제하는 것이 아니다. 흥미로운 주장이나 잘못된 설명을 들었을 때 교사가 끼어들어서는 안 된다. 필수적인 피드백은 교사가 아니라 상황에 의해 제공되어야 한다. 당분간 교사는 진리의 수호자, 보증자, 피난처가 아니며, 모든 학생의 개입에 반드시 반응하는, 최후의 수신자도 아니다.

교사는 학생들이 상황을 어떻게 이해하는가와 관련하여 교사 자신이 중립을 지킬 것이라는 점을 학생들에게 주지시켜 학생들이 교사에게 정보나 도움을 요구하지 않고 스스로 탐구할 수 있도록 해야 한다. 그러나 여기서 중립이 무관심은 아니다. 교사는 학생의 제안을 흥미롭게 듣고, 그 내용을 수정하지 않으면서도 학생에게 확신을 주어 학생이 자신의 생각을 이용할 수 있도록 한다.

교사는 학생들이 상황에 집중하도록 하고, 학생들의 노력과 성공에 대한 열망을 자극하는 데 주목한다. 교사는 학생들의 하위 문제 해결 과정을 촉진하고, 교사 자신이 종종 구체화하거나 반복하는 규칙 또는 임무를 학생들이 잘 따르는지 지켜본다. 또한 교사는 조직상의 문제를 해결하여, 모둠 간의 갈등을 조정하도록 돕는다. 교사는 학생 모두가 탐구에 힘을 쏟고 결과를 도출하는 데 기여하도록 한다. 이를 위해 교사는 자신이 기록한 최종 결과에 주목하여, 학생들의 성공과 실망을 공유하며 함께 기뻐하고 격려하는, 일종의 "스포츠" 정신을 나눈다.

다시 강조하지만, 교육적인 것은 노력이지 진술된 목표가 아니다. 특히 교사는 각 모둠이 잃은 점수를 언급하지 않는다. 모둠은 수업마다 다시 구성된다. 점수는 게임에서 사용되는 전략을 살펴보기 위한 것이지 학생을 분류하기 위한 것이 아니다.

단계 3

활동 1의 단계 3은 비교하기 단계이며, 형식적인 정당화 상황은 아니다. 이 단계에서 교사는 다시 게임의 관리자가 되지만, 자신이 게임에 참여하지는 않는다. 교사가 학생들에게 명확한 형식화와 정확한 정보 등을 요구하면 상황이 작동하는 것을 방해할 수 있다. 여기에는 "외적인" 요구가 없어야 한다. 교사는 학생들의 터무니없는, 틀린 진술이 바르게 형식화되도록 하고 학생들이 스스로 판단할 수 있는 시간을 준다. 교사는 모두가 동의하기 전에 어떤 진술이 올바른 진술이라고 단정하지 않는다. 교사는 소외되는 학생도 자신의 생각을 표현할 수 있도록 하고 교사가 해결할 수 없는 토론이더라도 명료히 이루어지도록 이끈다.

3.3.3. 개방성의 유지와 지식의 의미 사이의 관계

전통적인 교육 방식을 따르는 교사는 탐구 상황에서 거의 곧바로 "좋은" 진술을 "남용"한다. 교사는 "좋은 진술을 찾아낸" 첫 번째 아동과 대화한다. 마지막에는, 이러한 대화가 가장 "똑똑한" 20%의 아동들과 이루어진다. 나머지 아동들이 이 대화를 이해할 수 있도록, 교사가 질문을 제시하는데, 이 질문은 80%의 아동들이 충분한 시간만 주어지면 거의 즉각적으로 답할 수 있는 것이다. 이러한 질문은 매우 폐쇄적이며 질문에 대한 탐구는 알고리즘에 기반한 일종의 신속성 검사로 이루어질 것이다. 결국 60%의 아동들은 대리로 수업에 참여하는 것이 된다. 답을 하지 못하는 20%의 아동에게 질문은 탐구를 위한 것이 아니라 미리 만들어진 지식을 학습하여 소유하기 위한 것이다. 최종적으로 중요한 것은 누가 지식을 "소유했고" "소유하지 못했는지" 여부이기 때문에 지식을 소유하지 못하는 것은 "수치스러운 일"이 된다. 따라서 80% 아동에게 탐구는 부정적인 규제가 주어지는 상황으로, 이 상황의 강조점은 지식의 사용에 있기 때문이다. 탐구해야 한다는 것은 용납할 수 없는 약점을 인정하는 것으로, 배워야 한다는 것은 혜택 받지 못한, 무시 받는 소수의 운명이 된다.

우리가 제안한 상황이 이와 같은 방식으로 행해져서는 안 된다. 질문은 보다 개방적인 특징을 띠어야 하는데, 이는 질문에 곧바로 답할 수 있는 학생이 매우 적고 거의 모든 학생이 탐구를 해야 한다는 의미이다. 즉시 풀 수 있는 학생이 20% 미만인 문제에 대하여 80%의 학생이 참여할 수 있도록 상호작용이 이루어져야 한다. 교사는 아이디어를 남용하지 않음으로써 상황을 개방적인 상태로 유지해야 한다. 교사는 아이디어를 고려하게 된 것에 만족해야 한다. 처음으로 아이디어를 발견한 것이 그렇게 중요한 것은 아니다.

답을 가장 빨리 찾은 학생들은, 자신들이 확신한 바를 어른의 검증에 기대지 않고 공유하는 방법을 배워야 한다. 그렇게 탐구와 학습은 대부분의 아동에게 주요 관심사가 된다.

이러한 상황을 다루기 위해서는 세심한 주의가 필요하다. 그 방법은 매우 다양한 사회적 태도에 열려 있다. 교사는 다양한 행동에 어떻게 반응해야 하는지 안다. 어떤 학생은 자신이 탐구할 시간을 갖기 위해 다른 학생이 길을 잃게 만들거나 주의를 독점하며 다른 학생의 탐구를 존중하지 않는다. 이러한 순간에 아동들이 배워야 하는 것은 지식과 진리의 전체적인 기능 및 용법이다. 몇몇 학생은 전통적인 교실 상황과 교수학적 계약에 익숙하기 때문에, 교사가 답을 확인하거나 즉시 평가하지 않고, 동료의 의견이나 행동에 의존해야 하는 방향으로 교수학적 행위가 급격하게 변하는 것을 받아들이기 어려워한다. 교사는 자신이 촉발한 중요한 변화에 학생과 학부모가 적응할 수 있도록 일시적인 중재자가 되어야 한다. 어떤 경우든 개입 방식을 자주 바꾸면 그 다양성에도 불구하고 태도의 자연스러운 발전과 적응에 도움이 된다.

학습 대상과의 관계 및 다른 학생과의 관계를, 추구할 목표이며 즐거움의 원천으로 보기 시작하면 발전이 일어난다. 결정하기, 행동하기, 대화하기, 판단하기는 수업에 기본적인 기쁨을 주는 우선적인 활동이 되어야 한다. 교사는 일상생활에서 아동들이 느끼는 주된 욕구에 응해야 한다.

지식은 아동들 사이에 발생하는 논쟁의 상징적 증거로, 열정적인 활동의 대상이 되어야 한다.

교사-학생이라는 관계는 학생-지식, 학생-환경-지식, 학생-친구-지식이라는 관계로 대체된다.

3.3.4. 교수학적 계약

교사는 수업의 참조 기억 저장고[42]이다. 교사는 중요한 관습, 합의 사항 및 사실을 기억하며 이를 신중하게 불러내어 학습을 지시하고 조정하는 역할을 한다.

최종적으로, 교사는 지식에 대한 정보를 제시할 때 성인의 지식을 표현한다. 활동 1, 3차시, 3단계에서와 같이 아동들은 나름의 체계를 지니고 있는데, 자신이 구성해 둔 이러한 체계에 비추어 통용되는 표현법과 그 장점을 파악하며, 자유롭지는 않지만 의식적인 방식으로 이에 적응한다. 이것이 제도화 상황이다.

사실 표현법이나 용어를 바꾸려면 아동들과 교사 모두 노력을 기울여야 한다. 이러

42) 편집자 주: Brousseau & Centano(1991)을 참고하기 바란다.

한 이유로 교수 조건은 매우 중요한 역할을 하며 필수적으로 교수학적 계약을 따를 수 밖에 없다.

활동 1에서 교사는 배워야 할 것이 무엇인지 설명하지 않으며, 활동을 되풀이하도록 요구하지도 않는다. 대신 교사는 학생들이 활동을 통해 알고 이해하며 배워야 한다는 점에 동의하도록 하며, 어떤 단계가 다른 이유로는 정당화되지 않았음을 인식하도록 한다.

사실, 첫 번째 차시의 단계 1에서, "동치인 쌍 찾기"를 할 때 모든 아동은 주어진 쌍과 동치인 쌍을 적어도 두 개는 찾아서 이들을 여러 번 비교해 보아야 하며, 적어도 한 번은 동치 관계를 설명해 보고 여러 가지 비교 방법도 들어보아야 한다. 이 모든 것은 집단적인 통제 상황에서 진행된다. 그러나 학생들이 동의한 계약은 "앞으로 주어질 질문에 선생님이 원하는 방식으로 답하기 위해 이것을 **어떻게 하는지** 배워야 한다"가 아니라 "다음에 있을 문제의 어려운 상황에 대처하기 위해서 이것을 **해야** 한다"이다. 동치인 쌍을 찾는 학습 과정은 단계 1 이후에도 계속되므로, 단계 1에서 이를 반드시 "성취"할 필요는 없다. 게다가 이는 다음과 같이 탐구방법의 **형식화**를 요구할 수도 있다. 예를 들어, 한 쌍을 이루는 두 항은 같은 수로 곱하거나 나눌 수 있다. 이 단계에서 "절대적으로 확신하게" 되면, "더 엉망으로" 두 쌍이 동치라고 말할 수도 있다. 이때 학생들은 의미 없는 말이나 이해가 불가능한 문장을 진술할지도 모른다. 이러한 형식화 방법은 장기적으로 보았을 때 매우 경제적이지 않으므로, 분명하게 거부할 필요가 있다.

단계 2 상황을 해결하는 방법, 즉 종이를 두께에 따라 정렬하는 것은 동치인 두께를 찾을 줄 모르면 복잡해진다. 왜냐하면 아동들은 알고리즘을 적용해서 종이 한 장의 두께를 기록하기보다 종이 수와 종이 더미의 두께 등 상황의 표현에 주목해야 하기 때문이다. 단계 2 상황을 해결하는 과정에서 모든 **형식적인** 학습, 즉, 관습적이며 제도화된 학습은 아무 의미가 없다는 무거운 부담을 떠안을 수도 있다. 한편, 교사는 모든 학생이 표를 사용하거나 다른 학생의 도움을 얻어 새로운 쌍을 올바르게 **검토하고**, **선택하고**, **계산하였는지** 확인해야 한다.

이상의 내용이, 수업 상황에서 학습이 일어나지 않으며 정보의 제공도 없다는 것을 의미하지는 않는다. 3차시의 단계 3은 정보를 제공하는 예로, 정보의 기록 및 용법과 관련되는 관례를 보여준다. 이러한 관례는 나중에 정리될 것이며, 교사는 "공적인" 의사소통에서 이를 따르도록 아동들에게 "요구할" 것이다. 실제로 수업이 진행됨에 따라, 특히 초기에 여러 가지 형식화에 대한 이해를 고려하면서도 관례를 표준화하도록 강조할 것이다.

3.4. 교수학적 변인 분석: 게임의 선택

3.4.1. 상황의 성격

의사소통의 기본적인 사이버네틱(*cybernetic*)[43] 특성을 다시 다룰 필요는 없다. 마음대로 종이 종류의 수를 늘릴 수 있으면, 가장 경제적인 코딩 방식은 순서쌍 (종이 장수, mm로 표시된 두께)으로 종이 종류를 표현하는 것이다. 그러나 코드를 찾는 상황이 반복되지 않는다는 점에 주목해야 한다. 순서쌍을 형식화하는 변증법은 일어나지 않는다. 코드는 거의 즉시 만들어진다. 의사소통 상황은 학습 상황으로서 그다지 많은 역할을 하지 않으며, 발신자와 수신자의 행동에 "의미"를 줄 뿐이다. 아동들은 "최적화된" 메시지의 특징으로 인해 함께 토론할 필요를 느끼지 않는다. 학생의 입장에서는 만족스럽다고 동의할 수밖에 없다.

3.4.2. 두께의 선택: 암묵적인 모델

한편, 상황의 "행동" 요소에 의해 두께 체계와 관련되는 암묵적인 모델이 만들어진다.

길이를 측정하는 것이 문제라면, 왜 길이를 좀 더 쉽게 알아볼 수 있는 대상을 선택하지 않았을까? 이 시기에 아동들은 1mm에서 50mm 사이의 "길이"를 효과적으로 표현할 수 있다. 즉, 아동들은 길이를 비교하고 끝과 끝을 연결하거나 분할할 수 있으며, 사용한 단위 체계를 이용하여 길이를 가까운 자연수 값에 대응시킬 수도 있다. 사실 이러한 표현은 새로운 수 체계를 사용할 필요가 없는, 직관 또는 자연수 측정값이 쓰이는 실제적인 상황의 해결책으로는 충분히 효과적이다.

아동은 어떠한 표현 모델도 사용하지 않고 "길이"의 덧셈과 뺄셈 같은 연산을 생각하거나 수행할 수 있다. 예를 들어, 아동은 막대의 길이를 같은 "길이"의 실로 나타낼 수 있다. 그러면 수학적 활동은 이전부터 존재한다고 여겨지는 "실체"를 기껏해야 번역하거나 복사하는 일 정도가 된다.

기하학에서처럼 아동들이 이용할 수 있는 암묵적인 모델은 매우 풍부하기 때문에 이러한 모델이 모든 결정을 지배한다. 이 모델로 상황을 해결하는 것에 실패하는 순간이 올 때까지, 이를 뒷받침하는 수학 이론은 너무 복잡해서 만들어지지 않는다. 이러한 암묵적인 모델에 전적으로 의지하면, 측정과 같이 구성적인 수학 이론은 귀찮거나 부수

43) 역자 주: 사이버네틱스(cybernetics)는 특정 체계 내에서 정보의 통신과 조절에 대해서 연구하는 학문으로 정의할 수 있다(Sierpinska, 2003, p. 2). 여기서 사이버네틱 특성은 교수학적 상황의 정보 전달에 관한 특성으로 이해할 수 있다.

적이며 불필요한 요구사항이 있을 때만 등장할 것이다. 이론은 "직관"에 의해 안내되고 조정되어야 하는 것으로 보이며, 기껏해야 좀 더 정확한 정보 등을 제공하는 것으로 여겨질 것이다.

그래서 우리는 조작을 배제하지는 않으면서도 자연스러운 암묵적 모델을 쓸모없게 만드는 영역으로, "대상의 크기"라는 교수학적 변인을 택하였다. 백분의 일 밀리미터 길이를 이용하는 연산은 "상상"할 수 있지만, 그 길이를 직접 지각하거나 측정할 수는 없다. 누구도 머리카락을 길이 방향으로 4조각내는 분할은 상상할 수 없다. 이러한 불가능성은 다른 이유 때문에도 필요하다. 두께의 측정값을 나타내는 자연수는 두께를 파악하고 이를 비교하는 경험을 조작하거나 그 합을 예상하는 데 사용하는 유일한 "구체적 수단"이다. 수학적 표현은 이를 구성하는 사람과 상황의 변증법적인 관계를 통해 구성 중인 이론의 기본적인 역할로 재통합된다.

또한 비교하기와 같은 방법을 설명하는 것이 쓸모없게 만듦으로써 암묵적인 모델을 개선하면, 이러한 수학적 표현의 확장을 통제할 수 있다. 암묵적인 모델이 지나치게 효과적으로 여겨지기 전에 각각의 개념마다 적절한 순간에 활동 1의 2차시와 같은 형식화 단계나, 점진적인 형식화 중 하나를 촉진할 수 있다. 이때 적절한 순간이란 충분히 유용하면서 의미를 가질 뿐만 아니라, 행동과 형식화에 필수적인 언어가 충분히 의미를 가지면서 형식화된 개념들이 서로 고립되지 않고 함께 기능하는 순간을 말한다.

3.4.3. 암묵적인 모델에서 설명으로

첫 번째 차시에서 아동들이 개발한 암묵적인 모델 중에는 (첫 번째 더미의 종이 수)×(두 번째 더미의 두께)=(두 번째 더미의 종이 수)×(첫 번째 더미의 두께)와 같은 기본적인 대수적 동치 관계를 $\boldsymbol{N}$에서 $\boldsymbol{N}$으로의 선형 사상 집합의 형태로 다룬 것도 있다.

이러한 사상은 다음과 같은 성질을 통해 이해된다.

- 아동은 첫 번째 관찰에 따라 서로 다르게 보이는 종이에는 서로 다른 사상을 정하려고 하는데, 이는 사상의 집합을 종이 종류의 집합에 대응시키는 것이다.
  다른 종류의 종이를 나타내기 위해 다른 사상을 사용하는 것이 아동들의 입장에서는 현실적이지 않다고 생각해 보자. 아동들은 같은 종류의 종이를 같은 수만큼 택하여 측정한 결과 다른 두께를 얻었지만, 그 메시지가 제대로 작동한 사례가 있다. 이들 결과가 서로 비슷하다고 볼 정도로 충분히 가깝고 다른 결과와는 충분히 차이가 있다면, 아동들은 그것으로 만족할 수 있다.

- 그럼에도 불구하고, 이러한 조건은 형식화된다. 아동들은 한 종류에 하나의 수, 하나의 수에 한 종류를 대응하려 한다. 이때 이상한 결과는 거부된다. 예를 들면 "30f → 2mm, 30f → 3mm, 누군가 실수를 했군"과 같이 말한다. 이 결과는 대수적으로 동치가 아니며, 충분히 가깝지도 않기 때문이다.
- 뒤에 가서야, 비를 보존하는 성질에 의해서 선형성이 형식화된다. 아동들은 이러한 성질과 모순되는 쌍을 재검토해서 이를 형식화한다.

아동이 종이 수에 약간씩 변화를 주어 자유롭게 시도하지 않았다면, 간단한 비는 나타나지 않았을 것이다. 게임이 별 혼란 없이 천천히 진행되었다면, 적절하면서 그럴듯한 모순도 등장하지 않았을 것이다.

암묵적인 모델은 아동들이 경험한 사례에 대해 알려진 성질을 적극적으로 형식화하여 만들어진 것이 아니다. 암묵적인 법칙을 따르는 순서쌍은 어떠한 추가 설명도 촉발하지 않는다. 암묵적인 법칙을 따르지 않는 쌍만이 문제를 일으키며, 형식화를 필요로 한다. 이론과 마찬가지로 모델도 합의에 의해서가 아니라, 경험을 통해 알게 된 분명하고 실제적인 모순에 의해서 만들어진다.

이 사실은 딘즈(Diénès)의 심리역학적 과정처럼 경험적인 교수학적 이론과는 형식상 모순되는, 일반적이고 중요한 현상을 분명하게 보여준다. 상황 사이의 유사성 또는 동일성이 "추상화"의 주요 동기가 아닌 것처럼, 구조를 모사하고 스키마로 만드는 것이 형식화의 핵심은 아니다. 잘 구조화된 상황에서 느끼는 소박한, 심지어 유효한 친근함조차도 수학화를 촉진하기에는 충분하지 않다. 반대로 암묵적이든 명시적이든 이전부터 존재하는 모델이 작용하는 순간에 상황에 의해 제기되는 문제나, 어떤 결정이 내려지는 순간에 특정 이론에 의해 제기되는 문제는 다양한 이론의 발전과 수정, 거부와 형식화를 촉진한다. 이러한 변증법이 대부분의 수학이 가진 특징이다.

이제, 1차시의 단계 1과 2 같은 초기 상황을, 세기, 자연수 측정, $\boldsymbol{N}$에서의 닮음 변환처럼 구체적인 초기 모델 없이도 구상할 수 있다. 이러한 상황을 해결한 결과는 논리적인 관점에서 볼 때 별로 만족스럽지 못한 언어와 전략으로 이어질 수 있다. 단계 3에서와 같이 이론적인 문제를 해결하려면, 2차시에서처럼 새롭게 "실험하기"와 비교하기가 필요하다. 이를 통해, 종이의 두께를 측정하는 기법이나 표현법 사이의 기본적인 동치 관계와 관련되는 모순을 줄일 수 있으며 부분적으로 명확한 모델을 사용할 수도 있다.

3차시에서는 또 다른 단계가 시작되는데, 이는 측정 체계를 시험하는 단계이다. 이 단계를 통해 장 수를 아는 종이 두께의 표현법을 인식할 수 있으며, 다른 두께를 나타내는 표현법과 이를 구별할 수 있는가? 여기서 표현법은 동치 관계를 형식화하거나 동치류를 만드는 탐구, 쌍의 순서 관계와 동치 관계의 양립 가능성에 대한 탐구의 대상이 된다. 동치 관계를 이루는 어떤 쌍이든 결론은 같아야 한다.

아직 정교화될 필요가 없는 단어인 "분수"로 각 동치류를 나타내는 것과, 이러한 동치류의 동질성을 기술하는 것은 교사에 의해 주어지는 정보와 관련된다. 이때 정보는 다른 이들의 이해를 위한 사회적 관례로, 동치류 처리의 타당성을 암묵적으로 승인하는 교수학적 결론으로 도입된 것이다.

아동들은 두께 순으로 종이 종류를 나열할 수 있다고 생각한다. 아동들이 구성한 이론을 이용하여 종이 두께에 순서를 매길 수 있는데, 이는 지각을 통해서는 불가능하다. 그렇기 때문에 아동들은 자신들의 추론에 대해 매우 구체적인 확신을 가질 수 있다. 아동들이 만든 이론은 진짜 이론으로 작동한다.

비교하기 방법이 모든 쌍에 대해 타당하게 보이지는 않기 때문에, 교사는 새로운 문제를 제기하여 다음과 같은 관계를 살피도록 한다.

– (40; 6)과 (40; 8)의 비교와 함께 (40; 6)과 (20; 4)의 비교, 나아가 (30; 4)와 (40; 4)의 비교와 더불어 (30; 4)와 (20; 2)의 비교를 가능하게 하는 대수적 관계
– (19; 3)인 종이가 (20; 4)인 종이보다 얇다는 것을 근거로 (19; 3)과 (10; 2)를 비교할 수 있도록 하는 순서적 관계. 이 경우 아동들은 "종이가 한 장 늘어나니 더미가 1mm 두꺼워졌다. 그런데 종이 한 장의 두께가 1mm는 아니므로 …"와 같이 설명한다.

이러한 계열을 일반적으로 구성하는 것은 순서쌍과 동치류를 취하는 상당히 현대적인 유리수 구성의 공리 모델을 따른 것이다. 이러한 공리적 지식을 우리가 제기한 소수의 교수학적 문제에 대한 해결책으로 고려할 수 있음을 부인하지 않겠다.

이러한 선택이 교수학적 분석에 앞선다고 생각하는 것은 옳지 않다. 우리가 다른 교수학적 변인 영역과 다른 발생적 기원을 선택했다면, 여기서 다룬 순서쌍은 의미를 모두 잃었을 것이며 동치성에 대한 모든 관심도 사라졌을 것이다. 그렇게 되었다면 이 연구에서 구성한 바는 또 다른 고전적 공리 체계와 부분적으로 일치하였을 수도 있고 일치하지 않았을 수도 있다. 어느 경우든, 이 구조물의 흔적이 아동들의 활동에서 어떤 형태로 출현하도록 만드는 것은 아동들에게 별로 이득이 되지 않았을 것이다.

4. 소수의 교수학에 관한 문제

4.1. 교수학적 담론의 주요 내용

교수학적 담론은 다음 4가지 목표하는 단계에 초점을 둔 논의로 이루어진다.

1. 출발 단계: 이는 교사나 교육 시스템이 실제로 선언한 목표, 주어진 정보, 숙제 등을 기술한 것으로, 학생의 실제 활동 및 행동, 결과, 환경에 대한 반응 등과 관련된다.
2. 교수학적 상황 단계: 이 단계에서는 교사의 결정, 학생의 행동과 동기 등을 해석하는 것에 주목한다. 선택된 행동이 적절한지 확인하고, 전체 행동을 전략이나 행동 모델 또는 오류 모델로 분류한다. 이를 통해 가능하다면 "게임"과, 참여자의 개별적인 계약 또는 상호 호혜적인 계약의 특징을 다룬다. 이러한 분석에 의해 간단한 변인을 설정할 수 있으며, 이러한 변인은 관찰된 사실의 차이에서 드러나는 상황의 재현가능성을 보장한다.
3. 개념과 그 발생에 대한 분석 단계: 이 단계에서는 개념을 작동하게 만드는 일련의 상황을 설정하고 그 개념에 다양한 의미를 부여하는 것이 문제가 된다. 개념에 영향을 주는 상황 사이의 차이만이 교수학 분야의 연구 대상이다. 이러한 차이는 개별 사례에서 결정된 변인의 효과이다.
4. 사건과 교수학적 논쟁 단계: 이 단계에서는 개념과 그 발생에 대한 분석에 필요한 개념, 방법, 분석 도구가 만들어진다.

각 단계에는 고유한 탐구 방법과 증명 방법, 방법론적 문제가 있다. 이러한 이유로, 교수학적 실험을 실험적인 인식론적 실험으로 간주하며, 교수 실험과는 구별한다.

이상의 네 단계 사이에 상호작용이 있는 것은 분명하지만, 많은 사람은 과학적, 교수학적, 현상학적-기술적(phenomenothenical) 관점이 어떻게 다르며 서로를 보완하는지, 지도 문제와 교수학적 질문이 어떻게 연결되는지 명확히 알지 못한다. 따라서 앞서 기술한 지도 과정을 다시 살펴봄으로써, 우리가 주목하는 질문을 어떻게 검토하고 현실화하는지 보일 필요가 있다.

4.2. 교수학적 개념화

4.2.1. 의미의 요소

앞서 언급했듯이, 개념의 의미를 규정하는 것은 교수학의 주요 문제이다. 전술한 바를 통해 우리가 이 문제를 어떻게 해결하는지 짐작할 수 있을 것이다. 이것은 개념이 나타나는 모든 상황을 찾고 분류하는 문제로, 이때 개념은 상황 내에서 필수적이거나 최적일 필요는 없다. 개념은 해답이나 설명, 교수학적 게임에 참여하는 상대 학생들의 행동으로 드러난다. 그러므로 개념은 다양한 수학 영역과 관련하여 그 역할과 관계성을 보여준다. 어떤 상황에서는 오답이지만 다른 상황에서는 해답이 되는 다양한 구체적 개념이 있으며, 한 개념을 구성하는 세부 개념 모임도 존재한다.

우리가 연구 절차를 선택할 때 사용한 모든 기준을 나열하면 다음과 같다. 이는 소수가 지닌 의미의 구성 요소를 처음 예측할 때 활용한 것으로, 우리가 찾고 있는 대부분의 상황을 개발하는 데 기여하였다.

1. 문제의 수학적 유형: 대수적, 위상적, 순서적 문제
2. 개념을 만들어 내거나, 개념과 연관되는 문제를 만들어 내는 수학적 대상의 유형: 측정값의 상(image)인 소수, 스칼라인 소수, 일련의 측정값에서 작용하는 비로서의 소수, 소수-비율(decimal-proportion), 벡터 공간의 선형 소수-연산자 등(표 1 참고)
3. 주어진 상황에서 유일한 최적의 해집합으로서 $\boldsymbol{D}$와 비교될 수 있는 수학적 구조의 유형: 예를 들어, $\boldsymbol{N}$, $\boldsymbol{Q}$, $\boldsymbol{R}$ 등과 같은 수학적 구조가 있다.
4. 지식에 따른 교수학적 상황의 유형: 보다 분명히 말하자면, 행동 상황, 형식화 상황, 타당화 상황, 제도화 상황으로, 각 상황에서 소수는 행동의 규칙, 언어, 증명 체계, 문화적 지식으로 등장한다. 이러한 범주화를 통해 계산, 알고리즘, 명칭, 표현, 탐구 대상, 증명 수단, 이론 등과 같은 $\boldsymbol{Q}$의 기능이 만들어진다.
5. 은행, 상업, 물리학 등과 같은 현실적인 맥락과, 수학적 필요성, 물리 법칙, 사회적 관례 등과 같은 학문적 관점
6. 소수를 표현하는 형식적 언어의 유형과 인접한 해에 비추어 언어를 만드는 정보적 특징(소수와 60진법, 소수와 명수법의 특징을 띠는 이진법)
7. 상황의 발생 빈도 가능성[44]

---

44) 역자 주: 이 기준을 "종이 한 장의 두께" 활동과 관련지어 설명하면 다음과 같다. 이 활동에서 학생들은 종이를 여러 장 골라 두께를 측정한다. 이때 선택한 종이의 장 수, 종이를 누르는

8. ***D*** 또는 그 부분집합이 생성되는 방식, 사용된 연산 유형, 소수가 사용되는 빈도에 대한 분포의 특징
9. 상황에서 학생의 행동으로 드러나는 개념의 인지적, 교수학적 상태(2.1.6절, 지식의 수준에 관한 설명 참고)
10. 표현이나 정의의 유형: 예를 들면 통약성 또는 분할(4.3.1절 참고)
11. 학생이 지닌 암묵적 지식 혹은 명시적 지식의 공리적인 조직화 유형
12. 상황을 해결하는 수학적 관계나 연산의 유형: 순서 짓기, 두 정수, 두 유리수 또는 같은 자리수를 갖는 두 소수로 구간 정하기, 구간 안에 특정한 수를 위치시키기, 구간에서 수 찾기, 분수 ⇔ 소수 ⇔ 60진법 변환, 단위 변환, 과학적 표현법으로의 변환, 다항식으로의 분해, 수 ⇔ 문자 변환, 측정값의 합, 덧셈, 변환의 합, 변환의 합성, 측정값의 차, 음의 소수 사이의 차, 곱셈(측정값×자연수, 측정값×소수연산자, 측정값×측정값, 연산자×연산자, 유도된 측정값 등, 표 1 참고), 나눗셈(분할, 나눗셈, 역에 의한 곱셈, 합성, 비(ratio)에 의한 측정값 등)

이러한 구분이 모두 똑같이 중요한 것은 아니며, 이 목록에 모든 기준이 제시된 것도 아니다. 좀 더 간단한 분석을 위해서는 위 상황 목록을 재조직할 필요가 있다.

4.2.2. 문제-상황의 교수학적 성격

"상황"은 학생 스스로 자신의 **환경**과 자신을 통합하도록 만드는 관계가 내재된 조건(circumstances)들의 모임이며, 행동이나 발전 과정을 특징짓는 "주어진 것들"의 모임이다. 여기서 상황은 문제-상황으로 이는 학생의 적응과 반응을 필요로 한다. 특히 이러한 반응은 수업을 정확하게 수행하는 주요 토대로서 필수적이며, 학생에게 확실한 목표와 계획이 있다면 이는 "엄밀한 문제 상황"또는 형식적인 상황이라고 부를 수 있다. **환경**이 교과서에 있는 설명으로 제한되어, 상황의 물리적인 측면으로 인한 물질적인 제약이나 심리적, 사회적 조건이 상황에 대한 해석을 변형하지 않으면 이를 "문제"라고 칭할 수 있다. **교수학적 상황**은 가르치고자 하는 교사의 의도가 직·간접적으로 드러나는

힘, 측정에서의 오차 등에 의해 결과는 다양하게 나올 수 있다. 이 활동을 토대로, 6번 기준인 "상황의 발생 빈도 가능성"이 의미하는 바에 대해 여러 해석이 가능하다. 첫째, 상황이란 학생의 추측을 뒷받침하는 특수한 상황을 말하며, 빈도는 그 상황이 발생하는 횟수를 말하는 것으로 이해할 수 있다. 이 해석은 이 활동에서 측정 결과를 토대로 종이의 종류를 알아맞히거나 빠진 결과를 채우려면, 학생은 여러 결과 중 자신의 추측을 뒷받침하는 결과와 무시할 수 있는 결과를 구분할 수 있어야 한다는 점을 고려한 것이다. 둘째, 상황이란 단위 길이에 대해 그 단위에 종이의 장 수를 대응시킬 때 만들어지는 범위(부등식)를 말하며, 빈도는 그 부등식의 개수로 볼 수 있다. 이 2가지 이외의 다른 해석도 가능하다.

상황이다. 일반적으로 교수학적 상황에는 하나 이상의 문제-상황과 교수학적 계약을 확인할 수 있다.

어떤 조건이 문제-상황을 학습 상황 또는 교수 상황으로 만드는가? 이와 관련하여, Douady(1980)는, 앞서 제시한 지도 과정에서 충족하고자 했던 조건과 매우 비슷한 목록을 제안한 바 있다. 상황의 분석과 이론화를 통해 이러한 목록을 정교화하고 확장할 수 있으며, Bessot & Richard(1979)처럼 여러 색인을 구성할 수 있는데, 이러한 색인은 연구에 도움이 되며 목표를 설정하고 직관적인 기준을 만드는 데 기여한다. 이것은 분석과 지도 과정의 구현에 있어 교수학의 핵심 문제이다. 그러나 신뢰할 만한 연구(Brousseau, 1970)가 진행된 지 상당한 시간이 흘렀음에도 불구하고, 이러한 문제가 아직 적절한 위치를 찾지 못하였다.

4.2.3. 상황, 지식, 행동

각각의 문제-상황은 학생들이 지식과 관련되는 행동을 하도록 요구한다. 각 경우마다 이러한 기본적인 지식과 행동의 대응은 게임, 행동, 전략의 측면에서 해석되고 정당화된다. 이때 전략은 학생의 모델이나 표현에 의해 나타나는 적응적인 특성이 있다. 〈표 9〉는 학습의 교수학적 조건을 연구하여 만든 다양한 상황에 의해 지식의 형식에 따라 여러 행동이 만들어진다는 것을 보여준다. Brousseau(1970) 이래로 네 유형의 모델이 사용되었으며, 그 명칭은 연구하는 사례의 독특한 뉘앙스에 따라 다음과 같이 약간씩 다르다. (1) 절차(암묵적인 행동 모델 또는 행동 패턴), (2) 진술이나 성질, 관계와 동치인 암묵적 지식, (3) 명시적 지식, (4) 언어(코드, 형식적 체계). 경우에 따라서 (2)와 (3)은 결합되기도 한다. 이러한 체계는 어떤 부분에 있어서는 Skemp(1976) 또는 Byers & Herscovics(1977)가 제시한 (1) 도구적 이해의 증거, (2) 직관적 이해의 증거, (3) 관계적 이해의 증거, (4) 형식적 이해의 증거[45] 체계와 비교될 수 있다.

행동 상황, 형식화 상황, 타당화 상황(Brousseau, 1970)의 특징은 잘 알려졌으므로, 여기서는 재진술하지 않겠다. 제도화 상황은 지식의 인지적 상태를 관습적으로 혹은 명시적으로 확정하는 상황이다. 만약 어떤 집단이 임의적인 지도 과정에 따라 자유롭게 관례를 정하여 준고립적인(quasi-isolated) 체계를 만든다면, 제도화는 내재적인 것이 된다. 만약 그러한 관례가 문화적으로 생겨났다면, 제도화는 외재적인 것으로, 이는 고전적인 교수학에서 가장 일반적인 상황이다.

45) 아쉽게도 헤르시코비츠(Herscovics)는 이 주제에 대하여 1976년 카를스루에(Karlsruhe)에서 스캠프(Skemp), 그리고 나와 긴 대화를 나눴음에도 이 대응성에 대해 검토하지 못하였다.

〈표 9〉 상황 유형 및 앎의 유형으로 분류한 관찰 가능한 행동

상황의 유형 / 앎의 유형	행동 상황	행동 상황에 의해 영향을 받는 형식화 상황	증명(또는 타당화) 상황	제도화 상황
절차	노하우. 선호에 따라 선택한 절차의 실행	상세한 설명 지명	충분하고 정확하고 적절한 절차의 정당화.	절차의 알고리즘화(이 용어는 루셔(A. Rouchier)가 발명함)
암묵적 모델 성질 관계 표현	선택, 관련된 앎에 의해 동기화된 결정(앎을 "형식화"하지는 못함)		우연한 증명, 실험적 증명, 철저한 증명	
앎 진술 이론	앎의 적용(앎이 형식화될 수도 있음)	성질과 관계에 대한 진술 더욱 "정확한" 재형식화	증명 수학적 증명 더욱 설득력 있는 번역 조직화 공리화	이론과 앎의 정립. 교수학적 변환(Chevallard, 1980[46])
언어	설명을 위한 언어 사용. 기호 및 용어에 대응하는 대상을 구분하는 행동	언어, 형식적 체계, 의사소통을 위한 형식화의 사용. 노하우 설명	단어, 언어, 형식적 모델(중요성, 타당성, 적절성), 정의의 정당화. 메타언어적 활동	정의의 선택, 언어적, 문법적 관습

4.3. 교수학적 과정의 특성 재음미

4.3.1. 지도 과정의 부적절성

교육과정은 교사에게 제공되는 설명서가 아니라고 여러 번 강조하였다. 이제 그 이유를 설명하고자 한다.

주된 이유는 교사가 따라야 할 규칙에 관한 모든 필수 정보에 대해 전달하기 어렵다

46) 편집자 주: 여기서 브루소는 쉐바야르가 수학 교수학 여름 세미나에서 처음 발표한 강연을 인용하였다. 이 원고는 Chevallard(1985)에 실려 있다.

는 것이다. 이러한 규칙은 아주 "새로운" 교수학적 개념, 평가 양식, 교사-학생 관계에 대한 감수성에 기초하고 있어 교사들에게 익숙한 규칙과는 상당히 다르다. 학생을 이러한 규칙의 장대한 발생 단계에 따라 고전적인 방식으로 가르치고 학생의 일시적인 행동을 제도화하는 것은 위험할 수 있다.

게다가 인식론적 실험에 대한 요구는 교사들이 성급한 선택을 하도록 만들 수도 있다. 예를 들어, 우리는 인식론적 장애를 불러일으켜 극복 과정을 제어하는, 즉 간단하게 재구성하는 방법을 모르지만, 적절한 지식이 계속해서 팽창한다고 설명하는 모델을 대체하기 위해서는 이러한 방법이 필요하다. 이에 우리는 역사에서 드러난 바와 아주 다른, 소수-측정값이라는 표현을 선택하였다.

결국, 소수 지도 과정은 우리가 비난했던 고전적 방법과 유사한 유형의 심각한 불완전성을 보여주는데[47], 이 역시 연구의 대상이다. 통약성(commensuration)에 의한 정의는 학생에게 이전 정의보다 더 유용한 분수 개념을 심어 주지 못하였다. 예를 들어, 단계 Ⅱ.1에서 학생들은 1의 상을 4번 반복하면 7cm 길이의 선분이 만들어진다는 것을 알면서도 4를 7로 보내는 선형 사상에 대한 1의 상, 즉 $\frac{7}{4}$을 찾지 못하였다. 문화적 관점으로 분수-측정값을 정의하려는 노력이 상당히 빈약해 보인다. 이제부터 이 문제에 대해 검토해 보고자 한다.

4.3.2. 소수-측정값 재음미

측정과 그 기능에 대한 인식론적 연구에 따르면 측정은 60진법을 통한 소수 출현에 큰 역할을 한다. 이러한 역할은, 보존, 비교, 동일한 양의 재현, 분할 등과 같이 일상생활의 구체적인 조작 결과를 표현하며 전달하고 예견하는 다양한 상황과 관련되어 있다. 이러한 상황에서 물리적 변인, 그리고 인간이 지닌 특징과 이러한 변인의 관계는 매우 중요하다. 그러므로 대부분의 문화권에서 "단위"의 역할 3가지를 확인할 수 있다.

- "세기" 단위 (C). 큰 양을 옮기거나 가늠하려면 셀 수 있는, 동일한 부분으로 쪼개야 한다. 이 단위 (C)는 인간이 쉽게 다룰 수 있는 가장 큰 단위이다.
- "분수" 단위 (f). "한 번에" 처리할 수 있는 것보다 더 작은 양이 존재한다. 세기 위해 매우 많은 개수의 동일한 부분으로 쪼개는 것은 직접 분할하는 것보다 비경제적이다.

---

47) 예를 들어, 첫 번째 단계에서 단위가 없어지는 현상 등이 그러하다(Brousseau, 1980, p. 33 참고). 편집자 주: 이 책의 3장 3.2.4절을 참조하기 바란다.

– "정밀" 단위 (S). 이것은 인간이 고려할 수 있는 가장 작은 단위이다.

일반적으로 $S \ll f \ll C$ 이고 $10 \leq \dfrac{C}{f} \leq 60$이다.[48)]

이는 헥토와 킬로에 비해 데카와 데시를 사용하는 것이 매우 효율적임을 보여준다.

구간 $[f, C]$에 속하는 양을 사용하는 것은, 수 세기를 적용할 수 있고 구체적인 분수를 확인할 수 있는 모델로서 작용한다.

표현법은 가장 익숙한 양의 "측정값"을 가장 잘 아는 자연수 구간에 속하도록 하는 데 목표를 둔다. 이러한 요구 조건이 역사적인 절충 과정을 거쳐 다양한 체계로 구성되었으며, 어떤 것은 너무 잘 적용되었기 때문에 발전시킬 필요가 없었다. 바빌로니아인과 천문학자가 만들고 사용한 60진법 체계를 넘어서는 것은 기대할 수 없었다.

그러나 이러한 연구는 **연구 문제**로 이용할 만한 모든 선택지를 변증법적 관점에서 볼 수 있게 하였다. 변증법적 관점에 따르면, 현재 프랑스 사례에서와 같이, 측정의 실행, 측정 시 소수 체계의 사용, 소수의 도입 등은 서로 별 관련이 없으며 완전히 섞이지 않는다. 이에 Colmez(1974)의 연구와 관찰 결과를 재검토하고, 상황 이론에서 고려하는 "경제적" 관점에 비추어 이상과 같은 선택지를 살펴보는 것이 매우 유용하다.

4.3.3. 한 집합을 생성하는 원소의 개수에 대한 논평

셰퍼(Sheffer)의 양립 불가능성[49)]과 관련되는, 연산 1개로부터 연산 16개를 만드는 체계를 이용하면 이진 논리(binary logic)에 쓰이는 모든 연산을 생성할 수 있다. 일반적으로 사용되는 체계는 4~5개의 연산으로 이루어진다. 집합을 이해하려면 익숙한 일부 원소를 이용해서 집합을 만드는 것이 좋다. 이때 사용하는 원소의 개수는 생성하려는 원소 모두를 고려할 수 있을 만큼 10개 미만 정도로 충분히 작아야 한다. 그러나 한편으로는 드물게 사용되기는 해도, 통용되는 원소가 너무 많이 생성되지 않도록 원소의 개수가 충분히 커서 해당 체계의 여러 관계를 뒷받침할 만큼 많은 원소를 만들 수 있어야 한다.

Youschkevitch(1976)에 따르면, 위와 같은 이유로 아불 웨파(Abul-Wefa)는 961~976년 경 아랍어로 "발음 가능한" 분수 체계를 이용하여 분수를 "생성"하였다. 이 분수

48) 역자 주: 부등식 $10 \leq \dfrac{C}{f} \leq 60$는, 여러 문화권에서 10진법에서 60진법 사이의 셈법을 사용해 왔음을 함의한다.

49) 편집자 주: Sheffer(1913)를 참고하기 바란다.

체계는 단위 분자와 2에서 10까지의 분모, $m < n \leq 10$을 만족하는 $\frac{m}{n}$형태의 분수, 통합 분수(unified fractions), $\frac{1}{n} \cdot \frac{1}{m} \cdot \cdots \cdot \frac{1}{p}$과 같은 곱으로 이루어져 있는데, 이 체계에서는 분모가 10보다 큰 소수(prime number)를 인수로 가지는 분수는 발음할 수 없었다. 아불 웨파는 알 우클리디시가 10년 전에 다마스커스(Damascus)에서 이미 소수를 발명하였음에도 고대 바그다드(Baghdad)를 토대로 이러한 체계를 만들었다.

그러나 무엇보다 이는 1학년 학생이 자연수를 다루는 방법이다. 이제 우리는 좀 더 큰 분수 집합을 한 번에 도입하고자 한다. 분모가 50 이하인 분수와, 분자가 1부터 20까지인 분수의 출현 빈도가 비슷하다. 어떤 분수도 지배적인 역할을 하지 않는다.

이 방법은 $\frac{1}{2}$, $\frac{1}{4}$, $\frac{1}{3}$, $\frac{2}{3}$, $\frac{1}{5}$을 선호하는 문화적인 습관과 충돌하지만, 특별한 어려움을 만들지는 않는다. 오히려 이 방법은 어떤 분수에 대해서든 추론을 용이하게 한다. 비(ratio) 개념을 비슷한 방식으로 도입할 수는 없다.

4.3.4. 분할과 비율

현재의 문화적 체계에 따르면 유리수에 대한 일반적인 정의는 다음과 같다.

정의 1: 분할에 의한 정의

분수의 의미는 17세기 달랑베르(d'Alembert) 시대와 같다. "$\frac{1}{2}$, $\frac{1}{3}$, $\frac{2}{3}$**처럼 분수는 여러 개로 등분할된 하나의 전체 중 한 부분 또는 여러 부분이다.**" 여기서 "하나의"는 유감스럽게도 단위보다 더 큰 분수 개념 생성을 어렵게 한다. 따라서 $\frac{a}{b}$는 하나의 전체를 비교 가능하고 크기가 같은 b개의 부분으로 나누는 것뿐만 아니라 여러 전체를 분할하여 그중 a개를 취하는 물리적 조작의 결과이다.

이는 구성적 정의로, 정의되는 대상이 만들어지는 방법을 보여준다. 이것은 필요한 조작을 효과적으로 수행하는 실제적인 방법이 알려져 있지 않은 경우를 제외하면 **단위가 주어진 수에 대응하는 크기를 구성**하는 데 적합하다. 예를 들어, 반지를 부수지 않고는 그 반지 무게의 $\frac{2}{3}$인 금 막대를 만들 수 없지만, 시행착오를 거치면 조소 찰흙을 무게가 똑같은 세 부분으로 나눌 수 있다. 나눗셈을 생각할 수 없거나 비교가 가능하지 않은 경우, 또는 결과가 정의되지 않거나 세기가 가능하지 않은 경우에, 정의는 현실을 나타내거나 이론을 보여주는 역할을 하는 것이 아니라, 구체적인 의미가 없는, 기호 체계로서 작동한다. 예를 들어, 구성적 방법이 없었다면, 주어진 양에 하나의 수를 대응시켜야 할 때 정의는 직접적인 도움이 되지 못한다.

교육과정에서 사용된 정의는 이와 매우 다르다.

정의 2: 통약성에 의한 정의

어떤 양이 존재하고 그 양을 c번 취하여 동일한 부분 c개로 이루어진 전체 b를 얻는다면, 그 양은 전체의 $\frac{b}{c}$가 될 것이다.

이 정의는 처음부터 크기가 존재하며 이것으로 실행하는 조작 즉, 곱셈이 충분히 쉽게 여러 번 수행될 수 있음을 가정한다. 이것은 $\frac{3}{4}$을 구성하는 법을 말해주지 않는다. 이것은 구성적이지 않지만 인지를 위한 알고리즘을 제공한다. 이 정의는 어떤 크기가 다른 것의 $\frac{3}{4}$인지 아닌지 구분할 수 있게 한다. “여러 번 반복”할 수 있거나 문제가 되는 크기를 갖는 견본 여러 개를 펼쳐 놓을 수도 있다.

이렇게 수학적으로 동등한 두 개의 정의는, 동일한 문제 상황에 대하여 관련이 없거나 어느 하나가 더 잘 들어맞거나 더 효율적이라는 의미에서 사실 서로 다른 분수와 소수 개념에 대응한다. 단위에 주어진 가치, 선택된 단위와 대상이 가진 변의 길이 사이의 비, 분할의 가능성 혹은 불가능성, 하위 분할의 측정값 등에 비추어, 정의 중 어느 하나만을 사용하거나, 기본 단계를 다소 늘리거나, 결과의 불확실성을 통제하는 것에 반대하거나, 오류 가능성을 늘릴 수 있다.

〈표 10〉은 Ratsimba-Rajohn(1981)의 이론적인 연구를 요약한 것이다. 이는 두 정의 중 어느 것이 그 변인을 더 효율적으로 만드는지 보여준다. 이 두 정의는 서로 상보적이며 구성적인 정의가 더 자주 사용되는 것으로 보인다. 여기서 살펴보지 않은 다른 정의도 존재한다.

라심바 라존(Ratsimba-Rajohn)에 따르면, 상당히 다양한 경험에 대한 행동의 안정성과 동질성으로 미루어볼 때 서로 다르고 어느 정도 양립 불가능한 두 개의 표현을 찾을 수 있다. 라심바 라존은 둘 중 한 표현을 지속적으로 차단하는 상황을 한 중학생 그룹에게 제시하였다. 그는 두 정의를 사용할 수 있는 학생의 비율이 각 문제의 예상 성공률보다 훨씬 낮다는 것을 관찰하였다.

〈표 10〉 측정의 교수학적 상황 변인과 예상 비용 평가

실행 변인

문제 상황

1. 참조하는 값에 비추어 선택한 단위의 크기 U.

   S_1: 지각의 문턱, S_2: 유용한 정확성의 문턱

   f: 쉽고 빈번하게 "나눌 수 있는" 단위

   p: "기록"하거나 셀 때 쓸 단위

2. 대상의 크기 U와 ▽ 사이의 비율

   $\frac{\nabla}{U} \ll 1$, $\frac{\nabla}{U} \approx 1$, $\frac{\nabla}{U} \gg 1$

   구간 $\frac{\nabla}{U} - S_2$, $\frac{\nabla}{U} + S_2$와 같이 제시하는 것이 "더 나은" 방법이다. 예를 들어, $\frac{3}{5}$ 또는 $\frac{59}{57}$을 제시할 수 있다.[50)]

3. "비교"의 조건

   1대 1(로베르발 저울), 1대 n(눈금매기기), 직접 측정 대 간접 측정(눈금 측정)

4. 조절의 조건

   물질의 분할 가능성

   반복 가능성

   단위 반복의 최대 횟수, 가능한 공간 등

5. 활동 유형

   주어진 크기를 갖는 대상 인식 및 측정

교수학적 계약

1. 측정의 요구 조건에 대한 관습

   유용한 행동 또는 관습적인 의사소통. 정확성, 보통 분수, 소수 등
2. 성공률, 오류나 실패 비용 등
3. 허가된 시도 횟수, 피드백 유형, 상황의 개방성
4. 시간, 빈도 등 학습과 관련되는 계약 변인

종속 변인

1. 주어진 정확도에 따른 단위 반복 횟수
2. 실제 나눗셈 횟수
3. 비교 횟수
4. 측정값의 단순성 또는 복잡성에 대한 상대 밀도

문화 변인

문제 상황의 변인값에 대한 빈도 분포

학교 환경에서의 문제 상황(가변적이며 조절 가능한 변인)

문화적 환경에서의 문제 상황(자유 변인)

4.4. 소수 교수학 연구의 방법론 관련 이슈

모델, 개념, 표현, 수준 등에 의해 상황을 유형화하는 것은 동치인 것과 그렇지 않은 것, 같은 것과 그렇지 않은 것을 구분하는 문제를 제기하며, 이를 구분한 이후에는 모델 내부의 관계와 모델 사이의 관계를 관찰하는 문제를 만든다.

4.4.1. 오류 기반 교수학 모델

Izorche(1977)에 따르면 학생들의 실수와 성공을 다음 모델로 설명할 수 있다. 주어진 여러 소수 d_i에 대해, 예를 들어, 어떤 학생은 $\forall d_i,\ d_i \times 10^n \in \boldsymbol{N}$를 만족하는 가장 작은 n을 찾고, 어떤 학생은 $10^n \cdot \boldsymbol{D}_n \subset \boldsymbol{N}$인 소수의 집합 $\boldsymbol{D}_n$을 $\boldsymbol{N}$과 동일시하여 $\boldsymbol{N}$에서처럼 $\boldsymbol{D}_n$에 대해 추론하고 조작한다. Leonard & Grisvord(1981)는 순서 문제에 대해 정수 부분과 소수 부분을 독립적으로 다루는 행동을 설명하는 더 정확한 모델을 만들었다. 이러한 연구는 일반적으로는 정답을 맞힐 것으로 보이는 특정 문제에 대한 높은 오답률의 패턴과, 개별 학생이 보이는 행동 위계에 기초한다. 이러한 연구는 자신들이 제시한 모델에 거의 예외가 없다고 주장한다. 그러나 이러한 설명을 통해 오류 가능성을 개선하고자 한다면, 또한 같은 학생이 항상 같은 오류를 범한다는 결정론적 모델을 주장하는 것이 아니라면, 이와 같은 설명 방법은 그다지 만족스럽지 못할 것이다.

상관관계의 요소 분석이나 위계 분석을 통해 이러한 모델에 대응하는 질문의 유형과 학생의 유형을 찾아낼 수도 있다. 실제로 많은 연구자가 이러한 방법을 체계적으로 사용하였지만, 이 방법은 매우 섬세한 절차를 필요로 하기 때문에 일반적으로 첫 번째 핵심 요소를 해석하는 단계에서 멈추게 된다.

4.4.2. 복잡성 수준

언뜻 보기에 같은 개념에 대한 두 질문을 숙달하는 시간이 학생마다 충분히 "다르다는 것이" 관찰되면, 이러한 질문의 해결이나 그 해결에 도움이 되는 개념 사이에서 서로 다른 심리발생 수준을 형성하는 복잡성에 충분한 차이가 있다고 추론할 수 있다. 이러한 원리에 따라 발생적 분석을 시도한 연구로는 Vergnaud & Durand(1976), Ricco(1978), Rouchiecr(1980) 등이 있으며, 이들 연구는 매우 가치 있는 관찰을 하였다. 그

50) 역자 주: 비의 값을 직접 1과 비교하는 것 대신에, 비의 값에서 특정 값(S_2)을 더하거나 빼서 1보다 크거나 작아진다는 것을 확인하는 것이, 1과 비교하는 더 쉬운 접근이라는 뜻이다.

러나 임의적인 기원과 교수학적 기원의 불일치를 보여주는 교수학적 현상을 지나치게 면밀하게 사용할 것이 아니라면, 구체적인 방법론부터 재정의할 필요가 있다. 특히 이상에서 살펴본 개념의 수준을 형식화하려는 시도가 여러 차례 있었지만 많은 어려움이 있었다.

4.4.3. 후속 연구와 시사점

Pluvinge(1977)의 양상 설문지법을 사용하여 다양한 교수학적 양상이나 조건과 관련되는 행위의 유사성을 정밀하게 분석함으로써 그러한 행위의 차이점을 체계적으로 관찰할 수 있게 되었으며, 비례성에 관해 흥미로운 관찰 결과도 얻을 수 있었다.

그러나 교수학에서 유사성이나 차이를 살피는 것은 시사점을 제안하는 비대칭적인 위계보다 흥미롭지 않다. 이에 Gras(1979)는 로빈저(Lovinger)의 색인을 개선한 시사점 색인을 토대로 위계적인 요인 분석법을 연구하였다. 그러나 시사점 자체는 추이성(transitivity)이 있어서 만족스러운 통계적 색인이 개념에서 유도되기 전에 좀 더 세련되고 구체적인 개념이 만들어져야 한다. 실행한 지도과정의 통시적 위계를 우리처럼 분석함으로써 이러한 결과를 유도할 수 있다.

3장과 4장의 후문 : 교수학과 지도의 쟁점

이 후문은 소수의 교수학적 문제에 대한 논문의 결론으로 브루소가 쓴 글을 다시 실은 것이다. 이 글은 사실상 3장과 4장에서의 연구가 교수학 연구의 유용성을 어떻게 보여주는지 전달하고자 하는 목적에서 쓴 두 논문의 후문이다. 이 문제는 6장에서 다시 나타난다.

앞의 두 장에서는 본질을 훼손하지 않고 소수 지도의 문제를 제시하고자 하였다. 그 과정에서 이러한 지도 문제를 더 일반적인 교수학적 문제로 해석하고, 드러난 여러 질문을 연구 방법론과 연결지었다. 우리가 길을 잃고 헤맨 것일까? 우리는 너무 특수하거나 주변적인 여러 연구를 요약하거나 배제해야 했다. 그렇다면 교수학에서 자랑할 만한 통일성은 무엇일까? 이 분야는 무엇에 관한 것인가? 지도와의 관계는 어떠한가? 우리는 최초의 관찰 이후로 얼마나 진전했는가?

내가 보기에 세기(counting) 지도와 마찬가지로 소수 지도는 매우 중요하고도 어려운 교수학적 문제를 제기한다.

첫째, 소수 사용은 매우 광범위하고 편리하고 일상적이라서 아동은 현재의 형태로 발전된 소수를 일찍이 만나게 된다. 어떤 형식의 학습이든 학생에게 익숙한 습관과 사용법이 개념의 의미를 지배하게 된다.

이러한 "기계적인" 개념은 부적절하기 때문에 합리적인 지식을 토대로 한 사용법과 이해를 가능한 한 일찍 지도할 필요가 있다. 특정 문제-상황의 해결만을 통해서만 이처럼 명확한 개념, 이해, 지식을 줄 수 있다. 그러나 이러한 문제-상황은 매우 복잡해서 학생들에게 너무 이르지 않게, 적절한 순간에 제공하기가 힘들어 보인다. 둘째, 소수 지도 시점을 늦춰서도 안 되며, 너무나 지루하고 이상한 실행이 필요한 발생적 기원에 기초하여 소수를 다루어서도 안 된다. 또한, 중등 수학 지도의 개정과 조정이 필수적인 상황에서 이러한 부차적인 질문에 쏟을 시간이 없다. 결국 우리는 답이 없는 지도 문제를 마주하고 있다. 비슷한 모순을 만드는 다른 문제도 있다.

이러한 문제가 풀리지 않는다 하더라도, 적어도 일반적으로는 이를 교수학적 논의의 대상으로 삼을 수 있다. 이러한 교수학적 타협안에 대해 거의 알려진 바가 없으며, 상당한 거리에서 고전적인 담론을 따르고 있을 뿐이다. 이 담론에서 모든 성공은 여러 변인의 단조로운 역할에 의해 일어나는 것으로 여겨진다. 한편에서 좋은 것이 다른 측면에서는 나쁘다. 잠재적으로, 교사에게 모든 권력이 있다.

개념을 획득하고 기능하도록 하는 데 습관과 이해는 어떤 상보적 역할을 하는가? 이 역할은 어떻게 발전하는가? 더 나은 절충안이 제시되면 결과가 어떻게 달라지는가? 이 논의를 잘못된 것인지 판명할 수 있고 실험적으로 연구할 수도 있는 일련의 가설로 번역하기 위해서는 새로운 개념을 창조해야 한다. 이것은 **교수학**이 교수학적 사실의 이론으로서 유지되고 그 연구 방법이 보존된 채 과학적인 위치로 올라서기 위해 치러야 할 대가이다. 지도의 문제는 결정의 문제이다. 비용이 얼마든, 잠정적인 대답이라도 얻어야 한다. 그 대답은 "단지 지켜보기 위한" 대답이 아니다. 교사가 특정한 선택에서 유래하는 논리적 결론을 모두 끌어낼 수도 없으며, 무슨 일이 일어나든지 그러한 선택을 고수할 수도 없다. 또한 문제는 실험적 방법으로 해결될 수 없으며, 해석이 필요하다. 문제가 학습 내용과 구체적으로 관련될 때만 교사들의 질문 중 일부가 "교수학적 과학"에서 다루는 질문이 될 수 있으며, 이를 통해 결정하려는 요구를 늦출 수 있다. 학생들의 결과는 어떠한가? 어떤 결정이 이를 개선할 수 있는가? 대안은 무엇인가? 어떻게 다른 방법을 고안하고, 여러 방법 중 하나를 선택하는가? 어떻게 그것을 다루고 행하고 전달하는가? 어떤 항목에 주의해야 하는가? 그러나 이러한 결정은 용어나 방법의 관점에서 미묘한 수정을 요구하는 조건의 경우로 확장된다. 한 개념을 적절히 전유(appropriation)하는 것에 대응하는 행동과 상황은 무엇인가? 어떤 잘못된 행동이 나타나며, 그것은 무엇을 의미하는가? 전유에 작용하는 변인은 무엇인가? 좋은 결과 또는 나쁜 결과를 설명하는 가설은 무엇인가?

어떤 경우든 교사가 주요하다고 여기는 선택사항 대부분은 좋은 교수학적 질문을 제공하지 않는다. 예를 들어, 교과서 X와 Y 사이에서의 선택 같은 경우가 그렇다. **교수학** 연구는 과학적으로 지지할 수 있는 답만을 제공하는 것에 만족하고, 정보의 중요성이나 적절성을 판단하여 이를 어떻게 활용할지 결정하는 것은 교사의 책임하에 두면 안 될까? 누군가는 항상 정확한 지도 과정의 결론을 비교하고 최적의 반응을 선택해야 한다. 어쨌든 학교 상황에서의 학습에 대한 모든 "생생한" 연구는 변인이 세심하게 통제되어야 하는 지도 활동의 일부가 되어야 한다. 결과적으로 과학적인 **교수학**은 현상학적-기술적(phenomenotechnical) **교수학**을 벗어날 수 없을 것이다. 교수학은 현 체계 사이의 상호작용 전반을 책임져야 하며, 고립될 여지가 있는 바를 관리하여 학습 내용과 연결시키되, 그것으로만 축소시키는 것은 피해야 한다. 그리하여 교사에게 제시하는 최적의 방안으로서가 아니라 연구 대상으로서의 지도 과정을 만들어내야 한다.

편집자

CHAPTER

05

교수학적 계약: 교사, 학생, 환경

1. 지식의 배경화와 탈배경화
2. 문제의 양도와 “탈교수화(dedidactification)”
3. 양도 전략: 뺄셈
4. 제도화
5. 결론

서 문

이 장에서는 교수학적 계약에 대해 상세히 알아본다. 브루소(Brousseau)에 따르면, 교수학적 계약은 교수학적 상황론의 주요 구성 요소로, 수학 교수-학습 상황을 분석 및 설계하는 데 핵심적인 역할을 한다.

교수학적 계약이라는 개념은 수학 부진아에 대한 연구, 특히 브루소가 세부 연구를 진행한 가엘(Gaël)[1]이라는 학생에 대한 사례 연구에 근원을 두고 있다. 브루소는 1980년에 발표한 논문인 **실패와 계약**(*L'échec et le contract*)에서 다음과 같이 기술하였다.

> 이제 다른 원인, 즉 아동과 지식, 아동과 교수학적 상황 사이의 관계를 검토하려고 하는데, 이러한 원인은 아동의 재능이나 성격과는 큰 관련이 없다. … 학습 상황에서 주체가 배우는 바는 주체의 개인적 특징뿐 아니라 주체와 지식, 주체와 학습 내용 사이의 관계에 영향을 받는다. 학생의 특징만을 문제 삼는 것은, 깨진 물통에서 물이 새는 이유를 흘러버린 물과 남아있는 물의 특징에서 드러나는 차이를 분석하여 설명하려는 비효율적인 태도와 유사하다.
>
> 교사가 계획하고 실행하는 교수 상황에서, 일반적으로 학생은 주어진 수학 문제를 해결하라는 과제를 받게 되는데, 과제를 다루기 위해서는 주어진 문제와 정보, 부여된 제한 조건 등을 해석해야 하며, 이들 모두는 교사가 수업에서 변함없이 하는 활동이다. 학생은 교사가 이처럼 특정한 행동을 할 것이라고 기대하며, 교사 역시 학생이 위와 같은 행동을 할 것이라고 기대한다. 이것이 **교수학적 계약**(*didactical contract*)이다(Brousseau, 1980a, p. 180).

즉, 교수학적 계약이라는 개념은, 학생들이 보이는 심각한 학습 장애를 이해하려고 노력하는 과정으로, 이론적인 필요 때문에 만들어졌다. 교수학적 계약을 통해 비교수학적 학습 상황과 교수학적 상황을 연결할 수 있으며, 교사와 학생의 서로 다른 역할을 실제로 인지할 수 있다. 또한 제도화 상황의 토대를 마련할 수 있고 양도 과정에도 주목할 수 있다. 한편 교수학적 계약은 환경이라는 개념에 특수성을 부여한다. 브루소는 1990년에 발표한 **교수학적 계약: 환경**(*Le contract didactique: le milieu*)이라는 논문에서 다음과 같이 기술하였다.

---

1) Brousseau(1981b)

환경을 개별 행위자가 참여하는 게임의 배경이라거나 외형이라고 생각하는 것은 적절하지 않다. **환경**은 교수학적 계약의 필수 요소로 이해되어야 한다. 교사의 중재는 지식이 작용하는 조건을 변화시키는데, 이러한 조건은 학생이 배워야 하는 바의 일부이다. 학습의 궁극적인 목적은, 교사가 없는 상황에서도 학생이 지식을 사용할 수 있도록 하는 것이며, 이러한 이유 때문에 교실에서 학생의 **교수학적** 역할과 **비교수학적** 역할이 구별된다.

교사에게 배운 내용과 지식을 통해 학생은 책임 있는 주체로서 무-교수학적(non-didactical) 상황[2]에 참여하여 사회적 관행을 실행할 수 있어야 한다. 이는 한편으로 교사는 자신이 상정한 교수학적 전제, 즉 개념과 관련하여 학생에게 제시한 상황에서 점차 자유로워짐을 의미하며, 다른 한편으로 교사가 비교수학적 **환경**을 문화적 참조 대상으로 받아들여 가르친 지식이 기능하는 영역으로 인정하게 됨을 의미한다(Brousseau, 1990, pp. 322~323).

1장과 4장에서 이미 교수학적 계약의 정의를 설명하였으며 교수학적 상황과 과정을 설계 및 분석하는 데 교수학적 계약이 어떻게 쓰이는지 확인하였다. 그러나 브루소는 교수학적 상황론의 토대를 제시하면서 교수학적 계약이라는 이론적 개념을, 계약 자체의 특징, 즉 좋다, 나쁘다, 참되다, 거짓되다 등으로 다룬 것이 아니라, **계약을 찾는 가설적 과정**으로 설명하였음에 주목할 필요가 있다. 이러한 과정은 관찰 결과를 제시하고 모델링하여 해석하는 과정이 되어야 한다.

이에 5장에서는 교수학적 상황론에서 교수학적 계약의 정확한 위치를 보여주는 논문 한 편을 다루고자 한다. 브루소는 교사의 다양한 역할을 분석함으로써 교수학적 계약, 양도와 비교수학적 상황이라는 개념을 분명하게 설명하였다. 이 장에서 다룰 논문은 1장에서 소개한 기수법 학습 상황을 예로 들고 있기 때문에, 이를 대신하여 교수학적 계약과 **환경**에 대한 1990년 논문에서 분석한 교수학적 공학을 예로서 제시하고자 한다. 이 장의 나머지 부분에는 양도에 대한 보다 형식적인 정의를 기술하여 교수학적 계약의 의미를 보다 명확히 한다.

편집자

2) 역자 주: 비교수학적(adidactical) 상황은 교수학적 의도와 전제가 제거된 상황이지만 여전히 교수학적 관계 내에 존재하는 상황을 말한다(1장, 3.1절, 5장, 2.3절 참조). 그러나 무-교수학적 상황은 교육의 맥락과는 무관한 일상생활, 사회 및 자연 현상 등을 이르는 것으로 주체가 삶에서 마주하는 일반적인 환경을 이른다.

CHAPTER 05

교수학적 계약[3]: 교사, 학생, 환경

1. 지식의 배경화와 탈배경화

수학자들은 발견한 결과를 자신이 발견한 방식대로 전달하지 않고, 가능한 한 일반적인 형식으로 재조직하여 제시한다. 수학자들이 실행하는 "교수학적 관행"은 지식을 전달 가능한, 탈배경화, 탈개인화, 탈시간화된 형식으로 변환하는 것을 의미한다.

교사의 행동은 수학자들과는 반대되는 바, 지식의 재배경화와 재개인화가 그것이다. 교사는 가르쳐야 할 지식에 의미를 부여하는 상황을 찾는다. 이러한 상황에 반응하여 개인화 단계를 막 통과한 상태에서, 학생은 자신이 다른 사례에도 사용가능한 개별 지식을 "만들었음"을 알지 못한다. 학생은 얻어낸 답과 앎을 통합된 지식으로 바꾸기 위해 교사의 도움을 받아 자신이 생산한 지식을 재탈배경화, 재탈개인화[4]해야 한다. 이를 통해 학생은 자신이 만든 지식이 보편적 성격을 띠며, 재사용 가능한 문화적 지식임을 인지할 수 있다.

교사의 역할에는 다소 모순되는 2가지 측면이 있다. 한 가지는 지식을 생생하게 가져와서, 학생들이 자신들에게 익숙한 상황에 대한 그럴듯한 반응으로 지식을 만들어 내도록 하는 것이며, 다른 하나는 이와 같은 "그럴듯한 반응"을 외부에서 인정하는 구체적이고 특별한 인지적 "결과물"로 변환하는 것이다.

---

3) 편집자 주: 이 장의 1절, 2.1절, 4절, 5절은 브루소가 1988년 1월 21일에 퀘벡 몬트리올 대학(Université du Québec à Montréal)에서 발표하고, **교사의 역할***(Les différents rôles du maître)*이라는 제목으로 Bulletin de l'Association Mathématique du Québec, 2/23, 14-24에 실은 Brousseau(1988a)을 토대로 한다. 2.2절, 2.3절, 3.1절부터 3.6절의 내용은 **교수학적 계약 : 환경***(Le contrat didactique: milieu)*이라는 제목으로 Recherches en didactique des mathématiques, 9(3), pp. 309~336에 실린 Brousseau(1990)에 기초하며, 이 논문과 관련되는 절의 제목에는 * 표시를 하였다.

4) 역자 주: 학생의 지적 활동은 수학자의 활동과 동일해야 하지만(1장, 1.3절 참조), 그 수준에 있어 차이가 있을 수밖에 없다. 학생은 교사의 도움을 얻어 자신이 생산한 지식을 일반적인 형식으로 조직한다는 면에서 이를 수학자의 탈배경화, 탈개인화와 대비하여 재탈배경화, 재탈개인화라고 이른 것으로 보인다.

교사는 이와 같은 2가지 측면을 회피하고 지식을 문화적 사실인 것처럼 지도하여 이중의 수고를 덜고 싶은 강한 유혹에 빠질 수도 있다. 이때 지식은 액면 그대로 학생에게 제시되며 학생은 기껏해야 교사가 제시한 지식만을 자신의 것으로 만들려고 할 뿐이다.

2. 문제의 양도와 "탈교수화(dedidactification)"

2.1. 의도적 지식의 의미 문제

학생이 스스로 알게 된 바를 개선하는 것이 학습이며 교사는 이를 유도할 뿐이라는 생각은 다음과 같은 추론으로 이끈다. 학생이 배우도록 하려면 교사는 적절한 상황을 모색해야 한다. 적절한 학습 상황은, 제기된 질문에 대한 학생의 초기 반응이 가르치고자 하는 지식이 되는 상황은 아니다. 질문에 답이 되는 지식을 학생이 알고 있다면 이는 학습 상황이 될 수 없다. "초기 반응"이란 학생이 알고 있던 지식으로 만든 단순한 전략을 행동에 옮긴 것으로, 이 전략 자체는 제기된 상황에 대처하기에 효과적이지 않다는 것이 금세 드러나야 하며, 학생은 자신의 지식 체계에 대한 개선의 필요성을 느껴야 한다. 지식에 대한 개선이 제대로 이루어질수록 "게임의 가치가 더 높아지며", 지식 체계에 기반한 상호 작용이 지속될수록 지식 체계가 일반성과 상징성을 띠게 된다.

따라서 교사의 역할은 학생에게 제시할 학습 상황을 구성하는 것인데, 이러한 학습 상황에서 학생은 질문에 대해 개인적인 반응으로서 자신의 앎을 구성하고, 교사의 기대만이 아니라 환경의 제한 조건에 부응하기 위해 자신의 앎을 이용하거나 개선할 수 있어야 한다. 환경에 의해 발생하는 불가피한 문제에 적응하는 것은 교사의 기대에 적응하는 것과 커다란 차이가 있다. 각 경우에 만들어지는 개별 지식의 의미가 완전히 다르기 때문이다. 학습 상황은 필연적인 의무감과 관련되는 것으로, 임의적이거나 교수학적인 의무감과는 무관하다. 어쨌든 모든 교수학적 상황에는 교사의 의도와 기대가 존재한다. 교사는 학생이 상황에서 모든 교수학적 전제를 제거하도록 해야 한다. 그렇지 않으면 학생은 교사의 기대에 부응하는 것으로만 상황을 보게 되며, 실제로 이러한 학생이 늘 존재한다.

사람들은 삶에서 마주치는 모든 것이 자신들에게 뭔가를 가르쳐 주기 위해 의도적으로 조직되었다고 해석하는 경향이 있다. 아동이 상황을 교사의 의도와는 무관한, 필연적으로 발생할 수밖에 없는 것으로 이해하게 하려면 의식적인 인지적·인식론적 설계가 필요하다. 이렇게 된 후에야 학생은 어떤 결과를 찾아내어 문제를 해결하는 것이 자신의 책임이라고 여기게 된다. 이는 쉽지 않은 일이지만, 학생은 나름의 계획과 책임감을 가져야 한다.

학생에게 문제를 주면서 이는 너의 문제이며 이를 해결하는 것은 전적으로 너의 책임이라고 "설명"하는 것으로는 충분치 않다. 학생이 문제에 책임감을 느껴 자신이 해결할 문제를 주관적인 전제와는 무관한, "보편적인" 문제로 여기도록 하여도 충분치 않은 것은 마찬가지이다. 이 글에서는 "양도(devolution)"[5]라는 용어를 사용하여 이상과 같은 2가지 결과를 얻기 위해 교사가 수행해야 하는 활동을 설명한다.

2.2. 교수와 학습*

이하에서는 교수학적 상황론에서 모델링하고자 하는 영역을 새롭게 살펴보자.

교수는, 학생들이 적응을 통해 "자연스럽게" 반응하게 되는 적절한 상황을 제공하여 목표하는 학습 내용을 학생들이 완전히 이해하도록 이끄는 활동이다. 그러므로 목표 지식에 상응하는 적응이 무엇이며, 적응을 일으키는 조건은 어떠한지 결정하는 문제가 중요하다. 현대의 교수학은, 학생이 최대한 책임감을 가지고 문제 또는 상황을 홀로 다루는 학습 국면에 비추어 교수 과정의 주요 역할을 설명하는 데 기여하였다. 이러한 기여는 학습 이론에 대한 개념적인 발전을 기반으로 한다. 발전된 학습 이론에 따르면, 학생의 입장에서 지식을 획득하는 것의 공식적인 의미는, 지식 항목이 관여하는 행위 규칙의 집합을 실제 구성하는 것으로, 이러한 규칙을 지식 전달로 배우는 것은 학생 자신이 스스로 만든 적응적 산물을 통해 배우는 것보다 비용이 많이 들며 경우에 따라서는 불가능하다. 학습을 바라보는 이러한 견해에 의해 "교수 상황"을 때때로 인위적이거나 과도한 방식으로 반대하게 되었다. 교수 상황에서는 교사가 모든 정보를 지니며 어떤 지적 책임도 위임하지 않으므로 "학습 상황"과는 반대되는 활동이 일어나기 때문이다. 교수 상황에 대한 갑작스러운 비판에 직면함에 따라, 특히 형식주의자들이 주장하는 개혁을 시도해 본 이후에, 상당히 많은 수의 교수 상황을 학습 상황으로 바꾸는 것이 고려되었다.

학습에 대한 이와 같은 흥미로운 견해를 틀로 삼아, 교사가 지닌 책임의 전부 또는 일부를 학생에게 넘기기 위해 교사가 하는 행동을 분석하는 연구가 수행되고 있다.

---

5) 양도는 신권을 지닌 왕이 권력을 포기하고 그 권한을 의회에 주는 행위이다. "양도"는 "신이 정한 사람은 더 이상 내가 아니며, 신의 의지를 받들어야 하는 사람은 당신이다. 그러나 당신 스스로는 이 권한을 가질 수 없기 때문에 내가 그 권한을 부여한다"는 의미이다.

2.3. 양도 개념*

명제 1

교수의 주요 목적은, 학생이 비교수학적 **환경**과 관계를 맺는 과정에서 스스로 만들어낸 산물로서 지식이 기능하도록 하는 것이다. 이때 **스스로 만들어낸 산물**은 의미에 의해 조정되는 **환경**에 대한 반응을 말하며, 의미라는 것은 학생이 자신의 내적, 외적 조건에 비추어 스스로가 내린 결정에 부여하는 무언가를 뜻한다. 스스로 만들어낸 산물은 "지적인" 이유가 될 만한 것 중에서 선택한 실제 가능성을 뜻하며, 사적인 성과물을 의미하기도 한다.

한편 **비교수학적 환경**은 교수학적 관계 내에 존재하지만, 교수 자체와는 "거리가 있는" **환경**을 말한다. 비교수학적 **환경**에서는 교수학적 의도와 전제가 제거된다.

명제 2

학생은 환경(environment)의 제한 조건에 다양한 방식으로 적응함으로써 지식을 획득한다. 학교에서 교사가 조직하여 제시하는 **환경**(예, 문제)은 학생에게 특정 지식을 가르치려는 교사의 의도를 다소 명확하게 드러낸다. 교사는 관련 지식과 학생이 찾기를 바라는 답을 철저히 숨겨서 학생이 문제에 개별적으로 적응하여 이들을 찾아내도록 한다. 따라서 학생이 배운 지식의 가치는 **환경**의 적절성에 따라 달라지는데, 이때 **환경**은 지식의 "실제적인" 문화적 역할을 드러내어 비교수학적 압박을 부여하는 촉진자로서 기능한다.

아동은 세상을 자신과 관련되는 어떤 의도가 존재하는 체계로 보기 때문에, 교수학적 조치를 찾아내서 자신의 이익에 맞게 사용하는 데 관심이 있다. 따라서 교사는 교수학적 조치를 교수학적 국면에 통합함으로써, 비교수학적 상황의 작용을 학생이 이해하도록 준비시켜야 한다. 즉, 학생은 앞으로 자신이 마주하게 될 조건과 "비슷하거나" 점진적으로 같아지는 상황하에서, 스스로 지식을 만들고 그 지식이 작동하도록 개선하는 과정을 통해서만 뭔가를 배울 수 있음을 알아야 한다.

따름정리 1

비교수학적 상황을 작동시키려면, 학생에게 기대하는 반응을 사전에 알려주어서는 안 된다. 교사는 학생이 문제의 답을 찾아내거나 답을 모르는 연습문제를 발견하려는 책임감을 갖도록 해야 한다.

정의

양도는, 학생이 비교수학적 학습 상황이나 문제에 대해 책임감을 갖도록 만드는 행위이며, 이러한 책임의 전이로 발생하는 결과를 교사가 인정하는 행위이다.

양도의 첫 번째 역설

교사는 학생이 스스로 답을 찾기를 바라면서 동시에 학생이 정답을 찾도록 해야 하는 사회적 책임을 진다.

양도와 관련된 **가설**이 있다. 양도는 주요한 어려움을 야기하는데, 이러한 어려움은 전통적으로 학생의 동기에 비추어 분석되었으며, 해결을 위해 제안된 방법은 본질적으로 심리적이거나 심리 정서적, 교육학적인 것이었다. 반면에 이 장에서는 지식과 상황의 의미가 중요한 역할을 하며, 결과적으로 **교수학**이 구체적인 방안을 제공한다고 가정한다.

양도를 **연구하는 방법**은, 사전에 준비되었거나 출현이 관찰된 지식이 작용, 생성, 발생되는 조건을 게임의 형태로 모델링하는 것이다. 이러한 모델링의 목적은 양도 전략을 제시하거나, 교수학적 관계에 비추어 교사와 학생의 행동을 설명하고 예측하는 것이다.

3. 양도 전략: 뺄셈*

3.1. 합(sum)이라는 미지의 용어 탐색*

사칙연산 지도는, 그 의미가 잘 드러나는 경험 세계의 문제를 활용하여 계산 절차[6]를 전달하는 것에 중점을 둔다. 관계[7]를 다루는 교수에서는 양도의 문제가 보다 중요하고 명확한 형태로 등장한다. 이하에서는 후자의 방식으로 7~8세 아동에게 뺄셈을 지

---

6) 스켐프(R. Skemp)는 수학적 사고의 두 측면을 절차적 사고와 선언적(declarative) 사고로 대비시켰다. 상황론은 주체와 **환경**의 "수학적" 관계에 비추어 두 측면의 역할을 설명함으로써 이와 같은 개략적인 이분법에서 벗어날 수 있게 한다.

7) 장기간의 연구 프로젝트가 보르도(Bordeaux)의 COREM에서 수행되었다. 이 프로젝트를 통해 학생이 표현하는 조건에 맞는 대상이 무엇인지 탐색함으로써, 다양하고 효과적인 교수학적 상황을 구성하고 연구할 수 있었다. 가장 유명한 예는 분수인데, 여기서 분수는 단위를 분할하는 관습적인 개념("$\frac{3}{4}$은 단위를 4등분하여 그중에서 3개를 택한 크기이다")이 아니라 통약 개념("$\frac{3}{4}$은 4를 곱하면 3단위가 되는 크기이다")으로 도입된다.

도하는 수업을 살펴본다.

일반적으로 교사들은 가르치고자 하는 지식을 **질문**에 대한 답으로 제시하는데, 이는 교사가 자기주장만을 고집하게 되는 것을 스스로 피하기 위해서일 수도 있다. 그러나 교사들은 보통 **답**을 가르치는 데 주목하는 바, 질문은 그저 답을 도입하거나 정당화하는 데 쓰일 뿐이다. 더욱이 이러한 답 자체는 모종의 의미를 부여하는 관계나 사실과는 거리가 있으며, 본질적으로 도입부의 질문에 국한하여 점진적으로 습득되는 절차에 불과하다. 맥락과 분리된 알고리즘은, 아무것도 알려진 것이 없는, 장차 마주할 질문의 답이 될 뿐이다. 이하에서 살펴볼 일련의 교수 활동은 질문에 대한 책임이 교사에서 학생으로 옮겨가게 함으로써 답과 함께 질문을 지도하여 지식을 가능한 한 의미와 더불어 다루는 데 목적을 둔다.

모든 학습은 하나의 **기초 상황**을 중심으로 진행된다. 기초 상황은 다음과 같은 "상자 게임" 과정을 점진적으로 반복한다. 교사 책상에 커다란 불투명 플라스틱 상자 1개가 있다. 이 상자에는 여러 종류의 "딘즈 블록"이 백여 개 있으며 이 중 상당수는 같은 모양이다. 학생들은 특정 종류의 블록이 몇 개 있는지 답해야 하는데, 직접 세보지 않으면 그 개수를 알기가 어렵지만 경우에 따라서는 알아낸 정보를 이용하여 계산을 통해 개수를 추측할 수도 있다. 학생들은 보통 자신들이 어떤 상황에 놓여 있는지 알지 못한다. 뺄셈 지식에 의해 학생들은, "누구든지" 그 개수를 구할 수 있는 **조건**과 **방법**을 정확히 알게 될 것이며, **상자 게임**으로 모델링되는 상황도 특정할 수 있게 될 것이다.

3.2. 첫 번째 단계: 질문의 양도*

교사가 상자를 보여주면서 처음에는 "이 상자에 블록이 몇 개나 있을까요?"라고 묻는다. 그 다음에는 "동그란 블록은 몇 개 있을까요?", "동그랗지 않은 블록은 몇 개 있을까요?"라고 묻는다. 게임이 다음과 같은 반복적인 질문을 통해 진행된다. "선생님이 꺼냈던 것을 모두 다시 상자에 넣었어요. 이제 이 상자에 블록이 몇 개 있을까요?", "선생님이 블록을 한 움큼 꺼냈어요. 상자에 몇 개나 남아 있을까요?", "선생님이 꺼낸 블록 한 움큼은 몇 개일까요?", "빨간 블록은 몇 개 있을까요?", "빨간 블록이 아닌 것은 몇 개 있을까요?" 학생들이 **질문**의 **답**을 공책에 쓴 다음, 1명이 앞으로 나와서 실제 개수를 세어 질문의 **정답**을 구한다. 정확히 추측한 학생은 **이기고** 틀리게 추측한 학생은 **진다**.

정답을 추측하는 방법에 대해 학생이 숙고하지 않으면, 교사가 제시한 문제에 배우고 이해해야 하는 뭔가가 있음을 학생이 알게 할 수 없다. 그러므로 상황은, 초보적인 전략을 통해 임의로 답할 수 있는 행동 상황으로 제시된다.

한편 상황은 스스로를 "복제한다". 아동들은 무엇을 해야 하는지 배우며, 자신들이 이겼는지 졌는지 어떻게 설명하고 누가 이를 결정하는지 학습한다. 학생 각자가 답을 찾아야 하고 찾을 수 있다. 거의 모든 학생이 답을 찾기 위해서는 세어보아야 한다고 생각하며, 세보지 않으면 "누구도 알 수 없다"고 여긴다. 추측의 묘미는, 그 결과가 맞을지 틀릴지 전혀 알 수 없다는 데 있다. 게임을 반복하면서 학생들은 게임이 설명하는 바와 최소한의 전문 용어를 이해하게 된다. 진짜 문제로 나아가기 위해 정답을 찾는 방법을 꼭 지도해야 하는가? 아니면 다양한 가능성을 보이는 것으로 충분한가?

교사들은 추측 게임에 동의하기 어려울 수도 있다. "학생들이 익숙한 답도 구하지 못하는 경우를 이미 너무 많이 경험했어요!" 일부 학생들은 질 가능성이 높다는 것을 알기 때문에, 틀렸다고 평가받는 것이 두려워 답을 말하려고 하지 않는다. 이긴 학생들은 "게임이 속임수"라고 생각한다. 이는 통상적인 교수학적 계약 상황, 즉 뭔가를 해서 답을 찾거나, 중간 수준의 지식을 사용하여 답을 찾는 상황과는 완전히 반대이다. 그러나 임의적인 반응과 대조되는, 그럴듯한 추측이 자연스럽게 제기되도록 하려면, 이처럼 기본적인 계약이 우선적으로 필요하다.

3.3. 두 번째 단계: 정답 예측*

일부 질문은 너무 단순해서 학생들은 하나의 답만을 생각한다. 예를 들어 보자. 블록 52개를 상자에 넣은 다음, 이 중에서 빨갛고 두꺼운 원판 블록을 꺼내서 세어보니 50개이다. 교사가 "이제 상자에 블록이 몇 개 남아 있나요?"라고 질문한다. 학생 대부분은 답이 "2"라고 생각한다. 학생들이 정답을 추측했지만, 이 상황에서 학생들이 말할 수 있는 값은 2밖에 없다.

크기가 작은 수 또는 차가 아주 작거나 큰 수를 이처럼 제시함으로써, 교사는 그다지 확실하지는 않지만 모든 학생의 답이 똑같아 보이지는 않는, 중간 수준의 사례에 마주하게 된다. 학생들은 이전의 행동 상황과 관련하여 보다 반성적인 인지적 주체로서의 새로운 입장을 취하게 된다. 학생들이 스스로 제안한 답을 자신들의 입장에서 이해하거나, 계산 또는 추론해 보는 대상으로 삼기 때문이다.

질문을 설정하는 방식은 다양하지만, "상자에 있는 것", "이런 것", "없어진 것", "남아 있는 것", "다른 것" 등과 같이 일상 대화의 특징을 반영한다. 반면에 "게임"과 그 용어를 조직하는 것은 제대로 된 구체화와 제도화를 통해 진행된다. 학생은 친구들과 게임을 하면서 게임이 제대로 진행되는 것을 확신할 수 있다.

3.4. 세 번째 단계: 명제와 증명*

교사가 직접 세어 보거나 학생들이 세어 보도록 하기 전에, 교사는 "네가 이길 거라고 생각하니?", "왜 그렇게 생각하니?", "확실하니?"와 같은 질문을 좀 더 자주 한다.

간단한 경우에 일부 학생들은 방법을 설명한다. 정육면체 블록 37개 중 남은 것이 31개일 때 "선생님이 손에 몇 개를 숨겼을까?"라고 물으면 "저는 선생님이 숨긴 블록을 32, 33, 34, 35, 36, 37과 같이 손가락으로 세어 보았어요."라고 말한다. 아주 드물게 어떤 학생은 "블록이 21개 있었는데, 2개가 남았으니 그것은 21번째와 20번째일 테니까 선생님은 19번째까지의 모든 블록을 숨겼어요."라고 설명할 수도 있다. 즉, 답의 성격이 미묘하게 바뀐다. 순서쌍 "(용어: '33', 결과: '이긴다')"는 순서쌍 "(주장: '상자에 블록 33개가 있다', 확인: '그것은 사실이다')"로 바뀐다.

물론 교사는 전적으로 중립적인 입장을 취하면서 "제 자리에서 보니까 5개를 셀 수 있었어요."와 같은 학생의 설명을 받아들인다. 교사는 성공에 의미를 두어 판단하지 않는다. 추론하여 답을 찾았다고 해서 추론 자체가 적절한 것은 아니다. 심지어 그 답이 옳다고 해도 마찬가지이다! 세기는 답을 확인하는 제도적인 방법이면서 어떤 학생들에게는 확인 결과를 예상하고 답을 구하는, 정신적이며 개인적인 방법이다.

3.5. 네 번째 단계: 비교수학적 학습 상황의 양도와 제도화*

이 시점에서 교사는 다음을 언급한다.

- 답을 확신하는 학생이든 확신할 수 없다는 것을 아는 학생이든, 학습을 위해 모든 학생은 상황에 반응해야 한다.
- 교사가 가르쳐주지 않아도 학급 전체는 해결 방법을 찾고 설명해야 한다.
- 뭔가를 배우려면 각자가 노력을 계속해야 하며, 다른 사람의 괜찮은 아이디어도 사용해 보아야 한다.

"예측이 개선될 수 있을까?" 학생이 전략을 설명하면 답과 전략에 대한 소규모 논의를 진행하여 이를 성급히 제도화하지 않음으로써, 교사는 다음 목표에 도달할 수 있다. 즉, 학생은 이기는 방법을 배울 수 있으며 다소 어려움이 있더라도 학습이 즐겁다는 것을 깨닫게 된다. 이를 통해 학생은 내적 지식으로 통제 가능한 수준까지 상당한 진전을 이룰 수 있고 격조 높은 지적 활동을 할 수 있다.

이러한 상황에서 수행되는 교수학적 행위의 목적은 다음과 같은 기본적인 균형을 유지하는 데 있다.

- 확실성과 불확실성, 질서와 무질서, 어려움과 쉬움 사이의 균형. 즉 두 상태를 아우르는 조정
- 통제 수준의 균형. 우리 뇌는 지나치게 불확실한 여러 조건을 동시에 다룰 수 없다. 불확실성에 숙달하기 위해서는 서로 다른 적응 수준에서 생기는 부담을 나누어 질 필요가 있다. 제대로 이해된 풍부한 지식, 배우는 과정에 있는 보잘것없는 지식, 정당화하기에 충분하며 상호작용도 가능한, 공적인 인지 활동과 개인적인 인지 활동 등에서 그러하다.
- 일시적이며 주기적인 균형. 지식과 알고리즘이 변형이나 정보 전달 또는 교수를 통해 암묵적 모델과 개별 지식이 지닌 문제를 없앨 정도로 신속하게 개선되지 않으면, 개인적인 탐구 활동은 복잡하고 어려워지며 실패에 이르러서 결국 사라지게 된다. 이렇게 되면 교수학적 계약은 그 목적을 잃는다. 그러나 지식과 알고리즘이 너무 신속하게 개선되면 지식이 지닌 의미를 이해할 시간이 부족하게 된다.
- 스스로 수행하는 지적 활동의 즐거움과, 배운 지식을 활용하여 과도한 지적 활동 없이 빠르고 효과적으로 안정성을 확보하는 즐거움 사이의 균형
- 어렵거나 재미없는 과제, 간단한 프로젝트 과정 등으로 인한 욕구의 감소와, 완벽하게 과제를 해결하여 성공하고자 하는 욕구의 증가 사이의 균형
- 아이디어의 생산자와 사용자, 성공한 학생과 실패한 학생 사이의 교실 내 사회·문화적 균형

이상과 같은 균형을 유지하기 위해서는 수많은 교육적, 심리적 자질이 필요하지만, 무엇보다 중요한 것은 교수학적 선별이다. 이하에서 살펴볼 사례는, 적절한 순간에 학생들에게 제시할, 우승 전략과 관련되는 일련의 수치를 선별하는 것이 얼마나 결정적인지 보여준다.

"지식의 발견과 활용"은 교사가 만드는 일종의 드라마이다. 이 드라마에서 개별 학생은 상당히 제한적인 역할을 우연히 부여받는다. 그러나 이 드라마는 일종의 **환경**이 되어 학생이 스스로를 표현할 수 있도록 자유를 준다. 이처럼 대조적인 에피소드가 병치됨으로써 **학생 자신의** 이야기가 만들어진다.

3.6. 다섯 번째 단계: 증명 예상*

이 단계는 "가엘의 사례"[8]에 자세히 기술되어 있다. 상자에 블록 52개가 있다. 상자에서 18개를 꺼내 학생에게 보여주었다. 학생은 상자에 아직 30개가 남아 있다고 답한다. 학생이 직접 세어서 그 결과를 확인해보려는 순간 교사가 학생에게 묻는다.

교사: 확실해요? 내기를 해볼까요? … 좋습니다. 내기를 하기 전에 직접 세어서 결과가 맞는지 확인해 보세요.

교사는 학생이 세어 보도록 한다. 학생은 "상자에 30개", 상자 밖에 있는 블록 18개 중 하나를 보면서 "31", 다른 하나를 보면서 "32", … 라고 말한다. 학생이 "48"이라고 하면서 세기를 마친다.

교사: 블록이 모두 48개라고 생각하나요?
학생: 예.
교사: 정말로요?
학생: 아니오, 모두 52개예요!
교사: 내기를 할까요?
학생: 아니오.
교사: 실수할 뻔했는데 잘했어요. 다른 수를 말해도 됩니다.

이처럼 교사는 옳게 추측할 가능성을 높이는 방법에 대해 가르친다. 이러한 지도가 별로 유용하지는 않지만, 다양한 개선책을 시도하여 여러 가지를 발견할 수 있게 하며 몇 가지 다른 방법으로 표현되는 표준 전략으로 유도한다.

이 단계를 통해 학생은 우연히 찾은 사실을 이용하던 수준에서 필수적인 사실을 이용하는 수준으로 이행하기 시작한다. 학생은 세기를 통해 정당성을 따져봄으로써 자신이 말한 답이 옳은지 그른지를 예측한다. 위와 같이 간접(apagogic)[9] 증명에 의한 추론이 자연스럽게 등장하는 것은 아니지만, 자꾸 사용하면 익숙해지며 뒤처진 학생도 탐구를 지속하도록 만드는 안전장치가 된다.

머지않아, 환경에의 적응이라는 명확한 교훈을 따름으로써, 시행착오를 통해 전부 세어보는 조사 방법을 거부해야 하는 순간이 도래한다. 즉, "질문에 답하기 위해 학생은 체계에 행위를 가하는 반응을 하며, 효율성을 높이기 위해 스스로를 적응시킨다."

8) 편집자 주: Brousseau(1981b).

9) 편집자 주: 독자가 이 보기 드문 형용사의 의미를 기억할지 모르겠다. Apagogic의 어원은 그리스어이며 귀류법(*reductio ad absurdum*)에 의한 논증을 의미한다.

이러한 과정을 학생들과 지식 사이의 관계가 발전해 가는 22개의 단계로 조직하였다. 덧셈은 결과를 예측하는 기존 방법인 세기를 대체한다. 공동체가 이를 인정하여 모종의 확실성이 확보되면 최종적으로 덧셈은 **증명** 방법이었던 세기를 대신하게 되므로 물리적 재료에 의존하는 것이 무의미해진다. 뺄셈 방법이 다양하고 완벽해지는 동안, 학생들은 "상자 게임"으로 모델링되는 문제를 직접 탐색해 봄으로써 교사에게는 명확하지만 자신들에게는 아직 분명하지 않은, 다양한 개념에 비추어 이러한 문제를 범주화한다.

4. 제도화

4.1. 과정으로서의 앎

처음에 제기한 연구문제로 돌아가 보자. 이제까지 다룬 여러 교수 조건은 학생이 스스로 지식의 의미를 부여해야 한다는 점에서 본질적으로 타당하다. 개별 지식의 의미는 다음과 같은 방식으로 만들어진다.

- **추론과 증명**이라는 "구조"를 통해. 추론을 일으키는 증명 상황의 흔적에 개별 지식의 의미가 들어 있다.
- **재형식화와 형식화**라는 "구조"를 통해. 학생은 재형식화와 형식화를 수반하는 의사소통의 제약 조건을 인식함으로써 개별 지식의 의미를 다룰 수 있다.
- 개별 지식의 의미와 결부된 **암묵적 모델**과, 암묵적 모델을 작동시키거나 맥락화하는 행동 상황의 흔적을 통해. 이때 모델은 앎이라는 과정의 산물이거나, 앎 자체를 만들어 낸다.
- 본질적으로 변증법적인 서로 다른 구성 요소 및 이들 사이의 관계를 **상정하는 대략적인 연관성**을 통해. 예컨대, "질문과 답"의 연결을 보면, 질문은 수용되는 답에 독립적으로 연결되며, 답 역시 똑같은 방식으로 질문과 연결된다. "좋은" 답을 "좋은" 질문에 대응시킴으로써 질문과 답 모두를 번갈아가며 적절하게, 즉 "변증법적으로" 재형식화할 수 있다.

이제까지 양도와 관련하여 언급한 여러 유형의 상황은, 학생 스스로 서로 다른 구성 요소를 결합함으로써 개별 지식을 조작하여 지식에 의미를 부여하도록 하는 데 목적을 둔다.

한때 우리는 일어날 수 있는 모든 교실 상황을 고려했다고 여긴 적이 있었다. 그러나 에꼴 쥘 미슐레 학교(Ecole Jules Michelet)를 연구하는 과정에서 교사들에게 좀 더 여유가 필요함을 알게 되었다. 교사들은 한 수업에서 다음 수업으로 바로 넘어가는 것을 원치 않았으며, 계속 진행하기 전에 잠깐 멈춰서 "이제까지 행한 바를 검토"하려고 하였다. "뒤처진 학생이 있으면 계속 앞으로만 나갈 수는 없어요. 이 학생을 위해 뭔가를 해야 합니다". 교사들은 정말로 무언가를 해야 한다고 느꼈으며 우리가 그 이유를 이해하기까지는 시간이 좀 걸렸다.

"비교수학적" 상황은, 학생이 해야 하는 바를 결정하는 교사의 의도가 완전히 가려진 학습 상황이며, 교사의 중재 없이도 지식의 수준에서 학습이 가능한 상황이다. 우리는 모든 유형의 비교수학적 상황을 구성하였다. 교사는 비교수학적 상황이라는 장치를 가동시키는 존재였으며, 지식 자체와 관련된 교사의 중재는 사실상 불필요하였다. 이전에 우리는 교수 상황을 심리적 관점에서 다루었는데, 이는 교수를 일련의 학습 에피소드로 환원한 것이라고 볼 수 있다. 그러나 우리가 파악한 과정을 학습이라는 이름으로 완전히 환원하는 것에 대하여 교사들이 드러내는 저항을 무엇으로 정당화할 수 있을지 우리 스스로에게 질문해야 했다. 여기에서 연구자인 우리가 직면한 문제는, 교사들과 그들의 방법을 평가하는 것이 아니라, 교사가 실제로 수행해야 하는 교수 활동과 그 활동을 위하여 수행해야 하는 명확하지 않은 다른 활동에 대해 이해하는 것이다.

이를 통해 우리는 모든 교사가 교수 과정에서 항상 따르고 있지만, 우리가 만든 체계화 방법으로는 인지하지 못한 바(!)를 "발견"하였다. 교사는 학생들이 한 것을 기록하고, 진행 상황을 기술해야 하며, 논의 중인 지식과 관련되는 바를 설명해야 한다. 교사는 자신과 학생들의 주도로 수업에서 생긴 일에 모종의 자격을 부여하며 교수 대상에 책임을 갖고 이를 구체화한다. 또한 교사는 지식의 결과물을 다른 문화적 대상이나 교육과정과 연결시켜서 학생들에게 이러한 결과물을 다시 사용할 수 있다고 알려주어야 한다.

교사는 학생들이 해야 하거나 하지 말아야 할 것 또는 다시 해 보아야 하는 것, 예전에 배웠던 것과 배워야 했던 것을 정리해 둘 필요가 있다. 이러한 활동을 건너뛸 수는 없으며, 교수를 학습 에피소드로 조직하여 환원할 수는 없다. 학생이 앎의 대상을 "공식적으로" 고려하는 것과 교사가 학생의 학습에 "공식적으로" 주목하는 것은, 매우 중요한 사회적 현상이며 교수학적 과정의 본질적인 국면이다. **제도화**는 이처럼 중의적인 인식을 대상으로 한다.

교사의 역할 역시 제도화된다! 제도화는 형식화 상황만큼 행동 상황에도 적용되는데, 행동 상황에서는 장차 참고하게 될 절차의 가치가 인식된다. 행동 상황에서 지속적으로 등장하는 어구가 있는데, 이를테면, "그것이 바로 우리가 이야기한 방법입니다", "그것을 계속해볼 필요가 있습니다"와 같은 것이다. 이와 비슷하게 증명 상황에서도, 파악한 여러 대상의 성질 중에서 알아둘 필요가 있는 바를 구체화할 필요가 있다. 모든 것이 제도화로 환원될 수 있다는 사실은 분명하다. 전통적인 상황은 교사가 의미 생성에 착수하지 않는 제도화 상황이다. 전통적인 상황에서 교사는 아동이 배우기를 바라기 때문에 배울 내용을 아동에게 설명해 주며 아동이 배웠다는 것을 입증한다. 전통적인 교수가 비교수학적 상황을 간과하기 때문에, 연구 시작 단계부터 우리는 비교수학적 상황에 주목해 왔다.

4.2. 의미

오랫동안 중점적으로 고려한 또 다른 사실이 있다. 연구 초기에 우리는 학생들에게 지식을 전달하는 거의 유일한 방법이 학습 상황이라고 막연하게 생각하였다. 이러한 생각은 지식 구성에 대한 경험주의의 아이디어로, 다소 의심스러운 인식론적 개념을 토대로 한다. 적절하게 선별된 상황에 놓인 학생은, 특정 유형의 실재에 접촉함으로써 동시대에 인류가 보유한 지식을 스스로 구성해야 한다(!). 이때 학생이 접촉하는 실재는, 행동 상황의 물질적 실재이거나 의사소통 상황 또는 증명 상황의 사회적 실재이다. 상황을 선별하는 사람은 바로 교사인데, 교사는 특정한 개별 지식의 지도에 목표를 두기 때문이다. 그러나 교사가 목표하는 지식이 "일상적인" 의미에 부합할까? 학생이 "의미를 구성"했지만 이것이 제도화될 수 있을까? 학생은 의미의 제도화가 아닌 앎의 제도화를 진행할 수도 있다. 상황에 숨겨진 의미를 학생이 복구하지 못할 수도 있다. 교사가 바뀌면 새로 온 교사는 이전에 무엇을 했는지 모른다. 예전에 행한 바를 검토하려면, 그 목적에 부합하는 개념을 알고 있어야 하는 바, 이러한 개념은 보편성이 있어서 다른 개념과 함께 사용될 수 있어야 한다.

의미 역시 어느 정도는 제도화된다. 이하에서는 그 방법을 살펴본다. 의미를 제도화하는 것이 교사가 할 일 중에서 가장 어려운 부분으로, 개별 지식에 의미를 부여하는 것, 의미를 인식하는 것 등이 그러하다. 의미를 규정하는 표준 정의는 존재하지 않는다. 교사들이 나눗셈 알고리즘 지도에 매몰되는 사회적 이유가 여기에 있다. 수학교육을 개선하려는 모든 시도는 이해와 의미에 바탕을 두지만, 이러한 시도는 보통 성공하지 못하며 개혁의 목적은 알고리즘 지도라는 모순적인 방향을 향하게 된다. 교사들은 절충안을 찾아 형식적이며 독단적인 지식 학습으로 교수를 환원하게 되는데, 이러한 교수가 행해지는 바로 그 순간을 사회 공동체가 승인하기 때문이다.

지식은 배울 수 있지만 이해는 학생 손에 달려 있다고 여기는 사람이 있다. 어떤 이는 알고리즘을 지도하고, "좋은 교사"는 그 알고리즘에 의미를 부여하고자 한다. 이와 같이 형식과 의미를 다르게 보기 때문에, 의미를 지도하는 기법을 고려하는 것뿐만 아니라 이러한 목표를 성취하기 위한 **교수학적 계약**을 숙고하는 것에도 어려움이 있다. 다시 말해, 행동 상황, 형식화 상황, 증명 상황이라는 교수 활동과 관련되는 교수학적 계약을 조정하는 방법에 대해 교사들에게 알려주지 못하면, 즉 이러한 교수 활동을 쓸 만한 국면으로 적정화하지 못하면, 교사들에게 행동 상황, 형식화 상황, 증명 상황을 진행하도록 요구할 수 없다.

예컨대, 학생이 공간적 관계에 숙달하도록 기하를 지도하려고 한다고 상상해 보자. 학급의 규모가 아주 작지 않다면, 이러한 목적에 도달하기는 상당히 어렵다. 왜냐하면 기하는 지식의 대상으로서 존재하지 않기 때문이다. 기하를 가르치는 것은 학생이 공간적 관계에 숙달하도록 하는 것과 아무런 관련이 없다는 사실이 혼란스러울 수 있다. 그러나 기하를 통해 공간적 관계를 가르칠 수는 없다.

수학자들이 전혀 주목하지 않기 때문에 문화적, 사회적 지위를 얻지 못하였지만 교수학에서는 중요하게 여기는 수학 개념이 있다. 예를 들어, 어떤 집합의 원소를 세는 것은 수학적으로 중요한 개념이 아니지만 교수에서는 중요하다. 교수 자체에만 필수적인 개념을 수학 영역으로 가져올 권리가 **교수학**에 있는가? 이것이 바로 수학 공동체와 논의해야 할 주제이다.

이해와 의미를 지도하기로 한 교사들의 절충은, 진정한 교수학적 문제, 즉 교수학적 계약과 관련된 방법론적이며 이론적인 문제를 야기한다. 교수 활동의 의도를 어떻게 정의할 것이며, 정의한 활동의 의도를 대중들, 교사들, 학생들과 어떻게 조정할 것인가?

나눗셈에는 여러 유형이 있지만 그 명칭은 하나뿐이다. 실제로 자연수 사이의 나눗셈은 소수끼리의 나눗셈과 다른 개념이며, 이 점이 다양한 문제를 일으킨다. 교사들은 "나눗셈의 의미"라고 부를 만한 대상을 갖고 있지 않으면서도 나눗셈의 의미를 다루는 데 노력을 기울인다고 말할 수 있다.

이 글을 통해 교사와 학생 사이에 타협이 가능한, 의미에 대한 교수학적 모델을 제공하고자 한다. 이 모델에 따라 나눗셈을 해야 하는 여러 상황을 구성할 수 있으며, 학생은 하나의 용어와, 자신의 앎을 개선할 만한 여러 개념을 사용하여 나눗셈의 의미를 다룰 수 있다. 학생이 다룬 나눗셈의 의미는 여러 범주와 도구들, 그리고 하나의 용어로 구성되지만, 이와 같은 작업에는 위험이 뒤따른다. 일종의 의사-지식, 터무니없거나 쓸모없는 "잘못된-앎"이 생성될 수도 있다.

어린 아동들이 발견해야 할 바를 드러내는 것으로만 **교수학**이 구성된다고 여겨서는 안 된다. 문제를 해결하기 위해서는 이론적 지식과 전문적 방법을 사용해야 한다. 특정 교수 현상에 영향을 미치기 위해서는 뭔가를 제안해야 하지만, 우선은 교수 현상을 구체화하여 기술할 필요가 있다. 교사가 만든 의미 또는 교사들마다 다른 수준으로 부여한 의미에 따라 상대적인 교수학적 계약의 아이디어를 고려하는 작업은, 이론적으로 미묘한 문제이며 교수학에서 다루어야 할 주요 초점 중 하나이다. 교사들이 부여한 여러 의미 수준은 보다 형식적인 활동을 낮은 수준의 활동으로 하향시키는 결과를 초래하기도 하는데, 이는 해당 교사들이 다른 어떤 것도 조정하지 않았기 때문이다.

제도화되지 않은 오래된 앎을 교사가 재현하기는 매우 어렵다. 교사는 새로운 지식을 만들기 위해 자신이 가르치고자 하는 개별 지식을 어느 정도는 사용할 수 있지만, 이것도 그리 쉽지 않다. 교사가 아닌 다른 사람이 개별 지식을 도입하였지만 이 지식이 좀처럼 사용되지 않으면, 문제를 해결하는 것은 거의 불가능하게 된다. 이러한 문제에 대처하는 유일한 방법은, 상위 수준 학생들을 가르치는 교사가 자신이 가르치고자 하는 바를 구성하기 위해 형식적인 방식으로 명확히 한 지식을 낮은 수준 학생들에게 가르치도록 요구하는 것이다.

여러 교수학적 활동 사이의 상호작용, 예를 들어 이러한 상호작용이 시간이 지남에 따라 어떻게 조정되는지 등에 대해 밝혀진 바가 거의 없다. 그러므로 우리는 의미의 구성이라는 개념을 좀 더 발전시킬 필요가 있다.

4.3. 인식론

교사의 또 다른 역할은 인식론에 관심을 갖는 것이다. 예컨대, 가르치는 사람들은 아동에게 실제 문제에 접할 기회를 주는 상황을 환영하지만, 행동 상황에서 실제와의 이러한 접촉이 활성화될수록 앎의 지위와 관련되는 문제는 더욱 복잡해진다. 교사가 자신의 인식론적 개념을 행동 상황에 비추어 제대로 통제하지 못하면, 결과적으로 이러한 실수는 더욱 치명적인 것이 된다.

실제로 교사는 개별 지식을 가르침과 동시에 그 지식을 사용하는 방법도 알려준다. 이를 통해 교사는 학생이 적극적으로 받아들일 필요가 있는 인식론적 태도를 드러내는 바, 교사의 인식론적 메시지는 암묵적으로 또는 무의식적으로 학생에게 전달된다. 이러한 인식론적 태도를 확인하거나 추정하여 통제하기는 어렵지만, 이는 학생이 배운 지식의 질에 중요한 영향을 미친다.

교사가 떠맡는 인식론적 역할의 중요성과 어려움을 살펴보기 위해 측정 지도의 예를 보자. 유한 집합의 원소 개수를 세는 문제이든 넓이를 구하는 문제이든, 초등학교에서 행하는 수학적 활동 대부분은 실제적인 측정 또는 가상적인 측정과 관련된다. 즉, 학교 수학에서 측정은 중요한 개념이다.

그러나 사실상 측정은 복잡한 활동인 바, 근삿값을 구하거나 오차를 계산하는 것과 같이 좀 더 복잡한 문제와 관련되는 설명이 없다면, 도구의 조작, 수 체계의 사용, 초등 수학 지식의 필요성 등을 실제로 정당화할 수 없다. 전통적인 해결책은, 지금 가르치는 지식 자체와는 무관하지만 언젠가는 배워야 하는 어려움에 대해서 교수학적 관계를 맺지 않는 것이다. 이에 따라 가급적 "가장 단순한" 지식에서 시작하여 서로 다른 필수 지식을 연거푸, 무엇보다도 분절적으로 지도하게 된다. 결과적으로 학습의 순간에, 문제 전반을 해결함으로써 정당화되는 것은 아무것도 없다. 일시적이며 부분적인, 심지어 양립 불가능한 정당화가 동시에 행해진다. 이러한 정당화가 진정으로 개선되거나 조정되지 않으면 각각의 정당화에 악영향을 줄 뿐이다. 수학자들은 이처럼 명확한 개별 지식에 인식론적 경각심을 가질 수 있지만, 지식의 의미, 특히 학생이 지식을 사용할 가능성은 학생의 활동에서 지식이 차지하는 역할에 큰 영향을 받는다. 이상의 가설에 따르면, 지식을 임의로 분절하는 것은 지식이 기능할 가능성을 없애는 결과를 낳는다.

측정 개념은 유한 기수를 사용하여 어떤 것을 재는 단 하나의 예를 통해 도입되며, 여러 가지 이산적인 측정값에 의해 설명된다. 학생이 $3+4=6$이라고 추측하면 교사는 이 학생에게 완전히 틀렸다고 말하지 않고도, 그 결과가 틀렸음을 보일 수 있다. 모든 측정값에 대해 정확하고 유일한 참값이 존재한다. 계산 결과는 "관찰" 결과와 완벽하게 같아야 한다.

$(\boldsymbol{Q}^+,\ \boldsymbol{D}^+,\ \boldsymbol{R}^+)$로 수 체계를 구성하는 과정은, 이 모델에 의심의 여지가 없다는 식으로 진행된다. 수 체계가 구성되면서부터 실제 측정 활동은 드문 일이 된다. 교사는 스스로 모순에 빠지지 않기 위해 계산과 실제가 대립되는 경우를 피하고 그 밖의 것을 중요하게 조정한다. 예컨대, 계산 결과가 실제 측정값과 비교하여 말도 안 되게 정확한가? 이 경우에 교사는 자연수 연산과 같은 기본적인 계산 방법에 의존하도록 하거나, 계산 결과가 정확하게 떨어질 것 같은 자료를 선택할 것이다.

계산한 것이든 실제 측정한 것이든 근삿값을 다룰 때, 계산 값은 정확한 값으로 간주되지만 측정값은 "오차" 정도에 따라 그럭저럭 "괜찮은" 값이라고 여겨진다(!). 측정값은 측정한 사람의 역량을 보여준다. 따라서 오차는 일종의 잘못이나 실수, 또는 측정 도구의 결점, …, 심지어 교사에 의한 계약의 파기를 의미한다. 이때 계약을 파기한 교사는, 실제가 언급되었을 뿐인, 심지어 조정하기도 쉬운 간단한 문제를 성급하게 폐기한 사람이 된다.

실제 측정값을 연산의 대상으로 삼아서는 안 된다. 오차 계산에 사용하는 여러 계산법을 학생들이 모르기 때문이다. 결과적으로 문제에 주어지는 자료가 측정값의 대상이 되는 경우는 거의 없으며, 관찰한 바를 실제로 예측한 값도 아니기 때문에 관련되는 이론이나 결정론적 전제의 적절성에 의문을 제기하지도 않는다.

학생은 분석과 통합을 통해 오차 계산법, 확률론의 방법론 등을 진지하게 다루어 본 다음에야, 비로소 자신의 행동이 기반하는 이론을 적절히 이해할 수 있으며 필요한 기술을 충분히 숙달한 상태에서 실제 측정값을 구체적으로 다룰 수 있다.

그 이전에는 측정값이 다음과 같이 간주된다.

– 측정값은 설명을 통해서만 고려될 수 있으며 실제로 존재할 수는 없다.
– 측정값은 유한 집합, 이산 측도 등과 같이 매우 특별한 경우에만 구할 수 있다.
– 측정값은 적절한 참고 상황하에 있을 때 학생에게 이해될 수 있다.

각각의 경우에 교사는 측정한 수와 그 수가 나타내는 물리적 크기 사이의 관계가 드러나는 질문을 숨겨야 하거나, 은유적인 방법으로 이러한 질문을 처리해야 한다. 측정한 수와 그 수가 나타내는 물리적 크기 중 하나를 다룸으로써 다른 하나가 무엇인지 예측하는 것을 알려주는 질문에 대해서는 특히 그러하다. 결과적으로 이론과 실행 사이의 관계에 대한 모든 질문을 감추게 된다.

앞서의 인식론적 입장과는 달리, 실제와는 무관한 허구의 신념이나 이데올로기라고 하더라도 다른 방식으로 인식의 과정을 이해하려는 관점이 탄생하였다. 이와 같은 인식론적 관점에 따르면 교사들은 가르치는 수학 개념을 학생들의 실세계 활동과 "분리"하는 것이 나쁘다고 생각한다. 따라서 교사들은 "분리"를 없애려고 노력하며, 학생들의 활동과 실제와의 접촉이 사라지는 것에 저항한다. 여러 이유로, 다음과 같은 이데올로기적 전제가 이러한 교육적인 움직임을 정당화한다.

"직접 해 보는 활동이 이해와 학습에 더 좋다"(손이 머리를 만든다)
"현실 상황을 활용하면 잘못된 이해를 피할 수 있다"(경험주의, 현실주의)
"유용성과 구체성이 학생의 동기를 유발한다."

내가 보기에 이러한 움직임은 기대했던 바와 반대 방향으로 작용해 왔다. 이론과 실행 사이의 갈등이 이보다 더 심각한 적은 없었으며, 교사와 지식 사이의 단절은 더욱 깊어졌다. 많은 초등학교 교사들이 이론, 즉 "공적 지식"은 효율성이 의심스러운 상대적인 담론 또는 규약이라고 확신하는데, 누구든지 이러한 담론이나 규약을 개인적으로 조정할 수 있으며 "유사한" 다른 지식으로 대신할 수 있다고 여긴다. 합리성 및 과학, 심지어 현실을 조정하는 수단인 지식에 대한 반대 운동이 이러한 교육적 움직임과 똑

같은 시기에, 똑같은 주기로 전개되어 왔다.

두 현상 간의 인과적 관계를 설명하기 위해서는 약간의 교수학적 분석이 필요하다. 우선 "현실"은 이론보다 이해하기가 훨씬 어렵다. 현실이 학생 활동으로 매우 구체적이고 분명하게 조직되지 않으면, 개별 지식을 정확히 만들어 내지 못하며 오류를 수정할 수도 없다. 교수학적 상황과 인식론에 대한 지식이 필수적이다. 교수학적 기법이 없으면, 현실을 통해 만들어낸 동기보다 더 많은 동기가 "사라져 버린다". 직접적인 유용성은 동기 유발의 여러 요인 중 하나일 뿐이다. "수학이 물리학에 쓰인다"와 같은, 장기적인 유용성은 동기를 유발하는 데 매우 무력하다.

인식론적, 교수학적 중재가 없다면 기본적인 설명 대부분은 거짓이다. 실험 및 실제 측정 활동의 횟수를 늘리는 교사들은 그 결과를 다루는 것에는 별로 주목하지 않는다. 그보다 이들은 "자, … 알겠지?"와 같이 말하면서 학생들이 좀 더 잘 이해할 것이라고 기대하지만, 실제로 학생들에게는 모호한 상황만 있을 뿐이다. 학생들은 측정값 여러 개를 알고 있지만, 측정값이 하나만 필요하게 되면 의심스러운 사회적 규약이나 교사가 보증하는 사실에 비추어 결과적으로 하나의 값만을 선택하게 된다.

매 순간 교사는 자신의 교수학적 신념이 따르는 이론과 현실 사이의 관계를 은연중에 훼손하게 된다. 교사는, 현실로 무장한 이론이 출현하도록 해야 하므로, 사실상 이론을 위조하거나 그 용법을 적절히 바꾸어야 하며, 겉보기에 그럴듯한 상황을 만들기 위해 학생의 동기도 조정해야 한다. 이처럼 갑작스럽게 조종된 동기는 금세 사라지기 때문에, 현실은 명확하며 이론은 분명하다고 가정할 수밖에 없다.

학생은 이러한 맥락을 잘 통과하지 못한다. 자신이 다룬 최고의 결과를 통해서도 확실성이나 지식을 얻지 못하는데, 실제로 이러한 것들은 다른 곳에 존재한다. 학생에게 남는 것은 오직 운이나 실수, 속임수뿐이다. 학생은, 교사가 이론을 관장하지 않으면 이론은 제대로 기능하지 않으며 단지 규약에 불과하다고 확신한다. 결국 교사도 학생과 똑같은 방식으로 생각하게 된다.

교수학의 여러 요소 중에 앞서 언급한 바의 중요성을 결정하는 문화적 측면이 어떻게 국소적인 교수학적 관계로 발전하는지 알아보려면 좀 더 철저한 연구가 필요하다. 고전적인 해결책의 대안이 존재하는지, 교사가 측정 문제에 더 나은 인식론적 태도를 상정할 수 있는지 등을 알아보자. 이는 해결책을 찾으려는 것이 아니라 반례를 알아보려는 것이다.

CM1[10]을 다루는 4학년 교실에서, 측정의 마지막 단원 중 하나를 교사가 설명한다. 교사는 큰 빈 그릇, 컵, 저울, 무게가 표시된 추, 물이 든 양동이를 준비하였다. 교사가

10) 역자 주: CM1(cours moyen 1)은 초등학교 4학년 수학 과정을 말한다.

"자, 잘 봐요! 선생님이 이 그릇에 물 한 컵을 부었어요. 누가 나와서 전체 무게를 재어 보세요. 무게가 얼마일까요?"라고 묻는다.

학생들은 이를 어림이 필요한 수수께끼 같은 질문으로 생각하고, 공책에 어림값을 적는다. 한 학생이 이중계량법(double-weighing)[11]을 써서 "225g입니다"라고 말하자, 다른 학생들은 자신이 적은 어림값과 비교한다. 교사가 "똑같이 나온 사람?"이라고 하면서, 학생들의 어림값을 칠판에 적는다. 그런 다음 "누구의 어림값이 가장 정확하고, 누구의 어림값이 가장 부정확한가요?"라고 묻는다. 별 어려움 없이 학생들은 225g와 어림값의 차를 구한다. 교사는 "자, 이제 선생님이 이 그릇에 다시 물 한 컵을 붓겠어요. 이번에는 전체 무게가 얼마일까요?"라고 질문한다.

일부 학생들은 225g에 2를 곱하지만, 다른 학생들은 함정을 간파하고서 어림값을 고치려고 한다. 이번에는 어떤 논의도 없고 학생들의 어림값을 교사가 칠판에 적는 활동도 없다. 이번에 무게는 282g이다. 어림값과 비교해 보다가 어떤 학생들은 "아하, 뭔가 알 것 같아요."라고 말하지만, 교사는 이 학생들에게 설명을 요구하지 않고 "계속해 봅시다. 이제 선생님이 세 번째 물을 붓고 전체 무게를 측정해 보겠어요."라고 말한다. 학생 십여 명은 282 − 225 = 57, 57 + 282 = 339와 같이 두 번째 값에서 첫 번째 값을 빼고, 그 차를 두 번째 값에 더한다. 다른 학생들은 자신이 구한 어림값을 이렇게 저렇게 조작해 본다. 학생 두세 명은 태연하게 첫 번째 값을 3배 한다. 어떤 학생은 이중계량법을 써서 351g를 구한다. 계산을 통해 어림값을 구했던 학생 중에는 놀라워하는 학생도 있고, 속았다고 느끼거나 부당하다고 생각하는 학생도 있다. 교사는 계속 중립적인 입장을 취한다. 한 학생이 정확한 값을 내놓자, 다른 학생들은 어떻게 그 값을 구했는지 설명하라고 요구한다. "저울의 바늘이 그 근처에 있는 것을 보고 그 값을 생각해 냈어." 이 학생은 우쭐대며, 자신이 최고라고 생각한다. 그뿐만 아니라 자신은 운이 좋다고 느낀다. 이 학생이 승자다!

교사는 이 학생의 "설명"을 듣고 싶지만 참는다. 추측 게임이 계속된다. 학생들은 저울로 얻은 값이 계산 결과와 항상 같은 것은 아니라는 사실을 이해하게 된다. 계산을 통해 어림하는 방법을 사용한 학생들이 자신들의 방법을 설명하면서 정확한 값이 나오지 않은 것을 받아들이지 못한다. 이 방법은 문제의 핵심 요소 모두를 합리적으로 고려한 것이며, 쉽게 의사소통될 수도 있다.

이 방법을 찾지 못한 학생들은 비교를 통해 이 방법을 사용해 보고 이해하게 된다. 교사는 "컵에 있는 물의 무게는 얼마일까요? 컵의 무게를 재지 말고 계산을 하세요"라

11) 역자 주: 측정하는 물체와 분동을 좌우 교환하여 2번 측정한 값의 평균을 구하는 간접 측정법의 일종이다.

고 말한다. 차를 계산하기 위해 어떤 실험을 선택했는지에 따라 무게가 다르다! 토론을 통해 모호함이 사라진다. 컵에 담긴 물의 양이 매번 똑같은 것은 아니다. 누구도 확신할 수 없다.

교사는 신중하게 실험을 진행해야 한다. 컵에 물이 가득 찬 것을 보여주고 물이 잔잔해질 때까지 기다려야 한다. 계속 차이가 생기면, 학생들은 같은 대상의 무게를 여러 번 측정했을 때 그 값이 항상 같지 않다는 사실을 인지하게 된다. 이로써 학생들은 측정값의 오차를 분석하는 데 다소간의 진전을 이룰 수 있다.

이와 같은 추론의 연쇄를 멈출 수도 있다. 예컨대, 물을 마른 모래로 바꾸고 용수철 접시가 있는 로베르발(Roberval) 저울을 사용해도 된다. 눈금 읽기의 정확성은 1그램 정도의 오차를 보일 것이며, 모래 한 컵의 무게는 많아야 1그램 정도 차이가 날 뿐이다.

결정론적인 측정 모델 하나가 완벽하게 만들어진다. 임의의 측정 오차가 생기더라도 서로 다른 무게를 어림하는 가장 좋은 방법은 계산이라는 아이디어를 얻기 위해서는, 활동 과정, 결과를 의사소통하는 과정, 근거를 설명하는 과정, 반성 및 토론 과정 전반이 필요하다.

학생들은 결과의 불확실성을 줄이기 위해 구간을 사용할 준비가 되어 있다. 그러나 확실한 어림값과 정확한 어림값 사이의 균형을 통해 경제적인 의미가 만들어지도록 상황이 조직되어야 한다.

4.4. 학생의 위상

앞 절에서처럼, 교수 문제가 교수학적 문제라는 것을 보이는 것이 중요하다. 교수학적 관계에서 학생의 위상은 "실재"의 지위와 마찬가지로, 심리분석학, 심리학, 교육학 등의 다양한 접근을 통해 강조되어 왔다. 이러한 의미에서 발생적 인식론은 지식과 가장 가까운, 진지한 논거를 제공하였지만, 이를 활용하기 전에 좀 더 생각해 볼 것이 있다. 교사는 학생의 실수를 종종 추론 능력의 부족이나 논리적 오류로 해석한다. 폭넓은 교수학적 계약의 관점에서, 교사는 개별 지식의 표상과 의미를 담당한다. 그러나 까다로운 조건하에서는, 학생의 답이 이전 지식과 모순되는 부분은 알려주되, 학생이 실수한 이유를 진단하는 것은 피해야 한다. 실수의 이유를 매우 형식적인 측면으로 환원하여 해석함에 따라, 학생이 범한 실수는 "논리적 오류"("너는 추론을 잘못했어", "너는 포함관계를 거꾸로 생각했어")이거나 정리 또는 정의에 대한 무지에서 기인한 것이 된다.

이처럼 극단적인 환원은, 수학적인 논리 규칙에 따라 증명을 생산하는 방식인 알고리즘과 학생을 동일시하게 만든다. 교수학적 계약에 기대어 교사는 자신이 담당하기로 합의한 영역의 지식에 대해서만 책임이 있다고 방어한다. 교사는 공리적 순서로 지식을 제시하며 지식의 근거로 공리가 필요할 뿐이다.

그러나 아동들은 교사가 가르치려고 하는 바와는 다른 표상과 지식을 사용한다. 아동들의 논리 및 "자연스러운" 사고는 이미 잘 알려져 있다. 이러한 논리와 사고 때문에 아동들은 자주 실수를 한다. 아동들의 일부 지식은 교수학적, 발달심리학적, 인식론적 장애를 일으키며 인지적 갈등을 유발한다.

아동의 표상에 어떤 지위와 역할을 부여해야 하는가? 다음과 같이 해야 하는가? 다음과 같이 할 수는 있는가? 만약 할 수 있다면 어떻게 해야 하는가?

- 모든 경우에 이러한 표상을 암묵적으로 거부할 것인가?
- 이러한 표상을 무시할 것인가?
- 이러한 표상을 구분하지 않고 그저 수용할 것인가?
- 아동과 논의하지 않고 더 나은 표상으로 바꿀 것인가?
- 아동들과 함께 이러한 표상을 분석할 것인가?
- 이러한 표상을 구분하고 설명하며, 수업에서 명확한 지위를 갖는 것으로 다룰 것인가?

인지 주체는 융합된 형태의 술어, 전-논리적(prelogical) 연결사, 은유와 환유 등을 사용하며, 이 과정을 거쳐 논리적 사고가 불규칙하게 발달한다는 것을 고려할 필요가 있다. 또한 맥락적 요소 사이에 상충이 일어나면서 전-기능어(prefunctor)가 확장되고 술어의 안정화가 나타나며, 이 과정에서 구문론과 의미론이 동시에 발달한다는 점도 유의해야 한다. 이때 구문론과 의미론은 관여하는 맥락에서 매우 천천히 분화된다는 사실이 관련 연구를 통해 밝혀진 바 있다.

초창기 **교수학**은 **학생**에게 제시하도록 합의한 요소에 대해 수학적, 논리적 연습만을 허용한다. **인지 주체**를 알면 **학생**과 관련되는 문제를 충분히 해결할 수 있는가? 그렇지는 않다. 교수 상황을 만들고 관리하는 것은, 교사가 게임이나 교수 자료, 인지적 갈등과 같이 단순한 기법을 사용하거나 아동이 하는 말을 경청하는 등의 바람직한 태도를 가짐으로써 자발적으로 개발할 수 있는 기술이 아니다. **교수학**은 기술이 아니다. 교수학 이론은 학습 이론이 아니라 타인의 학습을 조직하는 이론으로, 좀 더 일반적으로 말하면 지식의 보급 및 변환을 다루는 이론이다. 위에서 제기한 쟁점은 **교수학**을 통해서만 이론적 틀이나 실험적 토대, 해결책을 찾을 수 있다.

학생의 추론은 초창기 **교수학**의 맹점이다. 학생의 추론을 다루려면 교수학적 계약에 대한 수정이 필요하기 때문이다. 이를 위해서는 인지 주체를 아는 것으로 충분치 않으며, **학생의 추론**을 이해하기 위한 교수학적, 사회문화적 수단을 갖추어야 한다.

문제에 상응하는 방정식을 세우거나 물리 이론을 사용하는 것처럼, 학생이 이론을 통해 뭔가를 실행에 옮기려는 책임감을 느끼게 되는 상황의 특징은 동일하다. 학생이 상황 분석에 착수하여 이론적인 개념을 끌어오는 것은, 자발적으로 만들어진 여러 모델이나 자연스러운 사고에 기반한 탐색을 통해 가능하다. 학생이 이러한 단계에서 실패하면, 교사는 학문이 드러나는 방식이 아니라 학문을 가르치도록 강제하는 교수학적 계약에 따라, 자신이 알고 있는 이론을 다시 설명할 수밖에 없다. 학생이 이론을 실행에 옮기도록 하는 자료를 교사가 직접 다루는 것이 불가능하기 때문에, "너는 네 자신의 이론을 모르는구나"와 같이 잘못된 진단을 내림으로써 교사는 스스로를 정당화한다. 이러한 조치로 교사는 실패에 실패를 거듭하게 된다.

학생 또는 인지 주체가 학습에 사용하는 개별적인 도구의 역할을 인정하려면 다음을 고려해야 한다.

- 교사의 역할과 전문성 개발의 의미 변화
- 지식의 교수학적 변환 방식 변화
- 수업에서 개별적이고 사회적인 다양한 도구의 활용
- 교사의 인식론 변화

이상의 내용은 **교수학**을 통해서만 해결 가능한 문제를 제기하는 과정과 관련된다. 이러한 과정은, 교사가 자유롭게 선택하는 요소나 사용하는 기술 등에는 영향을 받지 않는다. 이와 같은 모순에 좀 더 주목해보자. 주체가 교수 관계에서 어떤 지위도 없는 교육적 관계에 놓이는 것은, 교사들이 독단주의를 완강히 고집하기 때문이 아니라 이러한 배제를 유발하는 교수학적 원인을 바로잡지 못하기 때문이다. 우리는 의지주의(voluntarism)[12]와, 지식에 따라 달라지는 이데올로기를 고수함으로써 발생하는 실수로 인해 큰 대가를 치러야 한다. 현상이라는 학문적 지식에 근거하여 **교수학**을 연구함으로써, 가르치는 직업이 갖는 게임의 규칙에 적합한 설명과 해결책을 제시할 수 있으며, 이러한 게임의 규칙이 변화하는 양상도 조정할 수 있다! 오늘날, 학생들에게 "자연스러운 사고"를 "지도"할 수는 없지만, 실패한 학생들을 바보로 간주하도록 제도를 그대로 두어서도 안 된다. 우리는 한계를 극복하고자 한다.

본 연구에서 제안한 교수학이 너무 비관적으로 보일까 봐 염려되어, 우리는 최대한 빨리 더 나은 연구문제를 설정하여 이를 수행하고자 하였다. 이에 따라 기하 내용의 직접 교수가 아닌, 학생들의 공간적 표상을 활용하는 것과 관련되는 연구문제를 설정하여 기하 교수학 연구를 수행하고 있다.

---

12) 역자 주: 의지가 정신 작용의 근원 또는 세계의 근본이라는 주장을 말한다.

더불어 아동의 논리적 사고 발달을 교수학적 상황 내에서 파악하는 연구도 수행하였다. 증명 방법을 상술할 때뿐만 아니라 연합체의 상호작용 및 자료의 통합 등과 같은 사회적 판단과 실행을 조정할 때, 논리적 사고가 기능하거나 발달하도록 하는 데 상황과 계약이 명시적인 역할을 담당한다.

이상의 두 사례를 통해, 심리적 인지 주체를 고려함으로써 학생을 교수학적 변환에서 지식 자체의 구조를 변형하고 계약을 바꾸는 주체로 정의하는 이유를 알 수 있다. 우리는 이와 같은 현상을 예컨대 셈(enumeration)과 관련하여 연구하고 있다. 셈이라는 인지 활동은 수 개념 학습에 필수적이며 학교 수학을 공부하는 데 유용하다. 그러나 셈은 수학적 지식의 대상으로 존재하지 않기 때문에 정확히 지도된 적이 없으며, 셈과 관련하여 학생들이 겪는 어려움을 "실행" 국면에서도 고려하지 못하였다.

4.5. 기억과 시간

교수의 궁극적인 목적을 학생이 지식을 기억하도록 하는 것으로 보는 입장이 널리 퍼져 있다. 이러한 입장에서는 기억의 속성, 유형에 따른 기억의 기능, 기억력의 발달을 주요 이론적 근거로 제시하며, 아울러 교수는 학습의 조직화와 지식 획득으로 환원될 수 있다고 본다.

여러 연구에 따르면 이상과 같은 관점은, 지식의 구조, 교수학적 관계를 통한 지식의 수정, 환경의 구조, 특정 기억을 생성하기 위해 환경이 요구하는 시간적이면서 제도적인 요소, 주체가 실행한 앎의 재조직화 및 변형 등과 같은 다양한 관계를 완전히 무시하기 때문에 결점이 있으며 유용하지도 않다. 여러 현상에 따르면 학생의 기억은 인지 주체의 기억과는 상당히 다른 교수학적 주제라는 사실이 입증된다. 실제로 이러한 현상에는, 상황과 지식의 쇠퇴, 필요에 따라 활용되거나 무시되는 맥락의 역설적인 용법, 학교에서 다루는 지식의 특징 변화 및 그와 관련된 교수학적 변환, 다양한 유형의 기억이라는 교수학적 산물 등이 있다. 교사들은 가르칠 지식과 학생들의 기억을 복잡한 방식으로 조작한다. 교사들은 필요한 것의 상기뿐만 아니라, 특정 순간에는 유용했지만 더 이상 그렇지 않은 바에 대한 망각도 준비해야 한다.

이러한 관리는 학생의 기억이 아니라 교수학적 체계의 기억과 관련되는 절충적인 틀을 통해 가능하다. 어떤 학생이 무엇을 하였는지, 자신이 무엇을 상식이라고 가르쳤는지, 무엇을 합의하였는지 등을 기억하지 못하는 교사나, 여러 교수 국면을 통합하는 것을 전적으로 학생 손에 맡기는 교사는 기억이 없는 교사이다. 이러한 교사는 교수학적 계약에서 반드시 등장하는, 개별적이며 특수한 교수학적 압력을 실행에 옮길 수 없다.

교사와 체계의 "교수학적 기억"은, 환경이라는 자원이 존재할 때와 존재하지 않을 때에 맞추어 태도의 변화를 조정하며, 언어의 변환도 관리한다. 이제까지 관찰한 바에 따르면 학생들은, 자신들이 지식과 관계를 맺는 과정에 연루된 사람이 존재하는 경우 또는 자신들이 사용한 구체적인 장치가 존재하는 경우에만 특정 항목의 지식을 떠올릴 수 있다. 이와 같이 다양한 기억을 단지 개별적인 것으로만 남겨두지 않고, 교수학적으로 또는 인지적으로 다루면서 모종의 지식으로 변환하는 것이 중요하다. 특히, 교수학적으로 다양한 기억을 다룰 수 있어야 교수학적으로 시간을 관리하는 일반적인 원리를 도출할 수 있다.

5. 결론

교사는 사전에 계획한 수업안과 관례에 따라 가르친다는 의미에서 배우와 비슷하다. 특히, 교사는 수업 중에 즉흥적으로 대처해야 한다는 점에서 즉흥극(*Comedia del Arte*)의 배우라고 할 수 있다.

이러한 관점은, 교사가 어떤 행동을 할 때 자유와 창의성이 필요하다는 아이디어를 뒷받침한다. 외운 것을 늘어놓기만 하는 교사는 핵심을 전달할 수 없다. 교사로 하여금 자신이 개선할 수 없는 상황을 그대로 제시하게만 하면 교수는 실패할 것이다. 이러한 교사가 보다 전문적인 개념을 지닌 교사가 될 수 있을까? 이러한 교사가 사전에 만들어진 상황을 이용하여, 이미 알려진 모델과 동일한 학습 조건을 재창조할 수 있을까?

위 내용은, 교사가 수정할 수 없는 것과, 교사가 개인적인 재능으로 바꿀 수 있는 것을 구별한다. 이에 따르면 교사는 관리가 필요한 교수학적 상황이라는 "대본"을 지닌 배우라고 할 수 있다. 물론, 여기서 대본은 엄밀한 의미의 대본은 아니다.

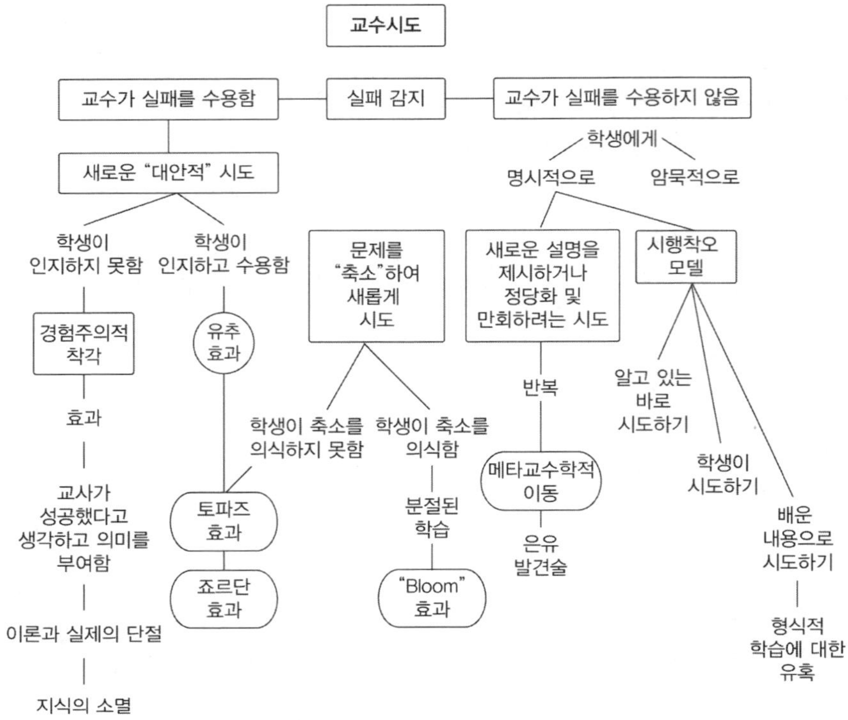

[그림 1] 교수학적 계약에 의해 절충된 교수학적 현상

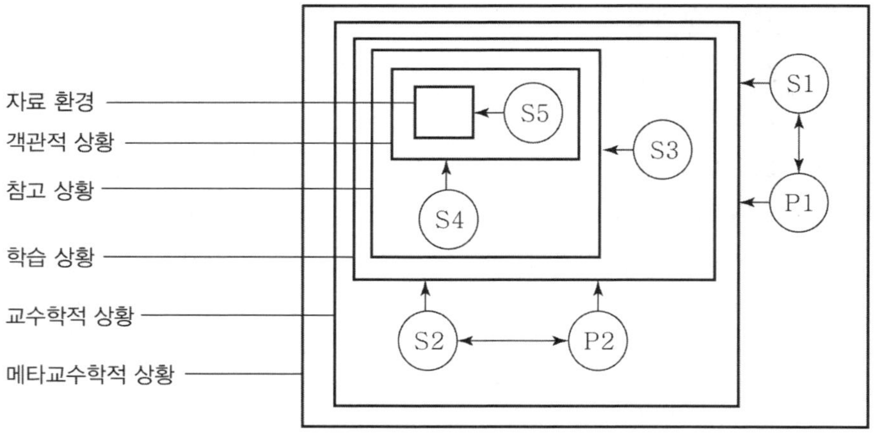

[그림 2] 교사와 학생의 서로 다른 역할: 교수학적 환경의 구조[13)]

교수학적인 여러 관계를 모델링하여, 그 관계의 서로 다른 역할을 예견하기 위해서는 다음과 같은 작업에 착수해야 한다.

- 교사와 학생의 차별화된 역할이 이들의 호혜적 관계 및 지식과의 관계를 통해 드러나도록 교사와 학생의 다양한 상호작용 체계를 통합하기
- 교사와 학생 각각이 지닌 특징의 양립 가능성을 탐구하기

위 방법을 통해 [그림 2]를 어렵지 않게 얻을 수 있다. [그림 2]는 학생이나 교사가 동일한 수학적 개념을 언급할 때조차도 교수학적 관계의 수준에 따라 학생뿐 아니라 교사의 지식과 앎도 달라짐을 보여준다. [그림 2]에서 S와 P는 다음을 의미한다.

P1: 자신이 구성해야 하는 수업 계열을 숙고하는 교사. 교수 상황을 하나의 대상으로 간주하면서 수업을 준비한다.

S1: 교수 상황을 외부에서 바라보는 학생

P2: 가르치고 있는 교사. 교사는 교수학적 상황 내에 있으며, 적극적으로 행동한다. 교사는 학습의 해결책이 되는 뭔가를 가지고 있다. 교사 곁에는 학생이 있는데, 교사는 교수 상황과 독립적으로 학생에게 이야기할 수 있으며, 영향을 미칠 수도 있고 상호작용을 할 수도 있다.

S2: 자신의 학습 상황에 주목하는 학생. 학습에 대해 P2와 논의한다.

S3: 학습 상황에서 배우고 있는 학생. 학생은 더 이상 교수학적이지 않은 상황에 있다. 세계와 상호작용하는 상황에서, 학생은 결정을 내리는 자기 자신일 수도 있는 S4에 주목한다. 이것이 참고 상황이다. S3은 인식론적 주체이고 S4는 능동적 주체이다. S4는 주체가 행동하게 만드는 객관적 상황에 주목한다. S5는 문제에 등장하는 가상의 대상으로, 예를 들면 "나눗셈을 하는 3명"을 의미한다. 학생은 이러한 주체를 알아볼 수 있지만 개입하지는 않는다.

각각의 역할을 생각해 보면, S5, S4, S3이 있는 수준은 교수학적이지 않은 상황에 속하며 S2가 있는 수준은 교수학적 중재를 필요로 한다.

---

13) 편집자 주: 1986년에 브루소는 이 그림을 "교수학적 환경의 구조"라는 제목으로 발표한 후, 1988년 퀘벡에서 열린 한 강연에서 "교사와 학생의 서로 다른 역할"을 설명하는 데 사용하였다. 1990년에 브루소는 교수학적 계약과 환경을 다룬 논문에서 이 그림을 다시 썼으며, 이후에 Margolians(1994)가 이 그림을 두루 사용하였다. 이에 1990년 논문에 브루소가 붙인 설명 및 1988년 논문의 상세한 범례를 추가하여 이 그림을 여기에 제시한다.

CHAPTER 06

교수학은 교사에게 어떤 도움을 주는가?

1. 교수학의 목적
2. 교수학의 유용성
3. 교수학 보급의 어려움
4. 교수학과 혁신

서 문

이론에 대해 설명하는 책을 어떻게 끝맺어야 할까? 이론의 타당성은 그 이론을 만들어낸 문제를 얼마나 효과적으로 해결하는지 보임으로써 증명할 수 있다. 브루소(Brousseau)의 교수학적 상황론이 지닌 타당성은 교육학 연구 공동체에서 나오는 수많은 연구를 통해 보일 수 있다. 최근 **프랑스 수학교육학 20주년**을 기념하는 학회에서 나온 프로시딩(Artigue et al., 1994)에 들어 있는 풍부한 논의를 참고하기 바란다.

한편, 현존하는 이론을 설명하는 일은 끝이 없다. 우리들 그리고 브루소 스스로도 인지하였듯이, 이 책의 마지막 글이 쓰인 1990년부터 여러 흥미로운 발전이 있었고 지금도 그러한 발전이 계속되고 있다. 예를 들어, 교사의 역할에 대한 활발한 논쟁이 현재도 진행 중이다. 이 주제는 1995년 수학교육학 여름학교에서 "교수학적 상황론에서의 교사"(Brousseau, 1995)라는 강좌로 다루어졌다. 그러므로 이 책에서는 교수학적 상황론이 촉발한 학문적인 논쟁을 열린 결말로 마무리할 수밖에 없다.

교수학적 상황론이 이론적인 논쟁만을 이끈 것은 아니다. 교사와 교사 교육자는 이 이론적 구성의 기능과 실제적인 적용에 대해 질문할 필요가 있다. 1989년 그래노블(Grenoble)의 IREM에서 출판한 *Petit x*의 편집자들은 브루소에게 이러한 질문을 제기하였으며, 이에 대한 대답이 이 책의 마지막 장이다.

편집자

CHAPTER 06

교수학은 교사에게 어떤 도움을 주는가?[1)]

"수학 교수학이 개별 교사에게 구체적으로 어떤 도움이 되는가"라는 주제로 글을 써 달라는 요청을 받았을 때, 그 구체성을 강조해왔던 사람이 바로 나였음에도 불구하고, 이 어려운 일로부터 정말 도망치고 싶었다.

내가 발언하기를 주저한 이유는 상황이 좋지 않고 운이 나빴기 때문이다. 교수학은 특히 교사에게 설명하기 어렵다! 우선, 교사들은 더 많은 결과를 기대하기 때문에 설명하기가 더 어려운 면이 있다. 교사들의 관점에서 보면 여러 지도 상황이 만족스럽지 않기 때문에, 교사들이 절박한 기대를 거는 것은 이해가 된다. 또한, 교사들은 교수학이 자신들에게 혁신적인 수업 보조 자료를 제공해야 한다고 생각하므로 교사들에게 교수학에 대해 설명하기가 더 어려운데, 그 이유는 나중에 살펴보겠다. 심지어 한 교사가 내게 제안한 바를 떠올려 보면 상황은 더 난감하다. 그 교사는 내게, 교수학이 무엇을 할 수 있는지가 아니라 교사 각자의 삶을 어떻게 바꿀 수 있는지 설명해야 한다고 말하였다. 마지막으로, 개혁 주체와 개혁을 거부하는 주체는, 교수학의 내용, 가능성, 당위성 등 교수학을 실제로 연구하면서 고려해야 할 주요 사항에 대하여 매우 다른 입장을 견지했음을 짚고자 한다. 이와 같은 입장의 차이에서 비롯된 오해 때문에, 교육 연구를 개선하려는 교육부의 지원을 받았음에도 불구하고 IREM의 시도는 종종 좌절되었다. IREM의 노력은 "연구"에 대하여 개략적인 관점을 가지고 있는 교사들에게 일종의 대안적 접근처럼 받아들여지는 데 그쳤고, 점차 교사들의 업무를 방해하는 것으로 오해를 받게 되었다. IREM의 후속 연구가 지원을 받지 못하게 된 것은 이러한 오해의 결과였다.

나는 오랫동안 연구물 또는 초등학교 및 중학교 교사와 함께 했던 사례를 통해서만 응답해 왔다. 하지만, *Petit x*[2)]의 편집자와 그 학술지의 성공에 용기를 얻어 이제는 좀 더 실질적으로 도움을 주고자 하며, 위에서 언급한 주저하는 태도도 바꾸기로 하였다.

---

1) Brousseau, G. (1989b), Utilite et Interêt de la didactique pour un professeur de collage, *Petit x* 21, 48-68

2) *Petit x*는 주로 중학교 수준의 수학교육에 초점을 맞춘 저널이다.

교사들은 실제로 교육이 일어나는 사례라면 무엇이든지 듣고 이해하고자 할 것이다. 이것만큼은 확실히 희망적인 상황이다.

1. 교수학의 목적

아주 일반적이지만 아직 해결되지 않은 교수 문제 하나를 생각해 보고 교수학으로 무엇을 할 수 있는지 살펴보자.

초등학생들은 계산 규칙에 따라 변수가 없는 항을 그와 같은 값을 가지는 다른 표준항으로 바꾸는 과정을 학습한다. "$3+4=7$"은 "계산 $3+4$를 바르게 실행하면 7을 얻는다"라는 식으로 이해된다. $3+4$가 7이 된다는 것은 확인할 수 있지만, $3+4$가 7과 동치라는 것은 아직 모르기 때문이다.

학생들이 대수를 배울 때는, 어떤 목적에서든 사용 가능한 관계를 발견할 때까지 한 식을 논리적으로 동치인 다른 식으로 바꾸는 법을 학습해야 한다. 예를 들어, "$3+4=7$과 $7=4+x$"는 "$x=3$"을 함의한다는 것을 배운다.

겉으로 보기에, 교사와 학생은 동일한 기존 지식을 계속 사용하면서 새로운 지식을 더해가는 것처럼 보일 수 있다. 우리가 알고 있는 바를 한 번 써보자. "$3+4$"를 하나의 수로, "x"를 미지수로, "$=$"를 동치로 이해하는 것 정도일 것이다. 그러나 실제로는, 이처럼 익숙한 기호가 사용된 방식, 기호에 부여된 의미, 기호에 수행된 변환의 목적 등 기호와 관련되는 모든 것이 바뀌어 왔다. 이처럼 소박하고 간단한 도입에 대해 실망한 독자는 이 질문과 관련된 쉐바야르(Chevallard)의 글을 참고하기 바란다.[3)]

따라서 학생들은 새로운 지식을 학습해야 할 뿐만 아니라 기존 지식을 다시 배워서 재조직해야 하며, 적어도 일부는 잊어버려야 한다. 이러한 의견은 오늘날 실행되는 기본적인 평가 원칙과 얼마나 양립할 수 있는가? 이러한 원칙이 여전히 유효한가? 교수학적 방법과 교사의 이해 없이 이러한 원칙을 곧바로 개선할 수 있을까? 우리는 교사와 학생이 동일한 지식에 대해 가질 수 있는 관계가 어떻게 다른지 충분히 구분하지 못하

---

3) Y. Chevallard의 "Le passage de l'arithmétique à l'algèbre dans l'enseignement au collége", "L'évolution de la transposition didactique". *Petit x* 5, 51-94의 첫 번째 부분과, "Perspectives curriculaires: la notion de modélisation?" *Petit x* 19, 43-72의 두 번째 부분을 참고하기 바란다. 편집자 주: Kieran C. (1992) The learning and teaching of school algebra. In: D. Grouws (Ed) *Handbook of Research on Mathematics Teaching and Learning* (pp. 390~419). New York: Macmillan를 참고하기 바란다.

며, 지식이 사용되는 환경과 지식을 사용하는 사람에 따라 그 의미가 어떻게 달라지는지 설명하는 방법도 잘 알지 못한다.

우리는 수학적 지식의 변화 측면과 학생이 지닌 지식의 변화 측면에서 학습을 설명하는 방법을 아직 모른다. 게다가 새로운 지식을 구성하는 데 기존 지식이 어떤 역할을 하는지 기술하는 방법도 충분히 알지 못한다.

새로운 학습 결과에 비추어 기존 지식을 재조직할 때, 교수는 어떤 역할을 하는가? 이러한 역할은 학습되는 아이디어에 따라 달라지는가? 후속 학습에 장애가 되는 지식도 있는가? 마지막 질문과 관련하여, 좀 더 선호되는 교수학적 기법이 있는가?

오늘날에는 새로운 지식을 기존 지식에 통합하는 일이 전적으로 학생의 몫이며, 교사는 수학적 관점에서 "사실인" 지식을 절차적으로 설명하는 것에 만족한다. 교사는, 알고리즘 이외에 아동이 이전에 배운 모든 것이 더 이상 유용하지 않음을 아동에게 이해시킴으로써 아동을 자신의 과거와 단절시킬 수 있는가? 학생들은 이러한 조건하에서 배운 바를 이해할 수 있는가?

현행 교육과정은 일련의 학습 활동을 병렬적으로 나열해 놓은 것에 불과하다. 교수 측면, 학교급 측면, 교사가 지닌 교수학적, 인식론적 개념 측면에서 이처럼 "불충분한" 교육과정으로부터 알아낼 만한 결과는 무엇이 있을까? 이러한 결과는 불가피한 것인가? 이 결과의 원인은 교육과정뿐일까?

초등학교에서 산술을 가르치면 안 된다거나 초등학생에게 대수를 가르치는 것은 어렵다고 주장하는 것은 어리석은 일이다. 명확하게 규정 가능한 지식을 직접 가르치는 것은 불가능하므로, 그러한 시도는 그만두어야 한다. 기존 지식의 사용과 해체는 학습 행위의 일부이다.

결과적으로, 우리는 지식의 의미를 변화시키는 "교수학적인 재조직화"를 인정해야 한다. 적어도 그러한 재조직화 과정에서 학생 측면뿐만 아니라 교수 측면에서도 나타날 수 있는 특정한 오류나 오해 역시 용인해야 한다.

그렇다면 나중에 교정할 수 없을 정도로 완전히 잘못되지는 않으면서 어느 정도 임시로나마 이해할 수 있는 형태로 지식을 변환하는 방법은 무엇인가? 다음 단계에서 앞선 단계에 포함된 오류를 교정하는 방법은 무엇인가?

통용되는 문화적 지식을 교수학적으로 변환하는 데 교사는 어떤 권한을 갖는가? 이때의 불가피한 왜곡을 어떻게 조절할 수 있는가? 이러한 문제가 전적으로 교사 1명 또는 몇몇 교사의 책임인가? 문화적으로 합의되지 않은 거짓된 지식을 교사들에게 일시적으로라도 가르치도록 할 수 있는가? 만약 각 주체가 진지한 분석을 모두 무시해야 하는 처지에 있다면 이러한 합의에 이를 수 있을까? 누가 이를 중재할 것이며, 어떤 사회

조직이 모두에게 공평한 조건하에서 합의가 이루어질 수 있도록 처리할 것인가?

지금까지 논의한 것은 교수학에서 소박하며 "단순한" 연구문제에 해당한다. 교수학에서 고려하는 하나의 현상에만 주목하여 도출한 연구문제이기 때문이다.

그러나 교수학에서 다루는 현상의 가장 두드러진 특성은 복잡성이다. 이 복잡성을 적절하게 다루려면 독창적이고 체계적으로 접근해야 하며, 실험에 근거한 근원적인 통찰에 의존해야 한다.

이러한 유형의 복잡성은 필수적인 연구 질문을 설정함으로써 분명해지지만, 실천적인 판단을 내리기 위해 연구 결과를 고려하려고 하면 다루기가 힘들어진다. 이러한 복잡성은, 교수와 관련되는 세부 사항에 주목하는 연구는 가능하지만, 이러한 연구를 통해서 별로 쓸모없는 힌트만 얻을 뿐이라는 의심을 키운다.

두 번째 중요한 특징은, 제기된 질문이 아주 다양한 분야에 대한 연구를 필요로 하며, 다른 분야와 독립적으로는 이러한 질문에 답하기가 불가능하다는 것이다. 이는 교수학 연구에 일관되고 체계적인 접근의 필요성을 강조한다.

2. 교수학의 유용성

이제 수학 교수학이 어떤 형식으로 교사에게 제시될 수 있는지, 수학 교수학에서 전망하는 결과와 이미 달성한 결과가 무엇인지 설명하겠다. 또한 이러한 사실이 왜 좀 더 명확하게 다루어지지 않는지 알아보겠다.

2.1. 교수 전략

최소한 교사들은 교수학이 자신들이 가르칠 내용에 특화되면서도 교육과 교육학에서 다루는 일반적인 개념과 어울리는 핵심 교수 전략을 알려줄 것이라고 기대한다.

국소적인 교수 전략에는 다음과 같은 것이 있다.

- 일반적 교수 전략: 수업과 교재, 사전에 설계된 핵심 지도 방법, 수업 운영과 평가 방법에 대한 준비
- 선택적 교수 전략: 특별한 어려움을 지닌 학생들을 위한 기술

광범위한 교수 전략에는 수학 전 영역에 대한 교육과정, 여러 해에 걸쳐 진행되는

교수 프로그램이 있다.

이러한 기대를 충족시키기 위해 교육학자들은 초등학교와 중학교 수준을 중심으로 특이하든 평범하든 여러 교수 상황을 연구하기 시작하였다. 그러나 이러한 연구는 수행하기 어려우며 시간도 많이 걸린다.

대수를 처음 도입할 때 소수 개념을 다루는 문제와 관련하여, 앞서 살펴본 사례와 같이 몇몇 대안이 탐색되고 있기는 하지만, 더 연구해야 할 게 한참 남아있다. 산술과 수를 이론적으로 다시 다룸으로써 대수를 도입할 수 있을까? 아니면 양을 표현하는 체계나 함수를 연구하는 도구, 자연스러운 형식적 체계로 도입할 수 있을까? 아니면 미지수나 부정소와 관련되는 알고리즘을 간단히 하는 방법, 일반화 또는 모델링 수단으로 도입할 수 있을까? 여러 가지 방법을 생각해 볼 수 있지만, 어떤 것을 제안하기에 앞서 다양한 요구 조건에 비추어 그 특징을 검토할 필요가 있다. 듀돈네(Dieudonné)가 말한 것처럼, "초등 기하가 명확한 형태를 갖추기까지는 겨우 1세기 가량이 소요되었지만, 우리가 알고 있는 대수는 디오판토스 이후 13세기가 지나서 나타났다". 대수로의 여정은 그렇게 간단하지 않다!

게다가 학생들에게 전달해야 하는 지식의 양과 구체적인 상황이 아주 많다. 따라서 교사와의 합리적인 논의를 위해 **교수학**은 개념을 통합해야 하며, 확인된 패턴에 따라 포괄적인 개입이 가능하도록 지식, 문제, 상황, 학생들의 행동이나 활동 등을 재분류해야 한다.

교수 전략이 존재하기 위해서는 적어도 실행과 그 표준 결과를 식별하고 인지할 필요가 있다. 일부 공학은 그것이 제안하는 기술을 뒷받침하는 과학 분야에 종속된다. 교수 상황의 전달과 활용, 재현을 위해서는 지식과 구체적 앎이 필요하다.

그러므로 **교수학**은 교수학적 공학이 해결하지 못한 바가 무엇인지를 가리키는 유일한 수단으로, 교수학적 공학의 독자적인 작업을 확인하고 분류하는 역할을 한다. 또한 **교수학**은 교수학적 공학을 활용하고 재현하는 조건을 구체화함으로써 교사들에 의한 연구와 학문적 성과의 과정과 결과를 승인하는 유일한 수단으로 교사들의 인식을 넓힌다.

교수 전문성의 기술적 측면을 규정하고 관심을 고조시킴으로써 **교수학**은 교사의 역할에 대한 사회적인 논의를 이끌게 된다. 이를 통해 **교수학**은 교사의 활동을 전문화하는 토대를 제공한다.

하지만 교수의 관점에서 볼 때 교수 상황의 레퍼토리를 개발하는 것은 교수 상황 자체에 어떠한 가치도 부여하지 않는다. 우리는 교수 상황이 아동에게 어떤 점에서 득이 되는지 알 필요가 있다.

이전 연구에 따르면, 교수 조건이 좀 더 명확하게 드러나고 학생에게 보다 개방적이며 교사가 더욱 신뢰할 수 있는 "좋은" 상황은 적절한 연구를 통해서만 의미 있게 논의될 수 있다. 교수학은 더욱 다양하고 구체적인 목표에 잘 어울리는 상황을 도입하였는데, 이러한 상황을 통해 행동을 위한 지식의 습득, 언어와 이론의 습득, 인식론적 장애에 대처하는 것 등이 가능해졌다.

비교적 널리 알려진, "퍼즐"[4] 수업을 여기서 다시 언급하는 것에 대해 양해해주기 바란다. 수업 맥락을 간단하게 설명하면 다음과 같다. 이 수업의 목표는, 학생들이 1.78m과 같은 측정값에서 드러나는 소수와 유리수의 특징을 학습한 다음, 1.78을 곱하는 선형 사상을 구체화하고 계산함으로써 소수와 유리수의 용법을 확장할 수 있도록 하는 것이다. 여러 연구에 따르면 178을 곱하고 100으로 나누는 것과 같이 자연수 사상을 결합하여 선형 사상을 명시적으로 구성하는 전통적인 도입 방법은 학생들이 이미 알고 있는 방식이지만, 소수와 유리수의 용법을 확장하는 데 어려움이 있다. 퍼즐 수업의 아이디어는, 좀 더 확장된 범주에서 사상을 암묵적으로 사용할 필요를 느끼도록 하여, 이러한 사상에 순서를 매기거나 사상끼리의 덧셈과 곱셈을 예측해 보는 것과 같이 사상의 효과와 성질을 생각해 보도록 함으로써 사상을 나타내는 간편한 방식을 찾아보도록 학생들을 유도하는 것이다. 우선 학생들은 "행동 문제"의 암묵적인 답을 하나씩 차례로 찾으며, 명칭 체계의 필요를 명확히 드러내는 메시지 전달 문제가 이를 뒤따르게 된다.

퍼즐 조각을 어떻게 확대해야 한 변 길이가 4인 조각의 상이 한 변의 길이가 7인 조각이 되어 퍼즐의 상이 원래 퍼즐처럼 기능할 수 있는지 학생들이 알아내는 행동 문제를 선택하였다. 이 활동의 묘미는 학생들이 겪게 될 인지적 갈등이 드러날 수 있도록 2명으로 소그룹을 구성하여 각자 퍼즐을 한 조각씩 똑같이 그리도록 한 것인데, 이를 통해 학생들은 조각을 조정해보면서 인지적 갈등을 겪게 된다. 학생들이 보기에 길이의 상을 기본적인 산술 연산으로 계산해야 하는 것은 분명하다. 그러나 어떤 연산을 써야 한다는 말인가? "측정된 길이에 3cm를 더할까?", "길이를 두 배 해서 1을 뺄까?"

조각을 맞추려는 이런저런 시도를 하며, 학생은 $\frac{7}{4}$과 매우 비슷한 사상을 생각하게 된다. 학생은 "길이를 두 배 해서 1을 빼는" 방법을 통해 원래 길이가 0.5cm가 아니라

4) 1981년에 나는 이 수업에 대한 분석을 "Problèmes de didactique des décimaux"라는 제목의 논문으로 *Recherches en didactique des mathématiques* 2(1)에 발표하였다. 이 논문은 클라포니(Ph. Clapponi)가 *Petit x* 9, 1985, 63-65에서 인용하였으며, 플루비나지(F. Pluvinage)는 *Petit x* 11, 1986, p. 20에서 인용하였다. *Petit x* 17, 1988, 49-56에서 모린(C. Morin)은 자신이 조직하여 재현한 수업에서 학생들이 보인 행동을 상세히 분석하여 기술하였다. 편집자 주: 이 책의 4장 2.2절을 참고하기 바란다.

면[5] 구하고자 하는 값과 대략 비슷한 값을 얻을 수 있다.

학생이 지적으로 만족할 만한 해법을 탐색하는 것은 이해의 토대가 되며, 두 길이의 합에 대한 상은 두 길이의 상을 합한 것이 되어야 한다는 선형성의 기본 성질을 명시적으로 만든다. 이러한 해법을 찾는 시간이 충분히 지나면, $\frac{7}{4}$을 곱하는 방식이 순서적 관점에서 근방 함수라는 암묵적 환경을 통해 등장하게 된다. 이러한 환경은 나중에 학습하게 될 구조를 예상하는 데 기여한다.[6]

적절한 조건[7]에서 5학년을 대상으로 수행한 예비 실험 과정의 성공을 6학년 모든 학급으로 일반화하기는 어렵다는 증거가 있지만[8], 이러한 성공에서 나는 큰 희망과 열정을 얻었다.

교사들이 공학에 거는 기대는 타당하지만, 그러한 기대에 수반되는 어떤 가정들은 그리 타당하지 않다. 이 기술이 실행되려면 교사, 학생, 학부모가 당장 접근 가능한 조건이나 지식 이외에 어떤 것도 요구되어서는 안 된다. 또한 이러한 기술의 유용성과 효과성이 현재 실행되고 있는 바를 넘어서는 매우 이례적이면서도 안정적인 장점을 지녔다는 사실이 모두에게 명백해야 한다!

앞서, 현재 실행되고 있는 바가 잘 알려졌다고 보고, 이를 구체적으로 기술하지는 않았다. 관련되는 매개 변수의 개수를 고려할 때, 이들 모두를 같은 유형으로 보기는 힘들다. 그러므로 경우에 따라 현재 실행되는 바는 어떤 장점이나 단점도 지닐 수 있다.

연구자나 교사가 교수 상황에 필요한 조건을 상세히 다룬 글을 동료에게 도움을 주기 위해 출판하거나 읽기는 어렵다. 교수학의 현재 상태를 고려할 때, 이러한 글의 분량은 적어도 30쪽 정도는 될 것이다. 지금은 교수 상황의 전개와 효과에 대해 아주 간단

---

5) 역자 주: 0.5cm에 대해 "길이를 2배 해서 1을 빼는" 방법을 적용했을 때 대응되는 상은 0cm이며, 이는 확대된 길이로써 적합하지 않다. 4cm 근방의 길이라면 "길이를 2배 해서 1을 빼는" 방법과 "$\frac{7}{4}$을 곱하는" 방법 사이의 길이 차이가 크지 않지만, 0.5cm처럼 4cm와 비교적 큰 차이가 나는 길이는, 두 방법을 적용한 결과가 상당히 다르다. "0.5cm만 아니라면"의 뜻은 "4cm와 크게 다르지 않는 길이라면" 정도의 의미로 해석할 수 있다.

6) 전체적인 절차는 다음 글에 자세히 기술되어 있다. N. and G. Brousseau(1987) "*Rationnels et décimaux dans la scolarité obligatoire*", IREM de Bordeaux.

7) 이처럼 적절한 조건이 보르도(Bordeaux)의 에꼴 미슐레(Ecole Michelet)에 갖추어졌다.

8) 이 수업은 전체 과정의 도입부일 뿐이다. 아동들이 유리 사상이나 소수 사상의 용법에 익숙해지기 위해서는 이 수업의 결론 부분까지 도달할 수 있어야 한다. 맥락이 혼란스럽거나 수행이 엄밀하지 못하면 사상을 다루는 연습 활동에 불과할 수 있으며 교수 담론을 은유적으로 지원하는 역할로 전락할 위험도 있다. 그러나 이러한 기술은 상당히 견고해서 잘못 분석되거나 사용되더라도 꽤나 흥미롭다.

하게 서술하는 것이 관례지만, 이는 교수 상황을 제대로 재현하기에 불충분하다. 교수 상황에 필요한 조건 사이의 관계가 얼마나 애매한지 확인하고 지난 15년간 어떤 진척이 있었는지 비교하기 위해서는 수업에 관한 저널과 책에 실린 논문을 읽는 것으로 충분하다. 체스 마스터가 특정 게임에서 말을 어떻게 움직였는지 기록하는 것이, 그가 어떤 전략을 사용하였는지 확인함으로써 이후 다른 게임도 이길 수 있도록 그 전략을 "재현"하기에 충분하다고 생각하는가? 상황을 기술하는 데 상당한 노력이 필요하지만, 이러한 섬세함은 과도하고 심지어 독자를 모독하는 것으로 여겨지기도 한다. 이는 쓸데없는 세세한 것에 얽매이는 현학적인 일로 치부될 수 있다.

그러한 서술에 사용하는 용어는 교사가 가르치는 일에 사용할 수 있는 것이어야 한다. 만약 교사가 비슷한 대상을 지칭하기 위해 이미 사용한 개념과는 다른 개념을 사용할 수밖에 없다면, 이처럼 사용하는 것이 이론적인 정의를 다루기 위해서라고 할지라도 다음과 같은 딜레마가 생기게 된다. 한편으로는 낯설고 불명확한 용어를 사용하는 희생을 치러야 하며, 다른 한편으로는 기존에 사용한 용어에 대한 오해를 불러일으키거나 박식한 체하는 말을 사용함으로써 전제와 결론이 매우 허황된 것처럼 보이게 만든다. 결과적으로, 뭔가를 연상시키는 독창적인 용어를 도입할 때, 전문용어가 아닌 친숙한 용어를 사용할 수 있다면, 상당한 의심과 역설을 불러일으킨다.

요약하면 교사들은 자신들이 "능숙하게" 관장할 수 있는 **교수학**을 기대한다. 이러한 **교수학**에는 그것이 무엇인지 납득하도록 교사들을 이해시키거나 자극하는 어떤 것도 존재하지 않는다.

2.2. 교수에 관한 지식

교사는 가르치는 일과 관련되는 다음과 같은 지식을 **교수학**을 통해 얻을 수 있을 것으로 기대한다.

- 학생, 학생의 행동, 특정한 교수 조건에 의해 학생이 보이는 반응
- 교수 상황과 학습 상황이 되는 여러 조건
- 교수 관리 및 실행을 유지시키는 여러 조건
- 지식 전달에 관여하는 모든 주체가 직면하는 교수학적 현상

첫 번째 사항은 가장 다양하고 안정적인 학생 반응을 위한 것이다. 교사들은 학생들의 오류와 행동이 기술된 보고서에 흥미를 갖는다. 그러나 이러한 오류를 그저 기록하는 것에 만족하지 않고 그 원인을 이해하려면 해야 할 일이 상당히 많다. 이제 도입부

에 기술한 질문 중 하나를 좀 더 자세히 살펴보자.

"'제도화된' 지식이 작동하는 데 있어, 암묵적으로 학습된 비맥락적 지식이 예비지식으로서 어느 정도까지 영향을 끼치는가?" 제도화된 지식은 교사가 학생에게 명시적이고 공식적으로 지도하는 지식이다. 이는 평가의 대상으로, 학생은 이 지식을 문제 해결에 적용해야 한다는 사실을 안다.

아동에게 "이해"라는 것은, 교사가 남겨놓은 상황 및 교사의 언어, 이전에 학습한 지식과는 "별개로" 현상이나 사실을 나름의 방식으로 확고히 하거나 연결 짓는 일이다. 예를 들어, 아동은 세기를 통해 측정값을 이해하고, 측정값을 사용하여 수의 순서적 특징을 다룬다. 또한 아동은 순서("더 커지니까 나누기 연산은 아니야") 또는 반복적인 덧셈으로서의 곱셈 등 다른 연산과의 관계를 이용하여 여러 연산을 타당화하고, 연산(13은 10과 3을 더한 것)을 이용하거나 다음 수를 찾음으로써 세기를 이해할 수 있다. 이상의 활동은 정수끼리의 타당한 모든 관계에 의미를 줄 수 있다.

수업에서 다루어졌다거나 학생이 전적으로 관계를 부여했다고 해서 교사가 이러한 지식을 모두 제도화하는 것은 아니지만, 이 중 일부는 상당히 맥락적이기 때문에 제도화될 만한 타당한 이유가 있다. 어느 것이든 교사가 가르친 제도화된 지식이 적절히 작동하는 데 중요하다.

학생은 자연수의 성질이 모든 수가 일반적으로 갖는 성질이라고 생각한다, 자연수를 유리수나 소수 같은 더 큰 집합에 끼워 넣으면 새로운 성질이 생기지만, 동시에 다른 성질은 사라지게 되는데, 이러한 성질은 모든 수에 대해 더 이상 성립하지 않거나 어떤 수에 대해서는 더 이상 참이 아니게 된다. 예를 들어, 곱셈은 수를 작게 만들 수도 있으며, 소수에는 그다음 수가 존재하지 않는다.

교사는 학생에게 이러한 단절에 대해 충분히 알려줄 수 없다. 문화와 전통, 교수학적 공학 역시 이러한 단절을 다룰 만한 필수적인 도구인 연습문제나 유의점, 개념, 설명, 역설 등을 만들어내지 못한다. 이러한 상황으로 인해 교사는 혼란에 빠지거나 오해를 하게 되며, 학생은 실수를 하게 된다. 수와 관련하여 학생이 가진 잘못된 개념은 자연수의 성질을 이해하는 특정 방식과 연결되기 때문에 오랫동안 지속되며, 이러한 문제는 수년간 영향을 미칠 수 있다.

보다 중요한 것은 이러한 장애의 메커니즘이다. 일반적으로 교사는 오해를 일으키지 않는 참인 담론을 통해 이러한 장애에 대처한다. 이는 가르친 지식이 잘못되었다기보다 학생이 이해를 위해 사용한 사적 도구에 문제가 있음을 보여준다. 이제까지 "이해"라고 생각했던 것이 수정할 필요가 있는 바로 그것이기 때문에, 학생은 더 이상 이해를 추구하지 않는다.

교수학이 이러한 문제를 공학적 조정만으로 해결할 수는 없다. 교수학은 결국 레진 두아디(Régine Douady)의 "관점의 변화(*changements de cadres*)"[9](1985)와 같은 탈배경화 과정을 제안하거나, 사회-인지적 갈등과 같은 지적 장애에 직면하게 만드는 상황을 제안하게 된다. 학생들이 새로운 지식을 학습할 때 자신들의 경험에 의지하기 위해 필요한 맥락적 참조물을 교사가 무시함으로써 어떤 문제가 발생하게 되면, 교수학은 아무런 쓸모가 없게 된다. 올바른 체계를 따르도록 학생들의 기억을 관리하는 것이 불가능하다는 것을 문화적 이유로 돌리기는 쉽다. 문제는 문화적 수준에서 다루어져야 하며, 교수학은 문화와 상호작용해야 한다.

그러나 앞서 언급한 사실은 학급이나 학년이 바뀐 뒤 학부모, 교사, 학생 사이의 관계에 악영향을 미치는 상당히 광범위한 현상을 만들어낸다. 예를 들어, 교사는 지식 학습에서 학생이 겪는 어려움을 염두에 두고자 한다. 지식이 제대로 제도화되면 이를 이용하는 것이 가능하지만, 한편으로 지식의 사용과 이해는 맥락에 영향을 받는다. 교사가 이러한 맥락을 무시하면 상황이 적절히 작동하지 않게 된다. 때때로 학생은 "해를 찾기 위해 해야 하는 바는 알지만 문제 자체는 이해하지 못한다".

지식이 만들어지는 환경이 전통을 따르든 전문적 지식을 따르든, 교사가 이러한 환경을 이해하는 유일한 방법은, 학생에게 개념을 직접 가르치거나 학생이 문화적 참조물을 마음대로 이용할 수 있도록 하는 것이었다. 그러나 이러한 유형의 "고전적" 교수학이 문제를 제도화하는 것으로 채워진다면, 수학적 사고를 말살하는 위험한 해결책이 될 수 있다. 교사는 직접 경험하지 않은 학습 상황을 기억할 수도 있는데, 이러한 상황이 관례적으로 잘 알려져 있기 때문이다.

간단한 지식의 사용법을 이해하지 못하거나 어려워하는 학생이 생기면, 학생, 수업, 지도 방식, 교육과정 등과 관련하여 뭔가 잘못된 것은 없는지 검토하려는 강한 압력이 생기며, 쉽게 가르치고 평가될 만한 바를 학생과 교사를 포함하여 모든 이가 고려하게 된다. 이때 주목받는 것이 바로 알고리즘이며, 이것이 최소한의 기본 요건이 된다. 학생은 나눗셈을 어떻게 하는지 알지만 이를 언제 해야 하는지는 모른다.

결과적으로, 당사자들은 동요하며 교사들은 서로 논의를 진행한다. 한 수준에서 다음 수준으로 학생을 끌어올리기 위해 교사는 학생이 지닌 맥락적, 개인적 지식을 더욱 무시하고 등한시하게 된다. 이러한 과정은 교사와 학생 모두가 앵무새처럼 의미 없는 말을 반복하는 행위를 그만둘 필요가 생길 때까지 지속된다. 이것이 바로 몇 년 전까지

9) 편집자 주: "환경 사이의 상호작용"이라는 두아디 이론의 전개 과정은 Douady(1984)을 참고하기 바란다. 간단한 프랑스어 설명은 Douady(1986)에서, 영어 설명은 Douady(1985)에서 찾을 수 있다.

있었던 일이다. 교수학적 변환의 주체(noosphere; Chevallard, 1985)[10]라는 개념을 통해 모든 사람에게 발명, 독창성, 교육적 혁신에 참여하도록 요구할 수 있다. 이 개념은 사적인 **교수학**을 고려하지 않으며, 다양한 주체의 의견을 반영해서 **교수학**이 만들어진다는 것을 상정한다. 자발적인 교수학적 다양성의 증가로, 교사 개개인이 학생의 개인적인 기존 지식을 연결하고 복구하기가 어렵게 된다.

이상과 같은 과정은, 지식이 보편적이며 확정적이라고 주장하는 문헌에 의해 수월하게 진행되었다. 그러나 이 때문에 결국 교수는 형식적인 지식을 다루는 활동으로 전락하고 말았다.

교수학은 상대적으로 무질서한 교수학적 변환의 진화 과정에 대해 살펴보고 있다. 교수학적 계약이라는 게임은, 이러한 게임의 발전 규칙이 없더라도, 불안정성, 개선사항, 변인 체계의 영향 등을 통해 누군가가 지각할 수 있는 전체 현상을 모두 포함한다. 교수학적 계약을 연구함으로써, 이하에서 설명할 "토파즈" 효과, "죠르단" 효과, 메타교수학적 이동(metadidactical shift)[11], 유추 효과와 같은 현상을 발견하였다. 이러한 현상은 이론적인 모델을 통해 추론될 수 있으며, 교실 수업 수준에서뿐만 아니라 공동체 활동 수준에서도 관찰될 수 있다.

"토파즈 효과"는 다음을 말한다. 학생이 보여야 할 반응은 일반적으로 사전에 결정되기 때문에 교사는 이러한 반응이 만들어지고 의미가 부여되도록 여러 조건을 조정하게 된다. 교사는 최대한 열린 질문을 던져 의미가 가능한 한 풍부하고 정확해지도록 상황을 관리한다. 학생이 답을 하지 못하면 교사는 학생이 쉽게 답할 수 있도록 정보를 준다. 교사는 결국 파뇰(Panol)의 연극, "토파즈(Topaze)" 제1막에서와 같이, 학생의 반응에 최소한의 의미가 있도록 요구하지 않은 채, 학생의 반응을 유발하는 조건에만 주목하는 상황에 처하게 된다. "닭들이… 뜰에서 놀고 있었다".[12][13]

"죠르단 효과"는 토파즈 효과의 한 형태이다. 교사는 지식에 대해 학생과 논의하는 것을 피하고 실패를 가능한 한 인정하지 않기 위하여, 학생의 답이나 행동이 실은 아주 사소한 동기에 의한 것으로 별 가치나 의미가 없음에도 불구하고 이를 지식의 일부나

---

10) 모든 사람과 집단은 특정 영역에서 지식이 만들어지고 의사소통되는 과정에 관심을 둔다. 편집자 주: 각주 9번을 참고하기 바란다.

11) 역자 주: 메타교수학적 이동은 메타인지 이동과 유사한 현상이다. 1장 2절을 참고하기 바란다.

12) 편집자 주: 1장 2.1절을 참고하기 바란다.

13) 역자 주: 희곡 〈토파즈〉에서 이 문장의 앞뒤 내용은 다음과 같다(Pagnol, 1928/1990).
토파즈가 걸어 다니며 읽는다. "닭들이......, 닭들이......, 뜰에서 놀고 있었다." 토파즈가 학생의 어깨 너머로 들여다 본 다음 닭에 힘을 주어 다시 읽는다. "닭들이......, 닭들이......." 학생이 당황한 얼굴로 토파즈를 쳐다본다. 토파즈가 말한다. "얘야, 정신 좀 차려! 닥들이 아니라 다ㄹㄱ들, 다ㄹㄱ들이란 말이야. 이섰다가 아니라 이ㅆ 어ㅆ다란 말이야!"

지식이 만들어지는 진정한 과정을 보여준다고 생각한다. 죠르단 효과의 예는, 몰리에르(Molière)가 쓴 "서민귀족(Bourgeois gentilhomme)"에서 한 철학 선생이 죠르단(Jourdain)에게 그가 산문을 쓰고 있다고 말하는 장면이나, 죠르단이 "O"와 "A"를 발음하면서 스스로는 철자 연습을 한다고 생각하는 동안 철학 선생이 잘난 척하면서 말하는 장면 등에서 찾아볼 수 있다.

메타교수학적 이동은 굉장히 넓은 영역에 걸쳐 있으며 최근 들어 중요한 결과가 나타났다. 가르치려는 시도가 실패하면, 교사는 설명을 끝마치기 위해 텍스트로 돌아가야 한다. 지도 수단이었던 이러한 첫 번째 시도는 결과적으로 학습의 대상이 되며, 심지어 지도 목표가 된다. 즉, 형식이 내용이 되어 지도 목표를 대체한다. 집합론의 언어가 기초적이기는 하지만 자연스러운 사고와는 상당히 다르기 때문에 이를 설명하기 위해 1970년대의 교사들은 잘 알려진 벤다이어그램을 사용하거나 오일러(Euler)가 예카테리나 2세(Catherine the Great)를 위해 만든, "독일 공주에게 보내는 편지"에서 제시한 "감자 그림"과 같은 다이어그램을 사용하였다. 그러나 이러한 은유는 좋은 모델이 아니다. 이는 대중화를 지향하는 열망에 따라 새 규약을 지속적으로 만들어 내며 지도 수단을 마치 지도 대상인 것처럼 간주하도록 한다. 예를 들면 논리를 다루기 위해 사용한 집합론의 언어, 형식 언어를 다루기 위해 사용한 다이어그램, 그림을 설명하기 위해 사용한 다이어그램의 어휘, 어휘를 설명하기 위해 사용한 규약과 같은 것이 그러하다. 메타교수학적 이동은 공동체의 통제를 벗어나서 10년 넘게 거대한 오해를 야기하였으며 대중과 교사의 인식론에 여전히 영향을 주고 있다.

목표하는 지식과 맥락에 따라 달라지는, 위와 같은 유형의 현상이 더 존재한다. 연구를 통해 만들어진 인지적 산출물은, 연구에 대한 소통이나 학생에 대한 교육이라는 목적에 정확히 들어맞는 개념을 형성하지 못한다. 문화적 측면에는 "맹점"이 있다. 개인적인 발전에 유용한 지식은 문화적인 측면에서 학문적 개념의 특징을 지니지 못하며 교수를 통해서는 이러한 간극을 메울 수 없다. 개인적인 지식의 예로는 소장품의 나열(이는 조합론의 소분야이다), 행위, 재배치, 측정값을 조직하기 위한 공간의 표상(이는 수학자들의 기하적 논쟁으로 사라져 버린 분야이다), 자연스러운 사고(이는 논리학에 의해 사려져 버렸다) 등이 있다.

보다 일반적인 측면에서 볼 때, 훌륭한 교사가 끊임없이 추구하는 수학적 활동의 "자연스러운" 표현은 받아들여지거나 인식되지 못하므로, 상용하는 언어나 구성 양식을 대체해야 한다. 즉시 대체되지 않으면, 학문이라고 볼 수 없는 불확실한 상태의 덧없는 지식을 "암기하는" 문제에 전체 시스템이 직면하게 됨으로써, 이러한 지식을 표현하지도 인지하지도 못한 채로 그 발전을 도모하게 된다.

지식이 효과적으로 작동하는 상황에서 지식을 분리하여 탈배경화된 상태로 지도함에 따라 수업에서 수행되는 행위와 의미는 가치를 잃는다. 지식이 작동하는 상황을 복구하는 재배경화는 의미를 변형시키는 교수학적 변환의 대가를 치른다. 학생의 지식이나 문화적 지식을 재변형하는 것은 이러한 변환 과정을 다시 밟는 것으로, 잘못된 변형의 위험을 증가시킨다. 교수학은 이러한 변환을 관리하는 수단이며, 무엇보다 그러한 변환이 작동하는 법칙을 이해하는 도구이다.

학생이 대수적 표현을 어떻게 다루는지 다시 살펴보자. 쉐바야르는 공개된 정보의 보존이라는 현상을 설명하였다. 암묵적인 교수학적 계약하에서 학생은 제공된 정보를 "보존"하는 책임을 느낀다. 이 관점에 따르면, "$3x=0$"이라는 표현에서 3에는 학생에게 특별한 의미가 있다. 이들은 "4"가 아니라 "3"이기 때문에 수학적인 변형을 거쳐도 그 상태를 유지해야만 한다고 생각한다. "$x=0$"이라는 결과를 도출하는 것은 계약에 반하는 것이므로, 부주의한 학생은 이를 "$x=1/3$" 또는 "$x=-3$"으로 바꾼다.

교수학적 계약과 연관된 현상에 대한 연구가 급격히 늘고 있다. 이러한 현상을 설명하고 연구하는 것과 이 현상에 영향을 미치는 것은 다르다. 미셸 아티그의 연구(예, Artigue, 1986)와 같이 체계적인 연구는 매우 드물다. 교수학적 상황의 재현 가능성을 연구함으로써, 아티그(Artigue)는 미분방정식 지도에 사용된 상황의 쇠퇴를 관찰하고 그 대안을 제시하였다.

2.3. 결론

결과적으로 교수학은 사회 내에서 교사가 자신의 지위, 훈련, 관계를 변화시키도록 돕는다. 교수학은 교사 개인 또는 교사의 동료들이 사용하는 지식, 학부모와 일반 대중의 지식에 직접적으로 관여한다. 또한 교수학을 통해 교사는 더 만족스러운 방식으로 가르칠 수 있으며 일반 대중이 사용할 수 있는 더 좋은 방안을 개발할 수 있다. 교수학은 학교 안팎에서 교수를 보다 적절하게 관리할 수 있도록 한다.

교수학이 어떻게 실제의 개선에 기여할 것인가에 대해서는 아직도 연구가 많이 이루어져야 한다. 그러려면 먼저 학교의 체제와 문화가 많이 개선되어야 한다. 지금까지의 연구를 통해 교수학이 사회적인 역할을 한다는 점을 확인했으므로 앞으로도 계속 이 방향으로 연구하고자 한다.

3. 교수학 보급의 어려움

교수학에 대한 지식과 그 기법이 대중이나 교사에게 그렇게 천천히 전해지는 이유는 무엇인가? 내가 보기에 주요 이유는 교수학의 연구 결과를 전달하는 사람들 대부분이 교수학을 부적절하고 타당하지 않게 사용하기 때문이다. 나는 이들이 일부러 그렇게 했다고 비난하는 것이 아니라, 쏟아지는 여러 압력에 굴복했다는 점을 지적하고자 한다.

3.1. 하나의 연구 결과가 어떻게 교사에게 전달되는가?

1. 그래노블 IREM 초등학교 팀[14]이 수행한, "선장의 나이"라고 불리는 유명한 실험이 있다. 연구자들은 다음 문제를 3학년과 5학년 아동들에게 제시하였다.

"배에 양 26마리와 염소 10마리가 있다. 선장은 몇 살인가?", 또는 "어떤 교실에 각 줄마다 학생이 6명씩 4줄로 앉아 있다. 교사는 몇 살인가?"

예상하는 것처럼 3학년 학생 78%는 별 어려움 없이 답을 말하였다. 연구자들은 학생들에게 "이 문제에 대해 어떻게 생각하니?"라고 질문하였다. 5학년 학생은 대부분 대답을 거부하거나 보류하였으며, 거의 절반은 "선장의 나이는 양과 아무 관련이 없기 때문이에요"라고 하면서 이 질문이 이상하고 엉터리라고 말하였다. 그러나 학생들에게는 대답을 해야 한다는 과업이 있다. 오래된 격언처럼, 학생들은 어리석은 질문은 그 질문을 던진 사람의 어리석음을 반영한다고 생각했을지도 모른다.

2. 이 실험은 교수학적 계약, 즉 학생과 교사에게 작용하는 암묵적인 규칙의 영향을 보여준다. 이 점이 당시에 연구를 설계한 사람들에게도 분명했을까? 만약 "그렇다"면, 이들의 연구 결과는 출판이 허락되었을까? 무엇 때문에 출판이 가능했을까?

나는 1977년에서 1978[15]년 사이에, 특정 어려움을 지닌 아동들을 관찰하는 과정에서 **교수학적 계약**이라는 개념이 필요함을 느꼈다(Brousseau & Peres, 1981). 이 용어는 1978년 11월에 파우(Pau)의 GEDEOP[16]에서 처음 사용되었으며, 플루비나지(Pluvinage)가 발견한 계약 현상에 대한 불충분한 설명을 개선하는 데 사용되었다. 교수학적 상황

14) 편집자 주: 초등학교 수학 수업을 살핀 연구팀을 말한다.

15) 아미로(C. Amirault)와 쉐레(M. Cheret)의 직업 교육 자격증(구두 교육)은 보르도의 IREM에서 1978년에 발행되었다. 편집자 주: Brousseau G. & Peres J. (1981)을 참고하기 바란다.

16) 편집자 주: GEDEOP는 교육적 목표를 지닌 연구 그룹으로, Groupe d'Explication, d'Evaluation et d'Expérimentation des Objectifs en Pédagogie를 나타낸다. 브루소가 인용하는 글은 보르도의 IREM에서 출판되었다.

론의 관점에서 볼 때, 교수학적 계약은 중요한 연구 대상이다. 교사가 학생의 비교수학적 상황과 더불어 수행하는 교수학적 상호작용 게임 및 교수학적 계약은 그것이 불가피하게 결렬되었을 때만 관찰할 수 있다.

첫 번째 결과는 그 다음 해부터 나타났다. 쉐바야르와 스나이더(Schneider)는 매개 방정식 학습 과정에서 등장하는 교수학적 계약의 결렬에 대해 탐색하였다. 이후 쉐바야르와 토넬리(Tonnelle)는 다항식을 도입할 때 교수학적 계약이 미치는 영향을 분석하였다. 1980년에 쉐바야르와 파스칼(Pascal)은 학생들이 방정식을 풀 때 자신들에게 주어지는 명시적인 정보에 얽매여서 문자나 계수가 사라지는 것을 피하기 위해 틀린 변환을 선호하는 상황이 어떻게 발생하는지를 보였다(Scheneider, 1979; Tonnelle, 1979; Pascal, 1980). 교수학적 계약이라는 용어가 이상의 연구에서 등장한 것은 아니다. 이 용어는 교수학자들 사이의 언쟁에서 사용되기도 하였지만, 1980년에야 처음으로 연구 가설로서 다루어졌다(Brousseau, 1980).[17] 1983년이 되어서야 쉐바야르가 "선장의 나이"와 관련되는 수업 상황을 교수학적 계약의 영향으로 설명하였다. 이 글은 1988년 마르세유(Marseille)에서 IREM[18]의 비공개 문헌이 알려질 때까지 "회색" 문헌[19]으로 존재하였다!

그러나 학생들의 반응에 의미를 부여하고 학생들이 학습한 지식의 의미를 변형하기도 하는 교수학적 기원을 가진 제약 조건에 의해 학생들의 추론이 형성된다는 사실은 분명하다. 또한 이러한 제약이 전적으로 교사에 의해 자유롭게 부여되는 임의적인 조건이 아니라는 것도 분명하다. 이러한 제약은 교수학적 관계에서 특정한 역할을 하기 때문에 존재한다.

이러한 제약의 역할을 설문 결과 분석에 쓰이는 심리학의 고전적인 틀로는 밝힐 수 없다. 게다가 이에 대한 연구를 수행하기가 상당히 어려운데, 이론적인 문헌이 별로 없으며 일부 사람들은 용어 자체를 잘못 이해하기 때문이다. 이들은 관련 개념의 이론적 특징을 혼동하며, "어떤 계약이 제시되어야 하는가"를 묻는 등 수업 개선의 수단으로만 그 역할을 고려한다. 심지어 일부 연구자들은 "계약이 어떻게 암묵적일 수 있는가? 교사는 이를 왜 자유롭게 바꿀 수 없는가?"와 같이 비판하기도 한다.

그래노블의 연구자들은 이 문제를 연구하기 위한 실험을 고안하였다. 그들은 IREM에서 연구 중이었기 때문에 교사들에게 제안할 만한 조언이 필요하였다. 이 연구자들이 관찰한 결과는, 약간 복잡하거나 터무니없이 구체적인 문제를 비판하는 데 이데올로기

17) 편집자 주: Brousseau(1980a)를 참고하기 바란다.

18) Alain Mercier(1984)의 Eléments pérennes du contract didactique, ruptures locales et ruptures globales, Marseille IREM을 말한다.

19) Chevallard Y. (1983) Remarques sur la notion de contrat didactique. Aix-Marseille IREM.

적으로 활용되었다. 그러나 이들은 학생의 수행과 관련된, 재해석해볼 만한 현상을 확인하게 되었다. 연구자들 중에는 교수학적 계약이라는 **문제**를 제대로 인지할 만한 교육학자가 있었기 때문에 이러한 현상에 주목할 수 있었다. 그러나 이들은 이론적 풍토가 갖추어진 적절한 곳에 연구 결과를 발표하지는 못하였다. **수학 교수학 연구**라는 저널이 막 생겼지만 해당 내용은 다룰 만한 주제가 아니었다.

3. 당신이 교사 교육자라면, 이러한 사실에 어떻게 관심을 갖지 않을 수 있겠는가? 당신이 교사라면, 어떻게 이처럼 예측하지 못한 사실이 교수 결과로 여겨지는 마당에 "불온하게" 보지 않을 수 있겠는가? 해당 연구와 관련하여 당황스러운 일들이 있었다. 연구 결과가 *Grand N*과 *Bullein de l'APM*[20]에 "익명"으로 발표되면서 선정적인 언론이 이에 주목하여 거대한 사건으로 다룬 것이다. 학교 수업에 대한 대중의 분노가 폭발했다는 기사가 쏟아졌으며, 스텔라 바룩(Stella Baruk)은, "뭐라고? 보통 아이들 97명 중 76명이 선장의 나이를 구하기 위해 양과 염소를 짝짓는다고!"라며 분개하였다(Baruk, 1985).

바룩은 이 실험을 통해 "어떤 수학적인 설명도 그것이 수식화되기 전인 게임의 초기 단계에는 아무런 의미가 없다는 … 불길한 징조"가 드러났으며 이와 같은 상황이 "지속되어서도 안 되며 지속될 수도 없다"는 점이 부각되었다고 기술하였다(ibid, p. 24). 또한, 그는 보통 아동들이 터무니없는 대답을 한다면 이는 "실제 현상에 눈과 귀를 닫도록 한, 부적절한 지도에 의해 학생들이 이상한 생각을 하도록 자극하였기 때문"이며 이는 교사들의 잘못이라고 말하였다(ibid, p. 26). 스텔라 바룩이 생각하기에, 교사들 역시 비슷한 엉터리 질문에 학생들과 똑같이 답한다는 것을 보인 알렌 부비어(Alain Bouvier)의 실험은 교사들에게 책임이 있음을 보이는 근거가 되었다(이때, 브룩은 부비어의 이름만을 언급하고 그의 글을 인용하지는 않았다).

이러한 정황을 볼 때, 이상의 "결과"가 컨퍼런스에 참여한 교사들의 반발을 불러왔을 것이라는 점은 그리 놀랍지 않다. 보다 적절한 분석 없이 교사들은 바룩이 옹호하는 조사 결과를 공격하였다.

---

20) "Quel est l'âge du capitaine?", Grand N, 19, Grenoble IREM와 Bulletin de l'APMEP 323, 235-243을 말한다.

3.2. 이러한 여정에서 무엇을 배울 수 있는가?

내가 예전에 유행했던 리폴린(Ripolin) 광고의 네 번째 화가가 된다면, 교사들이 학생들의 등에 "0"을 썼기 때문에 바룩이 교사들의 등에 "0"을 썼다고 하더라도, 나는 바룩의 등에 "0"을 쓰지는 않을 것이다.[21] 바룩은 이 고리의 끝에 있으면서도 우리 모두와 같이 교수학적 계약이라는 조건에 순응하고 있다. 부적절한 방식으로 단순화하는 교육자들, "수요가 있는" 글을 쓰기 위하여 그들이나 그들 동료의 연구를 비방하는 연구자들, "새로움"을 선호하는 저자들로 인해, 우리는 우리 모두를 진실에서 멀어지게 하는 압력에 굴복하게 된다. 그리하여 우리는 시간을 절약하거나 입장을 고수하기 위해, 크든 작든 간에 순종하고 개종하거나 이데올로기에 자리를 내주게 된다.

우선 이 절의 제목과 관련되는 요점 3가지를 살펴보자.

a) 가르칠 때뿐만 아니라 교수학적 관계에 있어서도 의미의 소멸은 일반적인 현상이다. 교사들도 학생들과 마찬가지로 기대되는 답을 최소한의 비용으로 얻고자 한다. 스텔라 바룩이 그렇게 오랜 시간 동안 무엇을 위해 싸웠는지 이해하기 위해서는, 의미를 다루는 것에 대해 학생들의 오류 이상으로 관심을 갖고 주의 깊게 연구해야 한다. 의미는 교수학적 상황론과 교수학적 변환론의 주요 연구 대상이다.

b) 많은 학생이 문제의 허구성을 받아들이는 동시에 외부자의 시선으로 그 허구성을 판단한다는 사실을 생각할 때, 학문적 지식에 따른 단순한 독해는 경계할 필요가 있다. 교수학적 관계를 실행에 옮길 때 학생들은 배운 지식이나 목표 지식을 활용하기 때문에, 학생들이 "사적인 용도"로 사용하는 지식과, 별도 법칙을 따르는 목표 지식은 필수적으로 구분해야 한다.

그러므로 서로 다른 제약 조건에 의해 서로 다른 의미가 수용될 수 있으며 실행에 있어 모순이 발생할 수 있다는 사실은 별로 놀라운 일이 아니다. 게다가 아동들의 "지적인" 반응에 대해서는 아동들을 칭찬하면서, 아동들의 모든 다른 반응은 교사들의 탓으로 돌리는 것은 터무니없다. 학생 또는 평가받는 사람은 그들의 수학적 역량이나 학교생활 경험에 관계없이 교수학적 계약의 압력을 강하게 받는다는 점이 두 번째 실험을 통해 밝혀졌다.

c) 결론적으로, 여러 가지 이론적인 이유로 학생만큼 교사도 교수학적 계약의 구속을 받는다. 상인이나 정부가 경제 법칙을 수정할 자유가 없는 것처럼 교사가 마음대로 교수학적 계약을 수정할 자유는 없다.

---

21) 역자 주: 리폴린 광고에는 화가 1명이 벽에 글씨를 쓰고 그 뒤로 화가 2명이 차례로 앞 사람의 등에 글을 쓰는 장면이 나온다. 브루소는 4번째 화가로서 다른 화가들과 같은 일, 즉 다른 이를 비방하는 일은 하지 않겠다고 말한다.

이러한 유형의 선언이나 가설은, 평온한 상태나 해결책을 요구하는 학부모들을 만족시키지 못한다. 이는 조언이나 의견을 요구하면서도 기본적으로 이러한 조언이나 의견이 쓸모없다고 생각하는 교사들을 교육할 때 잘못 사용된다. 이 때문에 교육자들은 색다르거나 충격적인 사실을 만들어낸다.

수학 수업에 대해 학문적으로 검토한 결과를 대중들이 알아듣도록 설명하는 것은 실패할 수밖에 없으므로, 교사 교육자는 어떤 시도를 시험 삼아[22] 해보는 것처럼 설명해야 하며 자신들이 해결책을 제안하려는 것은 아니라는 점을 더욱 강력하게 주장해야 한다. 또한 스텔라 바룩의 글은 매우 흥미로우며 다양한 사례와 아이디어, 지식과 인용문, 진실로 가득하지만, 자신이 설명하는 바를 이해하기 위한 것이라기보다 고발을 목표로 한 것이다.

교사들의 사회적 중요성을 고양하기 위해 교사들이 담당하는 모든 과정에서 발생하는 문제에 전적으로 책임이 있다고 가정하는 편이 나을 수도 있다. 이러한 가정에 다소 자기학대적인 낌새가 보이더라도 말이다.

APMEP[23]와 스텔라 바룩, 그리고 스텔라 바룩의 지지자들은, 지식에 대한 의사소통을 "비정상적"으로 만드는 모든 현상을 교사가 인지하여 예방할 수 있어야 하며, 이러한 현상이 발생하면 교사가 이를 바로 잡아야 한다고 주장한다.

이 분야에 아직 파악되지 않은 법칙이 존재함을 설명함으로써, 욕설을 날리는 것이 어떤 것을 판단하는 것만큼이나 비효과적이라는 점을 보일 수 있다.

이러한 경향에 맞서려면 연구자들은 보다 명확한 답을 내놓기 위해 서둘렀어야 했다. 그러나 교수학적 계약에 대한 지식을 조금 늘리는 데 10년이 걸렸다. 연구 진행 속도가 너무나 느리다. 사실은 제대로 사용되지 않으며, 연구 결과는 적절하게 기술되지 않는다. 작성한 글은 발표되지 못하거나 기껏해야 비효과적인 방식으로 출판된다. 예를 들어, 관찰 결과는 사적 문서에만 담겨 있다. 교수학적 지식을 효과적이고 선명하게 실행에 옮겨서 수업 상황을 설계하고 적정화하려면 수십 시간의 노력이 필요하다. 그러나 교수 상황을 조정하는 데 쓰이는 설명은 출판사, 심지어 저자들에 의해 체계적으로 삭제된다. 왜 그런가? 누구도 쓸모없고 사소한 것처럼 보이는, 비전문가들이 읽는 글에 의문을 제기하지 않기 때문이다. 이러한 유형의 글을 읽어서 출판을 위해 이를 재작성하는 수고를 정당화해줄 전문가가 없다. 그러나 무엇보다 중요한 것은, 사회가 교수학자에게 당연하게 요구하는 바가 실제로는 연구 대상을 말살한다는 점이다. 교사를 교육

---

22) 어떤 압력이 가해지더라도! 논쟁 중에 스텔라 바룩은 폴핸(Paulhan)을 인용하였다. "무지한 자들이 최고의 교사이다" 맥락상 이는 상대방을 풍자하기 위한 말이다.

23) 편집자 주: 여기서 브루소는 프랑스어 Association des Professeurs de Mathématiques de l'Enseignement Public의 약자인 APMEP을 사용하였다. 이는 프랑스 수학교사 연합을 뜻한다.

하거나 수업 보조 자료를 만들어 내는 것, "학문적인" 글을 기성 분야의 표준이나 상식적 규범에 맞게 조정하도록 요구하는 것 등이 그러하다.

그리하여 교사, 교사 교육자, 교사 입장을 기술한 이데올로기와 그 저자들은, 연구자들이 발견한 바에 의지하게 된다. 그러나 연구자들이 만든 개념은 문제화되기 전에 전파되고, 실험 결과는 데이터가 분석되기 전에 알려지며, 연구 결과는 실행의 필요 때문에 연구자의 어깨너머로 대충 읽힌다. 연구 결론은 통계적 처리가 되었는가와 같이 그 외형에 의해 판단되며, 사람들에게 수용 가능한 형식인지에 따라 선별된다. 연구자가 자신의 연구를 발표하고자 할 때, 연구의 토대는 이미 짓밟힌 상태가 되어 그 과업은 더욱 힘들고 쓸모없게 된다.

그렇다면 연구자는 이러한 제약 조건을 왜 수용하는가? 내 생각에 이는 연구자가 자신의 연구가 존재하며 유용하다는 것을 가능한 한 빨리 그리고 자주 선보이기 위해서이다. 연구자가 자신이 하는 연구의 존재성에 대해 끊임없이 설명할 필요를 느낀다면, 이는 체계가 그러한 연구를 완강하게 거부했기 때문이다. 이제까지 일반 대중, 교사, 심지어 수학자들까지도 수업에 대한 연구의 조직화를 거부하는 데 흥미를 느끼는 이유를 설명하였으며, 나중에 이 문제를 다시 다룰 것이다.

오늘날 **교수학**에 대한 연구가 시장 원리의 이데올로기와 책 판매량에 따라 어떻게 교사들을 착취하고 거부하였으며, 방해하고 무시하였는지를 보이는 최근 사례를 다양하게 찾을 수 있다. **교수학**이 나아가야 할 방향은 이처럼 엄청난 개입에 저항하는 것이다. 실패나 어려움을 설명함으로써 교사와 학생 모두가 느끼는 죄책감을 줄일 수 있으며, 이들이 보다 긍정적인 견해를 갖도록 할 수 있다. 의학에서 결핵의 원인을 병원균으로 돌린 것이 질병을 즉시 없애지는 못하였지만, 오랫동안 특정 방식으로 자연을 공격하였다는 의심 때문에 벌을 받아온 사람들이 더 이상 죄인으로 취급되지 않도록 하였다. 부수적으로, 이는 어느 정도의 위생이 질병을 예방할 수 있다는 것도 보여준다.

4. 교수학과 혁신

모든 교사가 학생들에게 지식을 제시할 때 그것이 그때 처음 발견된 것처럼, 그리고 그러한 발견이 앞으로 인류에게 아주 중요한 것처럼 매일매일의 수업을 진행할 필요가 있다. 이러한 요구가 학생들을 위해서만이 아니라 교사를 위해서도 계속 존재하여 수차례 강조되어야 하는 이유는, 교수학적 계약이 수업 행위를 고착화하며 수업 방법을 성문화하고 학문적 지식을 규정하기 때문이다. 교수학적 계약은 교사가 사용하는 상황을 진부하게 만들며 학생을 위한 지식 역시 시대에 뒤떨어지게 만든다. 이러한 노후화를 막는 방법은 학생과의 관계, 지식과의 관계, 수학자 공동체와의 관계, 지도 상황과의 관계 등 교수학적 계약의 서로 다른 분야를 쇄신하는 것이다. 노후화를 피하는 가장 좋은 방법은, 모든 메커니즘과 재현, 극단적으로는 모든 수업에서 드러나는 노후와의 징후를 외면하는 것이지만, 이는 매력적이면서도 위험한 환상에 불과하다. 신선함을 유지하기 위해 교사는 학생들과 수학을 만들되, 이때 만들어지는 수학은 과거를 참조하지 않는, 환경과 학생의 삶에 의해 전적으로 정당화되는 수학이어야 한다. 경험주의자, 루소주의자, 급진주의자들은 최악의 결과를 가져온다. 이들은 수업에는 원칙적으로 목표가 존재하지 않는다고 주장한다. 이들에 따르면, 수업 목표는 어렵게 얻은 문화적 지식과 사회적 계약을 통해 형성된 사고 틀을 전달하는 것이다. 이는 모든 거추장스러운 거짓말을 토대로 한 교수학적 관계를 근거로 한다. 지식을 다루는 텍스트가 어딘가에 이미 쓰여 있으며 가르치는 순간에 교사가 이를 조금이라도 바꾸는 것이 허용되지 않는다는 것을 모든 관계자가 아주 잘 알고 있다.

그렇다. 기민한 상태를 유지하기 위하여 교사는 열린 질문이나 수학에 관한 흥미롭고 참신한 질문을 던지는 것처럼 전통적인 의미에서 수학을 "재창조해야" 한다. 그러나 연구 주제가 좋은 수업 주제가 되는 일은 매우 이례적이다.

교사는 해가 유용하게 이용되는 문제, 해에 대한 질문이 제기되는 문제, 해의 효율성과 제시 방식을 개선하는 방법에 대한 문제를 민감하게 찾아 이미 알려진 수학을 "재창조해야" 한다. 학생들을 위한 별도의 방식으로 수학을 재배경화하는 것은 교사가 해야 하는 핵심 활동이다. 이러한 활동은 교수학적이면서 수학적인 본성을 가지며, 이것이 교수학적 변환의 각 단계를 구성한다. 이처럼 장차 다루게 될 질문과 발견에 대비하기 위하여 수학 지식을 새롭게 함으로써 수업이 학문적인 진보에 기여하게 된다. 오늘날 이러한 사실은 더 이상 인정되지 않는데, 그 이유는 이러한 과정을 통제하고 고민할 공동체와 지식이 존재하지 않기 때문이다.

그러므로 수업이라는 것은 부분적으로 일종의 행위이므로, 어찌 되었든 교사는 지식을 전달한다는 목표와 교수학적 상황이라는 수단을 연결해야 한다. 셰익스피어(Shakespeare), 몰리에르, 디드로(Diderot) 이래로 배우와 극작가 사이의 상호 호혜적 책임은 지속적으로 조정되어 왔다. 교사는 지식을 연기하는 배우가 될 것인가? 교수학은 교사에게 선택권을 주지 않는, "오직" 연기만을 지시하는 일련의 텍스트가 될 것인가? 나의 대답은 "때로는 그렇다. 어떤 사람이 행하는 바를 정직하게 기술하는 것은 부끄러운 일이 아니다"이다.

교사가 위험한 행동을 하지 않으면서 스스로를 배우라고 간주할 수 있는가? 교사의 수업 장면은 동일한 배우, 때로는 동일한 청중에 의해 여러 번 반복된 것이다. 그러므로 교사는 모든 사람이 동기와 각성을 갖도록 하기 위해 일종의 새로움을 필요로 한다. 오늘날 교사는 스스로를 **즉흥극의 배우**(*Comedia del arte actor*)라고 생각하기를 좋아하며 그렇기 때문에 혁신이 필요하다고 여긴다.

선험적으로 말한다면, 혁신은 앞서 우리가 교사의 일반적인 교수학적 행위로 규정한 바와 관련된다. 이는 교사가 신선함을 유지할 수 있는 비교적 안정된 수단 중 하나지만, 지도 행위에 영향을 끼칠 수 있기 때문에 교사가 신선함을 잃게 만들 위험도 있다. 모든 교사들에게 비-수업적인 교수학적 행위는 거절하기 힘든 필수품처럼 보인다.

그러나 혁신이라는 것은 교수학적 메커니즘으로, 사회적인 특징을 띠며 연구와 같은 열정적인 투자의 대상이다. 교수학적 연구의 여러 형태 중 하나인 체계적 분석에 따르면, 혁신은 공식적으로 규정된 것과는 다른 결과를 가져올 수도 있다.

혁신은 그 정의상 암묵적으로 진행될 수 없으며, 널리 전파될 필요가 있다. 그러므로 혁신은 최대한 폭넓게 보급됨으로써 득이 되고, 가치가 있으며, 모든 사람에게 전달될 수 있는 형태로 "작동하는" 뭔가를 의미한다. 따라서 앞선 혁신, 즉 기존 방법의 실패를 보여주는 전조를 이용하여 혁신의 보급을 정당화해야 한다. 그렇기 때문에 혁신이 매우 새롭고 적어도 다른 점이 하나는 있다는 사실을 강조해야 한다. 혁신을 빠르게 진행하기 위해서는 과거를 깎아내리고 거부하는 데 최선을 다해야 한다.

보다 돋보이는 설명을 붙이자면, 혁신을 통해 교사들은, "자신의 역량을 개발하고", "수업의 조건을 개선하며", "조작적인 결론을 도출하고", 자신의 환경에 영향을 미치는[24] 혁신가로서 살 수 있다. 혁신가들의 목표는 거대하다. 사회적 행위라는 별도의 수단을 통해 혁신을 전파하고 확장하여 일반화하는 것이 이들의 목표이다.

혁신에는 청중이 필요하므로, 이는 일종의 자기촉매적(autocatalytic) 현상이다. 초기에 혁신은 기하급수적으로 아주 강력하게 진행되지만, 뒤로 갈수록 무지한 이들의 집중력과 같이 순식간에 사라진다. 혁신이 전파되는 힘과 속도는 예상보다 빠르게 0으로 수렴한다. 20% 이상의 교사들이 동일한 관점을 공유할 때는 혁신의 역할을 지지하는 것이 오히려 혁신과는 어울리지 않는다. 독창적인 혁신가라면 자신이 방금 포기한 혁신이 "좋든" "나쁘든" 상관없이 새로운 지평으로 시선을 돌린다. 즉 혁신이 성공적으로 보급될수록 혁신이 보급되는 속도는 더 빨라진다.

---

24) 알렌 부비어는 이 표현을 "*Didactique des mathématiques, le dire et le faire*"에서 사용하였다. 실행 연구(action research)의 특징을 설명하기 위해 그는 "전통적인" 연구와 이를 대비하였다. 실행 연구에서 연구자는 "다른 이의 역량을 차용하여 연구자로서 자신의 지위와 경력을 개선하는 것, 새로운 질문과 가설을 만드는 것"(p. 512)에 주요한 목표를 둔다. 내 동료 알렌은 보졸레(Beaujolais) 와인의 마개를 너무 멀리 날려 보낸 것 같다!

여기서 설명하는 체계는 일종의 유행이다. 교사들은 유행, 바로 유행을 원한다! 왜 그러지 않겠는가? 나는 소비를 지향하는 이러한 메커니즘과 관련하여 어떤 잘못된 점도 찾지 못하였다. 구체적으로 말하자면, 혁신 과정은, 뒤죽박죽인 싸움터에서 패한 이유를 밝히려는 진지한 설명으로 유지된다. 이 싸움터에서 최초의 혁신가는 "반칙"이라고 외치면서 동료에게 더 다양한 방식의 훈련을 요구하거나 압박을 가한다. 그렇게 되면 혁신의 새 물결은 모든 사람에게 필수적인 것이 된다. 이를 통해 모든 이가 잊고자 하는, 고통스러운 혼란의 시기를 "뛰어 넘을" 수 있기 때문이다. 이것이 바로 혁신을 통해서는 그것이 끊임없이 자극하는 경험에서 간단한 교훈도 얻을 수 없는 이유이며, 교수학에 대한 지식에 혁신이 어떤 기여도 하지 못하는 이유이다. 운이 좋다면, "선장의 나이" 문제를 통해 보았던 것처럼, 다른 목적을 차용하여 혁신의 필요성을 말할 수는 있다.

그러므로 실패를 기술하는 것은 혁신의 자기 유지를 위해 필수적이다. 그렇지만 실패 자체를 피할 수는 없을까? 내가 생각하기에는 실패는 피할 수 없으며, 혁신은 어떤 측면에서는 매우 순환적이지만, 그럼에도 동일한 방향으로 진전하는 것처럼 보인다. 그러나 효과를 볼 가능성은 낮다. 혁신을 신속하게 확산시키려면 유행이 진행되도록 하는 리듬이 필요하다. 이러한 리듬을 얻기 위해 혁신은, 교사들의 실행과 관련되는 주요 부분에서 어떤 것도 건들면 안 된다. 유행은 코트의 깃이나 길이는 바꿀 수 있지만 코트에 구멍을 뚫을 수는 없다.

혁신을 퍼뜨리는 메커니즘은 좀 더 복잡하며, 관련 지식에 달려있다. 혁신이 성공하거나 실패하는 이유는 특별한 사례와 관련지어 보다 정확한 방식으로 연구된다. 앞서 언급한 다이어그램과 딘즈(Diénès) 이론이나 방법처럼 확실하게 성공한 혁신이 그 예이다.

우리가 지적한 현상은 매우 흥미롭다. 딘즈는 부르바키(Bourbakist)가 만든 수학 조직을 인식론적 모델, 인지와 정신 발생적 모델, 논리 및 지도 과정의 모델로 한꺼번에 제시하였다. 그는 상당히 높게 평가되는 교수학적 자료를 만들었다.

당시의 구조주의적 야망에 힘입은, 이처럼 놀라운 단순화의 핵심은 동치인 대상의 목록을 동치관계와 집합에 대응시켜 구성하려는 수학자들의 "집합론에 입각한 분할(set-theoretic quotient)"과 관련된다. 일반화는 동치인 대상에서 공통인 성질로 넘어가는 것을 의미한다. 가르치기 위해 학생의 삶과 "동형인" 상황을 가져와야 한다. 즉, 상황은 그 수학적 구조와 동치인 상황이다. 이러한 유형의 경험을 통해 학생은 동일한 구조를 인식하며 이에 대한 스키마를 만들고 형식화한다는 것이다.

교사들은 이러한 이론을 암묵적으로 사용하였기 때문에 받아들였다. 이러한 이론은 현재의 수업 실행과 정확히 일치한다. 초기에는 교수학적 계약과 관련되는 요구사항이 존재한다. 학생이 실패하면 스스로 해답을 찾도록 기회를 주어야 한다. 머지않아 반복이 학습 원리로 설정된다. 그러나 질문의 유사성을 숨기기 위해 중요하지 않은 여러 조건을 바꿀 필요가 생긴다. 학생은 예상대로 이 점을 알아채고 유추를 사용한다. 심지어 교사가 학생에게 그렇게 하도록 요구한다. 이처럼 유추를 남용함으로써 학생은 교사의 의도에 대응하는 유사성을 찾으려 노력하게 되며, 상황의 내재적 요구를 이해 대신에 별로 중요치 않은 변인에 주목하게 된다. 그 결과 학생은 의미를 이해해서가 아니라 알고리즘의 전이를 통해 문제를 해결한다. 사실 교수학적 의도가 없다면, 이와 같은 경험적인 학습 과정은 제대로 작동하지 않는다.

그러나 이러한 과정을 전제로 하는 수업은 실제 제대로 작동한다. 교사가 위와 같은 방식으로 학생들에게 제시하는 지식이 교수학적 허구에 의해 부분적으로 가려져 있다면 학생들은 이를 충분히 추측할 수 있다. 그러나 유추가 다소 요원하거나 이해하기 위해 구체적인 노력이 필요하면, 학생들 대부분은 교사의 의도를 "읽어"내지 못하며 결과적으로 유추 관계를 인식하는 데 실패한다. 반면, 유사성이 표면화되면 학생들은 이를 인지하지 않을 수 없으므로, 유추 관계를 파악하지 못하는 것은 전적으로 학생들의 탓이 된다.

딘즈의 방법이 성공하기 위해서는 명확한 교수학적 계약이 필요하다. 즉, 학생은 유사성을 찾아야만 한다. 명백한 교수학적 신호, 즉 여러 상황이 적당한 시간과 횟수, 리듬에 맞추어 제시되어야 한다. 하지만 교수학적 계약이 제대로 작동하려면 무엇보다 교사의 압박이 충분해야 한다.

이 방법이 제대로 작동함을 보이고자 하는 혁신가들에게 이 방법은 진짜로 성공적이다. 즉, 학생들은 교사가 제시하는 바를 배운다. 반면 딘즈의 교수학 이론이 옳다고 믿는 교사들에게 이 방법은 실패한다. 교사들이 잇따라 적당한 학습지를 나누어 주지만, 학습은 일어나지 않는다. 왜냐하면 교사들은 학습 과정이 물리 법칙처럼 일어날 것으로 기대하여 교수학적 계약에 어떠한 압박도 가하지 않기 때문이다.

이제까지 몇 가지 논점과 사례를 뽑아내기 위해 이상과 같은 설명을 제시하였다.

유추의 부적절한 사용은 토파즈 효과의 예이다. 교사가 자신의 과업을 단순화하기 때문에 학생은 제안된 구조와 관련되는 진정한 수학적 활동을 통해서가 아니라 교사의 질문을 단순히 읽는 것만으로도 정답을 얻는다. 죠르단 효과의 사례는 다음과 같다. 학생은 초보적인 인식을 통해 정답을 얻지만 교사는 이러한 학생 활동의 가치를 현학적인 수학적, 인식론적 담론을 들어 치켜세운다.

딘즈 이론에 대한 교사들의 수용은, 연구과 교수 사이에 생길 수 있는 부적절한 관계의 구체적인 예이다. 연구자들은 교사들이 수업을 제대로 관리하기 위해 만들어낸 개념을 의식적으로 사용하거나 잘못 사용한다. 연구자들은 이러한 개념을 어느 정도 합리화하여 현학적인 용어로 번역하고 학문적인 분위기로 감싸서 교사들에게 되돌려준다. 그러면 교사들은 이를 "진리"로 인식하여 열정적으로 수용함으로써 자신의 수업에는 어떠한 변화도 추구하지 않지만 연구자에게는 사회적인 성공을 보장해 준다. 이것 역시 죠르단 효과의 일종이다.

교수학적인 정리로 불릴 만한 바는 훨씬 더 미묘하다. 교사들이 거의 완벽하게 의지할 정도로 어떤 교수학적 방법의 효과를 신뢰하면, 교사들은 더 이상 교수학적 계약을 조정하는 역할을 할 수 없으며 결과적으로 이 방법은 실패하게 된다. 이러한 역설은 아주 명백하지만, 교사들의 경각심과 교수학에 대한 주요 지식을 소홀히 다루는 모든 교수학적 공학의 미래에 검은 그림자를 드리운다.

요약하면, 실패를 선언함으로써 시작되는 모든 수업 혁신은 이전에 실행한 혁신을 부인해야 하며, 다른 분야에서 일어나는 일과는 달리, 지식의 발전과 관련되는 참고사항을 무효화해야 한다. 이는 언젠가는 실패할 게 분명하며, 결과적으로 어떠한 혁신도 수업의 핵심 조건에 단호하게 대처하지 못한다. 그럼에도 불구하고 혁신은 교수에 영향을 미친다. 그러나 이러한 영향은 분명히 제한적이며, 지나치다는 것이 금세 들통나는 사회적, 인식론적 비용이 든다. 이에 교수학은 혁신을 옹호하거나 지원하는 데 필수가 된다. 이때 교수학은, 다른 학문 분야에서처럼 혁신을 창조하거나 인지하고 유도하며, 적어도 혁신의 상징적인 중요성을 드러낸다. 우리는 교수학이 그처럼 강력한 힘을 발휘하길 바란다!

많은 사람이 다음과 같은 질문을 이해할 필요가 있기 때문에 혁신에 대해 다음과 같이 재진술하겠다. "교사들이 스스로 내세운 혁신안을 뛰어넘는 다른 무언가를 교수학이 교사에게 줄 수 있는가?"

나의 논점을 보면 누구도 내가 혁신을 반대한다고 여길 수는 없다. 우선 나는 "혁신가"가 되기 위해 노력해 왔으며 지금도 노력하고 있다. 나는 "새로운" 수업, "새로운" 기술, "새로운" 아이디어를 만들었다. 또한 내가 탈랑스(Talence) 에꼴 쥘 미슐레(Ecole Jules Michelet)의 COREM[25]에서 나름대로 실행에 옮겼던 많은 방법은 그 지방의 교사 교육자, 즉 Pen과 IDEN[26]이 추구한 지속적인 혁신과 제안의 성공에서 기인한

25) 편집자 주: COREM은 COmmission de Réflexion sur l'Enseignement des Mathématiques을 축약한 것이다. 이는 수학 교수에 대한 국가 수준의 연구 모임을 의미한다.

26) 편집자 주: PEN은 Professeur D'Ecole Normale을 축약한 것으로, 초등 수학 교사를 위한 교사 교육자를 의미한다. 또한 IDEN은 Inspecteur D'epartemental de L'Education Nationale을 축약한 것으로, 지역 교육청의 장학사들을 말한다.

것이다. 이들의 혁신은 즉각적인 보급을 가능한 한 자제하여 각자가 1명의 교사로서, 결과적으로 1명의 혁신가로서 자신의 전문적인 활동에 최대한 혁신을 효과적으로 사용할 수 있게 하였다. 혁신이 제 역할을 명백히 수행하지 못하면, 혁신이라는 용어를 사용한 연구를 팔아서 이득을 취하게 될 것이다. 그러나 내 오른손에 있는 연구는 내 왼손에 있는 혁신이 하는 바를 몰라야 한다.

다시 강조하자면, 혁신은 여러 현상을 만들어 내는데, 이러한 현상이 없다면 이론적인 성찰을 통해 진보를 가져올 수 없다. 또한 이러한 현상을 실험으로 만들어 낼 수는 없으며, 이는 도덕적으로도 불가능하다.

결론적으로, 앞서 제시한 포괄적인 의미를 고려하면, 혁신은 교수 행위만큼이나 진실한 원리이다. 역학의 어떤 이론도 운전자들이 스스로 길을 찾고 뭔가를 결정하는 것을 대신할 수 없는 것처럼, 교수학은 교수 활동에서 교사를 대체할 수 없다. 교사가 혁신할 권리를 막는 것은 교사가 스스로 하는 일에 의미를 부여하는 권리를 막는 것이다. 필요한 것은 역할을 섞지 않는 것뿐이다. 배우가 직접 대본을 쓰고 이에 따라 연기하는 것을 금할 수는 없다. 다만 배우는 이 둘을 동시에 할 수 없을 뿐이다. 교사는 교수학의 어려움에 관심을 갖고 교수학의 진보와 지적 도전에 참여함으로써 스스로를 발전시킬 수 있으며 교수학 자체에도 기여할 수 있다. 교사들은 교수학의 부산물인 공학적 성과를 사용하는 데 책임을 질 수 있다. 또한 교사들은 게임의 규칙을 승인하고 자신들이 편한 시간과 방법에 따라 교수학의 연구와 논쟁에 전문가로서 또는 아마추어로서 참여할 수 있다. 교사들의 이와 같은 기여는 언제나 귀중하다. 생물학과 의학이 실무자들의 의학적인 활동을 위한 것이듯, 교수학은 교사들의 활동을 위한 것이다. 교수학은 제한적이지만 가치 있고 대체 불가능한 역할을 한다. 교수학은 교사들의 짐을 덜어주지는 못하지만 교사들의 이해와 지원을 필요로 한다.

교수학이라는 이름으로 수학적인 지식의 전달과 관련된 기본 이론을 개발하기 위하여 고려한 이상의 선택 사항은 다른 정의나 지향을 따를 수도 있다. 반면에 교수학은 다른 분야의 성취를 종합하고 이를 교수에 적용하여 얻을 수 있는 장점을 지향하는 개념으로, 실행에 옮겨짐으로써 과학과 기술의 정상적인 관계를 구현하며, 재현을 위한 처방으로 쓰이지 않게 된다.

이는 교수에 도움이 되는 행위라면 무엇이든 선험적으로 비난하지는 않는다. 그러나 어떤 대가를 치르더라도, 교수학이 교수 행위에 관여하여, 제 역할이 아닌 바를 행하는 것은 잘못이라는 사실을 알아야 한다. 선진 학문에서도 감히 요구할 수 없는, 터무니없고 불가능한 도전을 제안하는 것은 그래도 괜찮은 편이다. 최악의 경우는, 전문가들에게 그들이 지닌 능력 이상으로 책임을 지우고, 경제학 등 다른 분야에서 이미 인지된 바 있는 오류를 반복해서 행하는 것이다.

일부 사람들이 제안한 바와 달리, **교수학**의 여러 역할 중 하나는, 지식을 로봇이나 노동자들이 사용하는 알고리즘으로 변환시키는 과정에 제동을 거는 것이며, 소수의 사람들에게 이러한 과정을 위임하기 위하여 인류의 모든 활동을 진지하게 성찰해 볼 여지를 없애려는 시도에 경종을 울리는 것이다.

소위 효율성이라 불리는 신을 만족시키기 위하여, 오늘날 교수는 알고리즘적인 환원과 탈수학화를 떠받들고 있다. **교수학**이라는 무기를 가지고, 이와 같은 탈취와 비인간화에 대항하여 싸울 수 있기를 진심으로 바란다.

부록
탈랑스(Talence)의 에꼴 쥘 미슐레(Ecole Jules Michelet) 관찰 센터[1)]

교수학적 현상에 대한 이론 및 연구 방법과 함께, **브루소**(*Brousseau*)는 **전형적인 환경**(*milieu*)에서 학생들과 교사들을 관찰할 수 있도록 하는 일종의 기구를 고안하였다. 이 학교는 교실을 실험실로 확장한 것이 아니라 실험실로 둘러싼, 1971년 탈랑스에 세워진 관찰센터 에꼴 쥘 미슐레이다. 이 학교의 특징과 역할은 매우 독특하다. 이는 정교한 연구 기구로서의 자격을 지닌 평범한 학교이다. 브루소는 1975년에 쓴 아래 글에서 이 학교에 대해 설명하고, 이 분야의 연구를 조직하는 구체적인 견해를 밝혔다.

편집자

교사가 아닌 학교 조직에 대해 아무것도 모르는 전문가가 학교에서 이론적인 관점에서 흥미로운 실험을 실행하는 것은 지금 상황에서 거의 불가능하다. 학문적인 연구의 측면에서 그리고 교육학적인 측면에서 만족스러운 실험 계획안을 준비할 수 있으려면 적당한 조건하에서 아이들과 교사들을 관찰할 수 있어야 한다. 즉, 실험이 이루어지려면 확연하게 다른 다음 2가지 요소가 필요하다.

- 아동들의 여러 활동 중 일부를 직접 관찰할 수 있도록 설계된 학교. 이러한 학교에서 교사들과 연구자들은 실험 계획을 실행에 옮길 수 있다.
- 실험 계획의 요구 사항을 충족하는 실험 장소로, IREM과 계약이 가능하며 관찰학교에서 인지된 실험을 실행에 옮길 수 있는 여러 학교.

여기서 "관찰학교"에는 다음과 같은 특징이 있다.

- 이 학교는 실험학교가 아니다. 상당히 짧은 관찰 기간 동안 수업 방식, 기법, 새로운 프로그램 등과 관련하여 어떠한 평가 부담도 없다. 아동들의 여러 활동을 연구에 부합하는 방식으로 살펴볼 수 있는 것만으로 충분하다.
- 이 학교는 보다 나은 교육을 실행에 옮기기 쉬운, 시범학교나 모델 학교도 아니다.
- 이 학교는 예비교사 또는 현직교사 교육을 위한 부속학교도 아니며, 연구결과를

---

1) 1975년 3월 보르도에서 IREM이 개최한 학술대회 연구 보고서의 13쪽에서 15쪽에서 발췌한 내용이다.

실행에 옮겨보는 적용학교도 아니다.

– 이 학교는 개편되거나 한정적인 교육이 실행되기 때문에 교사들에게 시사점을 주는 통제학교도 아니다.

계획한 활동을 수업할 교사들과 IREM의 연구자들은 관찰을 함께 준비하고 실행에 옮겨야 한다. 이러한 상황에서, 교사들은 수업을 하는 동시에 자신의 수업을 객관적으로 살피는 관찰자가 될 수 없다. 따라서 교사들에게는 동료의 수업을 관찰할 시간이 주어져야 한다. 교사들이 연수를 받고 실제 관찰을 수행하는 등 실제 연구에 참여할 수 있도록 교사들의 업무를 어느 정도는 덜어주어야 한다. 이러한 이유로 교사 3명이 학급 2개를 지도하게 되었다. 각 교사에게는 수업을 위한 18시간과, 관찰 및 연수, 협의회를 위한 9시간이 주어진다.

지원자들에게만 이처럼 특수한 작업을 요구할 수 있다. IREM의 모든 연구자처럼, 지원자들도 정해진 기간에 이 학교에 근무하게 된다. 그러므로 사범대학 부속학교에서 활동하는 것은 불가능하다. 이상과 같은 2가지 요건은 부속학교의 역할과 양립하지 않으며, 현존하는 다른 학교의 역할과도 같지 않다. 무엇보다 부속학교는 예비교사들을 위한 준비 기관으로 기능해야 하며, 여기서 예비교사들은 오랜 기간 실습을 수행하고, 교육 실습 동안에 FP2[2]를 방문하고, 교사 교육자와 회의를 진행하는 등의 요구 사항을 충족해야 한다. 이러한 요구 사항 때문에 부속학교는 연구 프로그램의 규모가 커지면 IREM와 함께 작업할 수 없게 된다.

그러므로 **에꼴 쥘 미슐레**는 새로운 학교였다. 이 학교는 보르도(Bordeaux) 대학가의 탈랑스에 있다는 점에서 최적의 연구 환경을 지녔다. 이 학교는 1972년 이래로 계속 운영되어온 프랑스에서 유일한 학교이다.

이 학교는 초등학교 학급 10개와 유치원 학급 4개로 구성된 혼합 학교이다. 교육부가 표준적으로 규정한 교육과정을 따라 수업이 진행되며, 공식 시간표를 따른다. 이 학교 아동들은 다른 초등학교나 유치원과 동일한 입학 조건에 따라 선발된다.

그럼에도 불구하고 학부모들은 이 학교의 "**실험적인**" 성격을 잘 알고 있다. 이 학교에서 아동들은 결코 실험용 쥐처럼 취급되지 않는다.

우리가 이 학교에서 개발하고자 하는, 분석의 핵심은 전통적인 수업 상황에 비추어 볼 때 놀라울 수 있다. 그러므로 교사들과 폭넓게 접촉함으로써 이러한 교육 목표를 교사들이 인지하도록 할 필요가 있다. 이러한 사실로 인해 누구를 지원자로 모집할지, 누가 전적으로 관찰 게임을 수행하도록 하여 기본적인 연구에 참여하도록 할지 등을 결

2) 편집자 주: FP2는 그 당시 예비교사 양성 과정에서 전문 훈련과정 2년차(Formation Professionnelle 2° année)를 말한다.

정하는 문제가 발생한다. 그 당시 쥘 미슐레 학교의 초등학생은 학급당 25명이 넘지 않았으며 유치원생들은 학급당 35명 정도였다. 교직원은, 최종 학년 2개 반을 맡는 교사 3명, 초등반 10개를 담당하는 교사 15명, 유치원 교사 6명, 유치원 원장 1명, 학교전담 심리학자 1명으로 구성되었다. 이 학교 교직원은 모두 위계적인 행정적, 교육적 권한을 따르며, 임용 기간은 1년이다.

각 교사들은 공식적인 교육과정으로 규정된 내용을 가르친다. 교육과정의 정신과 목표는 유지하면서 오직 수학에서의 지도 방법을 바꾼다. 이것이 바로 이 학교의 목표이다. IREM의 관리자는 연구 계획서, 연구자들이 수행하는 실험의 역할, 아동들을 교육하는 데 필요한 여러 사항을 고려하여 프로그램을 결정한다.

이 새롭고 현대적인 건물 1층에는 집과 같이 편안한 느낌을 주는 교사용 편의시설이 있다. 학교 중심에는 수학 교실, 즉 실험실이 있다. 이 건물은 지름이 약 15미터쯤 되는 육각형 모양인데, 수학 교실은 그 중앙에 있다. 이 교실에는 수학을 하는 데 필요한 모든 교수학적 자료가 갖추어져 있다. 책상은 강의와 관찰의 필요에 따라 낱낱으로 배치할 수도 있고 모둠으로 배치할 수도 있다. 관찰 결과를 녹화하는 관리실과 연결된 마이크가 천장에서 각 책상으로 내려와 있다. 움직이는 카메라는 아동들의 활동을 촬영하며, 고정된 카메라는 리모컨으로 조작 가능하다.

교실 근처에는 다음과 같은 장비가 있다. 폐쇄회로 텔레비전이 있는 통제실, 비디오 장비와 고음질 수신기, 한쪽에서만 볼 수 있는 관찰실, 텔레비전 장치, 관찰되는 책상까지 연결된 마이크, 대학에 있는 컴퓨터와 연결된, 관리에 상당한 주의를 요하는 값비싼 컴퓨터 터미널이 갖추어진 면담실 등이다.

미슐레 학교에서의 수업 관찰은 여러 요건을 충족하는 협력 활동의 결과이다. 여기서 요건은, 한편으로는 수업을 실행할 때 요즘에도 발생할 수 있는 문제와 관련되면서, 다른 한편으로는 연구의 기본적인 목표와 연관되는 것이다. 1년 동안의 계획은 사전에 세워진다. 수업에서 가르칠 주제가 결정되면, 교수학팀, 녹화팀, 기록팀, 평가 및 관찰팀 등 다양한 그룹이 관찰 작업을 한다.

교수학팀의 목표는 관찰한 바를 당해 활동으로 정리하고 이를 공식 프로그램에 걸맞게 수정하는 것이다. 이를 통해 한 가지 현상을 정확하고 재현 가능하도록 만들어 이를 관찰한다. 그리하여, 교사가 제시하는 설명, 아동들의 활동 시간, 사용하는 자료에 따라 예상하는 결과를 아주 정확하게 설정할 수 있다. 교사들과 아동들이 사용하는 자료는, 텔레비전 카메라에 정확히 잡힐 수 있을 만큼 커야 하며, 이외 다양한 요구조건을 충족해야 한다.

수업은 교수학적인 계획서에 기술된 아주 세부적인 기록에 따라 전개된다. 이 계획서는 수업이 시작되기 전에 관찰자들에게 배부되기 때문에 관찰자들은 이를 미리 숙지할 수 있다.

수업이 진행되는 동안, **녹화팀**이 소리와 장면을 재전송하며, 교실에서 일어나는 모든 것을 녹화 및 녹음한다. **기록팀**은 수업에서 있었던 일을, 현장에서 살펴본 것이나 폐쇄회로에 담긴 내용에 비추어 관찰 서식에 기록한다. **평가 및 관찰팀**은 관찰 틀을 만들어 이를 수업 시간에 사용한다. 수업이 끝나면 그 결과를 면밀히 검토하고 곧바로 데이터를 처리한다. 각 관찰 세션마다 다르게 개발된 관찰 틀을 이용함으로써 아동들이 발견한 다양한 것들과 모둠 활동을 통해 논의한 바를 쉽게 확인할 수 있다. 송신자와 수신자의 의사소통 과정 및 언어적, 비언어적 내용 요소 등이 사전에 설정한 코드에 따라 기록된다. 아동들의 활동지는 관찰 틀에 기입된 순번대로 번호가 부여된다.

수업이 끝날 무렵에는, 아동들의 활동 결과를 수합한다. 작성된 기록과 관찰표를 함께 모은다. 관찰이 끝난 다음 수행하는 작업 세션 동안 이렇게 수합한 문서를 검토한다. 모든 사람이 의견을 제시한다. 사전에 설정한 목표의 달성 여부는 이와 같은 방식으로 확인될 필요가 있다.

몇몇 방문 연구자들에 의해 연구 활동, 아동들이 보이는 상상력, 아동들의 참여 및 아동들이 지도 내용을 따르는 방식 등의 사실성이 보증될 수 있다.

이상으로부터 구체적인 결과가 드러났다. 수년 전부터 IREM의 연구자들은, 일상적인 지도방식에서 벗어나고자 하는 교사들을 위하여 눈에 띄는 변화를 가져올 만한 효과적인 수업 기법을 개발해 왔다. <u>보르도의 아카데미</u>에는 여러 학교가 속해 있으며 IREM의 직원은 이러한 학교를 보조한다.

이러한 작업에서, 같은 언어로 말하기로 합의하는 것은 본질적인 문제가 아닌가? 이 학교에서 수행한 연구는 교수에 해를 끼치면서까지 수행되지는 않았다. 관찰에 할당된 시간 때문에 수업 시간이 줄어들지는 않는다. 사전에 준비한 관찰 과정에 1시간에서 4시간이 소요된다. 이는 한 달 내지 두 달의 준비 기간과 두 달에서 세 달 정도의 분석 기간을 필요로 하기 때문에 1년 동안 5번 내지 10번의 관찰만이 가능하다.

이미 우리는 이러한 작업을 전통적인 방법과 비교해 보았으며, 이상과 같은 관찰 활동이 아동들의 학습 활동에 피해를 주지 않는다는 것을 어느 정도 알게 되었다.

관찰은 다음 3단계로 전개된다.

- 아동들이 관찰 체계에 익숙해지는 단계
- 교수학적 중재 없이 연구에 필요한 여러 조건을 고려하여 관찰이 이루어지는 단계
- 아동들이 행한 바를 교사가 자신의 관점에 따라 실험의 타당한 이슈로 바꾸어 가

는 교육적인 단계

교육적인 관점에서, 수학을 가르치는 것은 다른 과목에 피해를 입히면서까지 그 중요성을 부당하게 강조하지 않는다.

이 학교에는 연구 프로젝트와 연결되어 사전에 규정된 교육학이 존재하지 않는다. 오히려, 교수를 새롭게 하는 방향으로 각 교사가 취하는 여러 선택사항의 조화와 적응을 위한 노력만이 존재한다.

학교에 전담 심리학자가 있고, 학급 크기가 25명으로 제한되어 있으며, 2개 반에 교사 3명이 배치되기 때문에 다음에서 제시되는 바를 실행에 옮기는 것이 가능하고 아동들 각자를 일반적인 조건에서 보다 더 잘 도울 수 있다.

IREM은 수학 수업의 개혁을 지향하는 일반적인 활동을 수행한다. 새로운 프로그램은 전통적인 실천뿐만 아니라 여러 혁신도 포함한다. 이 2가지 경우 모두에 대해 관찰, 반성, 비판에 쓰이는 자료가 존재한다. 분명한 것은 그러한 자료가 사용하는 수학과 교수를 지휘하는 수학이 바로 현재의 수학이라는 것이다. 이러한 수학은 결코 독단적이거나 완고하지 않으며, 현재의 심리학, 공학, 언어학과 함께, 교육적인 여러 의도를 최대한 이행하기 위해 설정한 최선의 방식 중 하나일 뿐이다.

이러한 의도, 즉 IREM이 개인을 위해 바람직한 훈련이라고 여기는 의도를 설명할 필요가 있다. 이는 나중에라도 현재의 연구를 생각할 때, 특정 절차를 선택한 이유를 이해하여 이로부터 아동들에게 이로움을 주기 위해서이다.

기초 연구가 그 효과를 확인하기까지는 오랜 시간이 걸린다. IREM은 관찰에서 얻은 결과로부터 아동들이 즉각적인 이득을 얻을 것이라고 기대하지 않는다.

브루소 연구 문헌(1970~1990)

Brousseau G. (1965) Les mathématiques du cours préparatoire. Paris: Dunod

Brousseau G. (1970) Processus de mathématisation. In: *La mathématique à l'école élémentaire* (pp. 428-457).Paris: APMEP.

Brousseau G. (1971) Vers un enseignement des probabilités à l'école élémentaire. *Enseignement élémentaire des mathématiques,* 11, IREM de Bordeaux.

Brousseau G. (1971a) L'égalité. *Cahier de l'Enseignement Elémentaire* (vol. 1, 25-30). Bordeaux: IREM de Bordeaux.

Brousseau G. (1973) Peut-on améliorer le calcul des produits des nombres naturels? *Cahier de l'Enseignement Elémentaire* (vol. 13, pp. 195-237). Bordeaux: IREM de Bordeaux.

Brousseau G. (1973a) Recherches sur l'enseignement du calcul numérique. *Séminaire INRDP-SERP de recherche "Mathématique Elémentaire",* Orléans. Published in: *Cahier de l'Enseignement Elémentaire* (vol. 1.5, pp. 68-84). Bordeaux: IREM de Bordeaux.

Brousseau G. (1973b) L'apprentissage des opérations dans les naturels. *Cahier de l'Enseignement Elémentaire* (vol. 13, pages). Bordeaux: IREM de Bordeaux.

Brousseau G. (1974) Les structures des données dans l'enseignement élémentaire. *Compterendu du stage des IDEN.* Published in: *Cahier de l'Enseignement Elémentaire* (vol. 16, pp. 145-152). Bordeaux: IREM de Bordeaux.

Brousseau (1974a) L'enseignement du calcul numérique et les stratégies de l'enseignement. *Cahier de l'Enseignement Elémentaire* (vol. 14). Bordeaux: IREM de Bordeaux.

Brousseau G. (1974b) Réflexions sur l'enseignement du calcul numérique. *Cahier de l'Enseignement Elémentaire* (vol. 15). Bordeaux: IREM de Bordeaux.

Brousseau G. (1974c) *Etude d'une expérience à probabilités.* Bordeaux: IREM de Bordeaux.

Brousseau G. (1975) *Etude de l'influence des conditions de validation sur l'apprentissage d'un algorithme.* Bordeaux: IREM de Bordeaux

Brousseau G. (1976) Les obstacles épistémologiques et les problèmes en mathématiques. *Comptes-rendus de la XXVIIIe recontre organisée par la Commission Internationale pour l'Etude et l'Amélioration de l'Enseignement des Mathématiques* (pp. 101-117), Louvainla-Neuve.

Brousseau G. (1976a) Peut-on améliorer le calcul des produits des nombres naturels? In: *Actes du Congrès International des Sciences de l'Education* EPI 1, 364-378.

Brousseau G. (1978) L'observation des activités didactiques. *Revue française de pédagogie* 45, 130-140.

Brousseau G. (1978a) L'étude des processus d'appreutissage en situations scolaires. *Cahier de l'Enseignement Elémentaire* (vol. 18, pp. 2-6). Bordeaux: IREM de Bordeaux.

Brousseau G. (1979) *Etude de situations, (théorie des situations didactique).* IREM de Bordeaux.

Brousseau G. (1979a) Evaluation et théories de l'apprentissage en situations scolaires. In: *Educacion matematica en las americas.* UNESCO.

Brousseau G. (1980) Problèmes de l'enseignement des décimaux. *Recherches en didactique des mathématiques* 1(1) 11-59.

Brousseau G. (1980a) L'échec et le contrat. *Recherches* 41, 177-182.

Brousseau G. (1981) Problèmes de didactique des décimaux. *Recherches en didactique des mathématiques* 2(1), 37-127.

Brousseau G. (1981a) Les échecs électifs en mathématiques dans l'enseignement élémentaire. *Revue de laryngologie* 101(3/4) 107-131.

Brousseau G. (1981b) *Le cas de Gaël.* Bordeaux: IREM de Bordeaux.

Brousseau G. (1982) *Tendances originales des recherches en didactique des mathématiques en France.* IREM de Bordeaux.

Brousseau G. (1982a) Les objets de la didactique des mathématiques—Ingénierie didactique. *Actes de la deuxième école d'été de didactique des mathématiques* (pp. 10-60). Orléans: IREM d'Orléans.

Brousseau G. (1983) Les obstacles épistémologiques et les problèmes en mathématiques. *Recherches en didactique des mathématiques* 4(2) 165-198.

Brousseau G. (1983a) Etude de questions d'enseignement, un exemple: la géométrie. *Séminaire de didactique des mathématiques et de l'informatique* (pp. 183-226), Grenoble: IMAG.

Brousseau G. (1984) Le rôle du maître et l'institutionnalisation. *Actes de le IIIe école d'été de didactiques des mathématiques* (pp. 40-44). Grenoble: IMAG.

Brousseau G. (1984a) Le rôle central du contrat didactique dans l'analyse et la construction des situations d'enseignement et d'apprentissage des mathématiques. *Actes de le IIIe école d'été de didactiques des mathématiques* (pp. 99-108) Grenoble: IMAG.

Brousseau G. (1984b) Quelques conduites déterminantes en didactique des mathématiques. In : *Actes du colloque "Réussir à l'école". Perspectives de réussite: Au delà des insuccès scolaires,* Vol *3* (Preprint, 14 pages, IREM de Bordeaux).

Brousseau G. (1984c) The crucial rôle of the didactical contract in the analysis and construction of situations in teaching and learning mathematics. In: Steiner H. G. *et al.* (eds.) *Theory of Mathematics Education* (Occasional Paper 54). Bielefeld: IDM.

Brousseau G. (1984d) The IREM's rôle in helping elementary-school teachers. In: R. Morris (ed.) *Studies in Mathematics Education, the Mathematics Education of Primary-School Teachers* 3, 235-251.

Brousseau G. (1985) Quelques concepts fondamentaux en didactique des mathématiques. *EPS, contenus et didactique* (pp. 269-277). Paris: SNEP.

Brousseau G. (1986) *La théorisation des phénomènes d'enseignement des mathématiques.* Thèse d'état. Bordeaux: Université de Bordeaux 1.

Brousseau G. (1986a) Fondements et méthodes de la didactique des mathématiques. *Recherches en didactique des mathématiques* 7(2) 33-115.

Brousseau G. (1986b) La relation didactique: le milieu. In: *Actes de la IVe école d'été de didactiques des mathématiques* (pp. 54-58). Paris: IREM de Paris VII.

Brousseau G. (1987) Didactique des mathématiques et questions d'enseignement: Propositions pour la géometrie. *Les sciences de l'éducation,* 1-2, 69-85.

Brousseau G. (1987a) La situation fondamentale pour la géométrie élémentaire en tant que modèle de l'éspace. *Les sciences de l'éducation,* 1-2, 86-100.

Brousseau G. (1988) Représentation et didactique du sens de la division. In: Vergnaud, G., Brousseau G., Hulin M. (eds.) *Didactique et acquisition des connaissences scientifiques* (pp. 47-64). Paris: La Pensée Sauvage.

Brousseau G. (1988a) Les différents rôles du maître. *Bulletin de l'Association Mathématique du Québzc* 2/23, 14-24.

Brousseau G. (1988b) L'articulation des apprentissages entre les niveaux scolaires: Problèmes d'apprentissage ou problèmes de didactique? *Communication ICME-6.* Budapest.

Brousseau G. (1988c) *La tour de Babel.* Bordeaux: IREM de Bordeaux.

Brousseau G. (1988d) Basic theory and methods in the didactics of mathematics. In: *Report on the second conference on systematic co-operation between theory and practice in mathematics education* (109-162), ville: Instituut voor Leerplanontwikkeling.

Brousseau G. (1989) Les obstacles épistémologiques et la didactique des mathématiques. In: Bednarz N., Garnier C. (eds.) *Construction des savoirs—Obstacles et conflits* (pp. 41-63). Montréal: Centre interdisciplinaire de recherche sur l'apprentissage et le développement en Education (CIRADE).

Brousseau G. (1989a) Obstacles épistémologiques, conflits socio-cognitifs et ingénierie didactique. In: Bednarz N., Garnier C. (eds.) *Construction des savoirs— Obstacles et conflits* (pp. 277-285). Montréal: Centre interdisciplinaire de recherche sur l'apprentissage et le développement en Education (CIRADE).

Brousseau G. (1989b) Utilité et intérêt de la didactique des mathématiques pour un professeur de collège. *Petit x* 21, 48-68.

Brousseau, G. (1990) Le contrat didactique: le milieu. *Recherches en didactique des mathématiques,* 9(3), 309-336.

Brousseau, G. (1990a) *Eléments pour l'étude du sens de la division.* Bordeaux: IREM de Bordeaux.

Brousseau, G. (1990b) *Une expérience d'épistémologie sur l'enseignement des décimaux.* Bordeaux: IREM de Bordeaux.

Brousseau, G. (1990c) *Cours élémentaire de didactique des mathématiques.* Bordeaux: IREM de Bordeaux.

Brousseau, G. (1990d) *L'observation en didactique des mathématiques.* Bordeaux: IREM de Bordeaux.

Brousseau, G. (1990e) *L'ingénierie de la didactique des mathématiques.* Bordeaux: IREM de Bordeaux.

Brousseau G. (1995) L'enseignant dans la théorie des situations didactiques. In: Noirfalise R., Perrin-Glorian M.-J. (eds.) *Actes de la VIII° Ecole d'été de didactique des mathématiques* (pp. 3-46). Clermont-Ferrand: IREM de Clermont-Ferrand.

공동 연구 문헌

Brousseau N., Brousseau G. (1987) *Rationnels et décimaux dans la scolarité obligatoire.* Bordeaux: IREM de Bordeaux.

Brousseau G., Centeno J. (1988) *Nécessité de l'analyse de la mémoire du système didactique et de son fonctionnement pour réssoudre les problèmes interniveaux scolaires.* Unpublished Communication at the 6th ICME. Budapest.

Brousseau G., Centeno J. (1991) Rôle de la mémoire didactique de l'enseignant. *Recherches en didactique des mathématiques* 11 (2/3) 167-210.

Brousseau G., Davis R. B., Werner T. (1986) Observing students at work. In: Christiansen B., Howson A. G., Otte M. (eds.) *Perspective on Mathematics Education* (pp. 205-240). Doirdrecht: Reidel Publisher.

Brousseau G., Gabinski P. (1974) *Etude des communications dans un groupe d'enfants. Cahier de l'Enseignement Elémentaire* (vol. 15). Bordeaux: IREM de Bordeaux.

Brousseau G., Gabinski P. (1976) *Etude sur la théorie des automates et son application à la didactique des mathématiques.* Bordeaux: IREM de Bordeaux.

Brousseau, G. and Greslard, D. (1988): La régulation d'un curriculum, problèmes pratiques et théoriques, In: *Compte-rendu des journées de formation des professeurs.* Université de Namur.

Brousseau G., Otte M. (1991) The Fragility of Knowledge. In: Bishop A. J., Mellin-Olsen S., van Dormolen J. (eds.) *Mathematical Knowledge: Its Growth Through Teaching* (pp. 13-36). Dordrecht: Kluwer Academic Publishers.

Brousseau G., Peres J. (1981) *Etude du'un enfant en difficulté en mathématiques: "Le cas de*

Gaël". Bordeaux: IREM de Bordeaux.

Brousseau G., Prouteau C. (1976) *Problèmes d'enseignement des décimaux du cours moyen à la 4e.* Bordeaux: IREM de Bordeaux.

Eyheraguibel J. C., Brousseau G. (1978) Appareillage de mesure automatique des strategies d'apprentissage—Application à un jeu logique: la tour de Hanoi. *Mesure, Régulation, Automatisme* volume, 43-55.

Vergnaud G., Brousseau G., Hulin M. (eds.) (1988): *Didactique et acquisition des connaissances scientifiques* (Actes du colloque de Sèvres). Grenoble: La Pensée Sauvage.

참고문헌

Abdeljaouad M. (1978) Vers une épistémologie des décimaux. *Bulletin de l'Association Tunisienne des Sciences Mathématiques* 50, 1-27.

Aebli H. (1959) *Didactique psychologique.* Gcnève: Delachaux et Niestlé.

Alarcos Llorach L. (1968) Acquisition du langage par l'enfant. In: Martinet A. (ed.) *Le langage* (Bibliothèque de la Pléiade). Paris: Editions Gallimard.

Althusser L. (1967) *Philosophie et philosophie spontanée de savants.* Paris: Librairie François Maspcro.

Arbib M. A. (1976) Memory limitations of stimulus-response models. *Journal of Structural Learning* 5 (1/2) 19-23.

Arbib M. A. (1976a) A reply to Suppes reply. *Journal of Structural Learning* 5 (1/2) 29.

Arsac G. (1992) L'évolution d'une théorie en didactique: l'excmple de la transposition didactique. *Recherches en didactique des mathématiques* 12(1) 7-32.

Artigue M. (1984) *Une contribution a l'étude de la reproductibilité des situations didactiques.* Thèse d'état. Paris: Université de Paris VII.

Artigue M. (1986) Etude de la dynamique d'unc situation de classe: une approche de la reproductibilité. *Recherches en didactique des mathématiques* 7(1) 5-62.

Artigue M. (1992) Didactic Engineering. In: Douady R., Mercier A. (eds.) *Recherches en didactique des rnathématiques, selected papers* (pp. 41-65). Grenoble: La Pensée Sauvage.

Artigue M., Gras R., Laborde C., Tavignot P. (eds.) (1994) *Vingt ans de didactique des mathématiques en France. Hommage à Guy Brousseau et Gérard Vergnaud.* Grenoble: La Pensée Sauvage.

Badiou A. (1972) *Le concept de modèle.* Paris: Librairie François Maspero.

Bachclard G. (1938) *Laformation de l'esprit scientifique.* Paris: Vrin.

Bachelard G. (1968) *Essai sur la connaissance approchée* (third edition). Paris: Vrin.

Balacheff N. (1980) *Etude de l'élaboration d'explications par des élèves de 6ème à propos d'un problème de combinatoire* (Rapport de Recherche IMAG n° 224). Grenoble: IMAG.

Balacheff N. (1982) Preuve et démonstration en mathématique. *Recherches en didactique des mathématiques* 3(3) 261-304.

Balacheff N. (1987) Processus de preuve et situations de validation. *Educational Studies in Mathematics* 18(2) 147-176.

Balacheff N. (1991) Treatment of refutations: aspects of the complexity of a constructivist approach of mathematics learning. In: Von Glasersfeld E. (ed.) *Radical Constructivism in*

Mathematics Education (pp. 89–110). Dordrecht: Kluwer Academic Publishers.

Balacheff N., Laborde J. M. (1985) Introduction à l'édition française. In: Lakatos I. *Preuves et réfutations* (pp. xii–xx). Paris: Editions Hermann.

Baruk S. (1985) *L'âge du capitaine, de l'erreur en mathématiques.* Paris: Editions du Seuil.

Berger and Luckmann (1966) *The social construction of reality; a treatise in the sociology of knowledge.* Garden City, N. Y.: Doubleday.

Berthelot C., Berthelot R. (1983) *Quelques apports de la théorie des situations à l'introduction de la notion de limite en classe de première.* Mémoire de DEA de Didactique des Mathématiques. Bordeaux: Université de Bordeaux 1.

Bessot A,, Deprez S., Eberhard M., Gomas B. (1993) Une approche didactique de la lecture de graphismes techniques en formation professionnelle de base aux metiers du bâtiment. In: Bessot A., Vérillon P. (eds.) *Espaces graphiques et graphismes d'espaces* (pp. 115–144). Grenoble: LaPensée Sauvage.

Bessot A., Richard F. (1979) *Commande de variable dans une situation didactique pour provoquer l'élargissement des procédures, rôle du schéma.* Thèse. Bordeaux: Université de Bordeaux 1.

Bessot A., Richard F. (1979) Une étude sur le fonctionnement du schéma arbre par la commande de variables d'une situation. *Recherches en didactique des mathématiques* 1(3) 387–422.

Bloom S. (1975) *Taxonomie des objectifs pédagogiques* (two volumes). Québec: Presses Universitaires du Québec.

Bourdieu P. (1980) *Le sens pratique.* Paris: Editions de Minuit.

Bourdieu P. (1982) *Leçon sur la leçon.* Paris: Editions de Minuit.

Bramaud du Bourcheron G., Champagnol R., Coirier P., Ehrlich S., Ehrlich M.-F. (1970) *Le comportement verbal.* Paris: Dunod.

Briand J. (1985) *Situation didactique et logiciel d'enseignement.* Mémoire de DEA de Didactique des Mathématiques. Bordeaux: Université de Bordeaux I.

Briand J. (1993) *L'énumération dans le mesurage des collections, un dysfonctionnement de la transposition didactique.* Thèse. Bordeaux: Université de Bordeaux I.

Bruner J. S., Goodnow J. J., Austin G. A. (1956) *A study of thinking* (with an appendix on language by Roger W. Brown). New York, Wiley [1956].

Buisson P. (1976) Evaluation et sondage dans le premier cycle (12–16 ans). *Educational Studies in Mathematics* 6(4) 429–444.

Byers V., Herscovics N. (1977) Understanding school mathematics. *Mathematics Teaching* 81, 24–27.

Chevallard Y. (1979) Sur les difficultés "protomathématiques". In: Proceedings of the Conference *"Apport de l'histoire des mathématiques à l'enseignement et à la formation des enseignants"* (Puyricard, 18-19 mai 1979). Marseille: IREM d'Aix-Marseille.

Chevallard Y. (1983) *Remarques sur la notion de contrat didactique.* Marseille: IREM de Marseille.

Chevallard Y. (1985) *La transposition didactique.* Grenoble: La Pensée Sauvage.

Chevallard Y. (1986) Esquisse d'une théorie formelle du didactique. In: Laborde C. (ed.) *Actes du premier colloque franco-allemand de didactique des mathématiques et de l'informatique* (pp. 97-106). Grenoble: La Pensée Sauvage.

Chevallard Y. (1988) *Sur l'analyse didactique. Deux études sur les notions de contrat et de situation* (publication n° 18). Marseille: IREM de Marseille.

Chevallard Y. (1992) Fundamental concepts in didactics: perspectives provided by an anthropological approach. In: Douady R., Mercier A. (eds.) *Research in* Didactique *of Mathematics, Selected Papers* (pp. 131-168). Grenoble: La Pensée Sauvage.

Chevallard Y., Mercier A. (1983) *Sur le temps didactique* (occasional paper). Marseille: IREM d' Aix-Marseille.

Chevallard Y., Mercier A. (1984) La notion de situation didactique. In: *Actes de la troisième Ecole d'été de didactique des mathématiques.* IMAG: Grenoble.

Chomsky N., Miller, G. A. (1968) *L'analyse formelle des langues naturelles.* Paris: Gauthier-Villars. [French translation of Duncan L., Bush R., Galanber E. (eds.) Handbook of Mathematical Psychology, vol. II, Chapters 11 and 12). New York: Wiley (1963-65)].

Choquet G. (1964) *L'enseignement de la géométrie.* Paris: Editions Hermann.

Ciosek M. (1976) On strategies for solving mathematical problems. In: *Comptes-rendus de la XXVIIIe rencontre organisée par la Commission Internationale pour l'Etude et l'Ame'lioration de l'Enseignement des Mathématiques* (pp. 51-56). Louvain-la-Neuve.

Colmez F. (1974) *Documents d'accompagnement du film "Mesure".* Mesure I et II, film RTS. Melun-Bordeaux.

Coquin D. (1982) *Décomposition d'une notion mathématique en vue de son enseignement et ordre d'acquisition.* Thèse. Bordeaux: Université de Bordeaux I.

Coquin D. (1985) Complexité mathématique et ordre d'acquisition: une hiérarchie d'acquisitions à propos des relatifs. *Recherches en didactique des mathématiques* 9(3) 133-192.

Cornu B. (1983) *Apprentissage de la notion de limite: conceptions et obstacles.* Thèse. Grenoble: Université Joseph Fourier.

Cronbach J. (1967) *The dependability of Behavioral Measurements.* New York: John Wiley and Sons.

Crozier M., Friedberg E. (1977) *L'acteur et le système.* Paris: Editions du Seuil.

Delattre P. (1971) *Système, structure, fonction, évolution.* Maloine-Doin Editeurs.

Desjardins M., Hetu J. C. (1974) *Activités mathématiques dans l'enseignement desfractions.* Montréal: Presse de l'Université du Québec.

Devos R. (1976) *Sans dessus dessous* (Le Livre de Poche, n°5102). Paris: Editions Stock.

Diderot D. (1773) *Paradoxe sur le comédien.* (1830). Paris: Editions Flammarion (1981).

Diénès Z. (1970) *Les six étapes du processus d'apprentissage en mathématiques.* Paris: O.C.D.L.

Dieudonné J. (1964) *Algèbre linéaire et géométrie élémentaire.* Paris: Hermann.

Douady R. (1980) Approche des nombres réels en situation d'apprentissage scolaire. *Recherches en Didactique des Mathématiques.* 1(1) 77-111.

Douady R. (1984) *Rapport enseignement apprentissage: dialectique outil-objet, jeux de cadres.* Thèse d'dtat. Paris: Université de Paris VII.

Douady R (1985) The interplay between different settings. Tools-object dialectic in the extension of mathematical ability. In: Streefland L. (ed.) *Proceedings of the Ninth International Conference for the Psychology of Mathematics Education.* (pp. 33-52). Utrecht: State University of Utrecht.

Douady R. (1986) Jeux de cadres et dialectique outil-objet. *Recherches en Didactique des Mathématiques* 7(2) 5-31.

Duroux A. (1982) *La valeur absolue: difficultés majeures pour une notion mineure.* Mémoire de DEA de Didactique des Mathématiques. Bordeaux: Université de Bordeaux.

Eco U. (1 972) *La structure absente. Paris:* Mercure de France.

El Bouazzaoui H. (1982) *Etude de situations scolaires des enseignements du nombre et de la numération.* Thèse. Bordeaux: Université de Bordeaux 1.

El Bouazzaoui H. (1988) *Conceptions des élèves et des professeurs à propos de la notion de continuité d'unefonction.* Thèse. Québec: Université Laval.

Ermel (1980) *Apprentissages mathématiques à l'Ecole élémentaire* (Cycle préparatoire, 1 volume; Cycle élémentaire, 2 volumes). Paris: INRP.

Euler L. (1843) *Lettres à une princesse d'Allemagne.* Paris: Charpentier.

Félix L. (1971) *Dialogues sur la géométrie Dessi-Mati-Logi.* Paris: Librairie Albert Blanchard.

Filloy E., Montes de Oca V., Riestra J. Senderos G. (1979) *Experimentacion en el area de Matematicas del Quinto Grado de educacion primaria.* Mexico. Publicacion de la seccion Matematica Educativa. Mexico.

Foucault M. (1969) *L'archéologie du savoir.* Paris: Gallimard.

Gagné (1980) *Les principes fondamentaux de l'apprentissage.* Montréal: Editions HRW. [French translation of: "The Conditions of Learning", 1970, New York: Holt, Rinehart and Wilson]

Galvez G. (1985) *El aprendizaje de la orientation en el espacio urbano.* Thèse. Mexico.

Glaeser G. (1976) Deux chroniques de processus heuristiques. In: *Comptes-rendus de la XXVIIIe recontre organisée par la Commission Internationale pour l'Etude et l'Amélioration de l'Enseignement des Mathématiques* (pp. 72-80). Louvain-la-Neuve.

Glaeser G. (1981) Epistémologie des nombres relatifs. *Recherches en didactique des mathématiques* 2(3) 303-346.

Glaeser G. (1984) A propos des obstacles épistémologiques. Réponse à Guy Brousseau. *Recherches en didactique des mathématiques.* 5(2) 228-234.

Glaeser G. (1984-1985) *La didactique expérimentale des mathématiques* (Cours de troisième cycle, Chapitre 3). Deuxième rédaction augmentée avec la collaboration de J. B. Romans. Strasbourg: Université Louis Pasteur.

Gobain (1710) *L'arithmétique aisée.*

Gonseth F. (1936) *Les mathématiques et la réalité. Essai sur la méthode axiomatique.* Paris: Librairie A. Blanchard.

Gras R. (1979) *Contribution à l'étude expérimentale et à l'analyse de certaines acquisitions cognitives et de certains objectifs didactiques en mathématiques.* Thèse d'etat. Rennes: Université de Rennes 1.

Gras R. (1980) *Deux méthodes d'analyse de données didactiques: classification implicative et classification hiérarchique. Application a une situation réelle.* Rennes: IREM de Rennes.

Gras R. (1996) *L'implication statistique.* Grenoble: La Pensée Sauvage.

Guittel G. (1975) *Histoire comparée des numérations écrites.* Pans: Flammarion.

Hart K. (1980) From whole numbers to fractions and decimals. *Recherches en didactique des mathématiques* 1(1) 61-75.

Herscovics N. (1980) Constructing meaning for linear equations. A problem of representation. *Recherches en didactique des mathématiques* 1(3) 351-385.

Houzel C., Ovaert J.-L., Raymond P., Sansuc J.-J. (1976) *Philosophie et calcul de l'infini.* Paris: Librairie Francois Maspero.

Hull L. (1943) *Principles of behaviors.* New York: Appleton Century Crofts.

IREM de Strasbourg (1973) *Le libre du problème.* Paris: Cedic.

Izorche M.L. (1977) *Les réels en classe de seconde.* Mémoire de DEA de Didactique des Mathématiques. Bordeaux: Université de Bordeaux 1.

Janvier C. (1976) L'heuristiques dans l'enseignement des mathématiques. In: *Comptesrendus de la XXVIIIe rencontre organisée par la Commission Internationale pour l'Etude et l'Ame'lioration de I'Enseignement des Mathématiques* (pp. 48-50). Louvain-la-Neuve.

Katambera I. (1986) *Sur la résolution desproblèmes de soustraction au cours élémentaire.* Thèse. Bordeaux: Université de Bordeaux 1.

Kilpatrick J., Wirszup I. (eds.) (1977) *Soviet studies in the psychology of learning and teaching mathematics* (14 volumes). Reston, USA: N.C.T.M.

Laborde C. (1982) *Langue naturelle et écriture symbolique, deux codes en interaction dans l'enseignement mathématique.* Thèse. Grenoble: Université de Grenoble.

Lakatos I. (1976) *Proofs and Refutations. Cambridge:* Cambridge University Press.

Lalande A. (1972) *Vocabulaire technique et critique de la philosophie.* Paris: PUF.

Léonard F., Sackur-Grivard C. (1981) Sur deux règles implicites utilisées dans la comparaisonde nombres décimaux positifs. *Bulletin de l'APMEP* 327, 47-60.

Léonard F., Sackur-Grivard C. (1991) Connaissances locales et triple approche, une méthodologie de recherche. *Recherches en Didactique des Mathématiques* 10(2/3) 205-240.

Lichnérowicz A. (1969) La mathématique et la réalité. In: *Logique et connaissance scientifique* (pp. 474-485). Bibliothèque de la PIéiade". Paris: Gallimard.

Margolinas C. (1993) *De l'importance du vrai et du faux dans la classe de mathématiques.* Grenoble: La Pensée Sauvage.

Margolinas C. (1994) Double analyse d'un épisode: cercle épistémologique et structuration du milieu. In: Artigue M., Gras R., Laborde C., Tavignot P. (eds.) *Vingt ans de didactique des mathématiques en France* (pp. 250-257). Grenoble: La Pensée Sauvage.

Maudet C. (1979) *Etude critique du processus psycho-dynamique selon Diénès.* Mémoire de DEA de Didactique des Mathématiques. Bordeaux: Université de Bordeaux 1.

Maudet C. (1982) *Les situations et les processus* de *l'apprentissage d'une fonction logique.* Thèse. Bordeaux: Université de Bordeaux 1.

Maysonnave J. (1972) *Expérience d'apprentissage d'une stratégie pour la course à 7 par une série de parties contre un moniteur.* Cahier 11. Bordeaux: IREM de Bordeaux.

Mercier A. (1978) *Etude des notions "opérateur", "machine".* Mémoire de DEA de Didactique des Mathématiques. Bordeaux: Université de Bordeaux 1.

Mercier A. (1984) *Eléments pérennes du contrat didactique, ruptures locales et ruptures globales.* Paris: IREM de Paris VII.

Mercier A. (1992) *L'élève et les contraintes temporelles de I'enseignement, un cas en calcul algébrique.* Thèse. Bordeaux: Université de Bordeaux 1.

Mercier A. (1995) La biographie didactique d'un élève et les contraintes temporelles de l'enseignement. *Recherches en diductique des mathématiques* 15(1) 97-142.

Moles A. A. (1967) *Sociodynamique de la culture.* Paris: Mouton.

Mopondi B. (1986) *Le sens dans la négociation didactique. Notion de proportionnalité au cours moyen.* Thèse. Bordeaux: Université de Bordeaux 1.

Nelson R. J. (1969) Behaviorism is false. *The Journal of Philosophy* Vol. LXVI (14) 417-452.

Osgood Ch., Suci G. J., Tannenbaum P. H. (1957) *The measurement meaning.* University of Illinois Press.

Ovaert J.-L. (1976) La thèse de Lagrange et la transformation de l'analyse. In: Houzel C., Ovaert J.-L., Raymond P., Sansuc J.-J. (1976) *Philosophie et calcul de l'infini* (pp. 157-198). Paris: Librairie François Maspero.

Pagnol M. (1928) *Topaze.* [English translation: Waldinger R. (1958) Woodbury, N.Y.: Barron's Educational Series, Inc.]

Papy F. (1970) *L'enfant et les graphes.* Paris: Didier.

Papy G. (1964) *Mathématiques modernes* (vol. 1). Paris: Didier..

Paquette G. (1976) L'apprentissage heuristique. In: *Comptes-rendus de la XXVIIIe recontre organisée par la Commission Internationale pour l'Etude et l'Amélioration de l'Enseignement des Mathématiques* (pp. 57-62). Louvain-la-Neuve.

Pascal. D (1980) *Le probléme du zéro: l'économie d'échec dans la classe et la production de l'erreur,* Mémoire de DEA de Didactique des Mathématiques. Marseille : IREM d'Aix-Marseille et de Bordeaux.

Perret-Clermont A. N. (1979) *La construction de l'intelligence dans l'interaction sociale.* Berne: Peter Lang.

Perrin-Glorian M.-J. (1994) Théorie des situations didactiques: naissance, développement, perspectives. In: Artigue M., Gras R., Laborde C., Tavignot P. (eds.) *Vingt ans de didactique des mathématiques en France* (pp. 96-147). Grenoble: La Pensée Sauvage.

Perez J. (1984) *Construction d'un code de désignation d'objets.* Thèse. Bordeaux: Université de Bordeaux II.

Piaget J. (1974) *Introduction à l'épistémologie génétique* (2 volumes). Paris: PUF.

Piaget J. (1975) *L'équilibration des structures cognitives.* Paris: PUF.

Pluvinage F. (1977) *Difficultés des exercices scolaires en mathématiques.* Thèse d'état. Strasbourg: Université de Strasbourg.

Pluvinage F., Dupuis C. (1980) *La proportionalité et son utilisation.* Strasbourg: IRMA.

Polya G. (1957) *How to Solve It.* (Second Edition). Princeton: Princeton University Press.

Quevedo De Villegas B. (1986) *Le rôle de l'énumération dans l'apprentissage du dénombrement.* Thèse. Bordeaux: Université de Bordeaux 1.

Ratsimba-Rajohn H. (1981) *Etudes de deux méthodes de mesures rationnelles: la commensuration et le fractionnement de l'unité en vue de l'élaboration des situations didactiques.* Thèse. Bordeaux: Université de Bordeaux 1.

Ratsimba-Rajohn H. (1982) Eléments d'étude de deux méthodes de mesures rationnelles. *Recherches en didactique des mathématiques* 3(1) 65-113.

Regnier (1976) *La crise du langage scientifique.* Paris: Antropos.

Ricco G. (1978) *Le développement de la notion de fonction linéaire chez l'enfant de 7 à 12 ans.* Travaux du Centre d'Etude des Processus et du Langage, n°11. Paris: Ecole des Hautes Etudes en Sciences Sociales.

Rogalski J. (1982) Acquisition de notions relatives à la dimensionalité des mesures spatiales (longueur, surface). *Recherches en didactique des mathématiques* 9(3) 343-396.

Rogalski J., Samurçay R. (1994) Modélisation d'un "savoir de référence" et transposition didactique dans la formation de professionnels de haut niveau. In: Arsac G., Chevallard Y., Martinand J.-L., Tiberghien A. (eds.) *La transposition didactique a l'epreuve* (pp. 35-71).

Grenoble: La Pensée Sauvage.

Rouchier A. (1980) Situations et processus didactiques dans l'étude des nombres rationnels positifs. *Recherches en Didactique des Mathématiques* 1(2) 225-275.

Rouchier A. (1991) *Etude de la conceptualisation dans le système didactique en mathématiques et informatique élémentaires : proportionnalité, structures itéro-récursives, institutionnalisation.* Thèse d'état. Orléans: Université d' Orléans.

Sackur-Grisvard C., Léonard F. (1983) Résurgence de régles implicites dans la comparaison de nombres décimaux. *Bulletin de l'APMEP* 340, 450-459.

Saidan A. S. (1978) *The arithmetic of al-Uqlidisi.* Dordrecht: Reidel Publishing Company.

Salin M. H. (1976) *Le rôle de l'erreur dans l'apprentissage des mathématiques à l'ecole primaire.* Mémoire de DEA de Didactique des Mathématiques. Bordeaux: Université de Bordeaux.

Schneider O. (1979) *Le passage des équations numériques aux équations paramétriques en classe de seconde.* Mémoire de DEA de Didactique des Mathématiques. Marseille: IREM d'Aix-Marseille et de Bordeaux.

Schubauer-Leoni M. L., Perret-Clermont A.-N. (1980) Interactions sociales et représentations symboliques dans le cadre de problémes additifs. *Recherches en didactique des mathématiques* 1(3) 297-350.

Seuret (1834) *Traité d'arithmétique.*

Sheffer H. M. (1913) A set of five independent postulates for Boolean algebras. *Transactions of the American Mathematical Society* 14, 481-488.

Sierpinska A. (1985) Obstacles épistémologiques relatifs à la notion de limite. *Recherches en didactique des mathématiques* 6(1) 5-67.

Sierpinska A. (1987) Humanities students and epistemological obstacles related to limits. *Educational Studies in Mathematics* 18, 371-397.

Skemp R. (1979) *Intelligence, learning and action.* New York: John Wiley and Sons.

Skemp R. (1976) Relational and instrumental understanding. *Mathematics Teaching* 77, 20-26.

Stevin S. (1585) *La disme* (1634, lère édition).

Suppes P. (1969) Stimulus-response theory of finite automatas. *Journal of Mathematical Psychology* 6, 327-355.

Suppes P. (1976) Stimulus-response theory of automatas and tote hierarchies: a reply to Arbib. *Journal of Structural Learning* 5(1/2) 11-17.

Schwartzman S. (1994) *The words of Mathematics. The Mathematical Association of America.*

Taton (1966) *Histoire génétrale des sciences.* (see Tome 1: Vercoutter et Itard, la science antique et médiéval; Tome 2: Koyre, la science moderne). Paris: PUF.

Thom R. (1972) *Stabilité culturelle et morphogenèse.* Reading Massachusets.

Tonnelle J. (1979) *Le monde clos de la factorisation au premier cycle.* Mémoire de DEA de

Didactiquc des Mathématiques. Marseille: IREM d'Aix-Marseille et de Bordeaux.

Vergnaud G. (1990) La théorie des champs conceptuels. *Recherches en Didactique des Mathématiques* 10(2/3) 133-170.

Vergnaud G., Benhadj J., Dussourt A. (1979) La coordination de l'enseignement des mathématiques entre le cours moyen 2ième annee et la classe de 6ième. *Recherches Pedagogiyues* 102.

Vergnaud G., Durand C. (1976) Structures et complexité psychogénétique. *Revue françise de pédagogie* 36, 28-43.

Vergnaud G.. Rouchier A., Ricco G., Marthe P., Metregiste R., Giaccobe J. (1979) *Acquisition des "structures multiplicatives " dans le premier cycle du second degré.* Orléans: IREM d'Orléans.

Verret M. (1975) *Le temps des études* (2 volumes) Paris: Librairie Honoré Champion.

Viennot L. (1979) *Le raisonnement spontané en dynamique élémentaires.* Paris: Hermann.

Vygotsky L. S. (1983) *Pensée et langage.* Paris: Editions Sociales.

Waliser B. (1977) *Systèmes et modèles.* Paris: Editions du Seuil.

Watzlawick P., Helmick Beavin J., Jackson D. (1978) *Une logique de la communication.* Paris: Editions du Seuil.

Wermuz H. (1978) Esquisse d'un modèle des activités cognitives. *Dialectica* 32(3/4).

Whitney H. (1968) The mathematics of physical quantities. Part 1: Mathematical models for measurement. *The American Mathematical Monthly* 75, 115-138.

Whitney H. (1968a) The mathematics of physical quantities. Part 2: Quantities, structures and dimensional analysis. *The American Mathematical Monthly* 75, 227-256.

Wilson F. (1976) Problem solving project. In: *Comptes-rertdus de la XXVIIIe rencontre organisée par la Commission lnternationale pour l'Etude et l'Amélioration de l'Enseignement des Mathématiques* (pp. 62-72). Louvain-la-Neuve.

Youschkevitch A. P. (1976) *Les mathématiques arabes.* Paris: Vrin.

역자 참고문헌

Artigue, M. (2008). Didactical design in mathematics education. In C. Winslow (Ed.), *Nordic research in Mathematics Education: Proceedings from NORMA08* (pp. 7-16). Copenhagen.

Artigue, M. (2014). Didactic engineering in mathematics education. In S. Lerman (Ed.), *Encyclopedia of Mathematics Education*, (pp. 159-162). NY: Springer.

Barquero, B. & Bosch, M. (2015). Didactic engineering as a research methodology: From fundamental situations to study and research paths. In A. Watson, & M. Ohtani (Eds.), *Task Design in Mathematics Education*, (pp.249-272). NY: Springer.

Brousseau, G., Brousseau, N., & Warfield, G. (2014). *Teaching fractions through situations: A fundamental experiment*. NY: Springer.

Pagnol, M. (1990). 토파즈/파니 (최완복, 역). 서울: 을유문화사. (원서출판 1928).

Sierpinska, A. (2003). *Lecture notes on the theory of didactic situations in mathematics*. Math 645. Montreal, Canada: Concordia University. Retrieved from https://www.academia. edu/27542930/Lecture_notes_on_the_Theory_of_Didactic_Situations_in_mathematics

찾아보기

ㄱ

ㄷ

ㅁ

ㅂ

ㅅ

ㅇ

ㅈ

ㅌ

ㅎ

수학 교수학적 상황론

Theory of Didactical Situations in Mathematics

지은이 가이 브루소
옮긴이 신보미 · 이경화 · 송창근
펴낸이 조경희
펴낸곳 경문사
펴낸날 2022년 1월 3일 1판 1쇄
등 록 1979년 11월 9일 제1979-000023호
주 소 04057, 서울특별시 마포구 와우산로 174
전 화 (02)332-2004 팩스 (02)336-5193
이메일 kyungmoon@kyungmoon.com

값 25,000원

ISBN 979-11-6073-506-2